计算机科学与技术专业核心教材体系建设——建议使用时间

课程系列	基础系列	电类系列	程序系列	系统系列	应用系列	选修系列

一年级上：大学计算机基础
一年级下：离散数学(上)、信息安全导论
二年级上：离散数学(下)、数字逻辑设计、数字逻辑设计实验、电子技术基础
二年级下：
三年级上：软件工程、编译原理、计算机体系结构、操作系统、计算机原理、计算机网络、计算机系统综合实践
三年级下：软件工程综合实践、计算机图形学、人工智能导论、数据库原理与技术、嵌入式系统
四年级上：
四年级下：机器学习、物联网导论、大数据分析技术、数字图像技术

面向新工科专业建设计算机系列教材

数据结构知识点与习题精讲
（微课版）
专业课学习与考研辅导

王 彤◎主编 杨 雷 鲍玉斌 张立立◎副主编

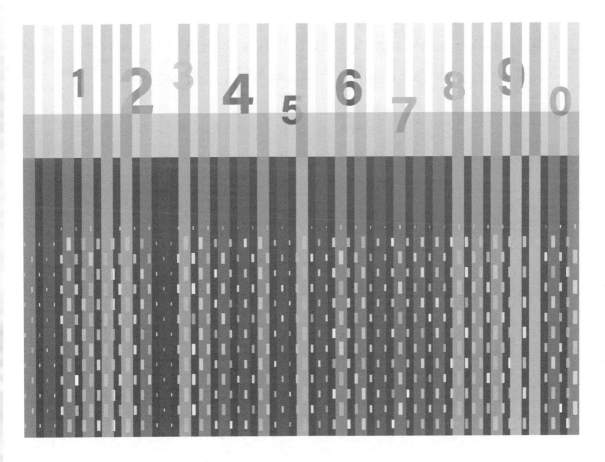

清华大学出版社
北京

内 容 简 介

本书是计算机专业课学习和研究生入学考试数据结构课程的复习用书,将知识点与习题以"微课视频+书本"形式呈现,内容包括绪论、线性表、栈、队列、数组、串、树和二叉树、图、查找、排序。本书以全国硕士生入学考试大纲(统考)所考查知识点为主线,结合热门院校自主命题所考查知识点,对知识点进行归纳、总结,以计算机专业数据结构本科教学大纲、知识点、习题紧扣计算机考研数据结构大纲。知识点部分,力求内容精练、讲解清晰、重点和难点突出,包含学习目标、知识点导图、知识点归纳、重点和难点知识点详解;习题部分,力求思路清晰,引导读者完成知识点内化,实现举一反三,包括层次化的模拟题和详解、考研真题和详解,模拟题又进一步细化为基础习题和进阶习题。专业课学习和考研读者可选择练习基础和进阶习题部分,考研读者可继续完成考研真题部分。知识点和习题均配有微课视频讲解,力求摆脱单一书本的学习方式,通过直观、高效的微课视频帮助读者深入掌握知识点并灵活解题,读者根据需要扫描二维码即可获取。

本书可作为参加计算机专业研究生入学考试考生的复习用书,也可作为高等院校计算机科学与技术专业和相关专业本科生及研究生学习数据结构课程的辅导用书,还可作为从事计算机工程与应用工作的科技人员的参考书。

本书封面贴有清华大学出版社防伪标签,无标签者不得销售。
版权所有,侵权必究。举报: 010-62782989,beiqinquan@tup.tsinghua.edu.cn。

图书在版编目(CIP)数据

数据结构知识点与习题精讲: 微课版.专业课学习与考研辅导/王彤主编. —北京: 清华大学出版社,2023.4
面向新工科专业建设计算机系列教材
ISBN 978-7-302-62800-2

Ⅰ.①数… Ⅱ.①王… Ⅲ.①数据结构-高等学校-教学参考资料 Ⅳ.①TP311.12

中国国家版本馆 CIP 数据核字(2023)第 032259 号

责任编辑: 白立军
封面设计: 刘 乾
责任校对: 焦丽丽
责任印制: 刘海龙

出版发行: 清华大学出版社
网　　址: http://www.tup.com.cn, http://www.wqbook.com
地　　址: 北京清华大学学研大厦 A 座　　邮　编: 100084
社 总 机: 010-83470000　　邮　购: 010-62786544
投稿与读者服务: 010-62776969, c-service@tup.tsinghua.edu.cn
质量反馈: 010-62772015, zhiliang@tup.tsinghua.edu.cn
课件下载: http://www.tup.com.cn, 010-83470236
印 装 者: 三河市铭诚印务有限公司
经　　销: 全国新华书店
开　　本: 185mm×260mm　　印　张: 24.25　　插　页: 1　　字　数: 595 千字
版　　次: 2023 年 4 月第 1 版　　印　次: 2023 年 4 月第 1 次印刷
定　　价: 89.00 元

产品编号: 093312-01

出版说明

一、系列教材背景

人类已经进入智能时代,云计算、大数据、物联网、人工智能、机器人、量子计算等是这个时代最重要的技术热点。为了适应和满足时代发展对人才培养的需要,2017年2月以来,教育部积极推进新工科建设,先后形成了"复旦共识""天大行动"和"北京指南",并发布了《教育部高等教育司关于开展新工科研究与实践的通知》《教育部办公厅关于推荐新工科研究与实践项目的通知》,全力探索形成领跑全球工程教育的中国模式、中国经验,助力高等教育强国建设。新工科有两个内涵:一是新的工科专业;二是传统工科专业的新需求。新工科建设将促进一批新专业的发展,这批新专业有的是依托于现有计算机类专业派生、扩展而成的,有的是多个专业有机整合而成的。由计算机类专业派生、扩展形成的新工科专业有计算机科学与技术、软件工程、网络工程、物联网工程、信息管理与信息系统、数据科学与大数据技术等。由计算机类学科交叉融合形成的新工科专业有网络空间安全、人工智能、机器人工程、数字媒体技术、智能科学与技术等。

在新工科建设的"九个一批"中,明确提出"建设一批体现产业和技术最新发展的新课程""建设一批产业急需的新兴工科专业"。新课程和新专业的持续建设,都需要以适应新工科教育的教材作为支撑。由于各个专业之间的课程相互交叉,但是又不能相互包含,所以在选题方向上,既考虑由计算机类专业派生、扩展形成的新工科专业的选题,又考虑由计算机类专业交叉融合形成的新工科专业的选题,特别是网络空间安全专业、智能科学与技术专业的选题。基于此,清华大学出版社计划出版"面向新工科专业建设计算机系列教材"。

二、教材定位

教材使用对象为"211工程"高校或同等水平及以上高校计算机类专业及相关专业学生。

三、教材编写原则

(1) 借鉴 *Computer Science Curricula* 2013(以下简称CS2013)。CS2013的核心知识领域包括算法与复杂度、体系结构与组织、计算科学、离散结构、图形学与可视化、人机交互、信息保障与安全、信息管理、智能系统、网络与通信、操作系统、基于平台的开发、并行与分布式计算、程序设计语言、软件开发基础、软件工程、系统基础、社会问题与专业实践等内容。

(2) 处理好理论与技能培养的关系,注重理论与实践相结合,加强对学生思维方式的训练和计算思维的培养。计算机专业学生能力的培养特别强调理论学习、计算思维培养和实践训练。本系列教材以"重视理论,加强计算思维培养,突出案例和实践应用"为主要目标。

(3) 为便于教学,在纸质教材的基础上,融合多种形式的教学辅助材料。每本教材可以有主教材、教师用书、习题解答、实验指导等。特别是在数字资源建设方面,可以结合当前出版融合的趋势,做好立体化教材建设,可考虑加上微课、微视频、二维码、MOOC等扩展资源。

四、教材特点

1. 满足新工科专业建设的需要

系列教材涵盖计算机科学与技术、软件工程、物联网工程、数据科学与大数据技术、网络空间安全、人工智能等专业的课程。

2. 案例体现传统工科专业的新需求

编写时,以案例驱动,任务引导,特别是有一些新应用场景的案例。

3. 循序渐进,内容全面

讲解基础知识和实用案例时,由简单到复杂,循序渐进,系统讲解。

4. 资源丰富,立体化建设

除了教学课件外,还可以提供教学大纲、教学计划、微视频等扩展资源,以方便教学。

五、优先出版

1. 精品课程配套教材

主要包括国家级或省级的精品课程和精品资源共享课的配套教材。

2. 传统优秀改版教材

对于已经出版、得到市场认可的优秀教材,由于新技术的发展,计划给图书配上新的教学形式、教学资源的改版教材。

3. 前沿技术与热点教材

反映计算机前沿和当前热点的相关教材,例如云计算、大数据、人工智能、物联网、网络空间安全等方面的教材。

六、联系方式

联系人:白立军

联系电话:010-83470179

联系和投稿邮箱:bailj@tup.tsinghua.edu.cn

面向新工科专业建设计算机系列教材编委会

2019年6月

面向新工科专业建设计算机系列教材编委会

主　任：

张尧学　清华大学计算机科学与技术系教授　　中国工程院院士/教育部高等学校
　　　　软件工程专业教学指导委员会主任委员

副主任：

陈　刚	浙江大学计算机科学与技术学院	院长/教授
卢先和	清华大学出版社	常务副总编辑、副社长/编审

委　员：

毕　胜	大连海事大学信息科学技术学院	院长/教授
蔡伯根	北京交通大学计算机与信息技术学院	院长/教授
陈　兵	南京航空航天大学计算机科学与技术学院	院长/教授
成秀珍	山东大学计算机科学与技术学院	院长/教授
丁志军	同济大学计算机科学与技术系	系主任/教授
董军宇	中国海洋大学信息科学与工程学院	副院长/教授
冯　丹	华中科技大学计算机学院	院长/教授
冯立功	战略支援部队信息工程大学网络空间安全学院	院长/教授
高　英	华南理工大学计算机科学与工程学院	副院长/教授
桂小林	西安交通大学计算机科学与技术学院	教授
郭卫斌	华东理工大学信息科学与工程学院	副院长/教授
郭文忠	福州大学数学与计算机科学学院	院长/教授
郭毅可	香港科技大学	副校长/教授
过敏意	上海交通大学计算机科学与工程系	教授
胡瑞敏	西安电子科技大学网络与信息安全学院	院长/教授
黄河燕	北京理工大学人工智能研究院	院长/教授
雷蕴奇	厦门大学计算机科学系	教授
李凡长	苏州大学计算机科学与技术学院	院长/教授
李克秋	天津大学计算机科学与技术学院	院长/教授
李肯立	湖南大学	副校长/教授
李向阳	中国科学技术大学计算机科学与技术学院	执行院长/教授
梁荣华	浙江工业大学计算机科学与技术学院	执行院长/教授
刘延飞	火箭军工程大学基础部	副主任/教授
陆建峰	南京理工大学计算机科学与工程学院	副院长/教授
罗军舟	东南大学计算机科学与工程学院	教授
吕建成	四川大学计算机学院(软件学院)	院长/教授
吕卫锋	北京航空航天大学	副校长/教授
马志新	兰州大学信息科学与工程学院	副院长/教授

毛晓光	国防科技大学计算机学院	副院长/教授
明　仲	深圳大学计算机与软件学院	院长/教授
彭进业	西北大学信息科学与技术学院	院长/教授
钱德沛	北京航空航天大学计算机学院	中国科学院院士/教授
申恒涛	电子科技大学计算机科学与工程学院	院长/教授
苏　森	北京邮电大学	副校长/教授
汪　萌	合肥工业大学计算机与信息学院	院长/教授
王长波	华东师范大学计算机科学与软件工程学院	常务副院长/教授
王劲松	天津理工大学计算机科学与工程学院	院长/教授
王良民	东南大学网络空间安全学院	教授
王　泉	西安电子科技大学	副校长/教授
王晓阳	复旦大学计算机科学技术学院	教授
王　义	东北大学计算机科学与工程学院	院长/教授
魏晓辉	吉林大学计算机科学与技术学院	教授
文继荣	中国人民大学信息学院	院长/教授
翁　健	暨南大学	副校长/教授
吴　迪	中山大学计算机学院	副院长/教授
吴　卿	杭州电子科技大学	教授
武永卫	清华大学计算机科学与技术系	副主任/教授
肖国强	西南大学计算机与信息科学学院	院长/教授
熊盛武	武汉理工大学计算机科学与技术学院	院长/教授
徐　伟	陆军工程大学指挥控制工程学院	院长/副教授
杨　鉴	云南大学信息学院	教授
杨　燕	西南交通大学信息科学与技术学院	副院长/教授
杨　震	北京工业大学信息学部	副主任/教授
姚　力	北京师范大学人工智能学院	执行院长/教授
叶保留	河海大学计算机与信息学院	院长/教授
印桂生	哈尔滨工程大学计算机科学与技术学院	院长/教授
袁晓洁	南开大学计算机学院	院长/教授
张春元	国防科技大学计算机学院	教授
张　强	大连理工大学计算机科学与技术学院	院长/教授
张清华	重庆邮电大学计算机科学与技术学院	执行院长/教授
张艳宁	西北工业大学	校长助理/教授
赵建平	长春理工大学计算机科学技术学院	院长/教授
郑新奇	中国地质大学（北京）信息工程学院	院长/教授
仲　红	安徽大学计算机科学与技术学院	院长/教授
周　勇	中国矿业大学计算机科学与技术学院	院长/教授
周志华	南京大学计算机科学与技术系	系主任/教授
邹北骥	中南大学计算机学院	教授

秘书长：

白立军	清华大学出版社	副编审

FOREWORD

前言

"数据结构"是计算机科学与技术及相关专业的核心课程,是技术性、实践性、操作性、应用性很强的一门专业基础课程,是全国联考和院校自主命题的必考专业课之一。为解决"学生在数据结构课程学习过程中常遇到的知识点多、理论性强、抽象程度高以及考研前对从基础学习到应试复习无从下手,影响了考研备考复习、全面复习和练习后有针对性的强化练习"等问题,满足专业课学习学生和考研考生的迫切需求,编写了本书。本书具有如下特色。

(1) 在编排上采取"微课视频与书本相结合"的原则。

本书内容紧扣教育部考试中心发布的全国硕士研究生招生考试计算机科学与技术学科联考计算机学科专业基础综合考试大纲和计算机及其相关专业的数据结构教学大纲,习题包含模拟习题(热门院校自主命题模拟题)、考研真题及图文视频解析,力求形成涵盖知识点、习题、真题、直观高效的知识点微课视频讲解及考研真题微课视频解析、配套课件的"一本通"教材。其最大特色就是实用性强,具有清晰的层次化知识点学习部分、阶梯式的习题设置详解部分,并配有直观、高效的微课视频解析。因此,本书突出循序渐进的多层次的知识点复习和全面高效的习题练习,注重实用性,并以知识点导图首先展现每章整体知识脉络,尽量涵盖数据结构知识点,使读者有章可循。读者在了解整体需要掌握的知识点的基础上,通过教学或考研自学,达到知识学习、习题练习和考研应试的初步衔接,培养读者自信心、对所学知识的兴趣和应试知识的储备。

(2) 教材内容架构遵循"先理论、后习题,理论与习题相结合"的原则。

本书在内容框架方面包括理论与习题两大部分,以层次化方式进行知识点讲解内容设置,以梯度化的形式呈现习题及其详解,涵盖各章节学习目标知识点导图、知识点归纳、重点和难点详解、基础习题、进阶习题、考研真题以及习题详解等,并配以知识点讲解和习题解析的微课教学视频。本书作者多具有考研经历,并在高校开设此课程和实验教学多轮,深刻理解当前各个专业学生和考研考生对此类学科核心基础课程学习和掌握的重点和难点所在。为此,在教材内容构建上,特别设置了知识点部分、习题部分和可与微课视频配套使用的习题详解,具体如下。**知识点导图导入**:总结全面、逻辑清晰,读者可根据导图科学地进行学习,有规划地复习。知识导图部分在每章的第二部分,为每章的总览,起到引导作用,使读者对本章的知识点有总的把握,以便读者进行学习与制订学习计划,达到有针对性的训练目的。**多层次、立体化的知识点复习**:符合读者的认知规律,如通过引入示例对理论展开讲解,实现从学习到备考的顺利过渡。**习题梯度分类**:各章习题以梯度形式呈现,每章习题部分包括基础习题和进阶习题。按照考试大纲规定的题型,习题部分的选择题等大部分题目涉及基本概念,主要考查对各知识点的定义理解,或是对相应概念的延展;综合应用题重点为算法或综合性应用。**习题解析多元化**:包括图文解析和微课视频解析,图文详细分析解答,微课视频多元化途径提供习题解析,提高读者学习效率。**知识点和习题紧扣大纲**:以计算机专业数据结构本科教学大纲、全国硕士生入学考试大纲(统考)所考查知识点为主线,结合热门院校自主命题所考查知识点对知识点进行归纳、总结,并设置习题题目,全面覆盖高频考点,重点突出层次分明。

(3) 习题设置遵循**"循序渐进,模拟题与真题相结合"**的原则。

本书习题部分收录近年的全国联考真题和热门院校自主命题题目,分别在基础习题、进阶习题和考研真题部分呈现。读者通过完成习题、听取讲解实现知识点的内化,达到基础扎实,举一反三。习题部分以梯度的形式呈现,包括培养读者数据结构基本能力的基础题习题部分和进一步提升能力、分数的拔高类进阶习题部分,应试实战的考研真题部分及真题微课视频详解,读者可根据学习目的和自身学习情况进行有针对性的练习。

(4) 通过往届考生调研,归纳总结各章节**"重点和难点知识点详解"**。

根据考研大纲,同时通过对往届考生调研,并进一步对知识点提纯,归纳总结出各章节的重点和难点、易错知识点、解题思路并给出详解,使学生根据学习目的和自身学习情况更加精准地定位考点并进行重点复习,提高学习和复习效率。

全书分为8章,第1章绪论,第2章线性表,第3章栈、队列、数组,第4章串,第5章树和二叉树,第6章图,第7章查找,第8章排序,每章包括本章学习目标、知识点导图、知识点归纳、重点和难点知识点详解、习题题目(基础习题、进阶习题和考研真题)、习题解析(基础习题解析、进阶习题解析和考研真题解析)。

读者可以扫描书中提供的二维码,获取学习过程中用到的课件、对应知识点微课视频、对应题目解析微课视频。

在本书编写过程中,鲍玉斌老师给出了富有建设性的结构设置,杨雷老师对本书理论部分的编写工作提供了保障,张立立老师对本书的修改和出版等做了大量工作。同时,感谢家人和朋友给予的鼓励和大力支持。

由于水平有限,尽管编者不遗余力,但书中仍可能存在不足之处,敬请读者指正。

编 者

2023 年 1 月

CONTENTS

目录

第1章 绪论 ··· 1

    1.1 本章学习目标 ·· 1
    1.2 知识点导图 ·· 1
    1.3 知识点归纳 ·· 2
        1.3.1 基本概念和术语 ·· 2
        1.3.2 数据结构的完整性描述 ·· 3
        1.3.3 算法 ·· 4
    1.4 重点和难点知识点详解 ·· 7
    1.5 习题题目 ··· 9
        1.5.1 基础习题 ··· 9
        1.5.2 进阶习题 ··· 10
        1.5.3 考研真题 ··· 11
    1.6 习题解析 ··· 12
        1.6.1 基础习题解析 ··· 12
        1.6.2 进阶习题解析 ··· 14
        1.6.3 考研真题解析 ··· 15

第2章 线性表 ·· 17

    2.1 本章学习目标 ·· 17
    2.2 知识点导图 ·· 17
    2.3 知识点归纳 ·· 18
        2.3.1 线性表概述 ·· 18
        2.3.2 线性表的顺序存储及其基本操作 ······························· 19
        2.3.3 线性表的链式存储及其基本操作 ······························· 23
        2.3.4 两种结构的比较分析 ··· 30
    2.4 重点和难点知识点详解 ·· 30
    2.5 习题题目 ··· 32
        2.5.1 基础习题 ··· 32
        2.5.2 进阶习题 ··· 34

   2.5.3 考研真题 ··· 36
 2.6 习题解析 ··· 39
   2.6.1 基础习题解析 ··· 39
   2.6.2 进阶习题解析 ··· 47
   2.6.3 考研真题解析 ··· 57

第3章 栈、队列、数组 ··· 69

 3.1 本章学习目标 ··· 69
 3.2 知识点导图 ·· 69
 3.3 知识点归纳 ·· 70
   3.3.1 栈 ··· 70
   3.3.2 队列 ··· 77
   3.3.3 数组和特殊矩阵 ·· 83
 3.4 重点和难点知识点详解 ·· 87
 3.5 习题题目 ·· 87
   3.5.1 基础习题 ··· 87
   3.5.2 进阶习题 ··· 89
   3.5.3 考研真题 ··· 91
 3.6 习题解析 ·· 94
   3.6.1 基础习题解析 ··· 94
   3.6.2 进阶习题解析 ··· 97
   3.6.3 考研真题解析 ··· 102

第4章 串 ··· 112

 4.1 本章学习目标 ··· 112
 4.2 知识点导图 ··· 112
 4.3 知识点归纳 ··· 112
   4.3.1 串的数据类型和定义 ··· 112
   4.3.2 串的模式匹配算法 ··· 116
 4.4 重点和难点知识点详解 ··· 122
 4.5 习题题目 ·· 123
   4.5.1 基础习题 ··· 123
   4.5.2 进阶习题 ··· 123
   4.5.3 考研真题 ··· 124
 4.6 习题解析 ·· 124
   4.6.1 基础习题解析 ··· 124
   4.6.2 进阶习题解析 ··· 125
   4.6.3 考研真题解析 ··· 127

第 5 章 树和二叉树 ···································· 129

- 5.1 本章学习目标 ···································· 129
- 5.2 知识点导图 ···································· 130
- 5.3 知识点归纳 ···································· 130
  - 5.3.1 树的基本概念和基本术语 ···································· 130
  - 5.3.2 二叉树的基本概念、特性及其存储结构 ···································· 132
  - 5.3.3 二叉树的遍历 ···································· 137
  - 5.3.4 线索二叉树 ···································· 144
  - 5.3.5 树和森林 ···································· 149
  - 5.3.6 树与二叉树的应用 ···································· 156
- 5.4 重点和难点知识点详解 ···································· 170
- 5.5 习题题目 ···································· 171
  - 5.5.1 基础习题 ···································· 171
  - 5.5.2 进阶习题 ···································· 173
  - 5.5.3 考研真题 ···································· 176
- 5.6 习题解析 ···································· 181
  - 5.6.1 基础习题解析 ···································· 181
  - 5.6.2 进阶习题解析 ···································· 193
  - 5.6.3 考研真题解析 ···································· 206

第 6 章 图 ···································· 221

- 6.1 本章学习目标 ···································· 221
- 6.2 知识点导图 ···································· 221
- 6.3 知识点归纳 ···································· 222
  - 6.3.1 图的基本概念 ···································· 222
  - 6.3.2 图的存储结构 ···································· 225
  - 6.3.3 图的遍历 ···································· 230
  - 6.3.4 图的应用 ···································· 236
- 6.4 重点和难点知识点详解 ···································· 250
- 6.5 习题题目 ···································· 251
  - 6.5.1 基础习题 ···································· 251
  - 6.5.2 进阶习题 ···································· 254
  - 6.5.3 考研真题 ···································· 256
- 6.6 习题解析 ···································· 262
  - 6.6.1 基础习题解析 ···································· 262
  - 6.6.2 进阶习题解析 ···································· 270
  - 6.6.3 考研真题解析 ···································· 277

第 7 章 查找 ···································· 289

- 7.1 本章学习目标 ···································· 289

- 7.2 知识点导图 ············ 290
- 7.3 知识点归纳 ············ 290
  - 7.3.1 查找的基本概念 ············ 290
  - 7.3.2 静态查找表 ············ 291
  - 7.3.3 动态查找表 ············ 297
  - 7.3.4 哈希表 ············ 302
- 7.4 重点和难点知识点详解 ············ 309
- 7.5 习题题目 ············ 309
  - 7.5.1 基础习题 ············ 309
  - 7.5.2 进阶习题 ············ 311
  - 7.5.3 考研真题 ············ 312
- 7.6 习题解析 ············ 315
  - 7.6.1 基础习题解析 ············ 315
  - 7.6.2 进阶习题解析 ············ 318
  - 7.6.3 考研真题解析 ············ 322

第8章 排序 ············ 329

- 8.1 本章学习目标 ············ 329
- 8.2 知识点导图 ············ 330
- 8.3 知识点归纳 ············ 330
  - 8.3.1 排序的基本概念 ············ 330
  - 8.3.2 插入排序 ············ 331
  - 8.3.3 交换排序 ············ 335
  - 8.3.4 选择排序 ············ 338
  - 8.3.5 归并排序 ············ 343
  - 8.3.6 基数排序 ············ 344
  - 8.3.7 内部排序算法小结 ············ 346
  - 8.3.8 外部排序 ············ 348
- 8.4 重点和难点知识点详解 ············ 352
- 8.5 习题题目 ············ 352
  - 8.5.1 基础习题 ············ 352
  - 8.5.2 进阶习题 ············ 354
  - 8.5.3 考研真题 ············ 355
- 8.6 习题解析 ············ 358
  - 8.6.1 基础习题解析 ············ 358
  - 8.6.2 进阶习题解析 ············ 364
  - 8.6.3 考研真题解析 ············ 367

参考文献 ············ 376

第 1 章 绪 论

本章首先给出学习目标、知识点导图,使读者对本章内容有整体了解;接着介绍数据结构的基本概念和术语;然后围绕数据结构"三要素",即逻辑结构、物理结构和数据运算分别进行讲解;最后一部分为算法的定义、特征、设计要求以及算法评价,算法评价部分包括算法的时间复杂度和算法的空间复杂度计算方法。本书在每章知识点部分配有微课视频讲解和配套课件,读者可根据需要扫描对应部分的二维码获取;同时,考研真题部分也配有真题解析微课讲解,读者可根据学习或复习需求扫描对应的二维码获取。

绪论

◆ 1.1 本章学习目标

(1) 了解数据结构的基本概念和术语,包括数据、数据元素、数据项、数据对象等基本概念。

(2) 深入理解数据结构的三要素及其含义,包括逻辑结构、物理结构以及数据运算,理解不同逻辑结构的区别、不同物理结构的区别。

(3) 算法方面。理解算法的概念,掌握算法的特征,能够分析并计算算法的时间复杂度和空间复杂度。

◆ 1.2 知识点导图

本章知识点导图如图 1-1 所示。

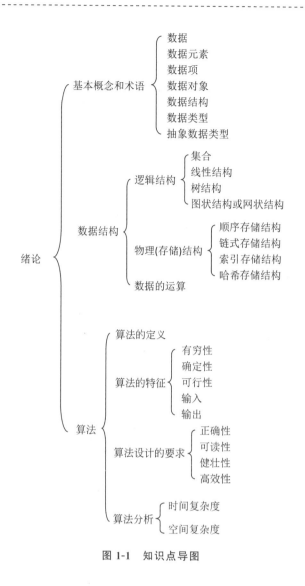

图 1-1 知识点导图

1.3 知识点归纳

1.3.1 基本概念和术语

1.3.1 基本概念和术语知识点

1. 数据（Data）

数据是客观事物的符号表示，是信息的载体，在计算机科学中是指所有能输入计算机中、能被计算机处理的符号的总称，包括文字、图形、声音、图像等。

2. 数据元素（Data Element）

数据元素是数据的基本组织单位，也是数据结构中讨论的基本单位，在计算机中通常作为整体处理。

3. 数据项（Data Item）

一个数据元素又可由若干不可分割的部分组成，这个不可分割的部分就是数据项，换句话说，数据项是数据的不可分割的最小数据组织单位。

4. 数据对象（Data Object）

数据对象是相同性质的数据元素的集合，是数据的一个子集，换句话说，数据元素是数据对象的一个实例。

5. 数据结构（Data Structure）

数据结构是指数据元素以及数据元素之间关系的集合，是带结构的数据元素的集合，这里的结构指数据元素之间存在的关系。数据结构的形式定义如下。

$$数据结构是一个二元组\ Data\_Structures=(D,S)$$

其中，D 是数据元素的有限集，S 是 D 上关系的有限集。

6. 数据类型（Data Type）

数据类型是指一组性质相同的值的集合，以及定义在该集合上的一组操作的总称，换句话说，数据类型是对在计算机中表示的同一数据对象及其在该数据对象上的一组操作的总称。

7. 抽象数据类型（Abstract Data Type，ADT）

抽象数据类型指一个数学模型及定义在该模型上的一组操作，描述了数据的逻辑结构和抽象数据运算。用(数据对象，数据关系，基本操作集)来表示。

1.3.2 数据结构的完整性描述

1.3.2 数据结构的完整性描述（三要素）知识点

1. 逻辑结构

逻辑结构，即数据的逻辑结构，是数据之间逻辑关系的定义。数据结构是数据及其关系的反映，是数据的组织形式，按照数据元素之间的关系，如图 1-2 所示，逻辑结构分为 4 类。

1）集合

集合结构中的数据元素仅要求数据元素同属于一个集合即可。

2）线性结构

线性结构中的数据元素之间只存在一对一的线性关系。

3）树结构

树结构中的数据元素是一对多的关系。

4）图状结构或网状结构

图状结构或网状结构中的数据元素之间是多对多的关系。

2. 物理（存储）结构

物理（存储）结构，即数据的存储结构，指数据内容本身及数据关系在计算机中的存储定

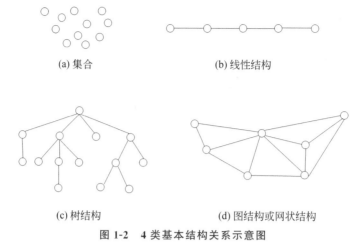

(a) 集合　　　　　　　　(b) 线性结构

(c) 树结构　　　　　(d) 图结构或网状结构

图 1-2　4 类基本结构关系示意图

义;是数据的逻辑结构在计算机中的表示和实现,是数据的逻辑结构在存储器中的映像,是包含数据元素及其关系的映像。常用的存储结构主要有以下 4 种。

1) 顺序存储结构

逻辑结构中相邻的数据元素存储在计算机中连续的存储单元,即逻辑上相邻的结点在物理上也相邻,数据的逻辑关系隐藏在存储位置中。

2) 链式存储结构

逻辑结构中相邻的数据元素可存储在计算机中不连续的存储单元,即不要求逻辑上相邻的结点在物理上也相邻。因此,在链式存储方式下,需要附加指引各结点前驱或后继结点的地址信息,即数据元素之间的逻辑关系的存储,我们称其为"链"。

3) 索引存储结构

索引存储结构在存储数据元素信息的同时,存储附加的索引表,指示数据元素的存储位置。索引存储结构主要针对数据内容存储,不强调对关系的存储。索引表由索引项组成,将在后续章节详细介绍。

4) 哈希存储结构

哈希存储结构是利用数据元素中的关键字计算出该元素的存储地址。哈希存储与索引存储相类似,是面向数据内容的存储。

3. 数据的运算

数据的运算是指基于所定义的数据结构中的数据施加的操作,即基于数据结构的运算,是数据结构中不可分割的一部分。给定数据的逻辑结构和存储结构,如果定义的运算方法和性质不同,也会导致不同的数据结构。

1.3.3　算法

1.3.3 算法知识点

1. 算法的定义

算法(Algorithm)是对指定问题求解步骤的一种描述,它是指令的有限序列,每条指令表示一个或多个操作。

2. 算法的特征

一个算法具有以下5个特征。

1) 有穷性

一个算法必须总是在执行有穷步之后结束,且每一步都可在有穷时间内完成。

2) 确定性

算法中每条指令必须有确切的含义,且无二义性。在任何条件下,算法只有唯一的一条执行路径,即相同的输入只能得出相同的输出。

3) 可行性

一个算法是可行的,即算法中描述的所有操作都可以通过已经实现的基本运算执行,并且能够在有限次内实现。

4) 输入

一个算法有零个或多个输入,这些输入取自某个特定的对象的集合,通常由外部提供,作为算法开始执行前的初始状态或初始值。

5) 输出

一个算法有一个或多个输出,作为算法运算的结果,这些输出是同输入有着某些特定关系的量。

3. 算法设计的要求

1) 正确性

算法要能够正确求解出给定的问题。

2) 可阅读性

算法易于阅读和理解,算法可阅读性好是保证正确性的前提。

3) 健壮性

算法对非法输入的恰当处理,对异常情况的反应能力要强,不会出现莫名其妙的结果。

4) 高效性

算法执行的效率要高,具体表现为时间效率高,空间消耗小。

4. 算法分析

算法效率的度量是通过时间复杂度和空间复杂度来描述的。接下来我们重点分析,在问题规模 n 下,对算法运行时间 $T(n)$ 和所占用空间 $S(n)$ 进行分析。

1) 时间复杂度

算法的时间复杂度对应算法的执行时间。**算法的执行时间需要通过依据该算法编制的程序在计算机上运行时所消耗的时间来度量**,是指将该算法转化为程序后在计算机上运行的时间统计,即算法中每条语句在计算机上执行的时间总和。而每条语句的执行时间则应该是执行该语句一次所需的时间与该语句执行的次数的乘积,语句重复执行的次数也称为**语句频度**。

一个算法是由控制结构和原操作(基本操作)构成的,控制结构如顺序、分支、循环,原操作指固有数据类型的操作,算法时间取决于二者的综合。通常从算法中选取原操作或称为基本操作,以基本操作的重复执行次数作为算法时间的度量。

算法中基本操作重复执行的次数,是问题规模 n 的某个函数 $f(n)$,算法的时间复杂度记作 $T(n)=O(f(n))$。随着问题规模 n 的增大,算法执行时间的增长率与 $f(n)$ 相同,称为算法的渐近时间复杂度,简称为**时间复杂度**。

被称为基本操作的原操作的重复执行次数和算法执行时间成正比,一般该原操作为最深层循环内语句中的原操作,其执行次数与包含它的语句频度相同。

例如,冒泡排序算法将无序序列排序后成为非递减有序序列。

```
void BubbleSort(SqList &L) {
  int i,j;
  for(i = 0; i<L.n; i++){
    flag=0;
    for(j=n-1;j>i;j--)
        if(L.r[j-1].key> L.r[j].key){
            swap(L.r[j-1], L.r[j]);      //交换
            flag=1;
        }
        if(flag==1)
            return;                       //最后一趟没有进行"交换记录",冒泡排序结束
}//for
}//BubbleSort
//需要的结构和定义如下
#define ListSize   100
//定义线性表的最大长度为 ListSize
typedef int ElemType;                     //定义数据元素类型
//采用结构体定义顺序表
typedef struct{                           //顺序表类型定义
        ElemType r[ListSize];             //数据域,顺序表元素
        int length;                       //顺序表当前长度
} SqList;
void swap(int &a,int &b){                 //交换函数
    int temp=a;
    a=b;
    b=temp;
}
```

其中,交换操作为基本操作,当初始序列以从小至大有序时,基本操作执行的次数为 0,但是当初始序列以从大至小排列时,基本操作的执行次数为 $n(n-1)/2$。

最坏时间复杂度是指在最坏情况下算法的时间复杂度。

平均时间复杂度是指所有可能输入数据集的期望值,即所有可能在等概率出现的情况下,算法的期望运行时间。

最好时间复杂度是指在最好情况下算法的时间复杂度。

这里需要特别说明的是,为保证算法的运行时间不会更长,一般除特别指明外,总是考虑在最坏情况下的时间复杂度。

2) 空间复杂度

空间复杂度作为算法所需存储空间的度量。估算一个算法或程序在执行过程中所花费的额外存储开销(即临时存储工作单元)的大小也是用大 O 方法,设 n 为问题规模的大小,

则记算法的空间复杂度为 $S(n)=O(f(n))$。

算法在执行过程中所占用的临时存储空间如下。

(1) 算法本身所需占用的空间。

(2) 输入数据所需占用的空间。

(3) 算法在执行过程中所花费的额外存储开销(即临时存储工作单元)。

算法的空间复杂度一般仅考虑第 3 部分,即临时存储工作单元。一个程序在执行时除需要存储空间来寄存本身所用的指令、常数、变量和输入数据外,还需要一些对数据进行操作的工作单元和存储一些为实现计算所需信息的辅助空间。若输入数据所占空间只取决于问题本身,与算法无关,则只需要分析除输入和程序之外的额外空间。

算法原地工作是指算法所需的辅助空间通常为常量 $O(1)$。

1.4 重点和难点知识点详解

1.4 重点和难点知识点详解

1. 数据结构与数据类型的关系

数据类型是程序设计语言中已实现的数据结构,需要程序设计人员利用程序设计语言中提供的基本数据类型自定义,实现在程序设计语言中没有实现的数据结构。

2. 算法的时间复杂度与语句的基本操作

可将算法执行时间转化为对算法中所有语句的基本操作的执行次数,即语句频度。算法中最大的语句频度,与算法中每条语句频度的和 $T(n)$ 是同阶函数。因此,在估算算法的时间复杂度时,一般只需考虑算法中最大的语句频度即可。

3. 分析算法时的常用规则

1) 加法规则

$$T(n)=T_1(n)+T_2(n)=O(f(n))+O(g(n))=O(\max(f(n),g(n)))$$

2) 乘法规则

$$T(n)=T_1(n)\times T_2(n)=O(f(n))\times O(g(n))=O(f(n)\times g(n))$$

4. 常见的时间复杂度及算法时间复杂度的计算举例

常数阶 $O(1)$,对数阶 $O(\log_2 n)$、线性阶 $O(n)$、线性对数阶 $O(n\log_2 n)$、平方阶 $O(n^2)$、立方阶 $O(n^3)$ 等。

1) 常数阶 $O(1)$

```
i=i+1;
```

2) 对数阶 $O(\log_2 n)$

```
for(i=1,i<=n;)
    i=i*2;
```

基本语句为"i=i*2;"。假设执行次数为 k,则有对应关系,当 $k=0$ 时,$i=1$;当 $k=1$ 时,$i=2$;当 $k=2$ 时,$i=4$;当 $k=3$ 时,$i=8$;以此类推,$i=2^k$,由循环判断条件可得,$2^k \leqslant n$,计算得到 $k \leqslant \log_2 n$,则 $T(n)=O(\log_2 n)$。

3) 线性阶 $O(n)$

```
a=0;
for(i=1;i<n;i++)
    a=a+1;
```

基本语句为"a=a+1;",语句执行 $n-1$ 次,因此 $T(n)=O(n)$。

4) 线性对数阶 $O(n\log_2 n)$

```
a=0;
for(i=1;i<n;i=i*2)
    for(j=1;j<=n;j++)
        a=a+1;
```

基本语句为"a=a+1;"。内层循环条件为 j<=n,与外层循环无关。因此,内层循环与外层循环可分别分析,再整体计算两层嵌套循环。内层循环条件为 j<=n,执行 n 次,即 $T_2(n)=O(n)$;外层循环假设执行次数为 k,则有对应关系,当 $k=0$ 时,$i=1$;当 $k=1$ 时,$i=2$;当 $k=2$ 时,$i=4$;当 $k=3$ 时,$i=8$;以此类推,$i=2^k$,由循环判断条件可得 $2^k \leqslant n$,计算得到 $k \leqslant \log_2 n$,则 $T_1(n)=O(\log_2 n)$。对整个嵌套循环,根据乘法规则 $T(n)=T_1(n)\times T_2(n)=O(f(n))\times O(g(n))=O(f(n)\times g(n))$ 计算,整个程序的时间复杂度为 $T(n)=T_1(n)\times T_2(n)=O(\log_2 n)\times O(n)=O(n\log_2 n)$。

5) 平方阶 $O(n^2)$

```
a=0;
for(i=1;i<n;i++)
    for(j=1;j<=n;j++)
        a=a+1;
```

基本语句为"a=a+1;"。内外层循环独立,时间复杂度均为 $O(n)$,可由乘法规则 $T(n)=T_1(n)\times T_2(n)=O(f(n))\times O(g(n))=O(f(n)\times g(n))$ 计算,整个程序的时间复杂度为 $T(n)=T_1(n)\times T_2(n)=O(n)\times O(n)=O(n^2)$。

6) 立方阶 $O(n^3)$

```
a=0;
for(i=1;i<n;i++)
    for(j=1;j<=n;j++)
        for(k=1;k<=n;k++)
            a=a+1;
```

基本语句为"a=a+1;"。三层循环分别独立,时间复杂度均为 $O(n)$,可由乘法规则 $T(n)=T_1(n)\times T_2(n)=O(f(n))\times O(g(n))=O(f(n)\times g(n))$ 计算,两层循环的时间复杂度为 $T(n)=T_1(n)\times T_2(n)=O(n)\times O(n)=O(n^2)$。同理,再与最外层循环使用一次乘法规则,得到整个程序的时间复杂度为 $T(n)=O(n^3)$。

由小到大排列依次为 $O(1)<O(\log_2 n)<O(n)<O(n\log_2 n)<O(n^2)<O(n^3)<O(2^n)<O(n^n)$。

1.5 习题题目

本部分习题形式包括单项选择题、综合应用题等题型,是专业课学习和考研的常见题型。知识点覆盖专业课程学习和考研知识点。因此,本部分知识点相关习题设置较全面。

题目难度方面设置基础习题、进阶习题、考研真题,这样读者可根据自身情况合理安排学习规划,有针对性地逐步提升专业知识、解题能力和应试能力。

1.5.1 基础习题

一、单项选择题

1. 在数据结构中,从逻辑上可以把数据结构分为(　　)两大类。
   A. 动态结构和静态结构　　　　　　B. 内部结构和外部结构
   C. 紧凑结构和非紧凑结构　　　　　D. 线性结构和非线性结构

2. 以下术语(　　)与数据的物理存储结构无关。
   A. 栈　　　　B. 哈希表　　　　C. 链表　　　　D. 循环队列

3. (　　)属于数据的逻辑结构。
   A. 顺序表　　B. 有序表　　　　C. 单链表　　　D. 哈希表

4. 连续存储设计时,存储单元的地址(　　)。
   A. 不一定连续　　　　　　　　　　B. 一定不连续
   C. 一定连续　　　　　　　　　　　D. 部分连续,部分不连续

5. 以下数据结构中,为非线性数据结构的是(　　)。
   A. 队列　　　B. 栈　　　　　　C. 线性表　　　D. 树

6. 算法的时间复杂度取决于(　　)。
   A. 问题的规模　　　　　　　　　　B. 待处理数据的初始状态
   C. A 和 B　　　　　　　　　　　　D. 都不是

7. 算法是(　　)。
   A. 问题求解步骤的描述　　　　　　B. 程序
   C. 具备 5 个特征　　　　　　　　　D. 遵循算法设计要求

8. 下面关于算法的说法,正确的是(　　)。
   A. 健壮的算法不会因输入非法数据而出现莫名其妙的结果
   B. 程序一定是算法
   C. 算法的可行性是指算法不能有二义性
   D. 算法是指计算方法

9. 某算法的时间复杂度是 $O(n^3)$,说明该算法的(　　)。
   A. 执行时间等于 n^3　　　　　　　B. 问题规模是 n^3
   C. 执行时间与 n^3 成正比　　　　　D. 问题规模与 n^3 成正比

10. 下列函数的时间复杂度是(　　)。

```
void func(int n)
{
```

```
    int i=0;
    int sum=0;
    while(sum<n)
    {
        i++;
        sum=sum+i;
    }
}
```

A. $O(n)$　　　　B. $O(\sqrt{n})$　　　　C. $O(n^2)$　　　　D. $O(\log_2 n)$

二、填空题

1. 一个算法具有 5 个特征，分别是_____、_____、_____、输入和输出。
2. 对于一组给定的元素，可以构造的逻辑结构包括_____、_____、_____、_____ 4 种。
3. 数据结构中评价算法的两个重要指标是_____。
4. 在存储数据时，不仅需要存储数据元素的值，还需要存储_____。
5. 可以用_____定义一个完整的数据结构。

1.5.2　进阶习题

本节进阶习题主要为综合应用题。

1. 分析以下算法的时间复杂度。

```
void func(int n)
{
    int i,j,sum=0;
    for(i=1;i<n;i++)
        sum=sum+i*2;
}
```

2. 分析以下算法的时间复杂度。

```
void func(int n)
{
    int i;
    for(i=1;i<=n;)
        i=i*2;
}
```

3. 分析以下算法的时间复杂度。

```
int func(int n)
{
    if(n<=1)
        return 1;
    else
        return (n*func(n-1));
}
```

4. 分析以下算法的时间复杂度。

```
void func(int n)
```

```
{
    int i;
    for(i=0;i * i<=n;)
        i++;
}
```

5. 分析以下算法的时间复杂度。

```
void func(int n)
{
    int i=n,j=0;
    while(i>=(j+1) * (j+1))
        j++;
}
```

6. 分别计算以下两个算法的时间复杂度。

(1) 算法一。

```
void func(int n)
{
    int i,j,sum=0;
    for(i=1;i<=n;i++)
        for(j=1;j<=i * 2;j++)
            sum++;
}
```

(2) 算法二。

```
void func(int n)
{
    int i,j,sum=0;
    for(i=1;i<=n;i=i * 2)
        for(j=1;j<=n;j++)
            sum++;
}
```

1.5.3 考研真题

单项选择题

1.【2011年统考真题】 设 n 是描述问题规模的非负整数。下面程序片段的时间复杂度是(　　)。

```
x=2;
while(x<n/2)
    x=2 * x;
```

  A. $O(\log_2 n)$ B. $O(n)$ C. $O(n\log_2 n)$ D. $O(n^2)$

2.【2012年统考真题】 求整数 $n(n \geqslant 0)$ 阶乘的算法如下,其时间复杂度是(　　)。

```
int fact(int n){
    if(n<=1)
        return 1;
    return n * fact(n-1);
}
```

  A. $O(\log_2 n)$ B. $O(n)$ C. $O(n\log_2 n)$ D. $O(n^2)$

  3.【2013年统考真题】已知两个长度分别为 m 和 n 的升序链表,若将它们合并为一个长度为 $m+n$ 的降序链表,则最坏情况下的时间复杂度是( )。

  A. $O(n)$ B. $O(mn)$ C. $O(\min(m,n))$ D. $O(\max(m,n))$

  4.【2014年统考真题】下列程序段的时间复杂度是( )。

```
count=0;
for(k=1;k<=n;k*=2)
    for(j=1;j<=n;j++)
        count++;
```

  A. $O(\log_2 n)$ B. $O(n)$ C. $O(n\log_2 n)$ D. $O(n^2)$

  5.【2017年统考真题】下列函数的时间复杂度是( )。

```
int func(int n){
    int i=0, sum=0;
    while(sum<n)
        sum+=++i;
    return i;
}
```

  A. $O(\log_2 n)$ B. $O(n^{1/2})$ C. $O(n)$ D. $O(n\log_2 n)$

  6.【2019年统考真题】设 n 是描述问题规模的非负整数,下列程序段的时间复杂度是( )。

```
x=0;
while(n>=(x+1)*(x+1))
x=x+1;
```

  A. $O(\log_2 n)$ B. $O(n^{1/2})$ C. $O(n)$ D. $O(n^2)$

◆ 1.6 习题解析

  本部分以图文形式详细分析并解答所有习题,或以微课视频方式给出必要的题目解析。

1.6.1 基础习题解析

一、单项选择题

1. D

  在数据结构中,从逻辑上可以把数据结构分为线性结构和非线性结构两大类。线性结构,如线性表、栈和队列等;非线性结构,如树、图、集合等。

2. A

  数据的物理存储结构包括顺序存储结构、链式存储结构、索引存储结构和哈希存储结构。栈表示逻辑结构,其物理存储结构可采用顺序存储结构或者链式存储结构;哈希存储结构是利用数据元素中的关键字计算出该元素的存储地址;链表对应链式存储结构;循环队列是采用顺序表表示的队列。

3. B

数据的物理存储结构包括顺序存储结构、链式存储结构、索引存储结构和哈希存储结构。顺序表、单链表、哈希表都是物理存储结构;有序表是逻辑结构层面的概念,指按照元素值有序排列的表。

4. C

连续存储设计时,存储单元的地址一定是连续的;链式存储设计时,不同结点的存储空间可以是不连续的。

5. D

线性结构,如线性表、栈和队列等;非线性结构,如树、图、集合等。

6. C

算法的时间复杂度取决于问题的规模和待处理数据的初始状态。

7. A

算法是问题求解步骤的描述。

8. A

选项 A 是算法设计要求中的健壮性,算法对非法输入的恰当处理,对异常情况的反应能力要强,不会出现莫名其妙的结果;算法的特征中的可行性是指一个算法是能行的,即算法中描述的所有操作都可以通过已经实现的基本运算执行,并且能够在有限次内实现;算法是问题求解步骤的描述,是解决问题的步骤序列。

9. C

算法的时间复杂度是 $O(n^3)$,即 $T(n)=O(n^3)$,时间复杂度是问题规模的函数,问题规模为 n。

10. B

设问题的规模为 n,原操作为"i++;"和"sum=sum+i;"。sum 值的变化依次为初始时为 0;当 $i=1$ 时,sum=0+1=1;当 $i=2$ 时,sum=1+2=3;当 $i=3$ 时,sum=3+3=6,以此类推,sum=0+1+2+…+i=(1+i)*i/2,设原操作语句的循环次数为 k 次,则 $(1+i)\times i/2 < n$,取临界值,因求数量级,因此为方便求解可约等价简化为 $(1+k)\times k/2=n$,求解过程如下:

$$(1+k)*k=2n \rightarrow k^2+k=2n \rightarrow k^2+k+\frac{1}{4}=2n+\frac{1}{4} \rightarrow \left(k+\frac{1}{2}\right)^2=2n+\frac{1}{4}$$

解得

$$k=\frac{\sqrt{8n+1}-1}{2}$$

即

$$f(n)=\frac{\sqrt{8n+1}-1}{2}$$

由此可知时间复杂度为 $T(n)=O(\sqrt{n})$。

二、填空题

1. 有穷性 确定性 可行性

算法具有 5 个特征,分别是有穷性、确定性、可行性、输入和输出。

2. 集合 线性结构 树结构 图结构或网状结构

数据的逻辑结构分为 4 类,具体包括集合、线性结构、树结构、图结构或网状结构。

3. 算法的时间复杂度和空间复杂度

算法效率的度量是通过时间复杂度和空间复杂度来描述的。对算法做分析时，一般考虑在问题规模 n 下，对算法运行时间 $T(n)$ 和所占用空间 $S(n)$ 进行分析。

4. 数据元素之间的关系

在存储数据时不仅需要存储数据元素的值，还需要存储数据元素之间的关系。

5. 抽象数据类型

抽象数据类型指一个数学模型及定义在该模型上的一组操作，描述了数据的逻辑结构和抽象数据运算。用(数据对象,数据关系,基本操作集)来表示，这样就构成了一个完整的数据结构定义。

1.6.2 进阶习题解析

1. $O(n)$

本题目的基本语句为"sum=sum+i*2;"，执行了 $n-1$ 次，因此 $T(n)=O(n)$。

2. $O(\log_2 n)$

本题目的基本语句为"i=i*2;"。假设执行次数为 k，则有对应关系，当 $k=0$ 时，$i=1$；当 $k=1$ 时，$i=2$；当 $k=2$ 时，$i=4$；当 $k=3$ 时，$i=8$；以此类推，$i=2^k$，由循环判断条件可得，$2^k \leq n$，计算得到 $k \leq \log_2 n$，则 $T(n)=O(\log_2 n)$。

3. $O(n)$

本题目每次调用 func(n) 的参数依次减一，当 $n=1$ 时为递归出口，共调用 n 次 func(n) 函数，由此可得 $T(n)=O(n)$。

4. $O(\sqrt{n})$

本题目的基本语句为"i++;"。假设执行次数为 k，则由循环判断条件可得，$k^2 \leq n$，得到 $k \leq \sqrt{n}$，则 $T(n)=O(\sqrt{n})$。

5. $O(\sqrt{n})$

本题具有一定的迷惑性，第一步，i 值为 n，故可用 n 替换 i，可等价转换为

```
void func(int n)
{
    int j=0;
    while(n>=(j+1) * (j+1))
        j++;
}
```

本题目的基本语句为"j++;"。假设执行次数为 k 时，$(j+1)^2 > n$，j 的初始值为 0，第 k 次判断时，即 $j=k-1$。当第 k 次判断时，$k^2 > n$，得到 $k > \sqrt{n}$，则 $T(n)=O(\sqrt{n})$。

6. (1) $O(n^2)$ (2) $O(n\log_2 n)$

(1) 本题目的基本语句为"sum++;"。执行次数为 $\sum_{i=1}^{n}\sum_{j=1}^{2i}1 = \sum_{i=1}^{n}2i = 2\sum_{i=1}^{n}i = n(n+1) = n^2+n$，则 $T(n)=O(f(n))$，可得 $T(n)=O(n^2)$。

(2) 本题目的基本语句为"sum++;"。内层循环条件为 j<=n，与外层循环无关。因此，内层循环与外层循环可分别分析，再整体计算两层嵌套循环。内层循环条件为 j<=n，执行 n 次，即 $T_2(n)=O(n)$；外层循环假设执行次数为 k，则有对应关系，当 $k=0$ 时，$i=1$；当 $k=1$ 时，$i=2$；当 $k=2$ 时，$i=4$；当 $k=3$ 时，$i=8$；以此类推，$i=2^k$，由循环判断条件可得

$2^k \leqslant n$,计算得到 $k \leqslant \log_2 n$,则 $T_1(n)=O(\log_2 n)$。整个嵌套循环,根据乘法规则 $T(n)=T_1(n) \times T_2(n)=O(f(n)) \times O(g(n))=O(f(n) \times g(n))$ 计算,整个程序的时间复杂度为 $T(n)=T_1(n) \times T_2(n)=O(\log_2 n) \times O(n)=O(n\log_2 n)$。

1.6.3 考研真题解析

考研真题

单项选择题

1. A

第1章考研真题解析单项选择题1

基本运算为"x=2*x;",设执行次数为 k,则 $2^{k+1} < n/2$,解得 $k < \log_2 n/2 - 1 = \log_2 n - 2$,$T(n)=O(\log_2 n)$。

2. B

第1章考研真题解析单项选择题2

本题目每次调用 fact(n) 的参数依次减1,当 $n=1$ 时为递归出口,共调用 n 次 fact(n) 函数,由此可得 $T(n)=O(n)$。

3. D

第1章考研真题单项选择题3

两个升序链表合并,两两比较表中元素,每比较一次选择较小元素,则确定一个元素的位置。当一个链表(较短)比较结束后,则将另一个链表的剩余元素继续插入即可。最坏情况是两个链表中的元素依次进行比较,因 $2\max(m,n) \geqslant m+n$,所以最坏情况下的时间复杂度是 $O(\max(m,n))$。

4. C

第1章考研真题单项选择题4

本题目的基本语句为"count++;"。内层循环条件为 j<=n,与外层循环无关。因此,内层循环与外层循环可分别分析,再整体计算两层嵌套循环。内层循环条件为 j<=n,执行 n 次,即 $T_2(n)=O(n)$;外层循环假设执行次数为 t,则有对应关系,当 $t=0$ 时,$k=1$;当 $t=1$ 时,$k=2$;当 $t=2$ 时,$k=4$;当 $t=3$ 时,$k=8$;以此类推,$k=2^t$,由循环判断条件可得 $2^t \leq n, t \leq \log_2 n$ 则 $T_1(n)=O(\log_2 n)$。整个嵌套循环,根据乘法规则 $T(n)=T_1(n) \times T_2(n)=O(f(n)) \times O(g(n))=O(f(n) \times g(n))$ 计算,整个程序的时间复杂度为 $T(n)=T_1(n) \times T_2(n)=O(\log_2 n) \times O(n)=O(n\log_2 n)$。

5. B

第1章考研真题解析单项选择题5

设问题的规模为 n,原操作为"sum+=++i;",sum 值的变化依次为初始时为 0;当 $i=1$ 时,sum=0+1=1;当 $i=2$ 时,sum=1+2=3;当 $i=3$ 时,sum=3+3=6,以此类推,sum=0+1+2+…+i=(1+i)*i/2,设原操作语句的循环次数为 k 次,则 $(1+k) \times k/2 < n$,取临界值,因求数量级,因此为方便求解,可约等价简化为 $(1+k) \times k/2 = n$,求解过程如下:

$$(1+k) \times k = 2n \rightarrow k^2 + k = 2n \rightarrow k^2 + k + \frac{1}{4} = 2n + \frac{1}{4} \rightarrow \left(k+\frac{1}{2}\right)^2 = 2n + \frac{1}{4}$$

解得

$$k = \frac{\sqrt{8n+1}-1}{2}$$

即

$$f(n) = \frac{\sqrt{8n+1}-1}{2}$$

由此可知时间复杂度为 $T(n)=O(\sqrt{n})$。

6. B

第1章考研真题单项选择题6

本题目的基本语句为"x=x+1;"。假设执行次数为 k 时,$(x+1)^2 > n$,x 的初始值为 0,第 k 次判断时,即 $x=k-1$。当第 k 次判断时,$k^2 > n$,得到 $k > \sqrt{n}$,则 $T(n)=O(\sqrt{n})$。

第 2 章 线 性 表

本章首先给出学习目标、知识点导图，使读者对本章内容有整体了解；接着，介绍线性表的定义和基本操作；然后，围绕线性表的两类物理存储结构，即顺序存储结构(顺序表)和链式存储结构(链表)，分别进行讲解。这里，顺序存储结构包括顺序存储的定义、静态存储和动态存储方式、基本操作及其复杂度分析；链式存储(链表)包括链表的定义、单链表的定义及其基本操作、双链表的定义及其基本操作、循环链表的定义及其基本操作、静态链表的定义及其基本操作。最后一部分为线性表两种物理存储结构的比较分析。

本书在每章各个需要讲解的部分配有微课视频和配套课件，读者可根据需要扫描对应部分的二维码获取；同时，考研真题部分也适当配有真题解析微课讲解，可根据学习或复习需求扫描对应的二维码获取。

线性表

◆ 2.1 本章学习目标

(1) 理解线性表的基本概念及特点。
(2) 掌握线性表的两种物理存储结构，包括顺序表和链表的定义、基本操作、复杂度分析。
(3) 深入理解两类存储结构在操作上的差异，如单链表、双链表、循环单链表、循环双链表。
(4) 掌握本章内容与后续章节相结合的题目，如查找、排序等。

◆ 2.2 知识点导图

线性表知识点导图如图 2-1 所示。

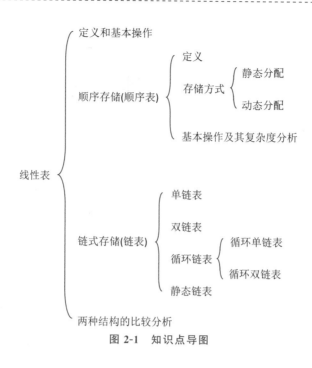

图 2-1 知识点导图

2.3 知识点归纳

2.3.1 线性表概述

2.3.1 线性表定义知识点

1. 线性表定义

线性结构是一个数据元素的**有序集**。**线性表**是一种最简单的线性结构,是 n 个相同数据类型的数据元素的**有限序列**。其中,$n \geq 0$,当 $n=0$ 时称为空表,n 为表长,在非空表 L 中的每个元素均有一个确定位置,则 L 中 a_1 为 L 的第一个数据元素,a_i 为第 i 个数据元素,最后一个元素为 a_n,称 i 为非空表 L 中的数据元素 a_i 在线性表 L 中的位序。

1) 线性结构的基本特征

(1) 集合中必存在唯一的一个"第一元素"。

(2) 集合中必存在唯一的一个"最后元素"。

(3) 除最后元素之外,均有唯一的后继。

(4) 除第一元素之外,均有唯一的前驱。

2) 线性表定义总结

综上,线性表是由逻辑上有序、个数有限、数据类型相同(每个元素占用相同大小的存储空间)的数据元素组成的线性结构。

2. 线性表的基本操作

1）相关提示

在阅读本部分前建议先阅读 2.4 节"引用 & 的含义和使用"部分,有助于对符号 & 的理解。

2）从线性表角度总结归纳出线性表的基本操作

(1) 初始化操作 InitList(&L)。构造一个空的线性表 L。

(2) 销毁结构操作 DestoryList(&L)。线性表 L 已存在,销毁线性表 L,释放 L 占用的内存空间。

(3) 判空操作 ListEmpty(L)。线性表 L 已存在,若 L 为空表,返回 TRUE,否则返回 FALSE。

(4) 求表长操作 ListLength(L)。线性表 L 已存在,返回 L 中数据元素的个数。

(5) 元素定位操作 GetElem(L,i,&e)。线性表 L 已存在,$1 \leqslant i \leqslant$ ListLength(L),用 e 返回 L 中第 i 个数据元素的值,i 为位序,从 1 开始。

(6) 按值查找操作 LocateElem(L,e)。线性表 L 已存在,返回 L 中第 1 个与 e 值相等的数据元素的位序,若不存在则返回 0,位序从 1 开始。

(7) 插入元素操作 ListInsert(&L,i,e)。线性表 L 已存在,$1 \leqslant i \leqslant$ ListLength(L)$+1$,在 L 中的第 i 个位置前插入指定数据元素 e。

(8) 删除元素操作 ListDelete(&L,i,&e)。线性表 L 已存在,$1 \leqslant i \leqslant$ ListLength(L),删除表 L 的第 i 个位置的数据元素,并用 e 返回删除元素的值。

(9) 输出表中所有元素值操作 PrintList(L)。按序输出线性表 L 中各个数据元素的值。

线性表是一种逻辑结构,本章分别采用顺序表和链表两种存储结构,并给出对应的基本操作,学习时注意二者在数据结构定义和基本操作方面的区别。

2.3.2 线性表的顺序存储及其基本操作

2.3.2 线性表的顺序存储及其基本操作

1. 线性表的顺序存储(顺序表)定义

以顺序存储形式存储的线性表称为**顺序表**。顺序存储是指在内存中用地址连续的一块存储空间顺序存放线性表的各个元素。顺序表的存储特点是,线性表中逻辑上相邻的元素在物理位置上也相邻,即用物理上的相邻实现了逻辑上的相邻。如图 2-2 所示,第 i 个位置的元素紧跟着第 $i-1$ 个元素之后,i 为元素 a_i 在线性表 L 中的位序,线性表的起始位置为线性表的基址。

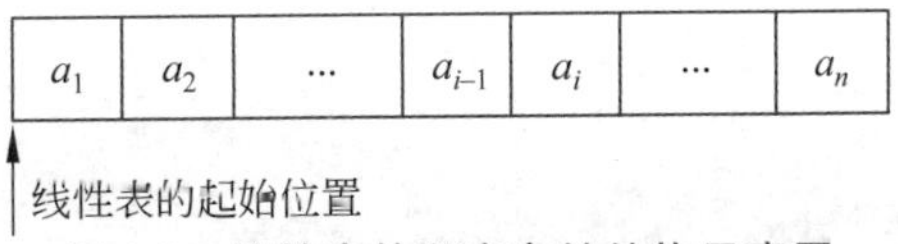

| a_1 | a_2 | ... | a_{i-1} | a_i | ... | a_n |

↑线性表的起始位置

图 2-2 线性表的顺序存储结构示意图

顺序表采用顺序存储结构,是随机存取结构。只要确定了存储线性表的起始位置,则表中任一数据元素都可根据公式计算达到随机存取效果。由于一维数组在内存中也是一批地址连续的存储单元,所以在高级语言环境中常用一维数组来表示顺序存储。

顺序表中数据元素地址的计算。线性表 L 中的数据元素为相同类型,这就意味着每个数据元素占有的空间大小相同。这里,假设一维数组中的第 1 个元素存放的地址为 $LOC(a_1)$,每个元素占用的空间大小为 sizeof(ElemType),则元素 a_i 的存放地址为

$$LOC(a_i) = LOC(a_1) + sizeof(ElemType) \times (i-1)$$

其中,ElemType 是顺序表 L 中存放的数据元素的类型,C 语言中使用 sizeof(ElemType)测量数据元素的大小,如 sizeof(int)=4B,B 为字节。

需要注意的是,数组中元素的下标从 0 开始,而线性表中的元素位序从 1 开始。

2. 存储方式

顺序表在高级语言环境中常用一维数组来表示顺序存储。一维数组可以是静态分配的,也可以是动态分配的。在静态分配时,数组的空间、大小为固定的,空间满时再次增加数据时存在数据溢出问题;动态分配时,数组空间在程序执行期间通过 malloc(C 语言)或 new(C++ 语言)动态存储分配语句实现分配,即使空间满,也可另开辟一块更大空间替换原来的空间,扩充数组,防止溢出,且不需要一次性划分线性表的所有空间。

下面分别介绍静态分配和动态分配下顺序表 SqList 的定义。

1) 静态分配

```
#define ListSize  100
//定义线性表的最大长度为 ListSize
typedef int ElemType;                   //定义数据元素类型
//采用结构体定义顺序表
typedef struct{                         //顺序表类型定义
        ElemType  elem[ListSize];       //数据域,顺序表元素
        int   length;                   //顺序表当前长度
} SqList;
```

2) 动态分配

```
//使用动态一维数组定义顺序表 SqList
#define InitSize  100
//定义线性表的初始长度为 InitSize
typedef int ElemType;                   //定义数据元素类型
typedef struct{                         //顺序表类型定义
        ElemType * elem;                //数据域的数组基址指针
        int length;                     //顺序表当前长度
        int ListSize;                   //顺序表的最大容量
}SqList;
```

3. 基本操作及其复杂度分析

1) 顺序表的初始化

(1) 静态分配。

```
//基本操作:初始化顺序表
void InitList(SqList &L){
    for(i=0;i<ListSize;i++)
```

```
            L.elem[i]=0;          //设置线性表中的元素初值,防止脏数据(指内存中遗留的数据)
    L.length=0;                   //顺序表长度初值
}
//主函数
void main(){
    SqList L;                     //顺序表声明
    InitList(L);                  //调用初始化函数
    …
}
```

(2) 动态分配。

```
void InitList(SqList &L){
    L.elem=(ElemType *)malloc(sizeof(ElemType) * InitSize );
    L.length=0;
    L.ListSize=InitSize;
}
void IncreaseList(SqList &L,int increaselength){
    ElemType * temp=L.elem;
    L.elem=(ElemType *)malloc(sizeof(ElemType) * (InitSize+ increaselength) );
    for(i=0;i<L.length;i++)            //将顺序表L原空间中的数据复制到新空间
    {
        L.elem[i]=temp[i];
    }
L. ListSize= InitSize+ increaselength;  //更新最大长度
free(temp);                             //释放原空间
}
//主函数
void main(){
    SqList L;                     //顺序表声明
    InitList(L);                  //调用初始化函数
    …
    IncreaseList(L,10);           //增加顺序表长度
}
```

可见,无论是静态分配还是动态分配,主函数 main 调用方式均保持一致。关于销毁操作,静态分配在程序结束时,自动销毁。动态分配时,若采用 malloc 申请空间,则可使用 free 逐个释放结点;若采用 new 申请空间,则可使用 delete 释放空间。

以下算法在动态分配实现方式上和静态分配实现方式上雷同,且因其他基本操作较简单,以下仅列出按值查找算法、插入算法和删除算法。

2) 顺序表的按值查找算法

顺序表 L 已存在,返回 L 中第 1 个与 e 值相等的数据元素的位序,若不存在则返回 0,位序从 1 开始,则顺序表的按值查找算法如下。

```
int ListLocateElem(SqList L,ElemType e){
//在顺序表 L 中查找第 1 个值与 e 相同的元素。若找到,则返回其在 L 中的位序,否则返回 0。
    i = 1;                        //位序的初值为 1
    ElemType * p;
    p=L.elem;                     //p 的初值为第 1 元素的位置
    while (i<= L.length &&(*p)!=e){
```

```
            i++;
            p++;
        }
        if (i <= L.length)
        //找到满足条件的元素,返回位序 i
            return i;
        else
        //未找到满足条件的元素,正常位序从 1 开始,查找失败则返回 0
            return 0;
}
```

3）顺序表的插入算法

顺序表 L 已存在,$1 \leqslant i \leqslant$ ListLength(L)+1,若 i 值非法或当前已满,则返回 FALSE;否则在 L 中的第 i 个位置前插入指定数据元素 e,并返回 TRUE,顺序表的插入算法如下。

```
bool ListInsert(SqList &L, int i, ElemType e){
    //在顺序表 L 的第 i 个元素之前插入数据元素 e
    if (i< 1 || i > L.length+1)             //判断 i 的位置是否合法
        return FALSE;                       //插入位置不合法
    if (L.length >= L. ListSize )
        return FALSE;                       //无法插入
    for (j=L.length-1; j>=i-1; --j)
        L.elem[j+1] = L.elem[j];            //第 i 个元素及之后的元素右移
    L.elem[i-1] = e;                        //在第 i 个位置插入元素 e
    L.length++;                             //顺序表的长度增 1
    return TRUE;
}
```

4）顺序表的删除算法

顺序表 L 已存在,$1 \leqslant i \leqslant$ ListLength(L),若 i 值非法,则返回 FALSE;否则,删除表 L 的第 i 个位置的数据元素,并用 e 返回删除元素的值同时返回 TRUE,顺序表的删除算法如下。

```
bool ListDelete(SqList &L, int i,ElemType &e){
    //从顺序表 L 中删除的第 i 个元素,用 e 返回其值
    if ((i< 1) || (i> L.length))            //删除位置非法
        return false;
    e=L.elem[i-1];                          //将被删除的元素赋值给 e
    for (j = i; j<L.length; ++j)
    //被删除元素之后的元素左移
        L.elem[j-1]=L.elem[j];
    L.length--;                             //顺序表的长度减 1
        return TRUE;
}
```

5）复杂度分析

（1）顺序表的按值查找算法复杂度分析。当要查找的元素在表头时,只需要比较一次即可,则最好情况下时间复杂度为 $O(1)$;当要查找的元素在表尾或不存在时,需要比较 n 次,则最坏情况下时间复杂度为 $O(n)$;由于 $1 \leqslant i \leqslant$ ListLength(L),即 $1 \leqslant i \leqslant n$,假设 p 为查找元素在第 i 个位置上的概率,因 i 等概率出现,因此 $p = \dfrac{1}{n}$,计算比较的平均次数:

当 $i=1$ 时,比较的次数为 1;
当 $i=2$ 时,比较的次数为 2;
以此类推,当 $i=n$ 或不存在时,比较的次数为 n。
可得,比较的平均次数为

$$p \times (1+2+\cdots+n) = \frac{1}{n}\frac{n(n+1)}{2} = \frac{n+1}{2}$$

即平均时间复杂度为 $O(n)$。

线性表按值查找算法的平均时间复杂度为 $O(n)$。

(2) 顺序表的插入算法复杂度分析。当在表尾插入元素时,后移语句不执行,则最好情况下时间复杂度为 $O(1)$;当在表头插入元素时,后移语句执行 n 次,则最坏情况下时间复杂度为 $O(n)$;由于 $1 \leqslant i \leqslant \text{ListLength}(L)+1$,即 $1 \leqslant i \leqslant n+1$,假设 p 为在第 i 个位置上插入结点的概率,因 i 等概率出现在 $n+1$ 个可能的位置上,因此 $p=\frac{1}{n+1}$,计算移动结点的平均次数:

当 $i=n+1$ 时,结点移动的次数为 0;
当 $i=n$ 时,结点移动的次数为 1;
以此类推,当 $i=1$ 时,结点移动的次数为 n。
可得,移动结点的平均次数为

$$p \times (0+1+\cdots+n) = \frac{1}{n+1}\frac{(0+n)(n+1)}{2} = \frac{n}{2}$$

即平均时间复杂度为 $O(n)$。

线性表插入算法的平均时间复杂度为 $O(n)$。

(3) 顺序表的删除算法复杂度分析。当在表尾删除元素时,不需要移动元素,则最好情况下时间复杂度为 $O(1)$;当在表头删除元素时,需要移动除了表头以外的所有结点,则最坏情况下时间复杂度为 $O(n)$;由于 $1 \leqslant i \leqslant \text{ListLength}(L)$,即 $1 \leqslant i \leqslant n$,假设 p 为在第 i 个位置上删除元素的概率,因 i 等概率出现,因此 $p=\frac{1}{n}$,计算移动结点的平均次数:

当 $i=n$ 时,移动结点的次数为 0;
当 $i=n-1$ 时,移动结点的次数为 1;
以此类推,当 $i=1$ 时,移动结点的次数为 $n-1$。
可得,移动结点的平均次数为

$$p \times (0+1+\cdots+(n-1)) = \frac{1}{n}\frac{n(0+n-1)}{2} = \frac{n-1}{2}$$

即平均时间复杂度为 $O(n)$。

线性表删除算法的平均时间复杂度为 $O(n)$。

2.3.3 线性表的链式存储及其基本操作

线性表可以采用顺序结构存储,也可以采用链式存储结构进行存储。链式结构存储线性表时,如线性表 $(a_1, a_2, \cdots, a_n)$,可存储在不连续区域,但依靠指针相链接,仍然保持逻辑上的线性关系,其插入和删除操作不需要移动元素,只需要修改相应的指针,但是失去了顺序表随机存储的特性。链式结构主要有单链表、双链表、循环链表以及静态链表。

1. 单链表

2.3.3 单链表的定义及其基本操作

1) 单链表的定义

单链表是一种基本的链式存储结构，表中的每个结点存放一个数据元素，并通过指针表示结点间的逻辑关系，指向存放后继结点的指针地址，如图 2-3 所示，单链表中的每个结点包含 data 和 next 两部分，data 为数据域，next 为指针域。

| data | next |

图 2-3 单链表结点的结构

(1) 单链表存储结构描述。

```
typedef struct LNode{                    //结点类型
    ElemType    data;                    //数据域
    struct LNode  * next;                //指针域
} LNode;
typedef LNode * LinkList;                //指针类型
```

LinkList 为结构指针类型，常用它定义链表，如

```
LinkList L;                              //L 为 LinkList 类型的指针变量
```

(2) 头结点与头指针。可以用头指针标识一个单链表，当头指针为 NULL 时，链表为空表。为了便于处理一些特殊情况，在第一个结点之前附加一个"头结点"，头结点的数据域一般不设任何信息（也可用于记录表长），令该结点中指针域的指针指向第一个元素结点，并令头指针指向头结点。如图 2-4 所示分别为带头结点的单链表和不带头结点的单链表。

(a) 带头结点的单链表

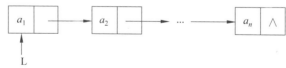

(a) 不带头结点的单链表

图 2-4 单链表的结构

2) 单链表的基本操作

本部分单链表的基本操作均为带头结点的单链表，且头指针指向头结点。

(1) 单链表的初始化操作。构造一个空的单链表 L，其基本操作为 LinkListInit(LinkList &L)。

```
void LinkListInit(Linklist &L){
    L = new LNode;                       //头结点
    if (!L) exit(1);                     //空间分配失败
```

```
        L->next = NULL;                    //创建带头结点的空链表
    }
```

(2) 单链表的销毁操作。单链表 L 已存在,销毁单链表 L,其基本操作为 LinkListDestroy (LinkList *L)。

```
void LinkListDestroy (Linklist &L){        //销毁以 L 为头指针的单链表
    while (L){
      LNode * r=L;                         //r 指向前驱
      L=L->next;                           //L 指向当前结点
      delete r;                            //释放
    }
    L = NULL;                              //置空
}
```

(3) 按序号查找单链表中结点操作。L 为带头结点的单链表的头指针,从第一个结点出发,依次沿着指针遍历,当第 i 个元素存在时,返回指向该结点的指针;若这样的数据元素不存在,则返回空。其基本操作为 LinkListGetElem (LinkList L,int i),其时间复杂度为 $O(n)$。

```
LNode *LinkListGetElem (Linklist L, int i){
//返回单链表中第 i 个结点的值
    int j =1;
    LNode * p = L->next;                   //p 指向第一个结点
    if(i=0)
        return L;                          //返回头结点
    if(i<1)
        return NULL;                       //i 无效
    while (p&&j<i){
        p=p->next;
        ++j;
    }
    return p;                              //返回第 i 个结点的指针,若 i 大于表长,则返回 NULL
}
```

(4) 按值查找单链表中结点操作。单链表 L 已存在,返回指向单链表 L 中第一个与 e 值相同的数据元素指针;若这样的数据元素不存在,则返回 NULL。其基本操作为 LinkListLocateElem (LinkList L,ElemType e),其时间复杂度为 $O(n)$。

```
LNode *LinkListLocateElem (Linklist L, ElemType e){
//返回单链表中第 1 个与 e 值相等的结点
    LNode * p = L->next;                   //p 指向第一个结点
    while (p!=NULL&&p->data!=e){
        p=p->next;
    }
    return p;         //找到后返回指向单链表中第一个与 e 值相等的结点的指针,否则返回 NULL
}
```

(5) 单链表的插入结点操作。在带头结点的单链表 L 中第 i 个位置插入元素 e,先判断 i 的合法性 $1 \leqslant i \leqslant$ LinkListLength(L)+1,接着通过调用查找函数 LinkListGetElem (L, i−1)查找第 i 个结点的前驱结点的指针实现,再执行插入结点操作,其基本操作为

LinkListInsert(LinkList &L,int i,ElemType e)。可通过调用 LinkListGetElem(L,i−1)找到待插入结点位置的前驱结点 p,生成新结点 s,将新结点 s 插到 p 后。如图 2-5 所示,为在单链表 L 中的 p 结点后插入结点 s。在指定结点后插入元素的时间复杂度为 $O(1)$,本算法的时间复杂度在于查找前驱指针结点的时间复杂度,为 $O(n)$。

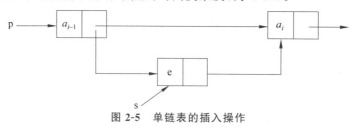

图 2-5 单链表的插入操作

```
bool LinkListInsert(Linklist &L, int i, ElemType e){
    if(i<1||i>(LinkListLength(L)+1))
        return FALSE;
    LNode *p= LinkListGetElem(L, i-1);
    s=new LNode;
    if(!s)
        exit(1);                        //存储空间分配失败
    s->data=e;                          //创建新结点
    s->next=p->next;
    p->next=s;                          //修改指针
    return TRUE;
}
```

(6) 单链表的删除结点操作。在带头结点的单链表 L 中,删除第 i 个元素,先判断 i 的合法性 $1\leqslant i\leqslant$LinkListLength(L),接着通过调用查找函数 LinkListGetElem(L,i−1)查找第 i 个结点的前驱结点的指针实现,再执行删除结点操作,其基本操作为 LinkListDelete(LinkList &L,int i,ElemType &e)。可通过调用 LinkListGetElem(L,i−1)找到待删除结点位置的前驱结点 p,设即将被删除的结点指针为 q,如图 2-6 所示,为在单链表 L 中删除第 i 个结点。删除指定结点后的元素的时间复杂度为 $O(1)$,本算法的时间复杂度在于查找前驱指针结点的时间复杂度,为 $O(n)$。

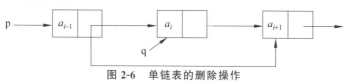

图 2-6 单链表的删除操作

```
bool LinkListDelete ( Linklist &L, int i, ElemType &e){
    if(i<1||i>LinkListLength(L))
        return FALSE;
    LNode *p= LinkListGetElem(L, i-1);  //获得删除结点的前驱结点
    LNode *q=p->next;                   //q 指向即将被删除的结点
    e=q->data;                          //用 e 返回被删除结点的值
    p->next=q->next;                    //断开链接
    free(q);                            //释放
}
```

(7) 逆序建立带头结点的单链表(头插法)。头插法建立单链表 L,从空表开始从数组

a[]中读取数据,依次建立新的结点插到当前链表的头结点后,如图 2-7 所示,其基本操作为 CreateLinkList (LinkList &L, int n, ElemType a[])。

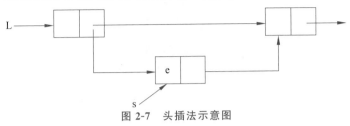

图 2-7　头插法示意图

```
void CreateLinkList_F(LinkList &L, int n, ElemType a[]) {
//数组 a 中存放即将建立的单链表中的数据元素的值
    LNode * s;
    L=(LinkList)malloc(sizeof(LNode));
    L->next=NULL;                              //带头结点的空的单链表
    for (i=n;i>0;--i)
    {
        s= (LinkList) malloc (sizeof (LNode));
        s ->data=a[i-1];                       //获得元素值
        s->next=L->next;
        L->next=s;                             //插在头结点后
    }
}
```

头插法所建立的链表与数据数组 a[]中元素的顺序是相反的。因此,头插法对应逆序建立单链表,头插法建立表长为 n 的单链表的时间复杂度为 $O(n)$。

(8) 顺序建立带头结点的单链表(尾插法)。尾插法建立单链表 L,从空表开始从数组 a[]中读取数据,依次建立新的结点插到当前链表的表尾结点后(设置尾指针,指向当前链表的尾结点),其基本操作为 CreateLinkList_R(LinkList &L, int n, ElemType a[])。

```
void CreateLinkList_R(LinkList &L, int n, ElemType a[]) {
//数组 a 中存放即将建立的单链表中的数据元素的值
    LNode * s;
    LNode * r=L;
    L=(LinkList)malloc(sizeof(LNode));
    L->next=NULL;                              //带头结点的空的单链表
    for (i = 0; i<n; i++)
    {
        s=(LinkList)malloc(sizeof(LNode));
        s->data=a[i];                          //获得元素值
        s->next=r->next;
        r->next = s;
        r= s;                                  //r指向当前链表的表尾
    }
}
```

尾插法所建立的链表与数据数组 a[]中元素的顺序是相同的。因此,尾插法对应顺序建立单链表,尾插法建立表长为 n 的单链表的时间复杂度为 $O(n)$。

2. 双向链表

2.3.3 双向链表的定义及其基本操作

双向链表的结点结构如图 2-8 所示。

| prior | data | next |

图 2-8 双向链表的结点结构

1) 双向链表的结点定义

```
typedef struct DLNode{                    //双向链表的结点类型
    ElemType data;                        //数据域
    struct DLNode  *prior,*next;          //指针域
}DLNode, *DLink;
```

2) 双向链表的基本操作

(1) 双向链表的插入操作。双向循环链表 L 中,结点 p 后插入结点 s,其基本操作为 LinkListInsert_DL(DLink &L, DLNode *p,DLNode *s)。双向链表的插入操作如图 2-9 所示。

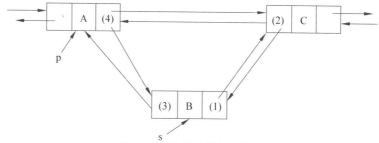

图 2-9 双向链表的插入操作

```
void LinkListInsert_DL(DLink &L, DLNode *p,DLNode *s)
//在带头结点的双向循环链表 L 中的结点 p 之后插入结点 s,指针改变顺序为图 2-9 中(1)~(4)
//顺序
    s->next=p->next;
    p->next->prior = s;                   //修改前驱、后继
    s->prior=p;                           //链接结点 s
    p->next = s;
}
```

(2) 双向链表的删除操作。双向循环链表 L 中,删除结点 p 后的结点,并用 e 返回其值,其基本操作为 LinkListDelete_DL(DLink &L, DLNode *p, ElemType &e)。双向链表的删除操作如图 2-10 所示。

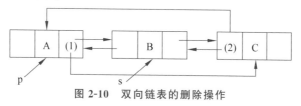

图 2-10 双向链表的删除操作

```
void LinkListDelete_DL(DLink &L, DLNode * p, ElemType &e){
//删除双向循环链表 L 中结点 p 的后继,e 返回该后继的数据元素值,指针改变顺序如图 2-10 中
//(1)、(2)顺序
    DLNode * s=p->next;
    e=s->data;                          //用 e 返回其值
    p->next=s->next;                    //修改
    s->next->prior=p;
    delete s;
}
```

2.3.3 循环链表的定义及其基本操作

3. 循环链表

1) 循环单链表

循环单链表结构是线性表的另一种形式的链式存储表示,如图 2-11 所示,其特点是循环单链表的最后一个结点是指向头结点的,整个链表为环状。因此,循环单链表 L 判空的条件为 if(L->next==L),即判别链表中最后一个结点的条件不再是"后继是否为空",而是"后继是否为头结点",若相等则为空,否则为非空。循环单链表的插入、删除操作与单链表相似,并且因循环单链表的特性,在任何一个位置做插入或删除操作均可等价处理,通常可仅设定尾指针,既方便对表尾操作,又可迅速找到头指针,可使某些操作简化,这里不再赘述。需要注意的是,当对表尾进行操作时需要保证单链表的循环特性。空的循环单链表由只含一个自成环的头结点表示,即 next 域指向头结点本身。

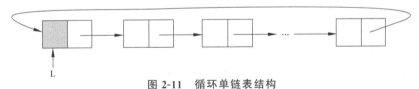

图 2-11 循环单链表结构

2) 循环双链表

循环双链表结构如图 2-12 所示。循环双链表在循环链表的基础上头结点的 prior 指向表尾,尾结点的 next 指向头结点。当表为空表时,头结点的 prior 和 next 均指向头结点本身,自成环。

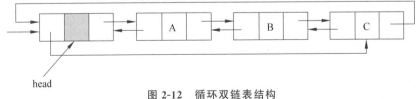

图 2-12 循环双链表结构

4. 静态链表

静态链表通过数组来表示和实现链表。指针的作用由数组下标替代,数组的分量对应一个结点,指针内容为数组的下标,称为静态指针。为便于定义,空指针用-1 或 0 表示(因

2.3.3 静态链表的定义及其基本操作

为不使用下标为-1或0的单元)。

例如,对于线性表 L=(Sun,Mon,Tue,Wed,Thu,Fri,Sat),设数组 0 单元存放的是第一个元素的指针,采用静态链表存储结构如图 2-13 所示。

0	1	2	3	4	5	6	7	8	9	10
	Thu		Mon		Sat	Sun	Wed		Tue	Fri
6	10		9		-1	3	1		7	5

图 2-13 静态链表

静态链表定义如下。

```
#define ListSize  10                //定义静态链表的空间大小为 ListSize
typedef struct{
    ElemType data;                  //数据域
    int next;                       //指针域
}SLinkList[ListSize];
```

2.3.4 两种结构的比较分析

顺序表的特点是可随机访问,通过基址和元素位序计算在 $O(1)$ 时间内找到指定的元素,在逻辑上相邻的元素在物理位置上也相邻,顺序表的每个结点只存储数据元素本身,存储密度高;但是,顺序表在做插入和删除操作时需要移动大量的元素。

链表的特点是可存储在不连续区域,可解决顺序表需要大量连续存储单元的缺点,但为保持逻辑上的线性关系,需要依靠指针相链接,存在浪费存储空间的缺点。单链表的插入和删除操作不需要移动元素,只需要修改相应的指针,但是失去了顺序表随机存储的特性。在查找特定结点时需要从链表头逐一遍历查找。

◆ 2.4 重点和难点知识点详解

1. 引用 & 的含义和使用

很多读者不理解 & 的含义,在使用时经常混淆。& 为 C++语言中的引用调用,C 语言代码可用指针实现同样的效果,在我们描述算法时常见到 &,如传入对参数的引用 &,这里的含义是指在某函数内对某结构参数或某变量参数进行的更改能够带回来(真正实现变化,如将变化反映到调用它的函数)。

2. 指针型变量的使用

指针型变量操作只能做同类型的指针赋值与比较操作。指针型变量的"值"可以用 C 语言中的动态分配函数得到,或是由同类型的指针变量赋值得到。

3. 线性表的逻辑结构和存储结构辨析

线性表的顺序存储即顺序表,在逻辑上相邻的元素,其物理位置上也相邻;而链式存储结构,其逻辑上相邻的元素在物理位置上不一定相邻。

4. 顺序表的动态分配含义

动态分配是顺序表存储方式的一种,依然不改变顺序表的顺序存储和随机访问属性,不是链表。只是数组空间在程序执行期间通过 malloc(C 语言)或 new(C++ 语言)动态存储分配语句实现分配,即空间大小在运行时动态决定。

5. 头结点与头指针

当链表为空链表时,在不带头结点的情况下,头指针为空,即 L=NULL;在带头结点的情况下,当链表为空链表时,链表的头指针不为空,其头结点中指针域的指针为空,即 L->next=NULL。

6. 使用头指针的优点

即使链表中无数据元素时,带有头结点的单链表依然有一个头结点,这样对于空表和非空表的操作也相同,方便算法的设计,不需要单独考虑;因链表的第一个结点前有头结点,因此当需要在链表的第一个位置上做操作时和在其他位置做操作相同,方便算法的设计,不需要单独考虑。

7. 结点定义与表结构本身定义的技巧辨析

单链表存储结构描述如下。

```
typedef struct LNode{                    //结点类型
        ElemType data;                   //数据域
        struct LNode  * next;            //指针域
} LNode;
typedef LNode * LinkList;                //指针类型
```

LinkList 为结构指针类型,常用它定义链表。如

```
LinkList L;                              //L 为 LinkList 类型的指针变量
```

LinkList 和 LNode * 是不同名字的同一个类型的指针变量。LinkList 类型的指针变量,通常表示单链表的头指针,即逻辑上可认为是对应某链表。LNode * 类型的指针变量,通常表示它是指向某一结点的指针,即逻辑上可认为是对应某结点。命名的不同是为了概念上更明确,方便使用。

8. 分配空间和释放空间(malloc 与 free、new 与 delete)

```
//使用动态一维数组定义顺序表 SqList
#define InitSize  100
//定义线性表的初始长度为 InitSize
typedef char ElemType;                   //定义数据元素类型
typedef struct{                          //顺序表类型的定义
        ElemType * elem;                 //数据域的数组基址指针
        int     length;                  //顺序表当前长度
        int     ListSize;                //顺序表的最大容量
}SqList;
```

接着,定义变量 L 为 SqList 类型变量,即 SqList L。

采用动态分配,在正式使用 L 之前必须为 L.elem 分配足够的空间。使用语句 malloc 或 new 在 C 语言中,具体为

```
L.elem=(ElemType *)malloc(sizeof(ElemType) * InitSize);
```

在 C++语言中为

```
L.elem=new ElemType[InitSize];
```

在程序运行结束之前，必须要释放这些分配的动态存储空间给系统，使用语句。在释放时需要注意 malloc 对应 free 进行空间释放，new 对应 delete 进行空间释放。

9. 技巧贴士

可通过使用"画示意图"技巧解题，如算法设计题目等。

10. 根据问题选择存储结构

相对而言，二者各有其适用的场景，需要根据实际问题及主要因素决定。简要列举如下。

选择顺序表优于链表的情况，如经常需要做随机存取操作时。

选择链表优于顺序表的情况，如无法估算表长时、在经常需要进行插入或删除操作时（链表主要做比较操作、顺序表主要做移动元素操作）。

◆ 2.5 习题题目

本部分习题形式包括单项选择题、综合应用题等题型，是专业课学习和考研常见题型。知识点覆盖专业课程学习和考研知识点。因此，本部分知识点相关习题设置较全面。

题目难度方面设置基础习题、进阶习题、考研真题，这样读者可根据自身情况合理安排学习规划，有针对性地逐步提升专业知识、解题能力和应试能力。

2.5.1 基础习题

一、单项选择题

1. 线性表是具有 $n(n \geqslant 0)$ 个（　　）的有限序列。
   A. 数据元素　　　B. 元素　　　C. 数据项　　　D. 字符

2. 线性表的顺序存储结构是（　　）的存储结构。
   A. 顺序存取　　　B. 索引存取　　　C. 哈希存取　　　D. 随机存取

3. 链表中增加头结点的目的是为了（　　）。
   A. 使链表不为空
   C. 标识首结点位置
   B. 表明为链式存储
   D. 方便实现运算

4. 在一个顺序表中，第一个数据元素的地址为 200，每个数据元素的长度为 4，则第三个数据元素的地址是（　　）。
   A. 202　　　B. 208　　　C. 210　　　D. 200

5. 顺序表所占用的存储空间大小与（　　）因素有关。
   A. 元素的类型
   C. 元素中的存放顺序
   B. 顺序表的长度
   D. A 和 B

6. 下面（　　）是顺序表的优点。
   A. 存储密度大
   B. 不需要占用连续的存储单元

C. 插入运算不需要移动元素　　　　　　D. 删除运算不需要移动元素

7. 顺序表 L 的表长为 n，在表 L 的第 i 个元素之前插入一个元素，$n \geq i \geq 1$，则需要向后移动的元素个数为（　　）。

　　A. $n-i$　　　　　B. $n-i-1$　　　　　C. n　　　　　D. $n-i+1$

8. 在单链表中，在 p 所指的结点后插入 s 所指结点，则需要执行的操作为（　　）。

　　A. s->next=p->next;p=s;　　　　　B. s->next=p;p->next=s;
　　C. s->next=p->next;p->next=s;　　D. p->next=s;

9. 静态链表中的指针表示（　　）。

　　A. 内存储器的地址　　　　　　　　B. 左链指向的元素地址
　　C. 下一个元素在数组中的位置　　　D. 右链指向的元素地址

10. 某结构为线性表的存储结构，需要分配较大的连续存储空间，并且在该结构上插入元素和删除元素不需要移动元素，该存储结构为（　　）。

　　A. 静态链表　　　B. 顺序表　　　C. 单链表　　　D. 双链表

二、填空题

1. 一个线性表，要求其存储结构能反映数据之间的逻辑关系，并能够进行较快速的插入和删除，则应该选用_____存储结构。

2. 对于顺序表，获取第 i 个位置元素的值、在第 i 个位置删除一个元素的时间复杂度分别为_____和_____。

3. 对于顺序存储的线性表，改变第 i（$n \geq i \geq 1$）个元素值操作的时间复杂度为_____。

4. 单链表 L 带有头结点，该表为空的判断条件为_____。

5. 单链表 L 不带头结点，该表为空的判断条件为_____。

6. 在有头结点的单循环链表中，假设其头指针指向头结点为 L，则判断 p 指针是否指向表尾的判断条件为_____。

7. 已知带有头结点的双向链表 L，删除双向链表 L 中 p 结点后的 s 结点的语句为_____，然后执行"s->next->prior=p;"。

8. 带头结点的双循环链表 L，该表为空的判断条件为_____。

三、综合应用题

1. 在何种情况下使用顺序表比使用链表更好？

2. 对长度为 n 的顺序表 L，删除顺序表 L 中所有值为 x 的数据元素，设计算法，要求算法的时间复杂度为 $O(n)$，空间复杂度为 $O(1)$。

3. 设计算法，将顺序表 L 的所有元素逆置，要求尽可能高效。

4. 若某问题需要频繁地对线性表进行插入和删除操作，此时应该选用哪种存储结构？说明原因。

5. 设单链表 L 带头结点，L 为单链表的头指针，其数据结点的数据值都是正整数，并且值无重复，利用直接插入的原则，设计算法，把该链表调整成按照结点的数据值递增的有序单链表。

6. 从顺序表中删除其值在给定值之间的所有元素，并判断给定值及表状态，当给定值不合理时，给出相应提示；当顺序表为空时，给出相应提示。

7. 已知L1、L2分别为两循环单链表的指向头结点的指针，m、n分别为L1、L2表中数据结点的个数。要求设计算法，用最快速度将两循环单链表合并成一个带头结点的循环单链表。

8. 一个一维数组存放两个线性表，当前状态为L1的所有元素在L2的所有元素之前，试设计算法，使得L2的所有元素在L1的所有元素之前，注意其相对位置是不变的，即整体移动。

9. 单链表L带头结点，编写算法将单链表使用空间复杂度为$O(1)$的算法实现逆置。

10. 带头结点的单链表L中存在唯一的最小值结点，编写算法实现删除该最小值结点，并且使其尽可能高效。

11. 设计一个算法用于判断带头结点的循环双链表是否对称。

2.5.2 进阶习题

一、单项选择题

1. 某线性表最常用的操作是存取表中任一指定序号的元素，以及在表尾插入或删除元素，则使用（　　）存储方式更节省时间。
　　A. 单循环链表　　　　　　　　B. 顺序表
　　C. 双向链表　　　　　　　　　D. 双循环链表

2. 当顺序表申请的初始空间（表长为n）已满时，可再申请分配空间（再追加m个空间），若此时申请空间分配失败，说明系统没有（　　）个可分配的存储空间。
　　A. m　　　　B. n　　　　C. $n+m$　　　　D. $n+m$ 连续

3. 当对于链表的最常用操作为在链表的表尾插入和删除结点，选用以下（　　）结构最节省时间。
　　A. 单链表　　　　　　　　　　B. 单循环链表
　　C. 带头结点的双循环链表　　　D. 带尾指针的单循环链表

4. 带头结点的循环单链表L，当L->next->next＝L时，该单链表的数据元素个数为（　　）个。
　　A. 1　　　　B. 0　　　　C. 2　　　　D. 0 或 1

5. 已知双向循环链表L带有头结点，现要删除指针p所指结点，以下操作正确的是（　　）。
　　A. p->next->prior＝p->next；p->prior->next＝p->next；free(p)；
　　B. p->next->prior＝p->prior；p->prior->next＝p->prior；free(p)；
　　C. p->next->prior＝p->next；p->prior->next＝p->prior；free(p)；
　　D. p->next->prior＝p->prior；p->prior->next＝p->next；free(p)；

6. 在双链表中的p所指结点之前插入结点s，以下操作正确的是（　　）。
　　A. p->prior->next＝s；s->next＝p；s->prior＝p->prior；p->prior＝s；
　　B. s->prior＝p->prior；p->prior->next＝s；s->next＝p；p->prior＝s->next；
　　C. p->prior＝s；s->next＝p；p->prior->next＝s；s->prior＝p->prior；
　　D. s->next＝p；p->prior＝s；s->prior->next＝s；s->next＝p；

7. 某线性表最常用的操作是在表尾插入一个元素和删除第一个元素，则采用（　　）存储最节省时间。

A. 仅有头结点指针的循环单链表　　B. 仅有尾结点指针的循环单链表

C. 双链表　　　　　　　　　　　D. 单链表

8. 在长度为 $n(n>1)$ 的只有头指针不带头结点的循环单链表上,删除第一个结点的算法时间复杂度为(　　)。

A. $O(1)$　　　B. $O(n)$　　　C. $O(n^2)$　　　D. $O(\sqrt{n})$

9. 在双链表 L 中,删除 q 所指结点需要做的修改为(　　)。

A. q->prior->next=q->next;q->next->prior=q->prior;

B. q->prior=q->prior->prior;q->prior->next=q;

C. q->next->prior=q;q->next=q->next->next;

D. q->next=q->prior->prior;q->prior=q->next->next;

10. 已知表头元素为 C 的单链表在内存中的存储状态如图 12-14 所示。

地址	元素	链接地址
2000H	A	2008H
2002H	B	2006H
2004H	C	2000H
2006H	D	NULL
2008H	E	2002H
200AH		

图 2-14　进阶习题单项选择题 10 示意图

现将 F 放于 200AH,将 F 逻辑上插入 A 和 E 之间,则 A、E 和 F 的链接地址分别为(　　)。

A. 200AH、2008H、2002H　　　　B. 2008H、200AH、2002H

C. 200AH、2002H、2008H　　　　D. 2008H、2002H、200AH

二、综合应用题

1. 线性表中元素递增有序,并按序存于计算机内。要求设计算法完成下列功能。

(1) 用尽可能少的时间在表中查找数值为 x 的元素。

(2) 若找到数值为 x 的元素,则将其与其后继元素位置交换。

(3) 若找不到数值为 x 的元素,则将其插入线性表中并使表中元素仍递增有序。

2. 从有序顺序表中删除所有元素值重复的元素,使得元素的值各不相同。

3. 已知 L 为没有头结点的单链表中第一个结点的指针,每个结点的数据域存放一个字符,该字符可能是英文字母字符或数字字符,编写算法,要求用最少的时间和最少的空间,构造两个带头结点的单循环链表,且每个表中只含同一类字符。

4. 将 $n(n \geqslant 1)$ 个整数存放到一维数组中,找出该数组中未出现过的最小正整数。尝试设计算法实现上述需求,并且时间上尽可能高效。

5. 已知线性表按顺序存于内存,其每个数据元素的值都是整数,设计算法,将值为负数的所有数据元素移动到全部正数元素前边,要求时间复杂度尽可能小。

6. 将 $n(n>1)$ 个整数存放到一维数组中,将数组中的元素循环左移 $m(n>m>0)$ 个位置。尝试设计算法实现上述需求,并且算法的时间和空间都尽可能高效。

7. 两个正数序列 $L1: a_1, a_2, a_3, \cdots, a_m$ 和 $L2: b_1, b_2, b_3, \cdots, b_n$，分别存入两个单链表 L1 和 L2 中，设计一个算法，判别序列 L2 是否是序列 L1 的子序列。

8. 将一个带头结点的单链表拆分成两个带头结点的单链表，使得拆分后的第一个链表中的元素为原链表的奇数位置元素，第二个链表中的元素为原链表的偶数位置元素，并且拆分后的链表元素的相对顺序不变。

9. 两个链表分别对应两个元素递增有序的集合，求两个集合的交集。

10. 现有两个单链表分别按元素值递增排列，编写算法，实现将两个单链表归并为按元素值递减排列的单链表，要求使用原来两个单链表的结点存放合并后的单链表。

11. 设有一个由正整数组成的无序(向后)单链表，编写完成下列功能的算法。
(1) 找出最小值结点，且打印该数值。
(2) 若该数值是奇数，则将其与直接后继结点的值交换。
(3) 若该数值是偶数，则将其直接后继结点删除。

12. 带头结点的单链表 L，设计尽可能高效的算法，查找链表中倒数第 $k(k>0)$ 个位置上的结点，若查找成功，返回该结点的值，否则给出提示。

13. 设有一头指针为 L 的带有表头结点的非循环双向链表，其每个结点中除有前驱指针、数据和后继指针域外，还有一个访问频度域，且在链表被使用前，其初始值为零。每当进行一次定位操作 Locate(L,x) 时，元素值为 x 的结点的频度值增1，并且链表中结点按访问频度非递增的顺序排列，为使频繁访问的结点总是靠近表头，最近访问结点在频度相同结点的前面。试设计算法实现 Locate(L,x) 运算，返回找到结点的地址，类型为指针。

2.5.3 考研真题

一、单项选择题

1.【2016年统考真题】 已知表头元素为 c 的单链表在内存中的存储状态如图 2-15 所示。

地址	元素	链接地址
1000H	a	1010H
1004H	b	100CH
1008H	c	1000H
100CH	d	NULL
1010H	e	1004H
1014H		

图 2-15 考研真题单项选择题 1 示意图

现将 f 存放于 1014H 处并插入到单链表中，若 f 在逻辑上位于 a 和 e 之间，则 a、e、f 的"链接地址"依次是( )。

    A. 1010H,1014H,1004H   B. 1010H,1004H,1014H
    C. 1014H,1010H,1004H   D. 1014H,1004H,1010H

2.【2016年统考真题】 已知一个带有表头结点的双向循环链表 L，结点结构如下。

| prev | data | next |

其中,prev 和 next 分别是指向其直接前驱和直接后继结点的指针。现要删除指针 p 所指的结点,正确的语句序列是(　　)。

  A. p->next->prev=p->prev; p->prev->next=p->prev;free(p);
  B. p->next->prev=p->next; p->prev->next=p->next;free(p);
  C. p->next->prev=p->next; p->prev->next=p->prev; free(p);
  D. p->next->prev=p->prev; p->prev->next=p->next; free(p);

二、综合应用题

1.【2009 年统考真题】 已知一个带有表头结点的单链表,结点结构如下。

| data | link |

假设该链表只给出了头指针 list。在不改变链表的前提下,设计一个尽可能高效的算法,查找链表中倒数第 k 个位置上的结点(k 为正整数)。若查找成功,算法输出该结点的 data 域的值,并返回 1;否则,只返回 0。要求:

(1) 描述算法的基本设计思想。
(2) 描述算法的详细实现步骤。
(3) 根据设计思想和实现步骤,采用程序设计语言描述算法(使用 C、C++ 或 Java 语言实现),关键之处请给出简要注释。

2.【2010 年统考真题】 设将 $n(n>1)$ 个整数存放到一维数组 R 中。设计一个在时间和空间方面都尽可能高效的算法。将 R 中保存的序列循环左移 $p(0<p<n)$ 个位置,即将 R 中的数据由 $(X_0,X_1,\cdots,X_{n-1})$ 变换为 $(X_p,X_{p+1},\cdots,X_{n-1},X_0,X_1,\cdots,X_{p-1})$。要求:

(1) 给出算法的基本设计思想。
(2) 根据设计思想,采用 C、C++ 或 Java 语言描述算法,关键之处给出注释。
(3) 说明你所设计算法的时间复杂度和空间复杂度。

3.【2011 年统考真题】 一个长度为 $L(L\geq 1)$ 的升序序列 S,处在第 $\lceil L/2 \rceil$ 个位置的数称为 S 的中位数。例如,若序列 S1=(11,13,15,17,19),则 S1 的中位数是 15。两个序列的中位数是含它们所有元素的升序序列的中位数。例如,若 S2=(2,4,6,8,20),则 S1 和 S2 的中位数是 11。现有两个等长升序序列 A 和 B,试设计一个在时间和空间两方面都尽可能高效的算法,找出两个序列 A 和 B 的中位数。要求:

(1) 给出算法的基本设计思想。
(2) 根据设计思想,采用 C、C++ 或 Java 语言描述算法,关键之处给出注释。
(3) 说明你所设计算法的时间复杂度和空间复杂度。

4.【2012 年统考真题】 假定采用带头结点的单链表保存单词,当两个单词有相同的后缀时,则可共享相同的后缀存储空间,例如,loading 和 being 的存储映像如图 2-16 所示。

设 str1 和 str2 分别指向两个单词所在单链表的头结点,链表结点结构为 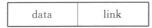,设计一个时间上尽可能高效的算法,找出由 str1 和 str2 所指向两个链表共同后缀的起始位置(如图 2-16 中字符 i 所在结点的位置 p)。要求:

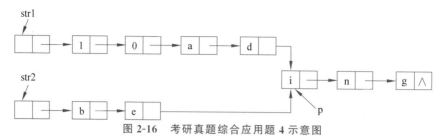

图 2-16 考研真题综合应用题 4 示意图

(1) 给出算法的基本设计思想。
(2) 根据设计思想,采用 C、C++ 或 Java 语言描述算法,关键之处给出注释。
(3) 说明你所设计算法的时间复杂度。

5.【2013 年统考真题】 已知一个整数序列 A=$(a_0, a_1, \cdots, a_{n-1})$,其中 $0 \leqslant a_i < n$ ($0 \leqslant i < n$)。若存在 $a_{p_1} = a_{p_2} = \cdots = a_{p_m} = x$ 且 $m > n/2 (0 \leqslant p_k < n, 1 \leqslant k \leqslant m)$,则称 x 为 A 的主元素,例如 A=(0,5,5,3,5,7,5,5),则 5 为主元素;又如 A=(0,5,3,5,1,5,7),则 A 中没有主元素。假设 A 中的 n 个元素保存在一个一维数组中,设计一个尽可能高效的算法,找出 A 的主元素。若存在主元素,则输出该元素;否则输出 −1。要求:
(1) 给出算法的基本设计思想。
(2) 根据设计思想,采用 C、C++ 或 Java 语言描述算法,关键之处给出注释。
(3) 说明你所设计算法的时间复杂度和空间复杂度。

6.【2015 年统考真题】 用单链表保存 m 个整数,结点的结构为 | data | link |,且 |data|≤n(n 为正整数)。现要求设计一个时间复杂度尽可能高效的算法,对于链表中 data 的绝对值相等的结点,仅保留第一次出现的结点而删除其余绝对值相等的结点。例如,若给定的单链表 HEAD 如图 2-17(a)所示,则删除结点后的 HEAD 如图 2-17(b)所示。

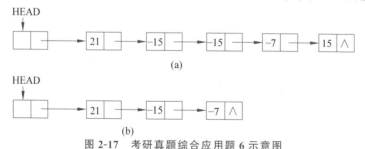

图 2-17 考研真题综合应用题 6 示意图

要求:
(1) 给出算法的基本设计思想。
(2) 使用 C 或 C++ 语言,给出单链表结点的数据类型定义。
(3) 根据设计思想,采用 C 或 C++ 语言描述算法,关键之处给出注释。
(4) 说明你所设计算法的时间复杂度和空间复杂度。

7.【2018 年统考真题】 给定一个含 $n(n \geqslant 1)$ 个整数的数组,设计一个在时间上尽可能高效的算法,找出数组中未出现的最小正整数。例如,数组{−1,5,3,2,3}中未出现的最小正整数是 1;数组{1,2,3}中未出现的最小正整数是 4。要求:
(1) 给出算法的基本设计思想。
(2) 根据设计思想,采用 C 或 C++ 语言描述算法,关键之处给出注释。

(3) 说明你所设计算法的时间复杂度和空间复杂度。

8.【2019年统考真题】 设线性表 L=($a_1,a_2,a_3,\cdots,a_{n-2},a_{n-1},a_n$)采用带头结点的单链表保存,链表中结点定义如下。

```
typedef struct node{
    int data;
    struct node * next;
}NODE;
```

设计一个空间复杂度为 $O(1)$ 且时间上尽可能高效的算法,重新排列 L 中的各结点,得到线性表 L′=($a_1,a_n,a_2,a_{n-1},a_3,a_{n-2},\cdots$)。要求:

(1) 给出算法的基本设计思想。

(2) 根据设计思想,采用 C 或 C++语言描述算法,关键之处给出注释。

(3) 说明你所设计的算法的时间复杂度。

9.【2020年统考真题】 定义三元组(a,b,c)(a、b、c 均为整数)的距离 $D=|a-b|+|b-c|+|c-a|$。给定 3 个非空整数集合 S_1、S_2 和 S_3,按升序分别存储在 3 个数组中。设计一个尽可能高效的算法,计算并输出所有可能的三元组(a,b,c)($a\in S_1,b\in S_2,c\in S_3$)中的最小距离。例如,$S_1=\{-1,0,9\}$,$S_2=\{-25,-10,10,11\}$,$S_3=\{2,9,17,30,41\}$,则最小距离为 2,相应的三元组为(9,10,9)。

要求:

(1) 给出算法的基本设计思想。

(2) 根据设计思想,采用 C 或 C++语言描述算法,关键之处给出注释。

(3) 说明你所设计算法的时间复杂度和空间复杂度。

◆ 2.6 习题解析

本部分以图文形式详细分析并解答所有习题,或以微课视频方式给出必要的题目解析。

2.6.1 基础习题解析

一、单项选择题

1. A

线性表是一种最简单的线性结构,是 n 个相同数据类型的数据元素的有限序列。其中,$n\geqslant 0$,当 $n=0$ 时称为空表,n 为表长。

2. D

顺序表采用顺序存储结构,是随机存取结构。只要确定了存储线性表的起始位置,则表中任一数据元素都可根据公式计算达到随机存取效果。

3. D

链表中设置头结点可方便运算的实现,如有了头结点后,不需要再判断即将插入的位置是否是第一个元素之前,或即将删除的元素是否为第一个元素,都不需要特殊判断或处理,便于在结点后插入和删除操作的统一;且可统一处理空表和非空表,在带头结点的情况下,当链表为空链表时,链表的头指针不为空,其头结点中指针域的指针为空,即 L->next=

NULL。

4. B

顺序表中数据元素地址的计算。线性表 L 中的数据元素为相同类型,这就意味着每个数据元素占有的空间大小相同。这里,假设一维数组中的第1个元素存放的地址为 $LOC(a_1)$,每个元素占用的空间大小为 sizeof(ElemType),则元素 a_i 的存放地址为

$$LOC(a_i) = LOC(a_1) + sizeof(ElemType) \times (i-1)$$

本题根据公式可得

$$LOC(a_3) = LOC(a_1) + 4 \times (3-1) = 200 + 8 = 208$$

5. D

顺序表所占用的存储空间大小和元素的类型及表的长度均有关。

6. A

顺序表的特点是可随机访问,通过基址和元素位序计算在 $O(1)$ 时间内找到指定的元素,在内存中用地址连续的一块存储空间顺序存放线性表的各个元素,在逻辑上相邻的元素在物理位置上也相邻,顺序表的每个结点只存储数据元素本身,存储密度高;但是,顺序表在做插入和删除操作时需要移动大量的元素。

7. D

顺序表在插入或删除元素时,需要移动元素。当 $i=n$ 时,需要移动一个元素;当 $i=n-1$ 时,需要移动 2 个元素;以此类推,当 $i=1$ 时,需要移动 n 个元素。设移动元素个数为 x,则有 $i+x=n+1$,可得 $x=n-i+1$。

8. C

单链表的插入需要修改如图 2-18 所示指针,需要先让 s->next 指向 p 的后续结点,再让 p 的指针域指向 s,将 s 首尾链接进入链表。

若先执行(2)后执行(1),则无法找到指针 q 所指的后续结点,即原来 p 的后续结点。

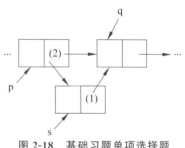

图 2-18 基础习题单项选择题 8 示意图

9. C

静态链表通过数组来表示和实现链表。指针的作用由数组下标替代,数组的分量对应一个结点,指针内容为数组的下标,称为静态指针,指向下一个元素在数组中的位置。

10. A

静态链表通过数组来表示和实现链表,具有链表插入和删除元素的特点,因通过数组实现,因此需要较大的连续存储空间。

二、填空题

1. 链式

链表依靠指针相链接保持线性表逻辑上的线性关系,其插入和删除操作不需要移动元素,只需要修改相应的指针。

2. $O(1)$、$O(n)$

顺序表可随机访问,通过基址和元素位序计算在 $O(1)$ 时间内找到指定的元素;根据

2.3.2 节顺序表的删除算法复杂度分析中：当在表尾删除元素时，不需要移动元素，则最好情况下时间复杂度为 $O(1)$；当在表头删除元素时，需要移动除了表头以外的所有结点，则最坏情况下时间复杂度为 $O(n)$；由于 $1 \leqslant i \leqslant \text{ListLength}(L)$，即 $1 \leqslant i \leqslant n$，假设 p 为在第 i 个位置上删除元素的概率，因 i 等概率出现，因此 $p = \dfrac{1}{n}$，计算移动结点的平均次数：

当 $i = n$ 时，移动结点的次数为 0；

当 $i = n - 1$ 时，移动结点的次数为 1；

以此类推，当 $i = 1$ 时，移动结点的次数为 $n - 1$。

可得，移动结点的平均次数

$$p \times (0 + 1 + \cdots + (n-1)) = \frac{1}{n} \frac{n(0 + n - 1)}{2} = \frac{n-1}{2}$$

即平均时间复杂度为 $O(n)$。

因此，得到其时间复杂度为 $O(n)$。

3. $O(1)$

顺序表可随机存取，因此改变第 i 个元素的值操作的时间复杂度为 $O(1)$。

4. L->next==NULL；

当链表为空链表时，在不带头结点的情况下，头指针为空，即 L=NULL；在带头结点的情况下，当链表为空链表时，链表的头指针不为空，其头结点中指针域的指针为空，即 L->next=NULL。注意为"=="。

5. L==NULL；

见题 4 答案解析。

6. p->next==L；

循环单链表结构是线性表的另一种形式的链式存储表示，其特点是循环单链表的最后一个结点是指向头结点的，整个链表为环状。因此，判断 p 是否指向表尾的判断条件语句为"p->next==L；"，注意为"=="。

7. p->next=s->next；

如图 2-19 所示，先执行(1)后执行(2)，修改将 p 的 next 指向 s 的后续结点。

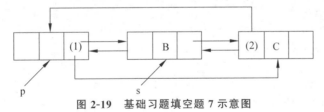

图 2-19　基础习题填空题 7 示意图

8. L->prior==L&&L->next==L；或 L->next==L&&L->prior==L；

当表为空表时，头结点的 prior 和 next 均指向头结点本身，自成环。

三、综合应用题

1. 解答。当线性表的操作没有或很少做插入操作和删除操作时，或插入操作和删除操作在表尾进行时，不需要移动大量的元素，使用顺序表比较好。

解析：顺序表的特点是可随机访问，通过基址和元素位序计算在 $O(1)$ 时间内找到指定的元素，在逻辑上相邻的元素在物理位置上也相邻，顺序表的每个结点只存储数据元素本身,存储密度高;但是,顺序表在做插入和删除操作时需要移动大量的元素。

链表的特点是可存储在不连续区域,可解决顺序表需要大量连续存储单元的缺点,但为保持逻辑上的线性关系,需要依靠指针相链接,存在浪费存储空间的缺点。单链表的插入和删除操作不需要移动元素,只需要修改相应的指针,但是失去了顺序表随机存储的特性。在查找特定结点时需要从链表头逐一遍历查找。

因此,当线性表的操作没有或很少做插入操作和删除操作时,或插入操作和删除操作在表尾进行时,不需要移动大量的元素,使用顺序表比较好。

2. 解答。算法思路:扫描顺序表 L 的同时用 count 记录顺序表 L 中不等于 x 的元素个数,将不等于 x 的元素向前移动 count 个位置并修改顺序表的长度。

```
void ListDelete(SqList &L,ElemType x){
    int i,count=0;
    for(i=0;i<L.length;i++)          //逐一遍历
    {
        if(L.elem[i]!=x)              //判断当前元素值是否为 x
        {
            L.elem[count]=L.elem[i];  //向前移动
            count++;                   //统计数据
        }//if
    }//for
    L.length=count;                    //更新表长
}
```

一趟遍历即可完成,且不使用额外的辅助空间,因此算法满足时间复杂度为 $O(n)$,空间复杂度为 $O(1)$。

3. 解答。算法思路:由于顺序表具备随机存取特性,因此可以计算得到与元素 L.elem[i]($L.length/2 > i \geq 0$)交换的元素为 L.elem[L.length-i-1]。其算法描述如下。

```
void InverseSqList(SqList &L){
ElemType p;
int i;
for(i=0;i<L.length/2;i++)
{//L.elem[i]与L.elem[L.length-i-1]交换
        p=L.elem[i];
        L.elem[i]=L.elem[L.length-i-1];
        L.elem[L.length-i-1]=p;
}
}
```

4. 解答。选择采用链式存储结构。

顺序表的特点是可随机访问,通过基址和元素位序计算在 $O(1)$ 时间内找到指定的元素,在逻辑上相邻的元素在物理位置上也相邻,顺序表的每个结点只存储数据元素本身,存储密度高;但是,顺序表在做插入和删除操作时需要移动大量的元素。

链表的特点是可存储在不连续区域,可解决顺序表需要大量连续存储单元的缺点,但为保持逻辑上的线性关系,需要依靠指针相链接,存在浪费存储空间的缺点。单链表的插入和删除操作不需要移动元素,只需要修改相应的指针,但是失去了顺序表随机存储的特性。在查找特定结点时需要从链表头逐一遍历查找。

因需要频繁地做插入和删除操作,若选择顺序表,插入和删除操作可能需要平均移动一半的元素;采用链式存储结构,在做插入和删除操作时只需修改相应的指针域,不需要移动元素。修改指针域比移动元素所花费的时间少很多。

5. 解答。算法思路:可采用示意图法。q 指向链表头结点,p 指向待插入元素,r 指向待插入元素的后继结点。开始时将"L->next->next=NULL;",即断链操作,将原链表分为插入后和待插入的两个链表,可通过示意图示例演示算法,帮助设计算法。以图示为例,当插入结点值为 3 的结点时,q->next->data<p->data 成立,q 后移 q=q->next,指向值为 2 的结点,p 直接链入,p 后移;当 q->next->data<p->data 不成立时,需要将待插入结点插入在头结点后,链入后 p 再后移。可以通过示例演示算法帮助设计算法,如图 2-20 所示。

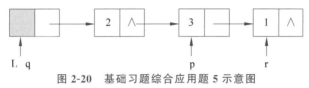

图 2-20 基础习题综合应用题 5 示意图

算法描述如下。

```
void LinkListInsertSort(LinkList &L){
//L 是带头结点的单链表,其数据域是正整数
    LNode * r;
    if(L->next)                              //链表不为空表。
    {
        LNode * p=L->next->next;             //p 指向第一结点的后继
        L->next->next=NULL;                  //断链,从第二元素起依次插入
        while(p)
        {   r=p->next;                       //暂存 p 的后继
            q=L;
            while(q->next&&q->next->data<p->data)
                q=q->next;                   //查找插入位置
            p->next=q->next;                 //将 p 结点链入链表
            q->next=p;
            p=r;
        }
    }
}
```

6. 解答。算法思路:不妨假定顺序表为 L,给定的两个值分别为 m1 和 m2,m1<m2,在给定值之间的元素个数为 num,从 L 的第一个结点开始扫描,同时记录并更新 num 值(num 的初始值为 0),如果当前元素值在 m1 和 m2 之间,则执行 num++;如果当前元素值不在 m1 和 m2 之间,则将其向前移动 num 个位置。算法对于不在给定值范围内的元素仅移动一次,因此该算法具有较高的效率。

```
bool RangeDeleteSqList(SqList &L,ElemType m1, ElemType m2)
{
    int i;
    int num=0;
    if(L.length==0)                //判断当前顺序表是否为空
    {
```

```
        printf("当前顺序表为空");
        return FALSE;
    }
    if(m1>=m2)                        //判断范围是否合理
    {
        printf("范围不合理");
        return FALSE;
    }
    for(i=0;i<L.length;i++)           //逐个遍历
    {
        if(L.elem[i]>=m1&& L.elem[i]<=m2)
                                      //在范围内,预计要删除的元素,只需要记录 num 值增加 1
            num++;
        else                          //不在范围内,保留的元素一次性前移 num 个位置
            L.elem[i-num]=L.elem[i];
    }
    L.length=L.length-num;            //表长度减 num
    return true;
}
```

7. 解答。算法思路：L1 和 L2 分别是两循环单链表的头结点的指针，m 和 n 分别是 L1 和 L2 的长度,根据 m 和 n 的大小,遍历长度较小的循环单链表找到其尾结点,假设 L1 较短,则算法设计思路示意图如图 2-21 所示。

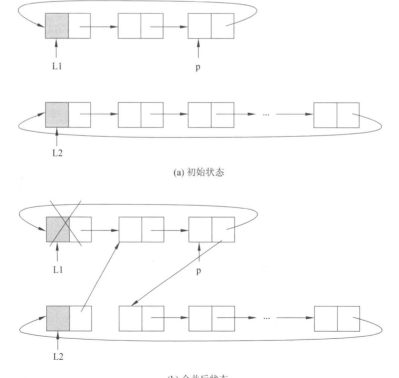

(a) 初始状态

(b) 合并后状态

图 2-21　基础习题综合应用题 7 示意图

合并算法如下。

```
LinkList Union(LinkedList &L1, LinkedList &L2,int m,int n)
{
    if(m<0||n<0)
        exit(0);                              //表长不合法
    if(m<n)                                   //查找 L1 循环单链表的最后一个结点
    {
        if(m==0)                              //L1 为空表。
        return L2;                            //返回 L2
        else
        {
            p=L1;
            while(p->next!=L1)                //循环单链表判断结束的条件
                p=p->next;                    //查找到 L1 的最后一个元素结点,p 指向它
            p->next=L2->next;
            //将 L2 的结点链接到 L1 的尾结点 p 后
            L2->next=L1->next;
            //L2 头结点的下一个结点指向 L1 的第一个结点
            free(L1);                         //释放 L1 的头结点
        }
    }
    else                                      //同理当 L2 较短时
    {
        if(n==0)
        return L1;                            //L2 为空表
        else
        {
            p=L2;
            while(p->next!=L2)                //循环单链表判断结束的条件
                p=p->next;                    //查 L2 最后元素结点
            p->next=L1->next;
            //将 L1 的结点链接到 L2 的尾结点 p 后
            L1->next=L2->next;
            //L1 的 next 指向 L2 的第一个结点
            free(L2);                         //释放 L2 的头结点
        }
    }
}
```

8.解答。算法思路：本题可采用先整体置换,再分段置换原则,最终实现顺序表的位置互换,例如 L1($p_1,p_2,\cdots,p_n$), L2($q_1,q_2,\cdots,q_m$),初始时顺序表的状态为($p_1,p_2,\cdots,p_n$, $q_1,q_2,\cdots,q_m$),整体置换后状态为($q_m,q_{m-1},\cdots,q_1,p_n,p_{n-1},\cdots,p_1$),再对前 m 和后 n 个元素分别使用逆置算法,得到($q_1,q_2,\cdots,q_m,p_1,p_2,\cdots,p_n$)。

```
void Inverse(ElemType data[],int l,int h)
{   //实现逆置
    int i,mid;
    ElemType temp;
    mid=(l+h)/2;
    for(i=0;i<mid-l;i++)
    {   //交换
        temp=data[l+i];
```

```
            data[l+i]=data[h-i];
            data[h-i]=temp;
        }
}
void InverseSqList(SqList &L,int n,int m)
{   //先整体置换,再分段置换,最后实现完全逆置
    Inverse(L.elem,0,n+m-1);              //整体
    Inverse(L.elem,0,m-1);                //分段,前 m 个逆置
    Inverse(L.elem,m,n+m-1);              //分段,后 n 个逆置
}
```

9. 解答。算法思路：可采用头插法建立单链表思想，实现"就地"逆置算法，所谓"就地"逆置是指算法的辅助空间复杂度为 $O(1)$，如图 2-22 所示。

```
void InverseLinkList_F(LinkList &L) {
    LNode * s, * t;
    s=L->next;
    L->next=NULL;                         //断链
    for (i=L.length;i>0;--i)
    {
        t=s->next;
        s->next=L->next;                  //s 的 next 指向原来 L 的后继
        L->next=s;                        //插在头结点后
        s=t;                              //指向下一结点
    }
}
```

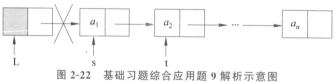

图 2-22 基础习题综合应用题 9 解析示意图

10. 解答。算法思路：设置工作指针 p、pre、minp、minpre，分别为当前结点、当前结点的前驱、当前最小值结点、当前最小值结点的前驱。从链表的第一个结点开始，minp 和 minpre 的初始值分别为 p 和 pre，逐个比较 p->data 和 minp->data 的大小，如果当前 p->data 更小，则更新 minp 和 minpre 的指向，即分别指向 p 和 pre。当遍历完整个单链表时，minp 指向当前最小结点，同时 minpre 指向其前驱结点，执行删除并释放操作。

```
void DeleteMinLinkList(LinkList &L) {
    LNode * pre, * p, * minpre, * minp;   //四个工作指针
    //设置四个工作指针的初始值
    pre=L;
    minpre=L;
    p=L->next;
    minp=L->next;
    while(p!=NULL)                        //逐一遍历
    {
        if(p->data<minp<data) //判断当前结点值与当前最小值指针指向的结点值,若当前
//结点值小于当前最小值指针指向的结点值,则更新 minp 和 minpre
```

```
            {
                minpre=pre;
                minp=p;
            }//if
            //继续下一结点
            pre=p;
            p=p->next;
        }//while
        minpre->next=minp->next;free(minp);         //删除并释放最小值结点
    }
```

11. 解答。算法思路：不妨设该循环双链表指向的头指针为L,设置头尾各一个指针,分别为front和rear,front指针从头至尾扫描,rear指针从尾至头扫描。当结点个数为奇数时,直到两指针指向同一结点;当结点个数为偶数时,直到两指针指向的结点相邻。若值相同则继续比较,若全部比较相等,返回TRUE,否则返回FALSE。

```
bool SymDLink(DLink &L)
{
    DLNode * front, * rear;                  //分别指向头和尾的工作指针
    front=L->next;                           //指向头
    rear=L->prior;                           //指向尾
    while(front!=rear&&rear->next!=front)
    //判断条件,注意分奇数和偶数两种情况
        if(front->data==rear->data)
        {
            front= front->next;
            rear=rear->prior;
        }
    else
        return FALSE;
    return TRUE;
}
```

2.6.2 进阶习题解析

一、单项选择题

1. B

顺序表的特点是可随机访问,通过基址和元素位序计算在 $O(1)$ 时间内找到指定的元素,但是,顺序表在做插入和删除操作时需要移动大量的元素。本题目的插入和删除均在"表尾"进行,因此选择顺序表作为其存储结构较节省时间。

2. D

顺序存储是指在内存中用地址连续的一块存储空间顺序存放线性表的各个元素,需要"连续"的存储空间,本题需要申请 $n+m$ 个连续的存储空间,将原来的 n 个元素逐一复制到新申请的空间的前 n 个区域,接下来再在从第 $n+1$ 个位置开始的连续的 m 个空间放其他 m 个元素。

3. C

在表尾插入和删除元素时,需要找到前驱结点和尾结点,则带头结点的双向循环链表能

较快速找到前驱结点和尾结点，需要时间最少。

4. D

如图 2-23 所示，当循环单链表为空时，条件 L->next->next=L 成立；当循环单链表为仅有一个数据元素时，条件 L->next->next=L 成立。

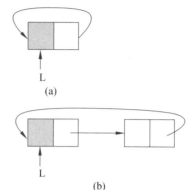

图 2-23 进阶习题单项选择题 4 解析示意图

5. D

B 选项第二句不正确，将 p 的前驱的 next 指向了自己；A 和 C 选项的第一句不正确，将 p 后继的 prior 指向了自己。提示，该类题目适合使用示意图（见图 2-24）帮助解决问题。

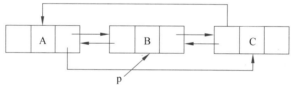

图 2-24 进阶习题单项选择题 5 解析示意图

6. A

A 选项的修改如图 2-25 所示，按照(1)~(4)顺序执行。其他选项也可以借助此示意图方式判断正确性。提示，该类题目适合使用示意图帮助解决问题。

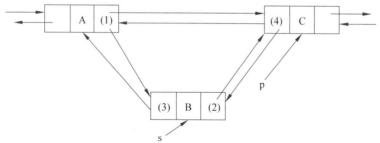

图 2-25 进阶习题单项选择题 6 解析示意图

7. B

仅有尾结点指针的循环单链表的插入和删除时间复杂度均为 $O(1)$。

8. B

不带头结点的循环单链表由于在删除第一个结点后仍须保持为循环单链表，需要找到尾结点，因此其时间复杂度为 $O(n)$。

9. A

A 选项的修改如图 2-26 所示,按照(1)、(2)顺序执行。其他选项也可以借助此示意图方式判断正确性。提示,该类题目适合使用示意图帮助解决问题。

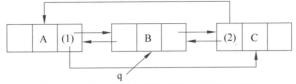

图 2-26　进阶习题单项选择题 9 解析示意图

10. C

根据存储地址,可得对应线性表为 C、A、E、B、D,F 放在 A 和 E 之间,则插入 F 后变为 C、A、F、E、B、D,A 的链接地址指向 F 的地址 200AH,E 的链接地址指向 B 的地址(不变,2002H),F 的链接地址指向 E 的地址 2008H,如图 2-27 所示。

地址	元素	链接地址
2000H	A	200AH
2002H	B	2006H
2004H	C	2000H
2006H	D	NULL
2008H	E	2002H
200AH	F	2008H

图 2-27　进阶习题单项选择题 10 解析示意图

二、综合应用题

1. 解答。算法思路:本题目可采用顺序存储实现线性表,L 是具有 n 个元素的递增有序线性表。顺序存储的线性表递增有序,可以顺序查找,但题目要求用较少的时间在表中查找数值为 x 的元素,因此选择采用折半查找算法查找值为 x 的元素。找到数值为 x 的结点,将其与其后继元素位置交换;否则,插入 x 为结点的数据元素在合适的位置,使得线性表仍递增有序。

```
void  SearchExchangeInsert(ElemType L[];ElemType x)
{
    int   low,high;
    low=0;
    high=n-1;
    //low 和 high 指向线性表头和尾的下标
    while(low<=high)                     //折半查找值与 x 相等的结点
    {
        mid=(low+high)/2;                //取中间位置
        if(L[mid]==x)                    //找到 x,退出 while 循环
            break;
        else if(L[mid]<x)                //到中点 mid 的右半部分查找
            low=mid+1;
        else                             //到中点 mid 的左半部分查找
            high=mid-1;
```

```
        }//while
    if(low>high)                              //查找失败,插入数据元素 x
    {
        for(i=n-1;i>high;i--)
        L[i+1]=L[i];                          //后移元素
        L[i+1]=x;                             //插入 x
    } //if
    if(L[mid]==x && mid!=n)
    //若最后一个元素与 x 相等,则不存在与其后继交换的操作
    {//数值 x 与其后继元素位置交换
        t=L[mid];
        L[mid]=L[mid+1];
        L[mid+1]=t;
    } //if
}
```

2. 解答。算法思路:因本题顺序表为有序表 L,并假定顺序表为非空表,即 L.length>0,因此值相同的元素位置相邻,采用直接插入排序思想,分为两个表 L1 和 L2,L1 从只有一个结点的顺序表开始逐步插入建立值无重复的顺序表,L2 为待插入和判断的顺序表,直至表尾全部搜索完毕。每次插入前均与已建立的无重复的顺序表 L1 的最后一个结点值比较,相同则工作指针在 L2 上后移,否则插入 L1。

```
void DeleteDupSqList(SqList &L){
    int i,j;
    for(i=0,j=1;j<L.length;j++)
    {
        if(L.elem[i]!=L.elem[j])
        //每次插入前均与已建立的无重复的顺序表 L1 的最后一个结点值比较
            {i++;L.elem[i]= L.elem[j]} //直接插入到无重复顺序表 L1
    }
    L.length=i+1;
}
```

3. 解答。算法思路:r 指向原链表,并建立拆分成的两个单链表的头结点,并且头结点回指,注意判断原链表中结点值是英文字母字符还是数字字符,若为英文字母则将其插入链表 L1 中,若为数字字符则将其插入链表 L2 中。

```
void  OneToTwo(LinkList &L,LinkList &L1,LinkList &L2)
//L 是无头结点的单链表第一个结点的指针,链表中的数据域存放字符
//将 L 拆分成存放英文字母字符的链表 L1 和存放数字字符的链表 L2
{
    //建立两个链表的头结点
    L1=(LinkedList)malloc(sizeof(LNode));
    L2=(LinkedList)malloc(sizeof(LNode));
    //置两个循环链表为初值,当为空表时回指,指向自身
    L1->next=L1;
    L2->next=L2;
    LNode * r;
    while(L)                                  //原链表分类
    {
```

```
                r=L->next;                              //r 指向待处理结点的后继
                if(r->data>='a'&& r->data<='z'|| r->data>='A'&& r->data<='Z')
                {   //处理字母字符,r 所指结点插入到 L1 中
                    r->next=L1->next;                   //保证循环链表的特性
                    L1->next=r;
                }
                else                                    //处理数字字符,r 所指结点插入到 L2 中
                {
                    r->next=L2->next;                   //保证循环链表的特性
                    L2->next=r;
                }
            }                                           //while
        }
```

4. 解答。算法思路:设待判断的一维数组为顺序表 L,L.length 为线性表的表长,因题目要求尽可能高效,所以本题可采取空间换时间方法实现算法。设置一个用于标记的数组 temp[L.length],temp[0]至 temp[L.length－1]从对应的正整数分别为 1 至 L.length,初始时均为 0,当对应整数存在时则标记为 1。当顺序表 L 中的元素有小于或等于 0 的元素,则 temp[L.length]中存在标记为 0 的位置,返回其对应的正整数(注意数组下标从 0 开始),当 L 中的元素恰好将标记数组 temp[L.length]均标记为 1 时,则返回 L.length＋1。

注意:因当标记数组 temp[L.length]全不为 0 时,跳出循环时 i＝L.length,返回值统一处理为返回 i＋1。

```
#define ListSize   100
//定义线性表的最大长度为 ListSize
typedef int ElemType;                       //定义数据元素类型
//采用结构体定义顺序表
typedef struct{                             //顺序表类型定义
        ElemType  elem[ListSize];           //数据域,顺序表的元素
        int   length;                       //顺序表当前长度
} SqList;

int FindSqList(SqList L)
{
    ElemType temp[L.length];
    int i;
    for(i=0;i< L.length;i++)                //一次遍历,填写标记数组
        if(L.elem[i]>0&& L.elem[i]<=n)
            temp[L.elem[i]-1]=1;
    for(i=0;i<L.length;i++)                 //遍历标记数组,找到未出现过的最小正整数
        if(temp[i]==0) break;
    return i+1;
}
```

5. 解答。举例:将(x,－x,－x,x,x,－x …－x)变为(－x,－x,－x…x x x)。

```
void Rearrange(SeqList &L,int n)
//L 是表长为 n 的线性表,以顺序表结构存储,其元素均为整数
{
    int i,j;
```

```
        //i 指向线性表 L 的第 1 个元素,j 指向线性表 L 的第 n 个元素
        i=0;
        j=n-1;
        t=L[0];                                    //暂存枢轴元素
        while(i<j)
        {
            while(i<j && L[j]>=0)    j--;          //若 L[j]大于或等于零,指针前移
            if(i<j){L[i]=L[j];i++;}                //负数前移
            while(i<j &&L[i]<0) i++;               //若 L[i]小于零,指针后移
            if(i<j) L[j--]=L[i];                   //正数后移
        }//while
        L[i]=t;                                    //将原第 1 个元素放到最终位置
    }
```

6. 解答。算法思路：本题可参考基本习题部分综合应用第 8 题算法,但不完全相同。采用先分段置换,再整体置换原则,最终达到整体交换效果。

例如,初始时顺序表的状态为 $L(q_1,q_2,\cdots,q_m,q_{m+1},\cdots,q_n)$,逻辑上可看成 $L1(q_1,q_2,\cdots,q_m)$、$L2(q_{m+1},\cdots,q_n)$ 两部分,L1 和 L2 分别置换后状态为 $L1(q_m,q_{m-1},\cdots,q_1)$,$L2(q_n,q_{n-1},\cdots,q_{m+1})$,即 $L(q_m,q_{m-1},\cdots,q_1,q_n,q_{n-1},\cdots,q_{m+1})$,再对整体使用逆置算法,得到 $L(q_{m+1},\cdots,q_{n-1},q_n,q_1,\cdots,q_m)$。

```
    void Inverse(int R[],int low,int high)
    {//实现逆置
        int i,mid;
        int temp;
        mid=(high-low+1)/2;
        for(i=0;i<mid;i++)
        {//交换
            temp=R[low+i];
            R[low+i]=R[high-i];
            R[high-i]=temp;
        }
    }
    void InverseSqList(int R[],int n,int m)
    {//先分段置换,再整体置换,最后实现完全逆置
        Inverse(R,0,m-1);                          //分段置换,前 m 个逆置
        Inverse(R,m, n-1);                         //分段置换,后 n 个逆置
        Inverse(R,0,n-1);                          //整体置换
    }
```

Inverse 函数的时间复杂度为 $O(m/2)$、$O(n-m)$、$O(n/2)$,因此算法的时间复杂度为 $O(n)$,空间复杂度为 $O(1)$。

7. 解答。算法思路：从两个链表的头开始,若对应数据相等,则指针同时后移；若对应数据不等,则 L1 从上次开始比较结点的后继结点重新出发,L2 也从第一个结点开始,直至 L2 结尾匹配成功为止；如果 L1 到结尾但是 L2 未到结尾则失败,返回 FALSE。这里,不妨假定两链表均无头结点,头指针直接指向第一个结点。

```
    bool  Pattern(LinkList L1,LinkList L2)
    //L1 和 L2 分别是数据域为整数的单链表,本题假设无头结点
```

```
//若 L2 是 L1 的子序列则返回 TRUE,否则返回 FALSE
{
    LNode *p=L1;                          //指向 L1 的工作结点
    pre=p;                                //pre 记录每次比较中 L1 的开始结点
    q=L2;                                 //指向 L2 的工作结点
    while(p && q)
        if(p->data==q->data)
            {p=p->next;q=q->next;}
        else
            {pre=pre->next;p=pre;         //L1 新的开始比较结点
             q=L2;}                       //q 从 L2 的第一个结点开始
    if(q==NULL)      return TRUE;         //是子序列
    else             return FALSE;        //不是子序列
}
```

8. 解答。算法思路：本题目设置辅助变量 temp,用于记录当前处理的数据位置,初始值为 0。可采用尾插法,根据标号分别插入到两个链表 L1 和 L2 中。

```
void OneToTwo(LinkList &L,LinkList &L1,LinkList &L2)
//L 是无头结点的单链表第一个结点的指针,链表中的数据域存放字符
//将 L 拆分成存放奇数位置元素的链表 L1 和存放偶数位置元素的链表 L2
{
    LNode *r;                             //工作指针
    //建立两链表的头结点
    r=L->next;
    L1=(LinkedList)malloc(sizeof(LNode));
    L2=(LinkedList)malloc(sizeof(LNode));
    L1->next=NULL;
    L2->next=NULL;
    int i=0;                              //标记位置值,用于判断奇偶
    while(r!=NULL)                        //原链表分类
    {
        i++;
        if(i%2!=0)                        //处理奇数位置
        {    //r 所指结点插入到 L1 中
            L1->next=r;
            L1=r;
            r=r->next;
        }
        else                              //r 所指结点插入到 L2 中
        {
            L2->next=r;
            L2=r;
            r=r->next;
        }
    }//while
    L1->next=NULL;
    L2->next=NULL;
}
```

9. 解答。算法思路：不妨设两个带头结点的单链表分别为 L1 和 L2,采用归并思想,设

置 p1、p2、p3 三个工作指针，p1 和 p2 分别指向单链表 L1 和单链表 L2 的当前待比较结点，初始值分别为"p1=L1->next;p2=L2->next;"，p3 为交集所在单链表的工作指针，初始值时指向 L1，不在交集链表的其他结点全部释放。

```
void UnionLinkList(LinkList &L1, LinkList &L2){
    LNode  * p1, * p2, * p3, * p;      //工作指针
    p1=L1->next;                        //p1 指向单链表 L1
    p2=L2->next;                        //p2 指向单链表 L2
    p3=L1;                              //p3 为交集所在单链表的工作指针,初始值时指向 L1
    p=L1;                               //即将释放的结点
    while(p1&&p2)
    {
        if(p1->data==p2->data)
        {//判断是否为交集结点,若是则将其链入链表,最后的交集链表为 L1
            p3->next=p1;
            p3=p1;
            p1=p1->next;
            p=p2;                       //释放值相同的结点
            p2=p2->next;
            free(p);
        }
        else if(p2->data<p1->data)      //L2 中当前结点小于 L1 中当前结点
        {
            p=p2;
            p2=p2->next;
            free(p);
        }
        else                            //L1 中当前结点小于 L2 中当前结点
        {
            p=p1;
            p1=p1->next;
            free(p);
        }
    }//while
    while(p1)                           //L2 已经遍历完,L1 还有结点
    {
        p=p1;
        p1= p1->next;
        free(p);                        //释放剩余结点
    }
    while(p2)                           //L1 已经遍历完,L2 还有结点
    {
        p=p2;
        p2= p2->next;
        free(p);                        //释放剩余结点
    }
    p3->next=NULL;
    free(L2);
}
```

10. 解答。算法思路：不妨设两个单链表分别为带头结点的单链表 L1 和 L2，因两个链

表的值按照递增排列,因此可设置两个工作指针 p1 和 p2,初始分别指向两个单链表的第一个结点,将结点值较小的结点用头插法插入新的单链表,当比较结束后仍有链表不为空,则将该链表采用头插法插入新链表中。

```
void UnionLinkList(LinkList &L1, LinkList &L2){
    LNode *p1,*p2,*p;                    //工作指针
    L1->next=NULL;                       //断链,合并后的新链表存在 L1 中
        while(p1&&p2)
    {
            if(p1->data<=p2->data)
            {//将结点值较小的结点链入链表
                p=p1->next;
                p1->next=L1->next;
                L1->next=p1;
                p1=p;
         }
         else
         {
            p=p2->next;
            p2->next =L1->next;
         L1->next=p2;
            p2=p;
         }
    }//while
    if(p1!=NULL) p2=p1;//若 p1 为空,直接将 L2 的剩余结点插入表中;否则,p1 不为空,
    //p2 为空,p2 指向 p1
    while(p2)                                       //L1 已经遍历完,L2 还有结点
    {
        p=p2->next;
        p2->next = L1->next;
        L1->next=p2;
        p2=p;
    }//while
    free(L2);
}
```

11. 解答。算法思路:不妨设 L 是数据域为正整数且无序的带头结点的单链表。初始时 p 和 pre 均指向第一个结点,pre 指向最小值结点,p->next 是待比较的当前结点,逐步比较,更新 pre 使其指向当前值最小的结点,输出得到最小值,并判断其奇偶性,若该数值是奇数,则将其与直接后继结点的值交换;若该数值是偶数,则将其直接后继结点删除。算法描述如下。

```
void  MinList(LinkedList L)
{//假设 L 是数据域为正整数且无序的带头结点的单链表
    p=L->next;                          //工作指针
    pre=p;                              //pre 指向最小值结点,初始假定首元结点值最小
    while(p->next!=NULL)                //p->next 是待比较的当前结点
    {
        if(p->next->data<pre->data)
            pre=p->next;
```

```
            p=p->next;                          //后移指针
        }
        printf("最小值=%d\n",pre->data);
        if(pre->data%2!=0)                      //奇数
            if(pre->next!=NULL)                 //没有后继,则不必交换
            {//交换,通过交换值实现,也可以通过真正交换结点实现
                temp=pre->data;
                pre->data=pre->next->data;
                pre->next->data=temp;
            }
        else                                    //偶数
            if(pre->next!=NULL)                 //最后一个结点,则无后继
            {//释放后继结点
                s=pre->next;
                pre->next=s->next;
                free(s);
            }
}
```

12. 解答。算法思路:本题目是一道经典题目。题目要求采用尽可能高效的算法实现,因此通过仅一趟遍历即可查找链表中倒数第 $k(k>0)$ 个位置上的结点。设置两个工作指针 p 和 q,p 和 q 的初始值指向单链表的第一个结点,即 p=L->next,p 指针沿着链表移动,当 p 移动到第 k 个结点时,q 指针开始启动,和 p 同时沿着链表移动,这样,当 p 指针移动到最后一个结点时,q 指针所指结点即为要查找的链表中倒数第 $k(k>0)$ 个位置上的结点。

```
typedef int ElemType;                           //链表数据的类型定义
typedef struct LNode{
    ElemType data;
    struct LNode * link;
}LNode, * LinkList;
int SearchLinkList(LinkList L,int k){
    LNode * p, * q;
    p=L->next;
    q=L->next;
    int num=0;                                  //计数,找到 k
    while(p!=NULL) //遍历链表
    {
        if(num<k)    num++;                     //k 还未到时,只移动 p 指针
        else    q=q->next;                      //同时移动 p 和 q 指针
        p=p->next;
    }
    if(num<k)
    {
        printf("查找失败");
    return 0;
    }
    else
    return q->data;
}
```

13. 解答。算法思路：在双向链表中查找值为 x 的结点，将其从链表上拿下来，沿着结点的前驱查找该结点的插入位置，向前查找第一个频度大于它的结点，并插入在其后。

```
DLink  locate(DLink &L,ElemType x){
DLNode * p=L->next;                     //p 为 L 链表的工作指针
DLNode * q;                             //q 为 p 的前驱，用于查找插入位置
while (p && p->data !=x) p=p->next;     //查找值为 x 的结点
if (!p) exit(0)
else {
    p->freq++;                          //频度域加 1
    if(p->next!=NULL)p->next->prior=p->prior;
    //将 p 结点从链表上拿下来
    p->prior->next=p->next;
    q=p->prior;
    while (q !=L && q->freq<=p->freq) q=q->prior;
    p->next=q->next; q->next->prior=p;  //将 p 结点插入
    p->prior=q; q->next=p;
}
    return p;                           //返回指向值为 x 的结点指针
}
```

2.6.3 考研真题解析

考研真题

一、单项选择题

1. D

第 2 章考研真题单项选择题 1

表头元素为 c，根据单链表在内存中的存储状态表，可构造出如下单链表。

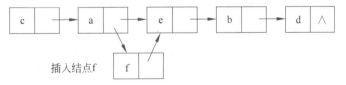

插入后的存储状态如图 2-28 所示。

链接地址画"_"的地址有更新。a、e、f 的"链接地址"依次是 1014H、1004H 和 1010H，因此，选项 D 正确。

地址	元素	链接地址
1000H	a	<u>1014H</u>
1004H	b	100CH
1008H	c	1000H
100CH	d	NULL
1010H	e	1004H
1014H	f	<u>1010H</u>

图 2-28　考研真题单项选择题 1 解析示意图

2. D

第 2 章考研真题单项选择题 2

双向链表的删除操作如图 2-29 所示,按照(1)、(2)顺序执行操作。

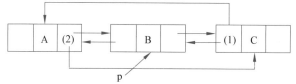

图 2-29　考研真题单项选择题 2 解析示意图

对应的删除操作为"p->next->prev＝p->prev；p->prev->next＝p->next；free(p);",选项 D 正确,其他选项错误。

二、综合应用题

1. 解答。

第 2 章考研真题综合应用题 1

(1) 算法思路：题目要求采用尽可能高效的算法实现,因此通过仅一趟遍历即可查找链表中倒数第 $k(k>0)$ 个位置上的结点。设置两个工作指针 p 和 q,p 和 q 的初始值指向单链表的第一个结点,即 p＝list->link,p 指针沿着链表移动,当 p 移动到第 k 个结点时,q 指针开始启动,与 p 同时沿着链表移动,这样,当 p 移动到第 k 个结点时,q 指针所指结点即为要查找的链表中倒数第 $k(k>0)$ 个位置上的结点,如图 2-30 所示。

(2) 描述算法的详细实现步骤如下。

① 定义 int 型变量 num 且 num＝1。

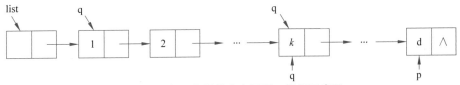

图 2-30　考研真题综合应用题 1 解析示意图

② 定义两个指针型变量 p、q,p 和 q 指向链表表头结点的下一结点。
③ 设置循环,若 num≤k,则指针 p 移动到下一个结点,num++。
④ 若链表结点数不足 k 个,则查找失败,返回 0。
⑤ 当 num=k 时,指针 q 开始与指针 p 同时移动,当指针 p 移动到表尾时,q 指针所指结点即为要查找的链表中倒数第 $k(k>0)$ 个位置,查找成功。
⑥ 查找成功时,输出指针 q 所指结点的 data 域的值,并返回 1。
⑦ 算法结束。

(3)

```
typedef int ElemType;           //链表数据的类型定义
typedef struct LNode{
    ElemType data;
    struct LNode * link;
}LNode, * LinkList;
int SearchLinkList(LinkList list,int k){
    LNode * p, * q;
    p=list->link;
    q=list->link;
    int num;                    //计数,找到 k
    for(num=1;num<=k;num++)     //设置循环,若 num<=k,则指针 p 移动到下一个结点,num++
    {
        p=p->link;
    }
    if(p==NULL)
        return 0;               //若链表结点数不足 k 个,则查找失败,返回 0
    while(p->link!=NULL)
    {
        p=p->link;
        q=q->link;
    }
    printf("%d",q->data);       //q 指针所指结点即为要查找的链表中倒数第 k(k>0)个位
                                //置,查找成功
    return 1;
}
```

2. 解答。

第 2 章考研真题综合应用题 2

(1) 采用先分段置换,再整体置换原则,最终达到整体交换效果。例如,初始时顺序表

的状态为 $L(X_0, X_1, \cdots, X_{p-1}, X_p, X_{p+1}, \cdots, X_{n-1})$,逻辑上可看成 $L1(X_0, X_1, \cdots, X_{p-1})$、$L2(X_p, X_{p+1}, \cdots, X_{n-1})$ 两部分,L1 和 L2 分别置换后状态为 $L1(X_{p-1}, \cdots, X_1, X_0)$、$L2(X_{n-1}, \cdots, X_{p+1}, X_p)$,即 $L(X_{p-1}, \cdots, X_1, X_0, X_{n-1}, \cdots, X_{p+1}, X_p)$,再对整体逆置算法,得到 $L(X_p, X_{p+1}, \cdots, X_{n-1}, X_0, X_1, \cdots, X_{p-1})$。

(2)

```
void Inverse(int R[],int low,int high)
{//实现逆置
    int i,mid;
    int temp;
    mid=(high-low+1)/2;
    for(i=0;i<mid;i++)
{//交换
        temp=R[low+i];
        R[low+i]=R[high-i];
        R[high-i]=temp;
}
}

void InverseSqList(int R[],int n,int p)
{//先分段置换,再整体置换,最后实现完全逆置
    Inverse(R,0,p-1);              //分段置换,前 m 个逆置
    Inverse(R,p,n-1);              //分段置换,后 n 个逆置
    Inverse(R,0,n-1);              //整体
}
```

(3) Inverse 函数的时间复杂度为 $O(p/2)$、$O((n-p)/2)$、$O(n/2)$,因此算法的时间复杂度为 $O(n)$,空间复杂度为 $O(1)$。

3. 解答。

第 2 章考研真题综合应用题 3

(1) 算法的基本设计思想如下。

① 分别求两个升序序列 A 和 B 的中位数 m_1、m_2。

② 当 $m_1 = m_2$ 时,取 m_1 为求得的中位数,算法终止。

③ 当 $m_1 < m_2$ 时,则舍弃 A 中较小的一半和 B 中较大的一半。

④ 当 $m_1 > m_2$ 时,则舍弃 A 中较大的一半和 B 中较小的一半。

⑤ 在剩下的两个升序序列中,重复上述②、③、④步骤,直至两个序列中都只剩一个元素为止,较小者即为所求得的中位数。

(2)

```
int findMidNum(int A[],int B[],int n){
    int s1=0,s2=0;                 //s1,s2 分别表示序列 A、B 的首位数
    int d1=n-1,d2=n-1;             //d1,d2 分别表示序列 A、B 的末位数
```

```
        int m1,m2;                              //m1、m2 分别表示序列 A、B 的中位数
        while(s2!=d1||s2!=d2){
            m1=(s1+d1)/2;
            m2=(s2+d2)/2;
            if(A[m1]==B[m2])                    //中位数相等时
                return A[m1];
            if(A[m1]<B[m2])                     //A 的中位数小于 B 的中位数时
            {
                if((s1+d1)%2==0)                //序列元素个数为奇数的情况
                {
                    s1=m1;                      //舍弃 A 中较小的一半,保留中位数
                    d2=m2;                      //舍弃 B 中较大的一半,保留中位数
                }
                else                            //序列元素个数为偶数情况
                {
                    s1=m1+1;                    //舍弃 A 中较小的一半,不保留中位数
                    d2=m2;                      //舍弃 B 中较大的一半,保留中位数
                }
            }
            else                                //A 的中位数大于 B 的中位数时
            {
                if((s1+d1)%2==0)                //序列元素个数为奇数的情况
                {
                    d1=m1;                      //舍弃 A 中较大的一半,保留中位数
                    s2=m2;                      //舍弃 B 中较小的一半,保留中位数
                }
                else                            //序列元素个数为偶数情况
                {
                    d1=m1;                      //舍弃 A 中较大的一半,保留中位数
                    s2=m2+1;                    //舍弃 B 中较小的一半,不保留中位数
                }
            }//else
        }//else
        }//while
        return A[s1]<B[s2]?A[s1]:B[s2];
    }
```

(3) 时间复杂度为 $O(\log_2 n)$,空间复杂度为 $O(1)$。

4. 解答。

第 2 章考研真题综合应用题 4

(1) 本题目可采用双指针法解决。设置指针 p 和 q,分别指向 str1 和 str2,当查找到 p 和 q 指向同一地址时,找到共同后缀的起始位置,算法的具体步骤如下。

① 分别求出 str1 和 str2 的长度 length1 和 length2。

② 设置两个指针 p 和 q 分别指向 str1 和 str2 的链表头结点,如果 length1⩾length2,则指针 p 先走,p 指向第 length1−length2+1 个结点;如果 length1<length2,则指针 q 先

走,q 指向第 length2－length1＋1 个结点,这样做使 p 和 q 所指的结点到表尾的长度相同,即对齐。

③ 对齐位置开始,则同时向后移动 p 和 q。当出现 p 和 q 指向同一位置时停止,即找到共同后缀的起始位置。

(2)

```
typedef int ElemType;                          //链表数据的类型定义
typedef struct LNode{
    ElemType data;
    struct LNode * next;
}LNode, * LinkList;
//求单链表长度
int LinkLength(LinkList HEAD){
    LNode * p=HEAD->next;
    int length=0;
    while(p!=NULL)
    {
        length++;
        p=p->next;
    }
    return length;
}
LinkList LocateNode(LinkList str1, LinkList str2){
    int length1,length2;
  length1=LinkLength(str1);
  length2=LinkLength(str2);
  Node * p, * q;
for(p=str1;length1>length2;length1--)          //指针 p 先走,对齐尾部
    p=p->next;
for(q=str2;length1<length2;length2--)          //指针 q 先走,对齐尾部
    q=q->next;
while(p->next!=NULL&&p->next!=q->next)
{//同时向后移动找到共同后缀
    p=p->next;
    q=q->next;
}
return p->next;                                //返回共同后缀的起始位置
}
```

(3) 时间复杂度为对两个链表长度最大者的遍历时间,即 $O(\max(length1,length2))$。

5. 解答。

第 2 章考研真题综合应用题 5

(1) 算法的基本设计思想：从头到尾进行扫描,标记出可能为主元素的元素 temp,接着第二次扫描,并计数,与 $n/2$ 比较,若大于 $n/2$ 则确认 temp 为主元素,返回。具体步骤

如下。

① 选取可能为主元素的元素。扫描数组中的整数,将第一个遇到的整数存储在 temp 中,并记录该整数的出现次数为 1,当遇到下一个整数如果仍等于该整数,则计数值增 1,否则计数值减 1,当计数值减到 0 时,将遇到的下一个整数保存在 temp 中,计数值重新从 1 开始,开始新一轮计数,从当前位置重复上述过程,直至扫描完全部数组元素为止,第一轮扫描结束。

② 判断 temp 中元素是否为主元素。第二次从头扫描数组,统计 temp 中元素的出现次数,扫描结束如果大于 $n/2$,则为主元素,否则序列中无主元素。

(2)

```
int Find_M(int A[],int n){
int i,temp,count;                    //temp 用来保存可能是主元素的元素
count=1;                             //count 用于计数,两次扫描均需要使用
temp=A[0];                           //设置 A[0]为候选的主元素
for(i=1;i<n;i++)
{
    if(A[i]==temp)
        count++;                     //对 A 中的候选主元素计数
    else
        if(count>0)
            count--;                 //不是候选主元素,但是还未减至 0
        else
        {
            temp=A[i];               //更新候选主元素,重新计数
            count=1;
        }
}
if(count>0)
for(i=0,count=0;i<n;i++)
//第二次扫描,统计候选主元素的次数
if(A[i]==temp)
count++;
if(count>n/2)                        //判断出现次数是否大于 n/2
return temp;                         //返回主元素
else
return -1;                           //不存在主元素
}
```

(3) 时间复杂度为 $O(n)$,空间复杂度为 $O(1)$。

6. 解答。

第 2 章考研真题综合应用题 6

(1) 题目要求设计一个时间复杂度尽可能高效的算法,因此可以采用空间换时间的思想设计算法。

① 定义大小为 $n+1$ 的数组 q,将数组中的所有元素都赋值为 0。

② 从头结点 HEAD 开始遍历单链表,如果 q[|data|]=0,则令 q[|data|]=1,否则在单链表中删除该结点。

(2)
```
typedef struct Node{
    int data;
    struct Node * link;
}Node;
Typedef Node * LinkNode;
void func(LinkNode h,int n)
{
    LinkNode p=h;
    LinkNode s;
    int * q;
    int i,m;
    q=(int * )malloc(sizeof(int) * (n+1));    //申请n+1个辅助空间数组
    for(i=0;i<n+1;i++)
        * (q+i)=0;
    while(p->link!=NULL)
    {
        if(p->link->data>0)
            m=p->link->data;
        else
            m=-p->link->data;
        if( * (q+m)==0)
        {
            * (q+m)=1;                         //第一次出现置1
            p=p->link;                         //向下继续
        }
        else
        {//重复出现,删除
            s=p->link;
            p->link=s->link;                   //绕过
            free(s);                           //删除
        }
    }
    free(q);                                   //删除辅助数组
}
```

(3) 时间复杂度为 $O(m)$,空间复杂度为 $O(n)$。

7. 解答。

第 2 章考研真题综合应用题 7

(1) 算法设计思想:设待判断的一维数组为顺序表 L,L.length(L.length=n)为线性表的表长,因题目要求尽可能高效,所以本题可采取空间换时间方法实现算法。设置一个用于标记的数组 temp[L.length],temp[0]至 temp[L.length−1]所对应的正整数分别为 1 至 L.length,初始时均为 0,当对应整数存在时则标记为 1。当顺序表 L 中的元素有小于或等于 0 的元素,则 temp[0]至 temp[L.length−1]中存在标记为 0 的位置,返回其对应的正整数(注意数组下标从 0 开始),当 L 中元素恰好将标记数组 temp[0]至 temp[L.length−1]均标记为 1 时,则返回 L.length+1。

注意,因当标记数组 temp[0]至 temp[L.length-1]全不为 0,跳出循环时 i=L.length,返回值统一处理为返回 i+1。

```
#define ListSize   100
//定义线性表的最大长度为 ListSize
typedef int ElemType;              //定义数据元素类型
//采用结构体定义顺序表
typedef struct{ //顺序表类型定义
          ElemType  elem[ListSize];   //数据域,顺序表元素
          int    length;              //顺序表的当前长度
} SqList;
int FindSqList(SqList L)
{
   ElemType temp[L.length];
   int i;
   for(i=0;i< L.length;i++)         //一次遍历,填写标记数组
      if(L.elem[i]>0&& L.elem[i]<=n)
         temp[L.elem[i]-1]=1;
   for(i=0;i<L.length;i++)          //遍历标记数组,找到未出现过的最小正整数
      if(temp[i]==0) break;
   return i+1;
}
```

(2) 时间复杂度为 $O(n)$,空间复杂度为 $O(n)$。

8. 解答。

第 2 章考研真题综合应用题 8

(1) 算法基本思想。L′为在 L 中前后各取一个元素依次组成,算法步骤如下(见图 2-31)。

① 找表的中间结点。设置指针 p 和 q,初始时指向 L 的第一个结点,p 走一步,q 走两步,这样,当 q 走到表尾时,p 走到中间。

② 将单链表的后半段原地逆置(空间复杂度为 $O(1)$)。

③ 将单链表的前、后段中依次各取一个结点按要求排列。

可采用特殊情况进行验证奇偶结点是否可以成功找到中间结点,并能够符合要求插入,如图 2-32 所示。

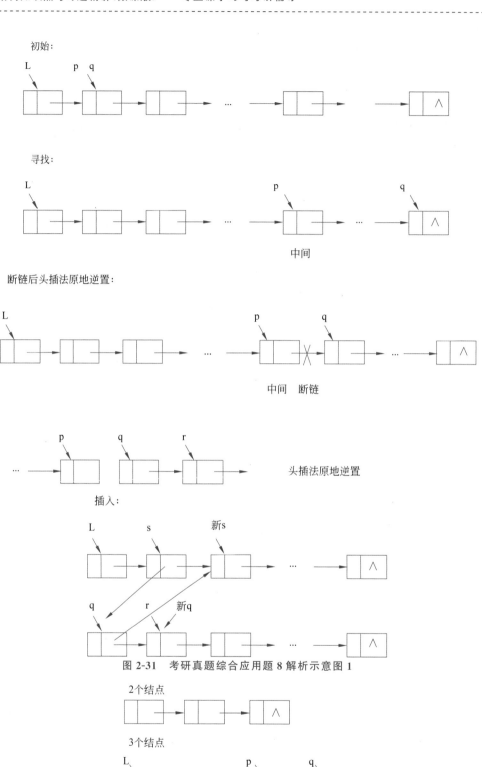

图 2-31 考研真题综合应用题 8 解析示意图 1

图 2-32 考研真题综合应用题 8 解析示意图 2

（2）
```
typedef struct node{
    int data;
    struct node * next;
}NODE;
void changelist(NODE * h){
    NODE * p, * q, * r, * s;
    p=q=h;
    while(q->next!=NULL)
    {//寻找中间结点
        p=p->next;                    //p走一步
        q=q->next;                    //q走一步
        if(q->next!=NULL)
            q=q->next;                //q再走一步,共走两步
    }
    q=p->next;                        //p指向中间结点,q指向后半段链表的第一个结点
    p->next=NULL;
    while(q!=NULL)                    //使用头插法,将后半段结点原地逆置
    {   r=q->next;
        q->next=p->next;
        p->next=q;
        q=r;
    }
    s=h->next;                        //s指向前半段链表的第一个结点,即插入点
    q=p->next;                        //q指向后半段链表的第一个结点,即待插入的结点
    p->next=NULL;                     //断链
    while(q!=NULL)                    //将后半段链表的结点插入指定位置
    {
        r=q->next;                    //r指向后半段链表的下一个结点
//将q所指结点插入到s所指结点之后
        q->next=s->next;
        s->next=q;
        s=q->next;                    //s指向前半段的下一个插入点
        q=r;                          //q指向后半段链表的下一个待插入结点
    }
}
```

（3）算法的时间复杂度为O(n)。

9. 解答。

第2章考研真题综合应用题9

（1）由 $D=|a-b|+|b-c|+|c-a|$ 可知,当 $a=b=c$ 时,距离最小;假设 $a\leqslant b\leqslant c$,由图 2-33 可知,$L_1=|a-b|$,$L_2=|b-c|$,$L_3=|c-a|$,$D=|a-b|+|b-c|+|c-a|=L_1+L_2+L_3=2L_3$,则该问题可简化为每次固定 c 找 a,使得 $L_3=|c-a|$ 最小。

算法的基本思想如下。

① 定义 int 型变量 min 用于存放当前所有已处理过的三元组中的最小距离,初值为 C 语

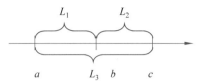

图 2-33 考研真题综合应用题 9 解析示意图

言能表示的最大整数 INT_MAX。其中,最大整数 INT_MAX 需要嵌入文件<limits.h>,计算绝对值的函数在文件<math.h>中。

② 使用数组 A、B、C 分别存储非空整数集合 S1、S2、S3,3 个集合的元素个数(即数组的长度)分别为 $x、y、z$;3 个数组的下标变量分别为 $i、j、k$,初值均为 0。

③ 当 $i<x$ 且 $j<y$ 且 $k<z$,并且 min>0 时,循环执行④~⑥。

④ 计算三元组(A[i]、B[j]、C[k])的距离 D。

⑤ 若 $D<$min,则 min$=D$,使 min 始终存放最小距离。

⑥ 将 A[i]、B[j]、C[k]中的最小值的下标加 1(最小值为 a,最大值为 c,这里 c 不变而更新 a,试图寻找最小的距离 D)。

⑦ 返回最小距离 min,算法结束。

(2)

```
#include<limits.h>
#include<math.h>
int findMinofTrip(int A[],int B[],int C[],int x,int y,int z){
    //min 存放当前所有已处理过的三元组中的最小距离
    int i,j,k,mim,D;
    i=0;
    j=0;
    k=0;
    min=INT_MAX;
    while(i<x&&j<y&&k<z&&min>0)
    {
        //当前三元组的距离
        D=abs(A[i]-B[j])+abs(B[j]-C[k])+abs(C[k]-A[i]);
        if(D<min)                              //比最小距离小
            min=D;                             //更新最小距离
        if(A[i]<=B[j]&&A[i]<=C[k])
            i++;
        else if(B[j]<=A[i]&&B[j]<=C[k])
            j++;
        else
            k++;
    }
    return min;
}
```

(3) S1、S2、S3 三个集合的元素个数(即数组的长度)分别为 x,y,z,时间复杂度为 $O(x+y+z)$,空间复杂度为 $O(n)$。

第 3 章 栈、队列、数组

本章为栈和队列部分,首先给出本章学习目标、知识点导图,使读者对本章内容有整体了解;接着,介绍栈和队列;然后,围绕栈给出栈的定义、栈的存储结构(顺序栈、链栈、共享栈)、不同存储结构的基本操作以及栈的常见应用;之后,围绕队列给出队列的定义、队列的存储结构(循环队列、链队列、双端队列)、不同存储结构的基本操作以及队列的常见应用;最后一部分为特殊矩阵,包括对称矩阵、三角矩阵、三对角矩阵(带状矩阵)、稀疏矩阵。

本教材在每章各个需要讲解的部分配有微课视频和配套课件,读者可根据需要扫描对应部分的二维码获取;同时,考研真题部分也适当配有真题解析微课讲解,可根据需求扫描对应的二维码获取。

栈、队列、数组(一)

栈、队列、数组(二)

◆ 3.1 本章学习目标

(1) 学习栈和队列的基本概念。
(2) 掌握栈的存储结构(顺序栈、链栈、共享栈)、不同存储结构的基本操作。
(3) 掌握队列的存储结构(循环队列、链队列、双端队列)、不同存储结构的基本操作。
(4) 掌握栈和队列的常见应用。
(5) 学习多维数组的存储和特殊矩阵的压缩存储。

◆ 3.2 知识点导图

栈、队列、数组知识点导图如图 3-1 所示。

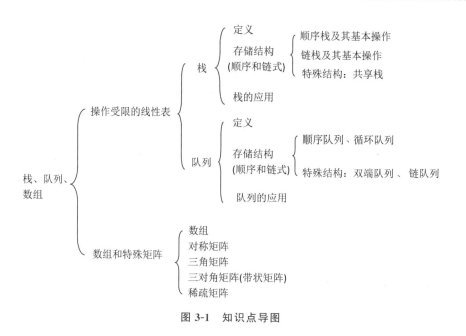

图 3-1 知识点导图

◆ 3.3 知识点归纳

3.3.1 栈

1. 栈概述

3.3.1 栈的概述

1) 栈的定义

栈(stack)是限定仅在表尾进行插入或删除操作的线性表。因此,对栈来说,表尾端有其特殊含义,称为**栈顶**(top),相应地,表头端称为**栈底**(bottom)。不含元素的空表称为**空栈**。

向栈顶插入元素的操作常称为"**入栈**",删除栈顶元素的操作称为"**出栈**"。

如图 3-2 所示,分别为栈中只有一个元素、栈空和栈满状态(这里假定栈顶指针指向栈顶元素,要注意栈顶指针是指向栈顶元素还是栈顶元素的下一个位置)。由于在栈顶进行插入和删除操作,因此对应于图 3.2(c)栈满,出栈序列为 e,d,c,b,a。栈中访问结点时遵循后

图 3-2 栈示意图

进先出(Last In First Out,LIFO)的原则。

2) 栈的基本操作

从线性表角度总结归纳出栈的基本操作如下。

(1) 构造一个空栈 S,其基本操作为 InitStack(&S)。

(2) 销毁栈 S,S 不再存在,其基本操作为 DestroyStack(&S)。

(3) 判断栈是否为空,若栈 S 为空栈,则返回 1,否则返回 0,其基本操作为 StackEmpty(S)。

(4) 取栈顶元素,若栈不空,则用 e 返回 S 的栈顶元素,否则提示为"栈空",其基本操作为 GetTop(S,&e)。

(5) 入栈操作,插入元素 e 为新的栈顶元素,其基本操作为 Push(&S,e)。

(6) 出栈操作,若栈不空,则删除 S 的栈顶元素,并返回其值,否则提示为"栈空",其基本操作为 Pop(&S,&e)。

其中,栈的存储方式包括顺序栈和链栈两种。下面分别给出不同存储结构下对应的基本操作的算法实现。

2. 存储结构

1) 顺序栈及其基本操作

3.3.1 顺序栈及其基本操作

(1) 顺序栈的定义。栈的顺序存储结构称为顺序栈,顺序栈通常由一个一维数组和一个记录栈顶元素的变量(或两个变量,一个指向栈底,另一个指向栈顶)组成。

(2) 顺序栈的实现。顺序栈的存储结构描述如下。

```
#define LIST_INIT_SIZE 100          //初始存储空间
typedef char ElemType;              //数据元素类型
typedef struct{
    ElemType data[LIST_INIT_SIZE];  //存放栈中元素
    int top;                         //用于栈顶指针
    //int base;                      //用于栈底指针
}SqStack;                            //顺序栈类型
```

由于栈在使用过程中所需的大小空间很难估计,一般在初始化时不应限定栈的最大容量,较合理的做法是先为栈分配基本容量,在应用过程中,当空间不足时再扩大,可再设一个 STACKINCREMENT(存储空间分配增量)。

(3) 顺序栈的基本操作算法实现。需要特别说明的是,这里假定栈顶指针指向栈顶元素,要注意栈顶指针是指向栈顶元素还是栈顶元素的下一个位置。顺序栈的存储结构示意图如图 3-2 所示。

① **初始化栈**。构造一个空栈 S,其基本操作为 InitSqStack(SqStack &S)。

```
void InitSqStack(SqStack &S){
    S.top=-1;
}
```

② 判断栈是否为空。若栈 S 为空栈，则返回 1，否则返回 0，其基本操作为 StackEmpty(SqStack S)。

```
int SqStackEmpty(SqStack S){
    if(S.top!=-1)
        return 0;                        //非空
    else
        return 1;                        //空
}
```

③ 取栈顶元素。若栈不空，则用 e 返回 S 的栈顶元素，否则返回 FALSE，其基本操作为 GetTop(SqStack S, ElemType &e)。

```
bool GetTop(SqStack S, ElemType &e){
    if(S.top==-1)
        return FALSE;                    //栈空
    else
        e=S.data[top];                   //非空，用 e 返回 S 的栈顶元素
    return TRUE;
}
```

④ 入栈操作。插入元素 e 为新的栈顶元素，其基本操作为 Push(SqStack &S, ElemType e)。

```
bool Push(SqStack &S, ElemType e){
    if(S.top== LIST_INIT_SIZE-1)         //判满
        return FALSE;
    else
        S.data[++top]=e;                 //先自增，再入栈
    return TRUE;
}
```

⑤ 出栈操作。若栈不空，则删除 S 的栈顶元素，并返回其值，否则返回 FALSE，其基本操作为 Pop(SqStack &S, ElemType &e)。

```
bool Pop(SqStack &S, ElemType &e){
    if(S.top== -1)                       //判空
        return FALSE;
    else
        e= S.data[top--];                //先出栈，再自减
    return TRUE;
}
```

2）链栈及其基本操作

3.3.1 链栈及其基本操作

（1）链栈的定义。采用链式存储的栈称为**链栈**。链栈示意图如图 3-3 所示。通常采用单链表实现，不存在溢出问题，所有操作均在表头进行。注意，链栈中指针的方向

图 3-3 栈的链式(链栈)存储示意图

(2) 链栈的实现。栈的链式存储结构描述如下。

```
typedef char ElemType;                    //数据元素类型
typedef struct StackNode
{
    ElemType data;                        //数据域
    struct StackNode * next;              //指针域
}StackNode;                               //结点类型
typedef struct {
    struct StackNode * top;               //栈顶指针
    int    length;                        //栈中元素个数
} LStack;                                 //链栈类型
```

(3) 链栈的基本操作算法实现。

栈的链式存储上的操作与链表相似,其入栈和出栈对应于链表的插入和删除,需要注意的是均在表头进行。栈的链式存储便于插入和删除。这里,链栈可以带头结点也可以不带头结点,审题时需要注意,具体操作的实现会有所不同。以下基本操作假定不带头结点。

① **初始化栈**。构造一个空栈 S,其基本操作为 InitLStack(LStack &S)。

```
void InitLStack(LStack &S){
    //构造一个空栈 S
    S.top = NULL;
    //设栈顶指针的初值为"空"
    S.length = 0;                         //空栈中元素的个数为 0
}
```

② **入栈操作**。插入元素 e 为新的栈顶元素,其基本操作为 Push(LStack &S, ElemType e)。

```
bool Push(LStack &S, ElemType e){
                                          //在栈顶之上插入元素 e,e 为新的栈顶元素
    p=new LNode;                          //建新的结点
    if(!p) return FALSE;                  //存储分配失败
    p->data=e;
    p->next=S.top;                        //链接到原来的栈顶
    S.top = p;                            //移动栈顶指针
    ++S.length;                           //栈的长度增 1
}
```

③ **出栈操作**。若栈不空,则删除 S 的栈顶元素,并返回其值,否则返回 FALSE,其基本操作为 Pop(LStack &S, ElemType &e)。

```
bool Pop ( LStack &S, ElemType &e ) {
if (!S.top)                               //判空
        return FALSE;
    else {
        e=S.top->data;                    //返回栈顶元素
        q=S.top;
        S.top=S.top -> next;              //修改栈顶指针
```

```
            --S.length;              //栈的长度减1
            delete q;                //释放被删除的结点空间
            return TRUE;
        }
}
```

3)共享栈

3.3.1 共享栈

由于栈只有一端的地址随入栈操作动态变化,而另外一端不变,这一特点可以让两个栈共享一个连续空间,如图 3-4 所示,两个栈的栈底分别位于这段连续空间的两端,在执行入栈操作时,两个栈顶均向连续空间的中间位置移动,出栈操作时,栈顶则向连续空间的两端移动。

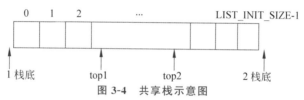

图 3-4 共享栈示意图

判空条件:$top1==-1$,$top2==LIST\_INIT\_SIZE$。

判满条件:$top2-top1==1$。

入栈:$top1$ 先自增再赋值,$top2$ 先自减再赋值。

出栈:$top1$ 先得到值再自减,$top2$ 先得到值再自增。

优点:两个栈的数据元素个数之和不大于连续的存储空间即可执行入栈操作;在满足入栈条件的前提下,两个栈共享空间,且两个栈的最大长度可变,空间利用率更高。

3. 栈的应用

3.3.1 栈的应用数制转换和括号匹配应用

1)数制转换的应用

以十进制数转换为八进制数为例,给出进制转换的算法,其他进制转换与其相似。基本的算法思路为:即将需要转换的数除以 8,得到余数,余数的倒序输出即为所求结果,即对应的八进制数,因需倒序输出,故可采用栈作为辅助存储结构。

```
void func(int num){
    SqStack S;
InitSqStack(S);
int temp;
```

```
while(num)
{
    temp=num%8;
    Push(S,temp);
    num=num/8;
}
while(!SqStackEmpty(S))
{
    Pop(S,temp);
    printf("%d",temp);
}
}
```

2）括号匹配的应用

表达式中可能包含多种类型的括号，如()、[]、{}等，需要对应地去匹配。

基本思想为：每扫描一个左括号，将其入栈。若扫描到右括号，则取栈顶元素，判断其是否与其匹配，匹配即可出栈；若不匹配则为不合法情况，程序结束。若是左括号，则入栈，以此类推。最后，当算法结束时，栈为空，则序列括号匹配，否则为序列括号不匹配。

3）表达式求值的应用

3.3.1 栈的应用表达式求值的应用

（1）**中缀表达式转后缀表达式的方法**。中缀表达式需要关注运算符的优先级和括号，后缀表达式的运算符在操作数的后面、无括号，下面以一个例子说明中缀表达式转为后缀表达式和由后缀表达式求值的过程。

例题，将中缀表达式 $a+b/(c+d)-e*f$ 转换为后缀表达式（手动和计算机计算）。

① 方法一：手动模拟方法。

第一步，首先需要确定中缀表达式中各运算符的运算顺序：

$$a+b/(c+d)-e*f$$

顺序标号　　　　　　　3 2　1　5 4

这里，可以观察到，运算符排序可以不唯一，可约定采用"靠左"的运算符排在前的原则，如果左边的运算符能先计算就将左边的运算符排在相对右边的运算符前面计算。

第二步，选择计算的运算符，组合为"左操作数 右操作数 运算符"后可作为新的操作数，直至所有运算符均处理完毕。

过程1为：$cd+$ 作为一个整体操作数，即 $c+d$ 的结果为新的操作数，变为 $a+b/$"$cd+$"$-e*f$。

过程2为：$bcd+/$ 作为一个整体操作数，即 $b/(c+d)$ 的结果为新的操作数，变为 $a+$"$bcd+/$"$-e*f$。

过程3为：$abcd+/+$ 作为一个整体操作数，即 $a+b/(c+d)$ 的结果为新的操作数，变为"$abcd+/+$"$-e*f$。

过程4为:$ef*$ 作为一个整体操作数,即 $e*f$ 的结果为新的操作数,变为"$abcd+/+$"—"$ef*$"。

过程5为:$abcd+/+ef*-$ 作为一个整体操作数,即"$abcd+/+$"—"$ef*$"的结果为最后结果,因此得到后缀表达式 $abcd+/+ef*-$。

② 方法二:计算机计算方法。设置运算符栈。

初始化栈,用于保存暂时不能确定运算顺序的运算符。从左至右依次处理如下。

第一步,当遇到操作数时,则加入后缀表达式。

第二步,当遇到括号时,左括号入栈,右括号依次弹出栈内运算符,加入到后缀表达式,直至弹出左括号,并且需要注意的是括号的匹配性和括号不加入到后缀表达式中。

第三步,当遇到运算符时,弹出运算符栈中优先级高于或等于当前运算符的所有运算符,同时需要加入到后缀表达式中,如果碰到左括号或栈空则停止,然后当前运算符入栈,最后可以认为有一个优先级最低的运算符♯(为了清空运算符栈),不需要入栈。其中,关于优先级,"$*$"和"$/$"高于"$+$"和"$-$","$*$"和"$/$"相等,"$+$"和"$-$"相等。可自行采用上述原则模拟计算机重新计算后缀表达式。

以 $a+b/(c+d)-e*f$ 为例,过程为:遇到 a 加入后缀表达式,遇到"$+$"入栈,遇到 b 加入后缀表达式,遇到"$/$"入栈,遇到"("入栈,遇到 c 加入后缀表达式,遇到"$+$"入栈,遇到 d 加入后缀表达式,遇到")"后"$+$"出栈并加入后缀表达式,"("出栈,此时的后缀表达式为 $abcd+$,栈中运算符为"$+$"和"$/$"。接着,遇到"$-$",依次弹出"$/$"和"$+$"并加入后缀表达式,"$-$"入栈,遇到 e 加入后缀表达式,遇到"$*$"入栈,此时栈中元素为"$-$"和"$*$",遇到 f 加入后缀表达式,最后栈中运算符与"♯"比较优先级,依次弹出"$*$"和"$-$",则最后的后缀表达式可得为 $abcd+/+ef*-$。

(2) **后缀表达式的计算方法**。分为手动模拟和计算机计算两种方法。

① 方法一:手动模拟方法。从左至右依次扫描,遇到运算符时,取出运算符前面的两个操作数执行运算,合为一个操作数,需要注意两个操作数的左右顺序。

例如,$abcd+/+ef*-$,先计算 $c+d$,再计算 $b/(c+d)$,然后 $a+b/(c+d)$,再计算 $e*f$,最后 $a+b/(c+d)-e*f$。

② 方法二:计算机计算方法。设置操作数栈。

第一步,从左至右依次扫描,若遇到操作数则入栈,否则执行第二步。

第二步,若为运算符,则依次弹出栈顶两个元素,执行运算,结果重新入栈,这里需要注意弹出的操作数的顺序,先弹出的为右操作数,后弹出的为左操作数。

(3) **中缀表达式的计算**。手动模拟方法较简单,可自行完成,本部分主要介绍计算机计算方法。需要操作数栈和运算符栈。

第一步,若扫描到操作数,则入操作数栈。

第二步,扫描到运算符或括号,则按照中缀转为后缀的方法压入运算符,每当弹出运算符时,同时需要弹出两个栈顶的操作数,执行运算后再将结果作为操作数压入操作数栈,直至结束。

(4) **中缀表达式转前缀表达式**。

第一步,确定中缀表达式中运算符的顺序,采用靠右原则,如果右边的运算符能先计算就将右边的运算符排在相对左边的运算符前面计算。

第二步,按顺序选择运算符,以"运算符 左操作数 右操作数"的组合计算作为一个新的

操作数整体,继续处理,直到没有新的操作数为止。例如:

$$a+b/(c+d)-e*f$$

顺序标号:　　　　　5　3　　2　　4　1

过程为:首先,$*ef$ 为一个整体,作为新的操作数;然后 $+cd$ 为一个整体,作为新的操作数;接着是 $/b+cd$,再接着是 $-/b+cd*ef$,最后得到 $+a-/b+cd*ef$。

(5) **前缀表达式的计算**。通过栈(存放操作数)实现前缀表达式的计算。

从右往左扫描,当元素为操作数时,入栈,继续扫描,当元素为运算符时,弹出两个栈顶元素,执行运算符的运算,结果再入栈,继续扫描,分类处理,直至结束。

栈的应用除了以上提及的 3 类应用外,还有在递归方面的应用,可查阅程序设计语言(如 C 语言程序设计)相关书籍,这里不再赘述。

3.3.2 队列

1. 队列概述

3.3.2 队列概述

1) 队列的定义

队列(queue)是限定只能在表的一端进行插入并在另一端进行删除操作的线性表。在表中,允许插入的一端称为"队列尾(rear)",允许删除的另一端称为"队列头(front)"。队列示意图如图 3-5 所示。当队列中没有任何元素时,称为队空。

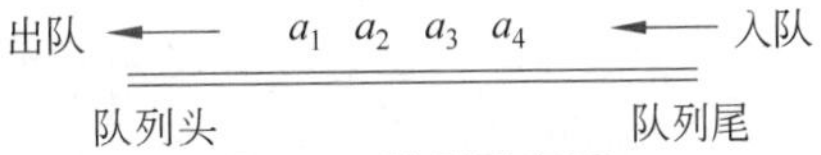

图 3-5 队列示意图

与栈相反,队列是一种**先进先出**(First In First Out,FIFO)的线性表。这和我们日常生活中的排队是一致的,最早进入队列的元素最早离开。

2) 队列的基本操作

总结归纳出队列的基本操作如下。

(1) 构造一个空队列 Q,其基本操作为 InitQueue(&Q)。

(2) 销毁队列 Q,Q 不再存在,其基本操作为 DestroyQueue(&Q)。

(3) 判断队列是否为空,若队列 Q 为空队列,则返回 1,否则返回 0,可由调用它的函数根据返回值判断当前队列的状态,其基本操作为 QueueEmpty(Q);

(4) 求队列的长度,其基本操作为 QueueLength(Q)。

(5) 取队头元素,若队列不为空,则用 e 返回 Q 的队头元素,否则提示为"队空",其基本操作为 GetHead(Q,&e)。

(6) 入队操作,入队一个元素 e 为 Q 的新的元素,其基本操作为 EnQueue(&Q, e)。

(7) 出队操作,若队列不空,则出队一个元素,用 e 返回其值,其基本操作为 DeQueue(&Q,&e)。

其中,队列的存储方式有顺序队列和链队列。下面分别给出不同存储结构下对应的基本操作的算法实现。

2. 存储结构

1) 顺序队列

3.3.2 顺序队列及其基本操作

（1）顺序队列的定义。顺序队列利用地址连续的存储空间，依次存放从队头到队尾的所有元素，即队列的顺序存储。顺序队列由一个一维数组、两个分别指示队头和队尾的变量组成，分别称为队头指针和队尾指针。这里，可以有两种方式：队头指针指向队头元素，队尾指针指向队尾元素的下一个位置；或者队头指针指向队头元素，队尾指针指向队尾元素。需要注意二者的区别。

（2）顺序队列的实现。队列的顺序存储结构描述如下。

```
#define MaxSize    100
typedef struct {
    ElemType elem[MaxSize];         //存储队列元素
    int rear;                        //队尾指针
    int front;                       //队头指针
}SqQueue;
```

（3）顺序队列的基本操作。如图3-6所示为空队列和当前队列状态，在非空队列中，队头指针始终指向队头元素，而队尾指针指向队尾元素的"下一个"位置。

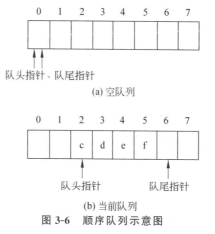

图 3-6　顺序队列示意图

初始状态 Q.front＝＝Q.rear&&Q.front＝＝0，入队操作时，由于头指针始终指向队头元素，而尾指针指向队尾元素的"下一个"位置，因此需要先入队，再执行 Q.rear＋＋；出队操作时，需要先获取队头，再执行 Q.front＋＋。

2) 循环队列及其基本操作

3.3.2 循环队列及其基本操作

(1) 循环队列的定义。如图 3-6 所示,如果在这之后又有 g、h 入队列,而队列中的 c、d 出队列,此时队头指针指向 e,队尾指针则指到数组外面的位置,即指针越界。当下一个元素再入队时,入队操作无法进行,但是队列空间并未满,我们称这种现象为假溢出。

由此,可设想数组存储空间是个"环",7 后的下一个位置是 0,首尾相接,由此引入了循环队列的概念,如图 3-7 和图 3-8 所示。

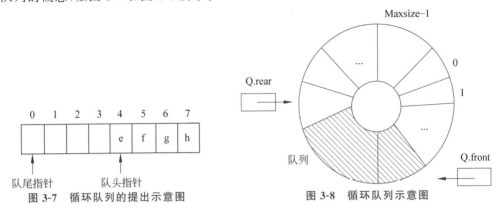

图 3-7 循环队列的提出示意图　　　　图 3-8 循环队列示意图

一般对于循环队列有 3 种设定方式,需要注意不同设定方式时队列空和队列满的判定条件。

第一种:为通常采用的方法,牺牲一个单元。约定在入队时少用一个单元,则当队头指针在队尾指针的下一位置时队列为满。在该种方法下,队列判空的条件为 Q.front==Q.rear,队列判满的条件为 (Q.rear+1)％MaxSize==Q.front,计算当前队列中的元素个数为 (Q.rear-Q.front+MaxSize)％MaxSize。

第二种:增加标记变量 tag,并约定每次删除成功时,tag=0;每次插入成功时,tag=1。这样 tag=0 时,若因删除导致 Q.front==Q.rear,则队列为空;tag=1 时,若因插入导致 Q.front==Q.rear,则队列为满。

第三种:类型中增设表示元素个数的数据成员,可以区分队列满还是队列空。则队列空的条件为 Q.length==0,队列满的条件为 Q.length==MaxSize。

(2) 循环队列的实现。循环队列的存储结构描述如下。

```
#define MaxSize  100
typedef struct {
    ElemType *elem;            //存储队列元素
    int rear;                  //队尾指针
    int front;                 //队头指针
}SqQueue;
```

(3) 循环队列的基本操作算法实现。假设在非空队列中,头指针始终指向队头元素,而尾指针指向队尾元素的"下一个"位置。

① **初始化队列**。构造一个空队列 Q,其基本操作为 InitQueue(SqQueue &Q)。

```
void InitQueue(SqQueue &Q)
{
  Q.elem = new ElemType[MaxSize];
  //分配存储空间
```

```
    if (!Q.elem) exit(1);                    //分配失败
    Q.front=Q.rear=0;
}
```

② **求队列长度**。返回队列 Q 中元素的个数,即队列的长度,其基本操作为 QueueLength(SqQueue Q)。

```
int  QueueLength(SqQueue Q) {
    return ((Q.rear-Q.front+MaxSize)% MaxSize);
}
```

③ **入队操作**。若队列不满,入队一个元素 e,e 为 Q 的新的元素,其基本操作为 EnQueue(SqQueue &Q,ElemType e)。

```
bool EnQueue(SqQueue &Q,ElemType e) {
    if ((Q.rear + 1) % MaxSize==Q.front )
         return FALSE;
    Q.elem[Q.rear] = e;
    Q.rear = (Q.rear+1) % MaxSize;
    return TRUE;
}
```

④ **出队操作**。若队列不空,则出队一个元素,用 e 返回其值,其基本操作为 DeQueue(SqQueue &Q, ElemType &e)。

```
bool DeQueue (SqQueue &Q, ElemType &e) {
    if (Q.front == Q.rear)
            return FALSE;
    e = Q.elem[Q.front];
    Q.front = (Q.front+1) % MaxSize;
    return TRUE;
}//DeQueue
```

3) 链队列及其基本操作

3.3.2 链队列及其基本操作

(1) 链队列的定义。队列的链式存储结构称为**链队列**。它是一个带有队头指针和队尾指针的单链表,队头指针指向队头结点,队尾指针指向队尾结点,即单链表的最后一个结点。队头指针和队尾指针结合起来构成链队结点,如图 3-9 所示。注意示意图中链队列带头结点。通常为方便处理,链队列设置头结点。

(2) 链队列的实现。队列的链式存储结构描述如下。

```
typedef struct QNode{
    ElemType data;                    //数据域
    struct QNode * next;              //指针域
   } QNode;                           //链队列结点类型
typedef struct{
```

```
    QNode * front;                          //指向队列头
    QNode * rear;                           //指向队列尾
} LinkQueue;                                //链队列类型
```

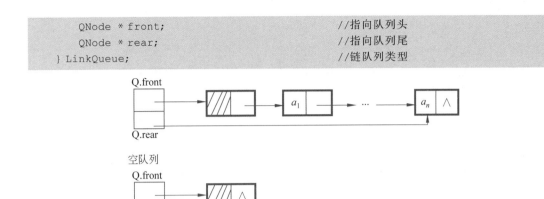

图 3-9 链队列示意图

(3) 链队列的基本操作算法实现。需要特别说明的是,为方便处理,这里假定的链队列为带有头结点的链队列。不带头结点的链队列相关操作可参看本章重难点解析部分。

① **初始化队列**。构造一个空队列 Q,其基本操作为 InitLinkQueue(LinkQueue &Q)。

```
InitLinkQueue(LinkQueue &Q)
{ //构造一个空队列 Q
    Q.front=Q.rear=new QNode;
    if (!Q.front)
        exit(1);                            //存储空间分配失败
    Q.front->next=NULL;
}
```

② **判断队列是否为空**。若队列 Q 为空队列,则返回 1,否则返回 0,可由调用它的函数根据返回值判断当前队列的状态,其基本操作为 QueueLinkEmpty(LinkQueue &Q)。

```
int QueueLinkEmpty(LinkQueue &Q){
    if(Q.front==Q.rear)
        return 1;                           //队列空
    else
        return 0;                           //队列非空
}
```

③ **入队操作**。入队一个元素 e 为 Q 的新的元素,其基本操作为 EnLinkQueue(LinkQueue &Q, ElemType e)。

```
void EnLinkQueue(LinkQueue &Q,ElemType e) {
    s = new QNode;
    if (!s) exit(1);                        //存储空间分配失败
    s->data=e;   s->next = NULL;
    Q.rear->next=s;                         //修改尾结点指针
    Q.rear=s;                               //移动队尾指针
}
```

④ **出队操作**,若队列不空,则出队一个元素,用 e 返回其值,其基本操作为 DeLinkQueue(LinkQueue &Q, ElemType &e)。

```
bool DeLinkQueue(LinkQueue &Q, ElemType &e) {
    QNode * p;
    //若队列不空,则删除当前队头元素
    if(Q.front==Q.rear)//链队列中只有一个头结点
        return FALSE;
    p=Q.front->next;
    e=p->data;                          //返回被删元素
    Q.front->next=p->next;              //修改头结点指针
    if(Q.rear==p)
        Q.rear=Q.front;                 //修改队尾指针
    delete p;                           //释放被删结点
    return TRUE;
}
```

4）双端队列

3.3.2 双端队列

双端队列指队列的两端均可以进行入队和出队的特殊队列,如图3-10所示。

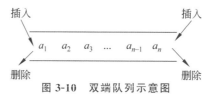

图 3-10　双端队列示意图

一般常见的还有输出受限的双端队列和输入受限的双端队列,如图3-11和图3-12所示。分别为一端可进行插入和删除,另一端只允许插入的双端队列;以及一端可进行插入和删除,另一端只允许删除的双端队列。如果再限定从一端插入的元素只能在这一端删除,则双端队列就变为两个栈底相邻的栈。

图 3-11　输出受限的双端队列　　图 3-12　输入受限的双端队列

3. 队列的应用

3.3.2 队列的应用

1）队列在计算机系统中的应用

例如,为解决计算机主机与打印机之间速度不匹配问题,通常设置一个打印数据缓冲区,主机将要输出的数据依次写入该缓冲区,而打印机则依次从该缓冲区中取出数据。再如,操作系统中多用户引起的资源竞争问题,需要时可查阅相关资料,这里仅简要提及,不再赘述。

2) 队列在树的层次遍历和在图的搜索中的应用

队列在树的层次遍历和在图的搜索中均有应用,可参见后续树和图相关章节的具体内容,这里不再赘述。

3.3.3 数组和特殊矩阵

1. 数组

3.3.3 数组

矩阵是在科学工程计算中较常见的数学模型之一,数据结构中经常考虑如何使用较小的存储空间存放一组数据,如将 $m \times n$ 矩阵(m 行 n 列)更有效地存储在内存中,并且能够方便地获取元素。由于计算机的存储空间是线性的,因此通常程序设计语言使用一维数组存放二维的矩阵。这里,数组的概念可查阅相关程序设计语言教材,这里不再赘述。本部分主要关注数组的存储。

数组类型不做插入和删除的操作,因此只需通过顺序映像得到它的存储结构,可以借助数据元素在存储器中的相对位置来表示数据元素之间的逻辑关系。

一个数组的所有元素在内存中占用一段连续的存储空间,一维数组的存储结构关系以 $a[n]$ 为例:$loc(a_i) = loc(a_0) + i \times sizeof(ElemType) (n > i \geqslant 0)$。

注意数组的下标范围为 $n > i \geqslant 0$,ElemType 为数组元素类型,sizeof(ElemType) 为数组元素所占用的存储单元。

1) 多维数组的存储

通常有两种映像方法,即"按行优先"展开的映像方法和"按列优先"展开的映像方法。以下以二维数组为例说明两种方法。

(1) **按行优先**。行为主序,先行后列,将数组元素按行优先关系排列,先存储行号较小的元素,行号相等时先存储列号较小的元素,即同一行中的元素以列下标次序排列,如图 3-13 所示,第 $i+1$ 行的元素紧跟在第 i 行元素的后面。

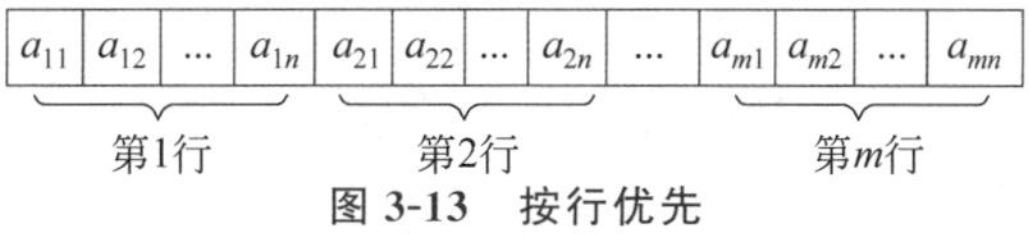

| a_{11} | a_{12} | ... | a_{1n} | a_{21} | a_{22} | ... | a_{2n} | ... | a_{m1} | a_{m2} | ... | a_{mn} |

第1行　　　　第2行　　　　第m行

图 3-13　按行优先

(2) **按列优先**。列为主序,先列后行,将数组元素按列优先关系排列,先存储列号较小的元素,列号相等的时候先存储行号较小的元素,即同一列中的元素以行下标次序排列,如图 3-14 所示,第 $i+1$ 列的元素紧跟在第 i 列元素的后面。

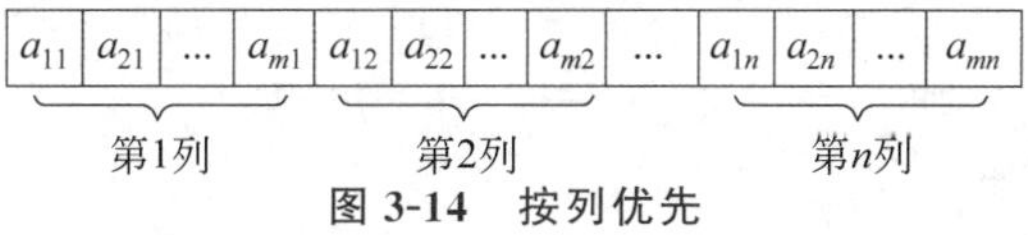

| a_{11} | a_{21} | ... | a_{m1} | a_{12} | a_{22} | ... | a_{m2} | ... | a_{1n} | a_{2n} | ... | a_{mn} |

第1列　　　　第2列　　　　第n列

图 3-14　按列优先

2) 多维数组存储地址的计算

设每个数组元素需要 sizeof(ElemType)个存储单元存放;并记第一个数组元素的存储地址为 $\mathrm{loc}(a_{11})$,即存储区间的起始地址,也称为数组的基地址。

(1) **行为主序优先存储**。a_{ij} 是第 i 行第 j 列的数组元素,其前面已存放 $i-1$ 行共 $(i-1)\times n$ 个元素,在第 j 行中前面已经存放了 $j-1$ 个元素。

地址计算公式为
$$\mathrm{loc}(a_{ij})=\mathrm{loc}(a_{11})+((i-1)\times n+j-1)\times \mathrm{sizeof}(\mathrm{ElemType})$$

或者按照 C 语言数组下标,即
$$\mathrm{loc}(a_{ij})=\mathrm{loc}(a_{00})+(i\times n+j)\times \mathrm{sizeof}(\mathrm{ElemType})$$

(2) **列为主序优先存储**。以列为主序优先存储的地址计算公式为
$$\mathrm{loc}(a_{ij})=\mathrm{loc}(a_{11})+((j-1)\times m+i-1)\times \mathrm{sizeof}(\mathrm{ElemType})$$

或者按照 C 语言数组下标,即
$$\mathrm{loc}(a_{ij})=\mathrm{loc}(a_{00})+(j\times m+i)\times \mathrm{sizeof}(\mathrm{ElemType})$$

2. 特殊矩阵的压缩存储

3.3.3 特殊矩阵的压缩存储

对于 $m\times n$ 阶矩阵,当 m 和 n 较大时,需要占用大量的连续存储空间。通常用二维数组表示矩阵,则矩阵中的元素均可在二维数组中找到对应的存储位置。一些有下列特性的高阶矩阵,其元素值的分布具有规律性,矩阵中有很多值相同的元素或零值元素,为了节省存储空间,需要对它们进行"压缩存储",不存或者少存这些值相同的元或零值元素,以降低矩阵对存储容量的需求。

常见的特殊矩阵包括对称矩阵、三角矩阵(上三角矩阵和下三角矩阵)和三对角矩阵(带状矩阵)等。

1) 对称矩阵

n 阶方阵,满足 $a_{ij}=a_{ji}$,其中 $n\geqslant i\geqslant 1$,$n\geqslant j\geqslant 1$,存储于二维数组 $a[n][n]$ 中,这种方阵被称为对称矩阵。可以将方阵划分为 3 个区域,分别为上三角区、主对角线和下三角区。如图 3-15 所示,以虚线为界分为 3 个区域。

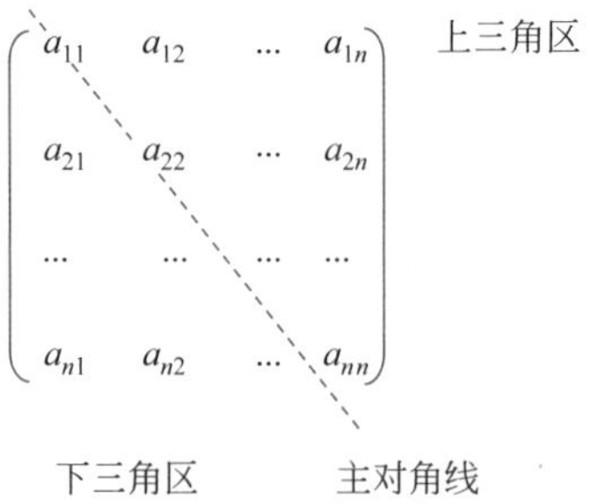

其中,上三角区元素 $i<j$,主对角线上元素 $i=j$,下三角区元素 $i>j$。因对称矩阵的上三角区元素与下三角区元素相同,因此可只存放上三角区和主对角元素或者下三角区和主对角元素在长度为 $n(n+1)/2$ 的一维数组中。

图 3-15 矩阵示意图

以只存放下三角部分为例:第一行存放 1 个元素,第二行 2 个元素,…,第 $i-1$ 行 $i-1$ 个元素,第 i 行 $j-1$ 个元素,则假设 a_{ij} 在一维数组中的下标为 k(下标从 0 开始),则 $k=1+2+\cdots+i-1+j-1=i(i-1)/2+j-1$。

得到下标对应关系如下:

$$k = \begin{cases} i \times (i-1)/2 + j - 1 & (i \geqslant j) \text{下三角区和主对角线元素} \\ j \times (j-1)/2 + i - 1 & (i < j) \text{上三角区元素} \end{cases}$$

2) 三角矩阵

上三角矩阵,指矩阵的主对角线及以下的所有元素均为同一常数或 0 的 n 阶矩阵。

上三角矩阵的压缩存储方法。如图 3-16 所示,对处于下三角(不含主对角线)的常数,为其在最后分配一个存储空间;对含主对角线的处于上三角的每个元素按行为主序优先存储方法依次顺序存储分配空间,需要 $n \times (n+1)/2$ 个元素空间,加上最后分配的存储空间,共需要 $n \times (n+1)/2 + 1$ 个元素空间。

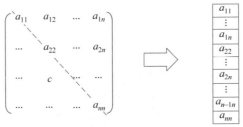

图 3-16 上三角矩阵的压缩存储示意图

得到下标对应关系如下:

$$k = \begin{cases} (i-1) \times (2n-i+2)/2 + j - i & (i \leqslant j) \text{上三角区和主对角线元素} \\ n \times (n+1)/2 & (i > j) \text{下三角区元素} \end{cases}$$

注意,下标从 0 开始。

下三角矩阵,矩阵的主对角线以上的所有元素均为同一常数或 0 的 n 阶矩阵。

下三角矩阵的压缩存储方法。如图 3-17 所示,处在下三角的元素 a_{ij},其前 $i-1$ 行共有 $i \times (i-1)/2$ 个元素,在第 i 行它处于第 j 个位置,则 a_{ij} 处于存储分配区的第 $i \times (i-1)/2 + j$ 个。

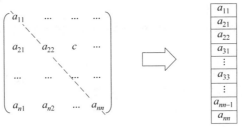

图 3-17 下三角矩阵的压缩存储示意图

有

$$k = \begin{cases} i \times (i-1)/2 + j - 1 & (i \geqslant j) \text{下三角区和主对角线元素} \\ n \times (n+1)/2 & (i < j) \text{上三角区元素} \end{cases}$$

注意,下标从 0 开始。

3) 三对角矩阵(带状矩阵)

三对角矩阵是除主对角线及主对角线上下各一个元素外,其余元素都为零的矩阵。

对三对角矩阵的压缩存储方法是,按行为主序优先存储方法把非零区的三对角元素依次顺序存储到一片连续的存储空间中,如图 3-18 所示。

$$\begin{pmatrix} a_{11} & a_{12} & & & \\ a_{21} & a_{22} & a_{23} & & \\ & \ddots & \ddots & \ddots & \\ & & \ddots & \ddots & a_{n-1\,n} \\ & & & a_{nn-1} & a_{nn} \end{pmatrix} \Rightarrow \begin{array}{|c|} \hline a_{11} \\ \hline a_{12} \\ \hline a_{21} \\ \hline a_{22} \\ \hline a_{23} \\ \hline a_{32} \\ \hline a_{34} \\ \hline \vdots \\ \hline a_{n-1\,n} \\ \hline a_{nn-1} \\ \hline a_{nn} \\ \hline \end{array}$$

图 3-18 三对角矩阵的压缩存储示意图

由此可计算三条对角线上的元素 a_{ij},$n \geqslant i \geqslant 1$,$n \geqslant j \geqslant 1$,在一维数组中存放的下标 $k = 2i + j - 3$,$|i-j| \leqslant 1$。注意,下标从 0 开始。

3. 稀疏矩阵

3.3.3 稀疏矩阵

矩阵中非零元素的个数相对于矩阵元素的个数来说非常少,则该矩阵被称为**稀疏矩阵**。假设一个 $m \times n$ 的稀疏矩阵,非零元素值较少,且零元素的分布无规律,用常规方法存储稀疏矩阵将浪费较多空间。可采用三元组的形式存储非零元素,三元组为"行标,列标,元素值"。三元组可以与稀疏矩阵中的非零值元一一对应,因此可用三元组顺序表来表示稀疏矩阵,并且三元组在顺序表中的元素为"以行为主"有序排列。

假设在 $m \times n$ 的矩阵中有 t 个非零值元,令

$$\delta = \frac{t}{m \times n}$$

称 δ 为矩阵的稀疏因子,则通常认定 $\delta \leqslant 0.05$ 的矩阵为稀疏矩阵。

如图 3-19 所示,为三元组举例。

需要注意的是,稀疏矩阵压缩存储后失去了随机存取特性。

三元组顺序表的结构定义如下。

$$\begin{bmatrix} 0 & 8 & 0 & 0 & 6 & 0 \\ 0 & 0 & 0 & 0 & 0 & 0 \\ 0 & 0 & 7 & 0 & 0 & 0 \\ 0 & 0 & 0 & 0 & 0 & 3 \\ 0 & 0 & 0 & 0 & 0 & 0 \end{bmatrix} \Rightarrow \begin{array}{|c|c|c|} \hline 1 & 2 & 8 \\ \hline 1 & 5 & 6 \\ \hline 3 & 3 & 7 \\ \hline 4 & 6 & 3 \\ \hline 5 & 5 & 2 \\ \hline \end{array}$$

图 3-19 三元组示意图

```
#define MaxSize 100;
//假设非零元个数的最大值为 100
typedef struct {                          //三元组结点结构
    int i, j;                             //非零元的行号和列号
    ElemType e;                           //非零元的值
} Triple;
typedef struct {
    Triple data[MaxSize+1];               //非零元三元组表,data[0]未用
    int mu, nu, tu;                       //矩阵的行数、列数和非零元的个数
} TSMatrix;                               //三元组顺序表
```

3.4 重点和难点知识点详解

1. n 个不同元素进栈、出栈不同序列的个数计算

n 个不同元素进栈、出栈不同序列的个数为 $\frac{1}{n+1}C_{2n}^{n}$，卡特兰(Catalan)数公式，请自行查阅证明方法。一般考查栈的出栈序列的合法性及出栈过程。

2. 链队列和链栈的优点

链队列和链栈不存在溢出问题，同时适合当存在多个队列和栈的情况，空间利用率较高。

3. 本章常见错误

(1) 需要特别说明的是，上述栈的基本操作假定栈顶指针指向栈顶元素，要注意栈顶指针是指向栈顶元素还是栈顶元素的下一个位置。在审题时需注意栈顶的设定，并随之更改栈的判空条件、判满条件、入栈具体操作、出栈具体操作。

(2) 链栈可以带头结点也可以不带头结点，审题时需要注意。

(3) 不带头结点的链队列注意事项。当链队列不带头结点时，判空条件为"Q.front==NULL&Q.rear==NULL;"。出队操作时，判断队列是否为空，若非空，则 Q.front 指向下一个结点，同时还需判断当前出队结点是否为最后一个结点，若是，则还需做 Q.rear=NULL 操作。入队操作时，Q.rear 指向新结点，同时还需要判断这个结点是否为当前队列中的第一个结点，若是，则还需做 Q.front 指向新结点的操作。

(4) 顺序队列的队头和队尾指向问题。队头指针指向队头，队尾指针指向队尾的下一个位置；也可队头指针指向队头，队尾指针指向队尾。二者会影响算法的设计，因此需要注意审题。

3.5 习题题目

本部分习题形式包括单项选择题、综合应用题等题型，是专业课学习和考研的常见题型。知识点覆盖专业课程学习和考研知识点，因此本部分知识点相关习题设置较全面。

题目难度方面设置基础习题、进阶习题、考研真题，这样读者可根据自身情况合理安排学习规划，有针对性地逐步提升专业知识、解题能力和应试能力。

3.5.1 基础习题

一、单项选择题

1. 队列操作数据的原则是(　　)，栈操作数据的原则是(　　)。
   A. 先进先出　　B. 后进先出　　C. 后进后出　　D. 无顺序

2. 栈的操作，入栈时需要判断栈是否为(　　)，出栈时需要判断栈是否为(　　)。
   A. 满　　B. 空　　C. 下溢出　　D. 上溢出

3. 为解决计算机与打印机之间速度的不匹配问题，一般设置打印数据的缓冲区，主机可将要输出的数据先放入缓冲区，打印机再依次从缓冲区取出数据打印，则缓冲区的逻辑结构为( )。

  A. 队列   B. 栈   C. 图   D. 树

4. 下列( )是栈的应用。

  A. 表达式求值   B. 递归调用   C. 数制转换   D. 以上均正确

5. 栈和队列都是( )。

  A. 先进先出   B. 后进先出

  C. 限制存取点的线性结构   D. 限制存取点的非线性结构

6. 假设栈和队列的初始状态均为空,元素 A、B、C、D、E、F、G 依次入栈,出栈后进入队列,现已知出队列的顺序为 B、D、C、F、E、A、G,则该栈的容量至少为( )。

  A. 4   B. 3   C. 2   D. 1

7. 链队列(链队列无头结点)在出队时需要修改的指针为( )。

  A. 仅需修改队头指针

  B. 仅需修改队尾指针

  C. 队头指针、队尾指针均需修改

  D. 有些情况下队头指针、队尾指针均需修改

8. 最大容量为 MaxSize 的循环队列存储在数组中(牺牲一个单元,入队时少用一个单元),则判断队列是否满的操作为( )。

  A. (rear + 1) % MaxSize == front   B. front == rear

  C. rear + 1 == front   D. (rear − 1) % MaxSize == front

9. 栈的初始状态为空,A、B、C、D 4 个元素依次入栈,在所有可能出栈的序列中,以 D 开头的序列个数为( )。

  A. 4   B. 3   C. 2   D. 1

10. 用一个大小为 7 的数组实现循环队列,当前 rear=0、front=4,则出队一个元素、入队两个元素后,rear 和 front 的值分别为( )。

  A. 5、1   B. 1、5   C. 4、2   D. 2、5

11. 队列初始状态为空,入队序列为 A、B、C、D,则可能的出队序列为( )。

  A. A、B、C、D   B. D、C、B、A   C. C、B、D、A   D. A、D、C、B

12. 用带头结点的单链表表示链队列,则队尾指向链队列的( )。

  A. 尾   B. 中   C. 头   D. 以上均正确

13. 用循环单链表表示队列,其长度为 n,只设定头指针,队头在链表的表尾,则入队操作的时间复杂度为( )。

  A. $O(1)$ B. $O(n)$ C. $O(n\log_2 n)$ D. $O(n^2)$

14. 对于同一个问题,采用递归算法和非递归算法,下列说法正确的为( )。

  A. 递归算法和非递归算法无法相比较   B. 递归算法和非递归算法相同

  C. 递归算法通常效率高   D. 非递归算法通常效率高

15. 对稀疏矩阵进行压缩存储的目的是( )。

  A. 降低运算的时间复杂度   B. 节省存储空间

  C. 便于运算   D. 便于做输入输出操作

二、综合应用题

1. 已知栈的初始状态为空,入栈序列为 $a_1,a_2,\cdots,a_n$,出栈序列为 $b_1,b_2,\cdots,b_n$。若 $b_1=a_n$,则 b_i 为哪个元素?并说明原因。

2. 顺序队列可以通过循环队列和非循环队列实现,试简要说明以下问题:循环队列总是优于非循环队列吗?什么情况下可以使用非循环队列?

3. 栈的初始状态为空,入栈序列为 A,B,C,D,E,F,若 X 元素入栈操作可表示为 Push(X),X 元素出栈操作可表示为 Pop(X),如何操作可得到 C,B,E,F,D,A 序列,若无法得到该序列请简述理由。

4. 不带头结点的单链表存储一串字符,设计算法判断链表中存储的字符是否中心对称。如 aabbaa、abbba 均为中心对称。

5. 写出算术表达式 $a-b*(c+d/e+f)+g$ 的后缀表达式,并给出后缀表达式的辅助栈变化过程。

6. 5 个元素的入栈序列为 1,2,3,4,5,在所有可能的出栈序列中,以 3 第一个出栈,4 第二个出栈的序列有哪些?请根据要求,将满足的出栈序列列出。

7. 写出循环队列计算循环队列长度、判空和判满的方法。其中,循环队列的结构如下。

```
#define MaxSize   100
typedef struct {
    ElemType elem[MaxSize];        //存储队列元素
    int rear;                      //队尾指针
    int front;                     //队头指针
}SqQueue;
```

8. 当前有一个非空队列和一个空栈,编写算法实现通过使用该栈作为辅助栈将队列中的元素逆置。

3.5.2 进阶习题

一、单项选择题

1. 有 A、B、C、D、E、F 6 个元素,栈的初始状态为空,进栈顺序为 F、E、D、C、B、A,则下列序列不合法的是(   )。
   A. D,E,C,A,B,F   B. C,D,F,E,B,A
   C. E,D,C,F,A,B   D. B,C,D,A,E,F

2. 不带头结点的链表,操作均在表头进行,则不适合作为链栈的为(   )。
   A. 只有尾头结点指针,没有表头结点指针的双循环链表
   B. 只有表头结点指针,没有表尾结点指针的双循环链表
   C. 只有尾头结点指针,没有表头结点指针的单循环链表
   D. 只有表头结点指针,没有表尾结点指针的单循环链表

3. 受限的双端队列,若允许在两端进行入队操作,但是只可以在一端进行出队操作,如果元素 A、B、C、D、E 依次入队再出队,则不能得到的序列为(   )。
   A. E,D,C,B,A   B. E,C,B,A,D
   C. D,B,C,A,E   D. D,B,A,C,E

4. 不带头结点的链栈,执行将出栈元素放入变量 e 的出栈操作为(   )。

A. e=top->data; B. e=top;top=top->next;
C. e=top->data;top=top->next; D. top=top->next;e=top->data;

5. 栈 S 初始为空，则经过"Push(&S,a);Push(&S,b);Push(&S,c);Pop(&S,&e);GetTop(S,&e)"操作，e 的值为（ ）。
   A. a B. b C. c D. NULL

6. 已知入栈序列为 A,B,C,D，第二个和第四个出栈的元素不可能是（ ）。
   A. D 和 C B. B 和 D C. C 和 D D. B 和 A

7. 栈和队列具有相同的（ ）。
   A. 存储结构 B. 运算 C. 逻辑结构 D. 抽象数据类型

8. 中缀表达式转后缀表达式，设置运算符栈。将 $a+b/(c+d)-e*f$ 转换为后缀表达式 $abcd+/+ef*-$，初始时运算符栈为空，则在中缀转后缀的过程中运算符栈的最大容量为（ ）。
   A. 7 B. 6 C. 5 D. 4

9. 表达式 $a/(b-c)+d$，转换为后缀表达式为（ ）。
   A. $+-/abcd$ B. $abc-/d+$
   C. $abcd/-+$ D. $abc/-d+$

10. 已知程序如下。

```
int func(int data){
    return (data<=0)?0:func(data-1)+data;
}
void main()
{printf("%d",func(1));}
```

栈保存程序运行时的调用信息，则栈底到栈顶的信息依次为（ ）。
   A. func(0)、func(1)、main() B. main()、func(0)、func(1)
   C. func(1)、func(0)、main() D. main()、func(1)、func(0)

11. 共享栈采用顺序存储，两个栈顶指针初始状态分别为 $top1==-1$，$top2==$ LIST_INIT_SIZE，则栈满的条件为（ ）。
   A. $top1-top2=0$ B. $top1-top2=1$
   C. $top1-top2=$ LIST_INIT_SIZE C. $|top1-top2|=0$

12. 栈初始状态为空。出栈序列为 $1,2,3,\cdots,n$，若已知第三个入栈的元素是 1，则第一个入栈的元素为（ ）。
   A. 可能是 2 B. 不可能是 3 C. 一定是 2 D. 不可能是 2

13. 设 n 个元素的入栈顺序为 $1,2,3,\cdots,n$，出栈序列为 $p_1,p_2,p_3,\cdots,p_n$，若 $p_1=3$，则 p_2（ ）。
   A. 一定为 1 B. 一定为 2 C. 不为 1 D. 以上均不正确

14. 栈初始状态为空。入栈序列为 $1,2,3,\cdots,n$，出栈序列的第一个元素为 p，则第 q 个元素为（ ）。
   A. $p-q$ B. $p-q-1$ C. $q-p+1$ D. 不确定

15. 下列叙述正确的为（ ）。

A. 三对角矩阵的特点是非零元素只出现在对角线上

B. n 阶($n>3$)的三对角矩阵中,每一行都有 3 个非零元素

C. 采用一维数组压缩存储特殊矩阵可以简化其存取操作

D. 以上均不正确

二、综合应用题

1. 假设以 S 和 X 分别表示入栈和出栈,栈的初始状态和最后的状态均为空栈,且序列仅由 S 和 X 组成,称可以实现栈操作的序列为合法序列,试给出序列为合法序列的条件。

2. 试写出算法,判断第 1 题中的序列是否合法,已知序列已经存储在一维数组中,若合法返回 1,否则返回 0。

3. 假设表达式中允许包含()、[]和{} 3 种括号,设计算法采用顺序栈判断表达式中的括号是否匹配。

4. 用大小为 MaxSize 的一维数组 S 存储两个共享栈。给出共享栈的定义,两个栈判满、判空的条件,入栈和出栈的方法。

5. 铁道车厢调度问题。火车调度存在一个可用于调度的栈道,两侧的铁道为单向行驶铁道,入口有 n 节硬、软座车厢等待调度。编写算法输出对车厢进行调度序列(要求所有软座车厢在硬座车厢前)。

6. 循环队列基本操作。若循环队列不希望采用牺牲一个单元的方式实现,而是采用本书的第二种方式(增加标记变量 tag,并约定每次删除成功时,tag=0;每次插入成功时,tag=1。这样 tag=0 时,若因删除导致 Q.front==Q.rear,则队列为空;tag=1 时,若因插入导致 Q.front==Q.rear,则队列为满),试编写相应的入队和出队算法。

3.5.3 考研真题

一、单项选择题

1.【2009 年统考真题】 设栈 S 和队列 Q 的初始状态均为空,元素 a,b,c,d,e,f,g 依次进入栈 S。若每个元素出栈后立即进入队列 Q,且 7 个元素出队的顺序是 b,d,c,f,e,a,g,则栈 S 的容量至少是( )。

A. 1   B. 2   C. 3   D. 4

2.【2009 年统考真题】 为解决计算机主机与打印机之间速度不匹配问题,通常设置一个打印数据缓冲区,主机将要输出的数据依次写入该缓冲区,而打印机则依次从该缓冲区中取出数据。该缓冲区的逻辑结构应该是( )。

A. 栈   B. 队列   C. 树   D. 图

3.【2010 年统考真题】 某队列允许在其两端进行入队操作,但仅允许在一端进行出队操作。若元素 a,b,c,d,e 依次入此队列后再进行出队操作,则不可能得到的出队序列是( )。

A. b,a,c,d,e   B. d,b,a,c,e   C. d,b,c,a,e   D. e,c,b,a,d

4.【2010 年统考真题】 若元素 a,b,c,d,e,f 依次进栈,允许进栈、退栈操作交替进行,但不允许连续 3 次进行退栈操作,则不可能得到的出栈序列是( )。

A. d,c,e,b,f,a   B. c,b,d,a,e,f   C. b,c,a,e,f,d   D. a,f,e,d,c,b

5.【2011 年统考真题】 已知循环队列存储在一维数组 A[0 … n−1]中,且队列非空时,front 和 rear 分别指向队头元素和队尾元素。若初始时队列为空,且要求第一个进入队

列的元素存储在 A[0]处,则初始时 front 和 rear 的值分别是( )。

    A. 0,0   B. 0,$n-1$ C. $n-1$,0   D. $n-1$,$n-1$

6.【2011 年统考真题】 元素 a,b,c,d,e 依次进入初始为空的栈中,若元素进栈后可停留、可出栈,直到所有元素都出栈,则在所有可能的出栈序列中,以元素 d 开头的序列个数是( )。

    A. 3   B. 4   C. 5   D. 6

7.【2012 年统考真题】 已知操作符包括"+""-""*""/""("和")"。将中缀表达式 $a+b-a*((c+d)/e-f)+g$ 转换为等价的后缀表达式 $ab+acd+e/f-*-g+$ 时,用栈来存放暂时还不能确定运算次序的操作符。若栈初始时为空,则转换过程中同时保存在栈中的操作符的最大个数是( )。

    A. 5   B. 7   C. 8   D. 11

8.【2013 年统考真题】 一个栈的入栈序列为 $1,2,\cdots,n$,其出栈序列是 $p_1,p_2,\cdots,p_n$。若 $p_2=3$,则 p_3 可能取值的个数是( )。

    A. $n-3$ B. $n-2$ C. $n-1$ D. 无法确定

9.【2014 年统考真题】 循环队列存放在一维数组 A[0 … M-1]中,end1 指向队头元素,end2 指向队尾元素的后一个位置。假设队列两端均可进行入队和出队操作,队列中最多能容纳 $M-1$ 个元素,初始时为空。下列判断队空和队满的条件中,正确的是( )。

    A. 队空:end1==end2   队满:end1==(end2+1) mod M
    B. 队空:end1==end2   队满:end2==(end1+1) mod ($M-1$)
    C. 队空:end2==(end1+1)mod M 队满:end1==(end2+1) mod M
    D. 队空:end1==(end2+1)mod M 队满:4end2==(end1+1) mod ($M-1$)

10.【2014 年统考真题】 假设栈初始为空,将中缀表达式 $a/b+(c*d-e*f)/g$ 转换为等价的后缀表达式的过程中,当扫描到 f 时,栈中的元素依次是( )。

    A. +(*-   B. +(-*   C. /+(*-*   D. /+-*

11.【2015 年统考真题】 已知程序如下。

```
int S(int n){
    return(n<=0)?0:S(n-1)+n;
}
void main(){
    cout<<S(1);
}
```

程序运行时使用栈来保存调用过程的信息,自栈底到栈顶保存的信息依次对应的是( )。

    A. main()->S(1)->S(0)   B. S(0)->S(1)->main()
    C. main()->S(0)->S(1)   D. S(1)->S(0)->main()

12.【2016 年统考真题】 设有如图 3-20 所示的火车车轨,入口到出口之间有 n 条轨道,列车的行进方向均为从左至右,列车可驶入任意一条轨道。现有编号为 1~9 的 9 列列车,驶入的次序依次是 8,4,2,5,3,9,1,6,7。若期望驶出的次序依次为 1~9,则 n 至少是( )。

    A. 2   B. 3   C. 4   D. 5

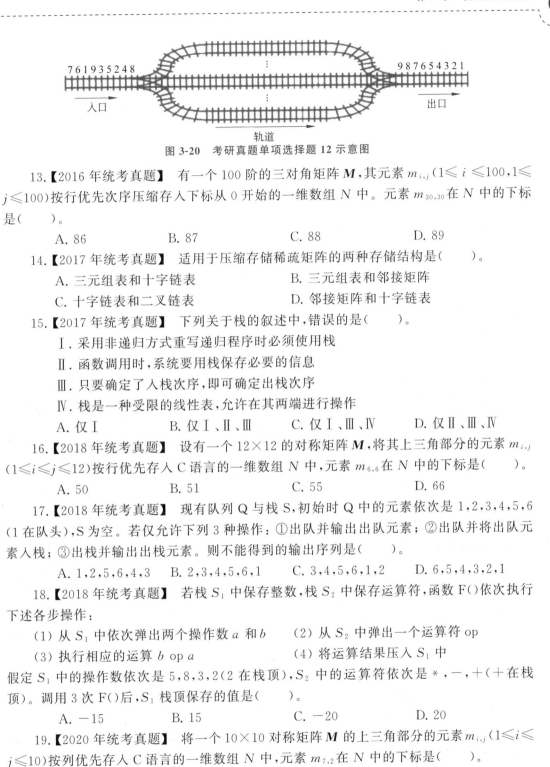

图 3-20 考研真题单项选择题 12 示意图

13.【2016 年统考真题】 有一个 100 阶的三对角矩阵 M,其元素 $m_{i,j}$($1\leqslant i\leqslant 100$,$1\leqslant j\leqslant 100$)按行优先次序压缩存入下标从 0 开始的一维数组 N 中。元素 $m_{30,30}$ 在 N 中的下标是( )。

  A. 86   B. 87   C. 88   D. 89

14.【2017 年统考真题】 适用于压缩存储稀疏矩阵的两种存储结构是( )。

  A. 三元组表和十字链表   B. 三元组表和邻接矩阵

  C. 十字链表和二叉链表   D. 邻接矩阵和十字链表

15.【2017 年统考真题】 下列关于栈的叙述中,错误的是( )。

 Ⅰ. 采用非递归方式重写递归程序时必须使用栈

 Ⅱ. 函数调用时,系统要用栈保存必要的信息

 Ⅲ. 只要确定了入栈次序,即可确定出栈次序

 Ⅳ. 栈是一种受限的线性表,允许在其两端进行操作

  A. 仅 Ⅰ   B. 仅 Ⅰ、Ⅱ、Ⅲ   C. 仅 Ⅰ、Ⅲ、Ⅳ   D. 仅 Ⅱ、Ⅲ、Ⅳ

16.【2018 年统考真题】 设有一个 12×12 的对称矩阵 M,将其上三角部分的元素 $m_{i,j}$($1\leqslant i\leqslant j\leqslant 12$)按行优先存入 C 语言的一维数组 N 中,元素 $m_{6,6}$ 在 N 中的下标是( )。

  A. 50   B. 51   C. 55   D. 66

17.【2018 年统考真题】 现有队列 Q 与栈 S,初始时 Q 中的元素依次是 1,2,3,4,5,6(1 在队头),S 为空。若仅允许下列 3 种操作:①出队并输出出队元素;②出队并将出队元素入栈;③出栈并输出出栈元素。则不能得到的输出序列是( )。

  A. 1,2,5,6,4,3   B. 2,3,4,5,6,1   C. 3,4,5,6,1,2   D. 6,5,4,3,2,1

18.【2018 年统考真题】 若栈 S_1 中保存整数,栈 S_2 中保存运算符,函数 F() 依次执行下述各步操作:

 (1) 从 S_1 中依次弹出两个操作数 a 和 b (2) 从 S_2 中弹出一个运算符 op

 (3) 执行相应的运算 b op a (4) 将运算结果压入 S_1 中

假定 S_1 中的操作数依次是 5,8,3,2(2 在栈顶),S_2 中的运算符依次是 *,−,+(+ 在栈顶)。调用 3 次 F() 后,S_1 栈顶保存的值是( )。

  A. −15   B. 15   C. −20   D. 20

19.【2020 年统考真题】 将一个 10×10 对称矩阵 M 的上三角部分的元素 $m_{i,j}$($1\leqslant i\leqslant j\leqslant 10$)按列优先存入 C 语言的一维数组 N 中,元素 $m_{7,2}$ 在 N 中的下标是( )。

  A. 15   B. 16   C. 22   D. 23

20.【2020 年统考真题】 对空栈 S 进行 Push 和 Pop 操作,入栈序列为 a,b,c,d,e,经过 Push,Push,Pop,Push,Pop,Push,Push,Pop 操作后,得到的出栈序列是( )。

  A. b,a,c   B. b,a,e   C. b,c,a   D. b,c,e

二、综合应用题

1.【2019年统考真题】 设计一个队列,要求满足:①初始时队列为空;②入队时,允许增加队列占用空间;③出队后,出队元素所占用的空间可重复使用,即整个队列所占用的空间只增不减;④入队操作和出队操作的时间复杂度始终保持为 $O(1)$。请回答下列问题。

(1) 该队列应该选择链式存储结构,还是顺序存储结构?

(2) 画出队列的初始状态,并给出判断队空和队满的条件。

(3) 画出第一个元素入队后的队列状态。

(4) 给出入队操作和出队操作的基本过程。

◆ 3.6 习题解析

本部分以图文形式详细分析并解答所有习题,或以微课视频方式给出必要的题目解析。

3.6.1 基础习题解析

一、单项选择题

1. A B

队列是一种先进先出(First In First Out,FIFO)的线性表。这和人们日常生活中的排队是一致的,最早进入队列的元素最早离开;而栈中访问结点时遵循后进先出(Last In First Out,LIFO)的原则。

2. A B

入栈时需要判断是否栈满,否则无存储元素的空间;出栈时需要判断栈是否为空,否则无元素可出栈。

3. A

为队列的应用之一,打印机取出数据的顺序与缓冲区中数据放入的顺序相同,先进先出,是队列的特性。

4. D

栈的应用包括数制转换、括号匹配、表达式求值、递归调用等。

5. C

栈和队列都是限制存取点的线性结构,栈是后进先出,队列是先进先出。栈和队列只允许在端点处插入元素和删除元素。

6. B

当元素 ACD 或 AEF(从栈底到栈顶顺序)在栈中时,此时栈中所需容量最大为 3。

7. D

有头结点的链队列如图 3-21 所示,当链队列无头结点时,当队中所有元素均出队时,队头和对尾指针均需修改指向 NULL,因此选 D。

注意:示意图中链队列带头结点。通常为方便处理,链队列设置头结点。

8. A

本题考查循环队列的判满条件。因此选 A。

9. D

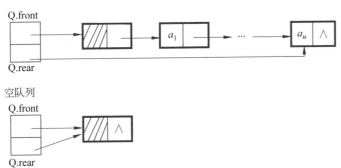

图 3-21　基础习题单项选择题 7 解析示意图

由于求 D 开头的序列,则在 D 出栈前其他 3 个元素均在栈中且均不能比 D 先出栈,则序列仅可为 D、C、B、A。

10. D

本题可采用示意图法,循环队列如图 3-22 所示。

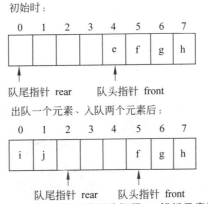

图 3-22　基础习题单项选择题 10 解析示意图

11. A

队列是先进先出的,因此可以依次入队再出队,选 A。

12. A

用带头结点的单链表表示链队列,则队尾指向链队列的尾部。

13. B

入队操作在表尾进行,即链表的表头,只设头指针,没有头结点和尾指针,入队后仍需保持循环链表的特性,只带头指针的循环单链表中找表尾结点的时间复杂度为 $O(n)$。

14. D

通常递归算法在计算机执行的过程总包含重复的计算,效率相对低些。

15. B

矩阵中非零元素的个数相对于矩阵元素的个数来说非常少,则该矩阵被称为稀疏矩阵。假设一个 $m \times n$ 的稀疏矩阵,非零元素值较少,且零元素的分布无规律,用常规方法存储系数矩阵将浪费较多空间。因此此题选 B。

二、综合应用题

1. 解答。$b_i = a_{n-i+1}$。

入栈序列为 $a_1, a_2, \cdots, a_n$，出栈序列为 $b_1, b_2, \cdots, b_n$。若 $b_1 = a_n$，说明前 $a_1, a_2, \cdots, a_{n-1}$ 个元素已入栈，因此入栈序列和出栈序列完全相反。

入栈序列为 $a_1, a_2, \cdots, a_{n-1}, a_n$。

出栈序列为 $b_n, b_{n-1}, \cdots, b_2, b_1$。

假设 b_i 对应的元素为 a_x，则由上述序列对应关系可得 $x + i = n + 1$。

解得，$x = n - i + 1$，即 $b_i = a_{n-i+1}$。

2. 解答。循环队列解决了假溢出的问题，但并不是循环队列一定优于非循环队列，因为循环队列出队的元素空间可能被后进来的元素覆盖，如果某算法需要利用进队的所有元素实现某些功能，这时不适合采用循环队列，需要使用非循环队列，具体如利用非循环队列求解迷宫问题。

3. 解答。Push(A)、Push(B)、Push(C)、Pop(C)、Pop(B)、Push(D)、Push(E)、Pop(E)、Push(F)、Pop(F)、Pop(D)、Pop(A)。

4. 解答。使用辅助栈来判断链表是否中心对称。首先，链表的前一半元素进栈，当访问链表后半的第一个元素时(当长度为奇数时注意跳过中心点)判断是否中心对称，即从栈中弹出元素，与从链表中取出元素比较，如果二者相等继续依次弹出栈和出链表元素一一比较，直至链表为空，若此时栈是空的则中心对称，返回 TRUE；否则，当链表中的元素与栈中元素不相等时则链表非中心对称，返回 FALSE。

算法如下。

```
typedef struct LNode{                    //结点类型
        ElemType data;                   //数据域
        struct LNode  * next;            //指针域
} LNode;
typedef LNode * LinkList;                //指针类型
//判断单链表是否中心对称函数,如果中心对称则返回 TRUE,否则返回 FALSE,不带头结点的单链
//表为 L,长度为 length
bool func(LinkList L,int length){
    int top;                             //栈顶指针
    char str[length];                    //存储字符的栈
    LNode * r;
    r=L;
    for(top=0;top<length/2;top++)
    {
        str[top]=r->data;
        r=r->next;
    }
    top--;                               //注意此处容易忽略
    if(length%2==1)                      //奇数则跳过中心点
        r=r->next;
    while(r!=NULL&&str[top]==r->data)    //从栈中和链表中依次出一个元素逐个比较
    {   top--;
        r=r->next;
    }
    if(top==-1)                          //判断栈是否为空
        return TRUE;
    else
        return FALSE;
}
```

5. 解答。$abcde/+f+*-g+$。

本题考查中缀表达式转后缀表达式的计算方法,因题目中提到采用辅助栈,则可对应本书中提到的中缀转后缀的方法中的第二种方法使用运算符栈。

初始化栈,用于保存暂时不能确定运算顺序的运算符。从左至右依次处理。

第一步,当遇到操作数时,则加入后缀表达式。

第二步,当遇到括号时,左括号入栈,右括号依次弹出栈内运算符,加入到后缀表达式,直至弹出左括号,并且需要注意的是括号的匹配性和括号不加入到后缀表达式中。

第三步,当遇到操作符时,弹出运算符栈中优先级高于或等于当前运算符的所有运算符,同时需要加入到后缀表达式中,如果碰到左括号或栈空则停止,然后当前运算符入栈,最后可以认为有一个优先级最低的运算符♯,不需要入栈。其中,关于优先级,*和/高于+和-,*和/相等,+和-相等。可自行采用上述原则模拟计算机重新计算后缀表达式。

对应于本题运算符栈依次为-入,*入,(入,+入,/入,此时栈中从栈底到栈顶的元素序列依次为-*(+/,当+即将入栈时,弹出/、+,+入遇到),+出,(出,+即将入栈,先弹出*、-,最后+入栈后弹出。

6. 解答。出栈序列可为 3,4,5,2,1;3,4,2,5,1;3,4,2,1,5。

题中给出 3 第一个出栈,4 第二个出栈,则此时 1 和 2 已入栈,除了最后一个元素 5 以外的元素出栈序列为 3,4,2,1。元素 5 可在 4 出栈后选择入栈再出栈,或在 2 出栈后入栈再出栈,或在 1 出栈后入栈再出栈,则对应的序列依次为 3,4,5,2,1;3,4,2,5,1;3,4,2,1,5。

7. 解答。计算循环队列长度:$(rear-front+MaxSize)\%MaxSize$。

循环队列判空:$rear==front$,注意此处为双等号。

循环队列判满:$(rear+1)\%MaxSize==front$,注意此处为双等号。

8. 解答。本题主要考查栈和队列的概念、特性和基本操作。可以通过队列元素出队列再入栈,将入栈的元素依次出栈再入队列实现队列的逆序。

```
void func(Queue &Q, Stack &S)           //Q为待逆序的队列,S为辅助栈
{
    ElemType e;
    while(!QueueEmpty(Q))               //出队列,入栈
    {
        e=DeQueue(Q);
        Push(S,e);
    }
    while(!StackEmpty(S))               //出栈,入队列
    {
        Pop(S,e);
        EnQueue(Q,e);
    }
}
```

3.6.2 进阶习题解析

一、单项选择题

1. B

本题目考查栈的基本操作,本题的解题方法为依次检查选项序列是否合法。B 选项 C 第一个出栈,F、E、D 均已进栈,D 出栈,但是 F 一定在 E 后出栈,因此 B 不合法。

2. D

对于双循环链表,无论是表头或表尾指针可以较方便地找到表头结点,在表头做插入和删除,但是单循环链表通过尾指针能够快速找到表头结点,但是头指针找到尾结点需要遍历一次才可以找到,因此选择 D。

3. C

该输出受限的双端队列如图 3-23 所示。

因此可知,无论从哪一端入队,A 和 B 都是相邻的,C 选项不相邻所以无法得到。其他可能出现的选项得到序列的输入顺序依次为:A 选项相当于退化成只在出端进的栈,B 选项的入队顺序为 A 左入(或右入)、B 左入、C 左入、D 右入、E 左入,D 选项 A 左入(或右入)、B 左入、C 右入、D 左入、E 右入。均从左面依次输出(删除)即可得到序列。注意,双端队列得到的序列是否合法类题目,解题方法为是否可根据规则"凑得"对应的序列。

图 3-23 进阶习题单项选择题 2 解析示意图

4. C

本题考查链栈的基本操作。注意先获得值,再指向下一个结点。注意 e 获得的值为 top->data,而不是 top。

5. B

本题考查栈的基本操作。"Push(&S,a);Push(&S,b);Push(&S,c);"后栈中元素从底至顶依次为 abc,Pop(&S,&e)后栈中为 ab,此时执行 GetTop(S,&e)操作,则 e 获得的值为栈顶元素 b,但是并未弹出。

6. A

B 选项由 A 入 A 出 B 入 B 出 C 入 C 出 D 入 D 出得到,C 选项由 A 入 A 出 B 入 C 入 C 出 B 出 D 入 D 出得到,D 选项由 A 入 B 入 C 入 C 出 B 出 D 入 D 出 A 出得到。

7. C

栈和队列的逻辑结构都是线性结构,但对数据的运算不同,此题为易错题。

8. D

以 $a+b/(c+d)-e*f$ 为例。

过程为:遇到 a 加入后缀表达式,遇到+入栈,遇到 b 加入后缀表达式,遇到/入栈,遇到(、c 加入后缀表达式,遇到+入栈,遇到 d 加入后缀表达式,遇到)入栈,+出栈并加入后缀表达式,(出栈,此时的后缀表达式为 abcd+,栈中运算符为+、/。接着,遇到-,依次弹出/和+并加入后缀表达式,-入栈,遇到 e 加入后缀表达式,遇到 * 入栈,此时栈中元素为-、*,遇到 f 加入后缀表达式,最后栈中运算符与#比较优先级,依次弹出 * 、-,则最后的后缀表达式可得为 abcd+/+ef*-。

可知,栈中存储最大容量时存储的为+/(+。

9. B

本题考查中缀表达式转后缀表达式的方法。可采用手算方法。

第一步,首先需要确定中缀表达式中各运算符的运算顺序。

$$a \quad / \quad (b-c)+d$$
$$\;2\quad\;\;\;\;1\quad\;\;3$$

这里,可以观察到,运算符排序可以不唯一,可约定采用"靠左"的运算符排在前的原则。

第二步,选择计算的运算符,组合为"左操作数 右操作数 运算符"后可作为新的操作数,直至所有运算符均处理完毕。

过程 1 为:$bc-$ 作为一个整体操作数,即 $b-c$ 的结果为新的操作数,变为 $a / "bc-"+d$。

过程 2 为:$abc-/$ 作为一个整体操作数,即 $a/(b-c)$ 的结果为新的操作数,变为"$abc-/"+d$。

过程 3 为:$abc-/d+$ 作为一个整体操作数,即 $a/(b-c)+d$ 的结果,至此转换完毕。

10. D

递归调用时,在系统的栈中保存函数信息遵循栈的后进先出或者称为先进后出原则,因此选 D,依次调用 main()、func(1)、func(0),栈的底到顶依次为 main()、func(1)、func(0)。

11. B

如图 3-24 所示,两个栈的栈底分别位于这段连续空间的两端,在执行入栈操作时,两个栈顶均向连续空间的中间位置移动,出栈操作时,栈顶则向连续空间的两端移动。

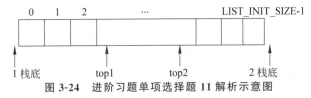

图 3-24 进阶习题单项选择题 11 解析示意图

判空条件(初始时):top1==-1、top2== LIST_INIT_SIZE。

判满条件:top2-top1==1。

12. D

不妨假定入栈序列为 $p_1,p_2,p_3,\cdots,p_n$,则由题目可知 $p_3=1$,此时,p_1 和 p_2 均已入栈,根据后进先出,p_2 在 p_1 之前入栈,因为第二个出栈的元素为 2,这个时候 p_1 不是栈顶元素,因此不可能为 2。

13. C

当 $p_1=3$ 时,1、2、3 均已入栈,3 出栈后可能是 2 出栈,或者可能是从 4(包括 4)开始的元素进栈再出栈,因此 p_2 可能为 2、4 至 n 的其他元素,因此选 C。

14. D

p 之前的元素均已入栈,第 p 个元素为第一个出栈的元素,则 p 之前的元素可以在 p 出栈后出栈,但是其余的元素可以在中间进栈,这样就可以排在 p 之前的元素出栈,因此第 q 个出栈的元素无法确定。

15. D

A 选项主要用于数据压缩,B 选项第一行和最后一行只有两个非零元素。

二、综合应用题

1. 解答。

(1) 从开始到任何一个时刻,序列中 S 的个数不少于 X 的个数。

(2) 整个序列的 S 和 X 数量相同。

2. 解答。算法基本思想：根据第 1 题的原则，设置两个用于计数的变量，分别记录入栈 S 和出栈 X 的个数，注意扫描，每次扫描计数后均判断序列中的 S 的个数不少于 X 的个数，否则非法。扫描结束时整个序列的 S 和 X 数量相同则序列合法，否则非法。

算法如下。

```
int func(char data[])
{
    int r,x,s;              //r用于扫描,x用于出栈的次数, s用于入栈的次数
    i=0;x=0;s=0;            //计数初值为0
    while(data[r]!='\0')
    {
        switch(data[r])
        {
            case 'S':s++;break;
            case 'X':x++;
        }//switch
    if(x>s)
        return 0;
    r++;
    }
    if(x==s) return 1;
    else return 0;
}
```

3. 解答。本题为栈的应用。

算法基本思想：依次扫描字符串中的字符，判断若为左括号，则入栈，若为右括号，则检查当前栈顶元素是否为与之匹配的左括号，若是，则退栈，否则返回 FALSE。最后判断栈是否为空，若空，则匹配，否则不匹配。

算法如下。

```
bool func(char data[])
{
    stack s;
    InitStack(s);
    int m;
    for(m=0;data[m]!='#';m++)
    {
        switch(data[m])
    {
    case '{':Push(s,'{');break;
    case '[': Push(s,'[');break;
    case '(': Push(s,'(');break;
    case '}':Pop(s,e);
              if(e!=' {')
                    return FALSE;
break;
    case ']': Pop(s,e);
              if(e!=' [')
```

```
                        return FALSE;
break;
    case ')': Pop(s,e);
                if(e!=' (')
                    return FALSE;
break;
        default:break;
}//switch
}//for
if(!StackEmpty(s))
return FALSE;
else
return TRUE;
}
```

4. 解答。本题考查共享栈的概念和基本操作。如图3-25所示，两个栈的栈底分别位于这段连续空间的两端，在执行入栈操作时，两个栈顶均向连续空间的中间位置移动，出栈操作时，栈顶则向连续空间的两端移动。

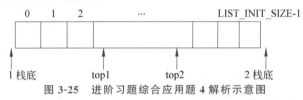

图 3-25 进阶习题综合应用题 4 解析示意图

共享栈的结构如下。

```
typedef struct
{
    ElemType S[MaxSize];
    int top1;
    int top2;
}Stack;
```

判空条件：top1==-1、top2== LIST_INIT_SIZE。

判满条件：top2-top1==1。

入栈：top1 先自增再赋值、top2 先自减再赋值。

出栈：top1 先得到值再自减、top2 先得到值再自增。

5. 解答。算法基本思想：两侧铁路是单向的且不相通，需通过栈道进行调度，所有车厢前进并逐一检查，硬座车厢入栈等待最后调度，检查后，所有硬座车厢均全部入栈道，车道中均为软座车厢，最后将栈道中车厢调度出来放在软座车厢后。

算法实现如下。

```
void func(char * t)
{//t 为火车字符串，a 为硬座，b 为软座
    char * m=t, * n=t,e;
    stack s;
    InitStack(s);
    for(; * m!=NULL;m++)
    {
```

```
            if(*m=='a')
                Push(s,*m);
            else
                *(n++)=*m;
    }
            while(!StackEmpty(s))
    {
            Pop(s,e);
            *(n++)=e;
    }
}
```

6. 解答。tag＝0 时,若因删除导致 Q.front＝＝Q.rear,则队列为空;tag＝1 时,若因插入导致 Q.front＝＝Q.rear,则队列为满。初始时,Q.front＝＝Q.rear＝0,tag＝0。

算法如下。

```
#define MaxSize   100
    typedef struct {
        ElemType *elem;                    //存储队列元素
        int rear;                          //队尾指针
        int front;                         //队头指针
        int tag;
    }SqQueue;
//入队操作
int EnQueue(SqQueue &Q,ElemType e)
{
    if(Q.front==Q.rear&&Q.tag==1)          //判断队列是否已满
        return 0;
    Q.elem[Q.rear]=e;
    Q.rear=(Q.rear+1)%MaxSize;
    Q.tag=1;                               //置标志位
}
//出队操作
int DeQueue(SqQueue &Q,ElemType &e)
{
    if(Q.front==Q.rear&&Q.tag==0)          //判断队列是否为空
        return 0;
    e=Q.elem[Q.front];
    Q.front=(Q.front+1)%MaxSize;
    Q.tag=0;                               //置标志位
}
```

3.6.3 考研真题解析

考研真题

一、单项选择题

1. C

第3章考研真题单项选择题1

队列是先进先出的,因此元素的出队顺序就是栈的出栈顺序,因此入栈顺序为a,b,c, d,e,f,g,出栈顺序为b,d,c,f,e,a,g,入栈出栈的过程如表3-1所示。

表3-1 考研真题单项选择题1解析状态表

序 号	操 作	栈 内	输 出
1	Push(a)	a	NULL
2	Push(b)	a,b	NULL
3	Pop(b)	a	b
4	Push(c)	a,c	b
5	Push(d)	a,c,d	b
6	Pop(d)	a,c	b,d
7	Pop(c)	a	b,d,c
8	Push(e)	a,e	b,d,c
9	Push(f)	a,e,f	b,d,c
10	Pop(f)	a,e	b,d,c,f
11	Pop(e)	a	b,d,c,f,e
12	Pop(a)	NULL	b,d,c,f,e,a
13	Push(g)	g	b,d,c,f,e,a
14	Pop(g)	NULL	b,d,c,f,e,a,g

可知,栈的容量至少为3。

2. B

第3章考研真题单项选择题2

打印数据缓冲区的作用是解决计算机主机与打印机之间速度不匹配问题,同时还要保证打印机数据的顺序不被改变,具有先进先出的特点,因此该缓冲区的逻辑结构应该是队列。

3. C

第3章考研真题单项选择题3

该队列的出队序列中,以元素 a 为中心无论是元素 a 向左或者向右都是有序序列,因此选项 C 不正确。

4. D

第3章考研真题单项选择题4

由于不允许连续 3 次进行退栈操作,因此在出栈序列中不允许出现 3 个连续元素的逆序子序列。选项 D 的 f,e,d 是 d,e,f 3 个连续元素的逆序子序列。因此,不可能得到的出栈序列是选项 D。

5. B

第3章考研真题单项选择题5

循环队列在入队时执行 rear＝(rear＋1)％n,第一个元素入队后 rear 指向 0,那么 rear 初始的值为 $n-1$,第 1 个进入队列的元素存储在 A[0]处,因为插入元素时不需要移动 front 只需要移动 rear,因此 front 的初始值为 0,选项 B 正确。

6. B

第3章考研真题单项选择题6

以元素 d 开头的序列,含义为第一个出栈的元素为 d,元素 a,b,c 已入栈,e 未入栈,则出栈序列取决于 e 何时入栈,当 a,b,c,d 入栈,d 出栈,此时 e 入栈后出栈则此时的出栈序列为 d,e,c,b,a;当 a,b,c,d 入栈,d 出栈,c 出栈,此时 e 入栈后出栈则此时的出栈序列为 d,c,e,b,a;当 a,b,c,d 入栈,d 出栈,c 出栈,b 出栈,此时 e 入栈后出栈则此时的出栈序列为 d,c,b,e,a;当 a,b,c,d 入栈,d 出栈,c 出栈,b 出栈,a 出栈,此时 e 入栈后出栈则此时的出栈序列为 d,c,b,a,e。因此,以元素 d 开头的序列个数是 4。

7. A

第3章考研真题单项选择题7

设置运算符栈计算方法如下。

初始化栈,用于保存暂时不能确定运算顺序的运算符。从左至右依次处理。

第一步,当遇到操作数时,则加入后缀表达式。

第二步,当遇到括号时,左括号入栈,右括号依次弹出栈内运算符,加入到后缀表达式,直至弹出左括号,并且需要注意的是括号的匹配性和括号不加入到后缀表达式中。

第三步,当遇到操作符时,弹出运算符栈中优先级高于或等于当前运算符的所有运算符,同时需要加入到后缀表达式中,如果碰到左括号或栈空则停止,然后当前运算符入栈,最后可以认为有一个优先级最低的运算符♯,不需要入栈。其中,关于优先级,∗和/高于+和-,∗和/相等,+和-相等。可自行采用上述原则模拟计算机重新计算后缀表达式。

将中缀表达式转换为等价的后缀表达式的过程如表3-2所示。

表3-2 考研真题单项选择题7解析状态表

扫描项	操 作	操 作 符 栈	后缀表达式
a	a加入后缀表达式	NULL	a
+	+入栈	+	a
b	b加入后缀表达式	+	ab
-	+出栈加入到表达式中,-入栈	-	ab+
a	a加入后缀表达式	-	ab+a
*	*入栈	- *	ab+a
(	(入栈	- * (	ab+a
(	(入栈	- * ((	ab+a
c	c加入后缀表达式	- * ((	ab+ac
+	+入栈	- * ((+	ab+ac
d	d加入后缀表达式	- * ((+	ab+acd
)	+出栈并加入表达式,(出栈	- * (	ab+acd+
/	/入栈	- * (/	ab+acd+
e	e加入后缀表达式	- * (/	ab+acd+e
-	/出栈并加入表达式,-入栈	- * (-	ab+acd+e/
f	f加入后缀表达式	- * (-	ab+acd+e/f
)	-出栈并加入表达式,(出栈	- *	ab+acd+e/f-
+	*、-出栈并加入表达式,+入栈		ab+acd+e/f- * -

续表

扫描项	操　作	操作符栈	后缀表达式
g	g 加入后缀表达式	＋	ab＋acd＋e/f－＊－g
♯	＋出栈并加入后缀表达式	NULL	ab＋acd＋e/f－＊－g＋

可知,转换过程中同时保存在栈中的操作符的最大个数是 5。

8. C

第 3 章考研真题单项选择题 8

3 之后的元素均是 p_3 可能的取值,只需要持续进栈直至该数入栈后出栈即可。p_1 是 3 入栈之前的数,可能是 1 或者 2,也可以是 4,当 $p_1=1$ 时,为 1 入栈出栈,2 入栈,3 入栈出栈,则此时 2 出栈 p_3 可能为 2;当 $p_1=2$ 时,1 入栈,2 入栈出栈,3 入栈出栈,则此时 1 出栈 p_3 可能为 1。综上,p_3 可能取值的个数是 $n-1$。

9. A

第 3 章考研真题单项选择题 9

循环队列初始时为空,队头指针 end1 和队尾指针 end2 初始化时都置为 0。队尾入队和队头出队时,end1 和 end2 都按顺时针方向进 1。如果循环队列取出元素比存入元素的速度快,则头指针 end1 便会追上队尾指针 end2,到达 end1＝＝end2,队列变空;如果循环队列存入元素比取出元素的速度快,则队尾指针将追上队头指针,队列为满。为了区别队空与队满,队空用 end1＝＝end2 进行判断;队满用 end1＝＝(end2＋1) mod M 进行判断,即 end2 指向 end1 的前一个位置认为队满。

10. B

第 3 章考研真题单项选择题 10

设置运算符栈计算方法如下。

初始化栈,用于保存暂时不能确定运算顺序的运算符。从左至右依次处理。

第一步,当遇到操作数时,则加入后缀表达式。

第二步,当遇到括号时,左括号入栈,右括号依次弹出栈内运算符,加入到后缀表达式,直至弹出左括号,并且需要注意的是括号的匹配性和括号不加入到后缀表达式中。

第三步,当遇到操作符时,弹出运算符栈中优先级高于或等于当前运算符的所有运算符,同时需要加入到后缀表达式中,如果碰到左括号或栈空则停止,然后当前运算符入栈,最后可以认为有一个优先级最低的运算符♯,不需要入栈。其中,关于优先级,∗和/高于+和−,∗和/相等,+和−相等。可自行采用上述原则模拟计算机重新计算后缀表达式。

将中缀表达式转换为等价的后缀表达式的过程如表 3-3 所示。

表 3-3 考研真题单项选择题 10 解析状态表

扫描项	操　　作	操作符栈	后缀表达式
a	a 加入后缀表达式	NULL	a
/	/ 入栈	/	a
b	b 加入后缀表达式	/	ab
+	/ 出栈并加入后缀表达式,+ 入栈	+	ab/
(	(入栈	+(	ab/
c	c 加入后缀表达式	+(	ab/c
∗	∗ 入栈	+(∗	ab/c
d	d 加入后缀表达式	+(∗	ab/cd
−	∗ 出栈并加入后缀表达式,− 入栈	+(−	ab/cd∗
e	e 加入后缀表达式	+(−	ab/cd∗e
∗	∗ 入栈	+(−∗	ab/cd∗e
f	f 加入后缀表达式	+(−∗	ab/cd∗ef
)	∗、− 出栈并加入后缀表达式,(出栈	+	ab/cd∗ef∗−
/	/ 入栈	+/	ab/cd∗ef∗−
g	g 加入后缀表达式	+/	ab/cd∗ef∗−g
♯	/、+ 出栈并加入后缀表达式	NULL	ab/cd∗ef∗−g/+

可知,当扫描到 f 时,栈中的元素依次是+(−∗。

11. A

第 3 章考研真题单项选择题 11

在系统中保存的函数信息满足先进后出的特点,在递归函数调用时,依次调用 main( )->S(1)->S(0),因此从栈底到栈顶保存的信息依次对应的是 main( )->S(1)->S(0)。

12. C

可将本题中的火车轨道看作队列。期望驶出的次序依次为 1～9,因此要求每条轨道上列车编号依次增大。题目要求最少的轨道数量:8 号列车驶入轨道 1;4 号列车比 8 号列车

第3章考研真题单项选择题12

编号小,驶入轨道2;2号列车比4和8号列车编号小,驶入轨道3;5号列车比4号列车编号大,驶入轨道2,也可以驶入轨道3但是这是下一个3号列车只能驶入新的轨道,因此不满足题中对于至少的要求;3号列车由于编号比2大,因此驶入轨道3;9号列车由于编号比8大,因此驶入轨道1;1号列车由于编号最小,因此驶入轨道4;6号和7号列车可以驶入轨道2和轨道3。由此可得至少需要4条轨道。

13. B

第3章考研真题单项选择题13

对三对角矩阵的压缩存储方法是,按行为主序优先存储方法把非零区的三对角元素依次顺序存储到一片连续的存储空间中,如图3-26所示。

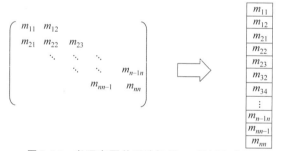

图3-26 考研真题单项选择题13解析示意图

$m_{1,1}$存放于数组的0位置,由此可计算3条对角线上的元素m_{ij},$n \geqslant i \geqslant 1$,$n \geqslant j \geqslant 1$,在一维数组中存放的下标$k = 2i + j - 3$,$|i-j| \leqslant 1$。

代入可得$k = 2 \times 30 + 30 - 3 = 87$。

14. A

第3章考研真题单项选择题14

三元组为"行标,列标,元素值",三元组可以与稀疏矩阵中的非零值元一一对应,因此可用三元组顺序表来表示稀疏矩阵;十字链表将行单链表和列单链表结合起来存储稀疏矩阵;邻接矩阵的空间复杂度为指数阶,不适合存储稀疏矩阵;二叉链表为左孩子右兄弟表示法可以用于表示森林或者树。

15. C

第 3 章考研真题单项选择题 15

本题采用举出反例的方法确定选项是错误的。Ⅰ 的反例为计算斐波那契数列迭代实现只需要一个循环就可以实现；Ⅲ 的反例为入栈序列为 a,b,c,执行入栈、出栈、入栈、出栈、入栈、出栈得到序列 a,b,c,如果指向入栈、入栈、入栈、出栈、出栈、出栈,则得到的序列为 c,b,a；Ⅳ 栈是一种受限的线性表,只允许在其一端进行操作。

16. A

第 3 章考研真题单项选择题 16

数组下标从 0 开始(C 语言),则第一个元素 $m_{1,1}$ 存入 N_0,矩阵 M 第一行到第五行依次有 12、11、10、9、8 个元素,因此 $m_{6,6}$ 是第 $12+11+10+9+8=51$ 个元素,因为下标从 0 开始,因此下标应为 50。

17. C

第 3 章考研真题单项选择题 17

A 选项的操作顺序为①①②②①①③③；B 选项的操作顺序为②①①①①①③；D 选项的操作顺序为②②②②①③③③③；C 选项,先输出 3,1,2 已入栈,2 输出在 1 前,但是选项 C 中 1 在 2 前,错误。

18. B

第 3 章考研真题单项选择题 18

第一次调用：(1)从 S_1 中依次弹出 2 和 3；(2)从 S_2 中弹出＋；(3)执行 3＋2＝5；(4)将 5 压入 S_1 中。

S_1：5、8、5(5 栈顶)；S_2：*、－(－栈顶)。

第二次调用：(1)从 S_1 中依次弹出 5 和 8；(2)从 S_2 中弹出－；(3)执行 8－5＝3；(4)将 3 压入 S_1 中。

S_1：5、3(3 栈顶)；S_2：*。

第三次调用：(1)从 S_1 中依次弹出 3 和 5；(2)从 S_2 中弹出 *；(3)执行 5*3＝15；(4)将 15 压入 S_1 中。

S_1：15；S_2：空。

第三次调用后，S_1 栈顶保存的值是 15。

19. C

第 3 章考研真题单项选择题 19

上三角矩阵按列优先存储，每列存储的元素为：第 1 列 1 个元素，第 2 列 2 个元素，以此类推。$m_{7,2}$ 位于对称矩阵 **M** 的下三角部分，与元素 $m_{2,7}$ 对称。$m_{2,7}$ 位于第 7 列、第 2 行，前 6 列共存储 1＋2＋3＋4＋5＋6＝21 个元素，元素 $m_{2,7}$ 为一维数组 N 中的第 21＋2 个元素。数组下标从 0 开始(C 语言)，因此其下标为 22，则 $m_{7,2}$ 在 N 中的下标为 22。

20. D

第 3 章考研真题单项选择题 20

操作过程及出栈序列如表 3-4 所示。

表 3-4 考研真题单项选择题 20 解析状态表

序 号	操 作	栈中元素	出栈序列
1	Push(a)	a	NULL
2	Push(b)	ab	NULL
3	Pop(b)	a	b
4	Push(c)	ac	b
5	Pop(c)	a	bc
6	Push(d)	ad	bc
7	Push(e)	ade	bc
8	Pop(e)	ad	bce

二、综合应用题

1. 解答。

第 3 章考研真题综合应用题 1

(1) 采用链式存储结构。

要求①容易满足。对于③,出队后的结点并不真正释放掉,将队头指向新的队头指针,入队时如果有空余结点则可不开辟新的结点,赋值到队尾后的第一个空结点队尾指针指向新的队尾结点。因此,设计为首尾相接的循环单链表,并设置队头指针 front 和队尾指针 rear,这样链式队列满足④。

(2) 为了区分队列空和队列满,牺牲一个空间。初始时为只有一个空闲结点的两段式单向循环链表,队头指针 front 和队尾指针 rear 指向空闲结点,队列的初始状态如图 3-27 所示。

判断队列空的条件:front==rear。

判断队列满的条件:front==rear->next。

(3) 第一个元素入队后的队列状态如图 3-28 所示。

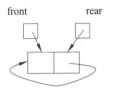

图 3-27 考研真题综合应用题 1 解析示意图 1

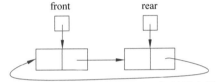

图 3-28 考研真题综合应用题 1 解析示意图 2

(4)

```
入队操作:
if(front==rear->next)                    //队满
    在 rear 后面插入一个新的空闲结点;
入队元素保存到 rear 所指结点中;
rear=rear->next;
返回;
出队操作:
if(front==rear)                          //队空
    返回;                                //出队失败
取 front 所指结点中的元素;
front=front->next;
返回 e;
```

第 4 章 串

本章为串部分,首先给出本章学习目标、知识点导图,使读者对本章内容有整体了解;接着,介绍串的基本概念和术语;然后,讲解串的模式匹配算法。

本教材在每章各个需要讲解的部分配有微课视频和配套课件,读者可根据需要扫描对应部分的二维码获取;同时,考研真题部分也适当配有真题解析微课讲解,可根据需求扫描对应的二维码获取。

◆ 4.1 本章学习目标

(1) 掌握字符串的模式匹配。
(2) 重点掌握 KMP 匹配算法的原理、next 数组推理过程、求 next 数组等。
(3) 了解 nextval 数组求解方法。

◆ 4.2 知识点导图

串的知识点导图如图 4-1 所示。

$$
串\begin{cases}基本概念和术语:串、空串、子串、主串\\存储结构及基本操作\\模式匹配算法\begin{cases}简单模式匹配算法\\KMP 算法\\KMP 算法的改进\end{cases}\end{cases}
$$

图 4-1 知识点导图

◆ 4.3 知识点归纳

4.3.1 串的数据类型和定义

1. 串的定义

串或字符串(string)是由零个或多个字符组成的有限序列,一般记为

$$s = 'a_1 a_2 \cdots a_n' (n \geqslant 0)$$

其中,s 是串名,用单引号括起来的字符序列是串的值;$a_i (1 \leqslant i \leqslant n)$,可以是字符、

数字或者是其他字符;串中字符的数目 n 为串的**长度**,零个字符的串称为**空串**(null string),空串的长度为零。串中任意个连续的字符组成的子序列称为该串的**子串**。包含子串的串相应地称为**主串**,称字符在序列中的序号为该字符在串中的位置。子串在主串中的位置以子串的第一个字符在主串中的位置来表示。称两个串是相等的,当且仅当这两个串的值相等,即只有当两个串的长度相等,且各个对应位置的字符都相等时才相等。

例如,a='BEI',b='JING',c='BEIJING',d='BEI JING'。

上述 4 个串的长度分别是 3、4、7、8;a 和 b 都是 c 和 d 的子串,a 在 c 和 d 中的位置均为 1,b 在 c 中的位置为 4,b 在 d 中的位置为 5。

串的逻辑结构和线性表极为相似,区别仅在于串的数据对象约束为字符集。串的基本操作和线性表有很大差别。在线性表的基本操作中,大多以"单个元素"作为操作对象;在串的基本操作中,通常以"串的整体"作为操作对象。

2. 串的存储结构

在程序设计语言中,串只是作为输入或输出的常量出现,则只需存储此串的串值,即字符序列即可。但在多数非数值处理的程序中,串也以变量的形式出现。

1) 串的定长顺序存储表示

```
#define   MAXSTRLEN   255                    //定义最大串长
typedef struct{
    char ch[MAXSTRLEN];
    int length;
}Sstring;
```

特点:串的实际长度可在这个预定义长度的范围内随意设定,超过预定义长度的串值则被舍去,称之为**截断**。可用 length 存放串的长度或者以一个不计入长度的结束标记字符"\0"为结束符,串长是一个隐含值。

2) 串的堆分配存储表示

```
typedef struct {
    char * ch;
    //若是非空串,则按串长分配存储区,否则 ch 为 NULL
    int   length;                             //串长度
} HString;
```

通常,C 语言中提供的串类型就是以这种存储方式实现的。系统利用函数 malloc( )和 free( )进行串值空间的动态管理,为每一个新产生的串分配一个存储区,称串值共享的存储空间为"堆"。若分配成功,则返回一个指向起始地址的指针,作为串的基址由 ch 指示,否则返回 NULL。

这类串操作实现的算法为,先为新生成的串分配一个存储空间,然后进行串值的复制。

3) 块链存储表示

与线性表的链式存储结构相类似,也可以采用链表表示存储串值。串结构中的每个数据元素是一个字符,利用链表存储串值时,存在一个结点大小的问题,每个结点可以存放一个字符,也可以存放多个字符。如图 4-2(a)所示为结点大小为 4,每个结点存放 4 个字符的链表;图 4-2(b)所示为结点大小为 1 的链表。第一种情形,当结点大于 1 时,因为串长不一定是结点大小的整数倍,则链表中的最后一个结点不一定完全被串值占满,这个时候可以补

♯(通常♯是一个特殊的符号,不属于串的字符集)或者其他的非串值字符。

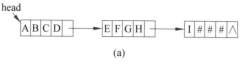

(a)

(b)

图 4-2　串值的链表存储方式

为便于进行操作,可以附设一个尾指针,指示链表的最后一个结点,同时给出当前的串长。称如此定义的串存储结构为块链结构,具体实现如下。

```
#define CHUNKSIZE 80                //可由用户定义的块大小
typedef struct Chunk{
    char ch[CHUNKSIZE];
    struct Chunk * next;
}Chunk;
typedef struct{
    Chunk * head, * tail;            //串的头和尾指针
    int curlen;
}LString;
```

3. 串的基本操作

1) 赋值操作 StrAssign(&T, chars)

初始条件:chars 是字符串常量。

操作结果:把串 T 赋值为 chars。

2) 复制操作 StrCopy(&T, S)

初始条件:串 S 存在。

操作结果:由串 S 复制得串 T。

3) 销毁串操作 DestroyString(&S)

初始条件:串 S 存在。

操作结果:串 S 被销毁。

4) 判空操作 StrEmpty(S)

初始条件:串 S 存在。

操作结果:若 S 为空串,则返回 TRUE,否则返回 FALSE。

"表示空串,空串的长度为零。

5) 比较操作 StrCompare(S, T)

初始条件:串 S 和 T 存在。

操作结果:若 S>T,则返回值>0;

若 S=T,则返回值=0;

若 S<T,则返回值,0。

例如:StrCompare('data', 'state') < 0

　　　StrCompare('cat', 'case') > 0

6）求串长 StrLength(S)

初始条件：串 S 存在。

操作结果：返回 S 的元素个数，称为串的长度。

7）串连接 Concat（&T，S1，S2）

初始条件：串 S1 和 S2 存在。

操作结果：用 T 返回由 S1 和 S2 连接而成的新串。

例如：Concat(T，'man'，'kind')，求得 T ＝ 'mankind'。

8）求子串 SubString（&Sub，S，pos，len）

初始条件：串 S 存在，1≤pos≤StrLength(S)且 0≤len≤StrLength(S)-pos＋1。

操作结果：用 Sub 返回串 S 的第 pos 个字符起长度为 len 的子串。

子串为"串"中的一个字符子序列。

例如：SubString(sub，'commander'，4，3)求得 sub ＝ 'man'。

SubString(sub，'commander'，1，9)求得 sub ＝ 'commander'。

SubString(sub，'commander'，9，1)求得 sub ＝ 'r'。

9）定位操作 Index (S，T，pos)

初始条件：串 S 和 T 存在，T 是非空串，1≤pos≤StrLength(S)。

操作结果：若主串 S 中存在和串 T 值相同的子串，则返回它在主串 S 中第一次出现的位置；否则函数值为 0。

10）清空操作 ClearString（&S）

初始条件：串 S 存在。

操作结果：将 S 清为空串。

11）替换操作 Replace（&S，T，V）

初始条件：串 S、T 和 V 均已存在，且 T 是非空串。

操作结果：用 V 替换主串 S 中出现的所有与（模式串）T 相等的不重叠的子串。

例如：假设 S＝ 'abcaabcaaabca'，V ＝ 'bca'。

若 V ＝ 'x'，则经置换后得到 S ＝ 'axaxaax'。

若 V ＝ 'bc'，则经置换后得到 S ＝ 'abcabcaabc'。

12）插入操作 StrInsert（&S，pos，T）

初始条件：串 S 和 T 存在，1≤pos≤StrLength(S)＋1。

操作结果：在串 S 的第 pos 个字符之前插入串 T。

例如：S ＝ 'chater'，T ＝ 'rac'，则执行 StrInsert(S，4，T)之后得到 S ＝'character'。

13）删除操作 StrDelete（&S，pos，len）

初始条件：串 S 存在，1≤pos≤StrLength(S)-len＋1。

操作结果：从串 S 中删除第 pos 个字符起长度为 len 的子串。

对于串的基本操作集可以有不同的定义方法，在使用高级程序设计语言中的串类型时，应以该语言的参考手册为准。

例如，C 语言函数库中提供下列串处理函数。

gets(str)：输入一个串。

puts(str)：输出一个串。

strcat(str1,str2):串连接函数。

strcpy(str1,str2,k):串复制函数。

strcmp(str1,str2):串比较函数。

strlen(str):求串长函数。

在上述抽象数据类型定义的 13 种操作中,串赋值 StrAssign、串比较 StrCompare、求串长 StrLength、串连接 Concat 以及求子串 SubString5 种操作构成串类型的最小操作子集。

例如,可利用串比较、求串长和求子串等操作实现定位函数 Index(S,T)。

算法的基本思想为:在主串中取第一个字符开始、长度和串 T 相等的子串与 T 比较,相等则函数值为 i,否则 i 增 1,直到串 S 中不存在和串 T 相等的子串为止,如图 4-3 所示。

图 4-3 示意图

```
int Index (String S, String T, int pos) {
    if (pos > 0) {
        n = StrLength(S);   m = StrLength(T);   i = pos;
        while ( i <= n-m+1 ) {
            SubString (sub, S, i, m);
            if (StrCompare(sub,T) != 0)    ++i ;
            else return i ;
        } //while
    } //if
    return 0;                              //S中不存在与T相等的子串
} //Index
```

4.3.2 串的模式匹配算法

1. 简单模式匹配算法

为了讲解需要,本部分中的字符存储在 1~length 的位置上。

对一个串中某子串的定位操作通常称为串的模式匹配,待定位的子串称为模式串。

算法的基本思想:从主串的第一个位置开始和模式串的第一个字符比较,若相等,则继续逐一比较后续字符,否则从主串的第二个字符开始重新采用与上一步相同的方式与模式串中的字符进行比较……直到比较完模式串中所有字符。如果匹配成功则返回模式串在主串中的位置,否则返回一个可以与主串位置相区别的标记,如 0。

代码实现如下。

```
int Index(Sstring S, Sstring T){
    int k=1,j=1;
    int i=k;
    while(i<=S.length&&j<=T.length){
        if(S.ch[i]==T.ch[j])
        {
            i++;
```

```
            j++;                        //比较后面字符
        }
        else
        {
            k++;                        //检查下一个
            i=k;
            j=1;
        }
    }//while
    if(j>T.length)
        return k;
    else
        return 0;
}
```

例如，主串"ababcabcacbab"和模式串"abcac"的匹配过程如图4-4所示，圆圈位置表示当前匹配失败的位置。

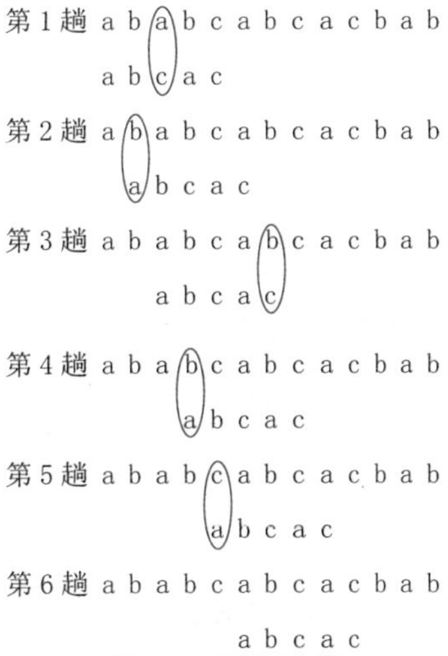

分析。若字符串的长度为 m，主串的长度为 n，则匹配成功的最好时间复杂度为 $O(m)$，此时的情形为主串从1开始的长度为 m 的串就与子串匹配；匹配失败的最好时间复杂度为 $O(n-m+1)$，此时的情形为每个子串的第一个字符就与模式串不匹配；匹配成功或者匹配失败最多需要进行 $m(n-m+1)$ 次比较，则最坏时间复杂度为 $O(mn)$。

2. KMP 算法

1) 引入原因

由上文简单模式匹配算法的匹配过程，在第 3 趟匹配中，$i=7$、$j=5$ 的字符比较不等，于是从 $i=4$、$j=1$ 开始比较，仔细观察可以发现，$i=4$ 和 $j=1$，$i=5$ 和 $j=1$ 以及 $i=6$ 和 $j=1$，这 3 次的比较都是不必进行的。从第 3 趟的匹配结果可知，主串中第 4、5、6 个字符 b、c、a，因模式串中第 1 个字符是 a，因此它无须再与这 3 个字符进行比较，而仅需要将模式向右滑动 3 个字符的位置进行 $i=7$、$j=2$ 的比较即可。

第1趟 a b a b c a b c a c b a b
　　　　 a b c a c

第2趟 a b a b c a b c a c b a b
　　　　　 a b c a c

第3趟 a b a b c a b c a c b a b
　　　　　　　 a b c a c

第4趟 a b a b c a b c a c b a b
　　　　　　　　 a b c a c

第5趟 a b a b c a b c a c b a b
　　　　　　　　　 a b c a c

第6趟 a b a b c a b c a c b a b
　　　　　　　　　　 a b c a c

图 4-4　匹配过程

简单模式匹配算法的缺点。当某些子串与模式串能够部分匹配时，主串的扫描指针经常回溯导致时间开销的增加。当某趟一匹配相等的字符序列为模式串的某个前缀，则简单模式匹配算法频繁的重复比较相当于模式串在不断地进行自我比较。因此，若一匹配相等的前缀序列中有某个后缀正好是模式串的前缀，可将模式串向后滑动至与这些相等字符对齐的位置，主串的指针不需要进行回溯，从该位置进行比较即可。滑动的位数仅与模式串本身有关，与主串无关。

改进的方案思路为主串指针不回溯，只模式串指针回溯。

2) next 数组计算方法

首先给出串的前缀、串的后缀和部分匹配值的含义。串的前缀指除最后一个字符以外，字符串的所有头部子串，即包含第一个字符但是不包含最后一个字符的子串；串的后缀指除第一个字符以外，字符串的所有尾部子串，即包含最后一个字符但是不包含第一个字符的子串;部分匹配值指字符串的前缀和后缀的最长相等前后缀的长度。

next$[j]$的含义为在子串的第j个字符与主串发生匹配失败时,则跳到子串的next$[j]$位置重新与主串当前位置进行比较。

模式串指针回溯到哪里呢?

例如,因只与子串相关,以子串'ABBACD'为例说明(从 0 开始 i 指示主串,j 指示模式串)。

如果$j=k$时发现匹配失败,则 1~k-1 均是匹配成功的。

```
X X X X X A B B A C ? …
1 2 3 4 5 6 7 8 9 10 11 …
          A B B A C D
          1 2 3 4 5 6
```

当$j=6$时发生不匹配,则让j回到1。

```
X X X X X A B B A C ? …
1 2 3 4 5 6 7 8 9 10 11 …
              A B B A C D
              1 2 3 4 5 6
```

当$j=1$时发生不匹配,则让i++,j回到1。

```
X X X X A B B A ? …
1 2 3 4 5 6 7 8 9 10 11 …
        A B B A C D
        1 2 3 4 5 6
```

当$j=5$时发生不匹配,则j回到2。

```
X X A B B ? …
1 2 3 4 5 6 7 8 9 10 11 …
      A B B A C D
      1 2 3 4 5 6
```

当$j=4$时发生不匹配,则j回到1。

```
X X A B ? …
1 2 3 4 5 6 7 8 9 10 11 …
      A B B A C D
      1 2 3 4 5 6
```

当$j=3$时发生不匹配,则j回到1。

```
X X A ? …
1 2 3 4 5 6 7 8 9 10 11 …
      A B B A C D
      1 2 3 4 5 6
```

当$j=2$时发生不匹配,则j回到1。

则可得next[7]如表4-1所示。

表 4-1 示例表一

0	1	2	3	4	5	6
	0	1	1	1	2	1

当 $j=k$ 发现字符不匹配时，令 $j=\text{next}[k]$。

(1) 算法实现。求模式串的 next 数组算法实现如下。

```
void get_next(Sstring T,int next[])
{
    int i,j;
    i=1;
    j=0;
    next[1]=0;
    while(i<T.length)
    {
        if(j==0||T.ch[i]== T.ch[j])
        {
            i++;
            j++;
            next[i]=j;
        }
        else
            j=next[j];
    }
}
```

KMP 算法实现如下。

```
int Index_KMP(Sstring S,Sstring T){
    int i,j;
    i=j=1;
    int next[T.length+1];
    get_next(T,next);                    //求 next
    while(i<=S.length&&j<=T.length)
    {
        if(j==0||S.ch[i]==T.ch[j])
        {
            i++;
            j++;                         //继续比较
        }
        else
            j=next[j];                   //向右移动
    }
    if(j>T.length)
        return i-T,length;               //成功
    else
        return 0;
}
```

(2) 模拟。与代码的运行相匹配,以下介绍求 next 数组的模拟方法。

next[j]的含义为在子串的第 j 个字符与主串发生匹配失败时,则跳到子串的 next[j]位置重新与主串当前位置进行比较。

第 j 个字符匹配失败,next[j]=由前 1~j-1 个字符组成的串的部分匹配值+1,其中 next[1]=0(与代码相匹配)。同时因为当 j=2 时,前缀和后缀都为空集,长度为 0,0+1=1,则 next[2]=1。

例如,计算模式串 AAAB 的 next 数组,可得

next[1]=0,next[2]=1。

next[3]:AA 的部分匹配值为 1(A),1+1=2。

next[4]:AAA 的部分匹配值为 2(AA),2+1=3。

next[5]:AAAA 的部分匹配值为 3(AAA),3+1=4。

则得到表 4-2。

表 4-2 示例表二

j	模 式 串	next[j]
1	A	0
2	A	1
3	A	2
4	A	3
5	B	4

例如,计算模式串'ABABAA'的 next 数组,可得

next[1]=0,next[2]=1。

next[3]:AB 的部分匹配值为 0,0+1=1。

next[4]:ABA 的部分匹配值为 1(A),1+1=2。

next[5]:ABAB 的部分匹配值为 2(AB),2+1=3。

next[6]:ABABA 的部分匹配值为 3(ABA),3+1=4。

则得到表 4-3.

表 4-3 示例表三

j	模 式 串	next[j]
1	A	0
2	B	1
3	A	1
4	B	1
5	A	3
6	A	4

采用公式法表示为:设主串为'$S_1S_2\cdots S_n$',子串为'$P_1P_2\cdots P_m$'。j 表示主串中的第 i 个字符与模式串中第 j 个字符匹配失败。

$$\text{next}[j]=\begin{cases}0, & j=1\\ \max\ \{k\,|\,1<k<j\ \text{且}\ 'P_1\cdots P_{k-1}'='P_{j-k+1}\cdots P_{j-1}'\}, & \text{当此集合不空时}\\ 1, & \text{其他情况}\end{cases}$$

3)算法分析

KMP 算法的时间复杂度为 $O(m+n)$。简单模式匹配算法的时间复杂度为 $O(mn)$,但在一般情况下简单模式匹配算法执行时间近似为 $O(m+n)$。在主串与子串有很多部分匹配时 KMP 算法比简单模式匹配算法快,不回溯为其主要优点。

3. KMP 算法的改进

上节得到的 next 数组在某种情况下仍然存在缺陷,此处对 KMP 算法进行进一步优化。

例如,主串'AAABAAAAB'、子串'AAAAB'进行匹配。

```
主串          A A A B A A A A B
子串          A A A A B
j             1 2 3 4 5
next[j]       0 1 2 3 4
nextval[j]    0 0 0 0 4
```

当 $i=4$、$j=4$ 时,B 不等于 A 匹配失败,如果采用 next 数组则需要 S_4 分别与 P_3、P_2、P_1 的 3 次比较。$P_{\text{next}[4]=3}=P_4=A$,$P_{\text{next}[3]=2}=P_3=A$,$P_{\text{next}[2]=1}=P_2=A$,3 次用和 P_4 相同的字符与 S_4 比较没有意义,一定是匹配失败。因为不应该出现 $P_j=P_{\text{next}[j]}$。因为 P_j 不等于 S_j 时,下次匹配必然是 $P_{\text{next}[j]}$ 和 S_j 比较,如果 $P_j=P_{\text{next}[j]}$,相当于拿和 P_j 相等的字符与 S_j 比较,则一定会继续匹配失败,比较无意义。因此,当出现 $P_j=P_{\text{next}[j]}$ 需要再次递归,将 next[j] 修正为 next[next[j]],直到不相等位置,更新后的 next 命名为 nextval。

例如,计算模式串'AAAB'的 nextval 数组,可得表 4-4。

表 4-4 示例表四

j	模 式 串	next[j]	nextval[j]
1	A	0	0
2	A	1	0
3	A	2	0
4	A	3	0
5	B	4	4

例如,计算模式串'ABABAA'的 nextval 数组,可得表 4-5。

表 4-5 示例表五

j	模 式 串	next[j]	Nextval[j]
1	A	0	0
2	B	1	1
3	A	1	0
4	B	1	1
5	A	3	0
6	A	4	4

算法实现如下。

求 nextval 数组（匹配算法不变）。

```
void get_nextval(Sstring T,int nextval[])
{
    int i,j;
    i=1;
    j=0;
    nextval[1]=0;
    while(i<T.length)
    {
        if(j==0||T.ch[i]== T.ch[j])
        {
            i++;
            j++;
            if(T.ch[i]!=T.ch[j])
                nextval[i]=j;
            else
                nextval[i]= nextval[j];
        }
        else
            j=nextval[j];
    }
}
```

4.4　重点和难点知识点详解

1. 串的逻辑结构和线性表

串的逻辑结构和线性表极为相似，区别仅在于串的数据对象约束为字符集。串的基本操作和线性表有很大差别。在线性表的基本操作中，大多以"单个元素"作为操作对象；在串的基本操作中，通常以"串的整体"作为操作对象。

2. 单引号问题

串值必须用一对 ' ' 括起来，但是单引号本身不属于串，单引号的作用只是为了避免变量和变量名或数的常量混淆。

3. 空格问题

在应用中，空格常常是串的字符集合中的一个元素，可以出现在其他字符中间。由一个或者多个空格组成的串' '称为空格串，长度为串中空格字符的个数。

4. 下标问题

本章存储串的数组下标一般从 1 开始，有的教材或者题目中从 0 开始，因此在这两种设定下求得的 next 数组相差 1，读者需要根据题目判断属于哪种设定。

4.5 习题题目

本部分习题形式包括单项选择题、综合应用题等题型，是专业课学习和考研常见题型。知识点覆盖专业课程学习和考研知识点，因此本部分知识点相关习题设置较全面。

题目难度方面设置基础习题、进阶习题、考研真题，这样读者可根据自身情况合理安排学习规划，有针对性地逐步提升专业知识、解题能力和应试能力。

4.5.1 基础习题

1. 串作为一种特殊的线性表，其特性为（　　）。
   A. 数据元素为一个字符　　　　　　B. 数据元素是多个字符
   C. 顺序存储　　　　　　　　　　　D. 链式存储

2. 主串的长度为 n，子串的长度为 m，则简单模式匹配的算法时间复杂度为（　　）。
   A. $O(mn)$　　　　　　　　　　　　B. $O(m)$
   C. $O(m+n)$　　　　　　　　　　　D. $O(n)$

3. 两个串 A 和 B，则求 B 在 A 中首次出现的位置的运算为（　　）。
   A. 求子串　　　　　　　　　　　　B. 模式匹配
   C. 连接　　　　　　　　　　　　　D. 求长度

4. 主串的长度为 n，子串的长度为 m，则 KMP 算法时间复杂度为（　　）。
   A. $O(mn)$　　　　　　　　　　　　B. $O(m)$
   C. $O(m+n)$　　　　　　　　　　　D. $O(n)$

5. 字符串 S='aaa_bbb_cc'（'_'为单个空格字符），则 S 的长度为（　　）。
   A. 10　　　　　　　　　　　　　　B. 9
   C. 8　　　　　　　　　　　　　　 D. 7

4.5.2 进阶习题

一、单项选择题

1. 字符串 S='ABCDE'，如果空串和 S 串本身也算作 S 的子串，则子串的数目是（　　）。
   A. 18　　　　B. 17　　　　C. 16　　　　D. 15

2. 串'ababaababaa'的 next 值为（　　）。

A. 0,1,2,3,4,5,6,7,8,9,9,9
B. 0,1,2,1,2,1,1,1,1,2,1,2
C. 0,1,1,2,3,4,2,2,3,4,5,6
D. 0,1,2,3,0,1,2,3,2,2,3,4

3. 串'ababaaababaa'的 nextval 值为(   )。

A. 0,1,0,1,0,4,2,1,0,1,0,4
B. 0,1,0,1,1,2,0,1,0,1,0,2
C. 0,1,0,1,1,4,1,1,0,1,0,2
D. 0,1,1,1,0,2,1,1,0,1,0,4

二、综合应用题

1. 字符串 S='AABAABAABAAC',T='AABAAC'。
(1) 求出 T 的 next 数组。
(2) 如果 S 作为主串,T 作为模式串,请给出 KMP 算法的匹配过程。

4.5.3 考研真题

一、单项选择题

1.【2015 年统考真题】 已知字符串 s 为'abaabaabacacaabaabcc',模式串 t 为'abaabc',采用 KMP 算法进行匹配,第一次出现"失配"(s[i]≠t[i])时,i=j=5,则下次开始匹配时,i 和 j 的值分别是(   )。

A. $i=1, j=0$
B. $i=5, j=0$
C. $i=5, j=2$
D. $i=6, j=2$

2.【2019 年统考真题】 设主串 T='abaabaabcabaabc',模式串 S='abaabc',采用 KMP 算法进行模式匹配,到匹配成功时为止,在匹配过程中进行的单个字符间的比较次数是(   )。

A. 9
B. 10
C. 12
D. 15

◆ 4.6 习题解析

本部分以图文形式详细分析并解答所有习题,或以微课视频方式给出必要的题目解析。

4.6.1 基础习题解析

1. A

串是限定了数据元素是字符的线性表,串的数据元素必须是单个字符

2. A

尽管实际应用中,一般情况下简单的模式匹配算法的时间复杂度近似为 $O(m+n)$,但它的理论时间复杂度还是 $O(mn)$。

3. B

模式匹配的概念。对一个串中某子串的定位操作通常称为串的模式匹配,待定位的子串称为模式串。

4. C

KMP 算法的时间复杂度为 $O(m+n)$。

5. A

计数即可,不要忽略空格。

4.6.2 进阶习题解析

一、单项选择题

1. C

长度为 0 的子串,1 个,空串;

长度为 n 的子串,1 个,S;

长度为 1 的子串,$n-(1-1)=n$ 个;

长度为 2 的子串,$n-(2-1)=n-1$ 个;

长度为 3 的子串,$n-(3-1)=n-2$ 个;

……

长度为 $n-1$ 的子串,$n-(n-1-1)=2$ 个。

综上,所有子串个数为 $1+1+2+\cdots+n-2+n-1+n=n(n+1)/2+1$。

代入 $n=5$,可得 $5\times(5+1)/2+1=16$。

2. C

$\text{next}[1]=0$,$\text{next}[2]=1$。

$\text{next}[3]$:ab 的部分匹配值为 0,0+1=1。

$\text{next}[4]$:aba 的部分匹配值为 1(a),1+1=2。

$\text{next}[5]$:abab 的部分匹配值为 2(ab),2+1=3。

$\text{next}[6]$:ababa 的部分匹配值为 3(aba),3+1=4。

$\text{next}[7]$:ababaa 的部分匹配值为 1(a),1+1=2。

$\text{next}[8]$:ababaaa 的部分匹配值为 1(a),1+1=2。

$\text{next}[9]$:ababaaab 的部分匹配值为 2(ab),2+1=3。

$\text{next}[10]$:ababaaaba 的部分匹配值为 3(aba),3+1=4。

$\text{next}[11]$:ababaaabab 的部分匹配值为 4(abab),4+1=5。

$\text{next}[12]$:ababaaababa 的部分匹配值为 5(ababa),5+1=6。

因此,串'ababaaababaa'的 next 值为 0,1,1,2,3,4,2,2,3,4,5,6。

3. A

模式串对应的 next 数组如表 4-6 所示。

表 4-6 基础习题单项选择题 3 解析表

模 式 串	j	next
a	1	0
b	2	1
a	3	1
b	4	2
a	5	3
a	6	4
a	7	2

续表

模式串	j	next
b	8	2
a	9	3
b	10	4
a	11	5
a	12	6

nextval[1]=0。

P_2 为 b,$P_{\text{next}[2]}$ 为 a,二者不相等,nextval[2]=next[2]=1。

P_3 为 b,$P_{\text{next}[3]}$ 为 a,二者相等,nextval[3]=nextval[next[3]]=0。

P_4 为 b,$P_{\text{next}[4]}$ 为 b,二者相等,nextval[4]=nextval[next[4]]=1。

P_5 为 a,$P_{\text{next}[5]}$ 为 a,二者相等,nextval[5]=nextval[next[5]]=0。

P_6 为 a,$P_{\text{next}[6]}$ 为 b,二者不相等,nextval[6]=next[6]=4。

P_7 为 a,$P_{\text{next}[7]}$ 为 b,二者不相等,nextval[7]=next[7]=2。

P_8 为 b,$P_{\text{next}[8]}$ 为 b,二者相等,nextval[8]=nextval[next[8]]=1。

P_9 为 a,$P_{\text{next}[9]}$ 为 a,二者相等,nextval[9]=nextval[next[9]]=0。

P_{10} 为 b,$P_{\text{next}[10]}$ 为 b,二者相等,nextval[10]=nextval[next[10]]=1。

P_{11} 为 a,$P_{\text{next}[11]}$ 为 a,二者相等,nextval[11]=nextval[next[11]]=0。

P_{12} 为 a,$P_{\text{next}[12]}$ 为 a,二者相等,nextval[12]=nextval[next[12]]=4。

二、综合应用题

1. 解答。

(1) next[1]=0，next[2]=1。

next[3]：AA 的部分匹配值为 1(A),1+1=2。

next[4]：AAB 的部分匹配值为 0,0+1=1。

next[5]：AABA 的部分匹配值为 1(A),1+1=2。

next[6]：AABAA 的部分匹配值为 2(AA),2+1=3。

模式串对应的 next 数组如表 4-7 所示。

表 4-7 基础习题综合应用题 1 解析表

模式串	j	next
A	1	0
A	2	1
B	3	2
A	4	1
A	5	2
C	6	3

(2) 利用 KMP 算法的匹配过程如下。

第 1 趟：从主串和模式串的第一个字符开始比较，失败时 $i=6$、$j=6$。

主串 A A B A A B A A B A A C
　　 A A B A A C

第 2 趟：next[6]=3，主串当前位置和模式串的第 3 个字符继续比较，失败时 $i=9$、$j=6$。

主串 A A B A A B A A B A A C
　　　　　 A A B A A C

第 3 趟：next[6]=3，主串当前位置和模式串的第 3 个字符继续比较，匹配成功。

主串 A A B A A B A A B A A C
　　　　　　　　 A A B A A C

4.6.3 考研真题解析

1. C

根据题目中 s[i]≠t[i] 时，$i=j=5$，可知题中的主串和模式串的位序都是从 0 开始，按照 next 数组生成算法，对于 t 有表 4-8。

表 4-8　考研真题单项选择题 1 解析表

编号 j	t	next
0	a	−1
1	b	0
2	a	0
3	a	1
4	b	1
5	c	2

发生失败时，主串指针不变，子串指针 j 回退到 next[j] 位置重新比较，s[i]≠t[i] 时，$i=j=5$，由 next 表得知 next[j]=next[5]=2，从 0 开始，$i=5$、$j=2$。

2. B

根据 next 数组生成算法(位序从 0 开始)如表 4-9 所示。

表 4-9　考研真题单项选择题 2 解析表

编号 j	S	next
0	a	−1
1	b	0
2	a	0
3	a	1
4	b	1
5	c	2

匹配过程如图 4-5 所示。

趟数	i	0	1	2	3	4	5	6	7	8	9	10	11	12	13	14
	T	a	b	a	a	b	a	a	b	c	a	b	a	a	b	c
1	S	a	b	a	a	b	c									
2						a	b	a	a	b	c					

图 4-5　考研真题单项选择题 2 解析表

第一趟连续比较 6 次，主串和模式串的第 5 号位匹配失败，下一个比较位为模式串的 next[5]=2，从模式串的 2 号位和主串的 5 号位开始比较，直至主串的 8 号位和模式串的 5 号位，比较 4 次，模式串比较成功。因此，总的比较次数为 6+4=10。

第5章 树和二叉树

本章为树和二叉树部分,首先给出本章学习目标、知识点导图,使读者对本章内容有整体了解;接着,介绍树的概念及基本术语;然后,围绕二叉树给出二叉树的定义、特性、存储结构(顺序存储和链式存储)以及二叉树的先序、中序、后序和层次遍历;之后,引入线索二叉树的概念、构造和遍历;在介绍树的存储结构的基础上,给出树和森林的转换,树、森林和对应二叉树的遍历及对应关系;最后一部分为树和二叉树的应用,具体包括二叉排序树、平衡二叉树、哈夫曼树和哈夫曼编码。

本教材在每章各个需要讲解的部分配有微课视频和配套课件,读者可根据需要扫描对应部分的二维码获取;同时,考研真题部分也适当配有真题解析微课讲解,可根据学习或复习需求扫描对应的二维码获取。

树和二叉树

◆ 5.1 本章学习目标

(1) 学习树的基本概念、基本术语及其特性。
(2) 掌握二叉树的概念、特性、存储结构和遍历。
(3) 掌握线索二叉树的概念、构造和遍历。
(4) 掌握树的存储结构、森林与二叉树的转换、树和森林的遍历。
(5) 掌握树和二叉树的常见应用,如哈夫曼树和哈夫曼编码。

本部分主要以选择题形式考查,考查知识点包括树的特性,二叉树的特性,树和二叉树的遍历,树、森林和二叉树的转换,满二叉树、完全二叉树、线索二叉树、二叉排序树、平衡二叉树、哈夫曼树的定义、性质和操作,哈夫曼编码等,同时可能考查树遍历等相关的算法题。

5.2 知识点导图

树和二叉树知识点导图如图 5-1 所示。

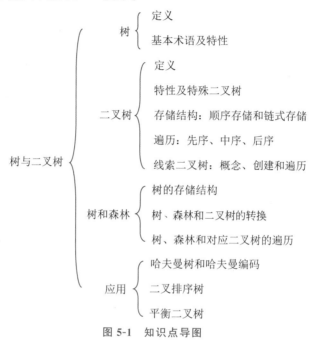

图 5-1 知识点导图

5.3 知识点归纳

5.3.1 树的基本概念和基本术语

5.3.1 树的基本概念和基本术语

1. 树的定义

树是 $n(n \geqslant 0)$ 个结点的有限集。当 $n=0$ 时,树为**空树**。在任意一棵非空树中有且仅有一个特定的称为根(Root)的结点;当 $n>1$ 时,其余结点可分为 $m(m>0)$ 棵互不相交的有限集 $T_1, T_2, \cdots, T_m$,每个集合本身又是一棵树,为根的**子树**(SubTree)。在一棵非空树中,数据对象是具有相同类型的数据元素的集合,数据元素之间的关系是一对多的层次关系。由于树的定义是递归的,对树的处理,原则上也可采用递归的方式。

如图 5-2 所示树的示例,左边为只有一个根结点的树;右边为具有 13 个结点的树,A 是根结点,其余结点分为 3 个不相交的子集,均为 A 的子树,分别为 T_1、T_2、T_3。其中,T_1 的根为 B,其余结点分为两个互不相交的子集 $T_{11}=\{E,K,L\}$ 和 $T_{12}=\{F\}$,都是 B 的子树。

T_{11} 中 E 是根,{K}和{L}是 E 的两棵互不相交的子树,本身为只有一个根结点的树。可见,树的定义是递归的,树是一种递归的数据结构。

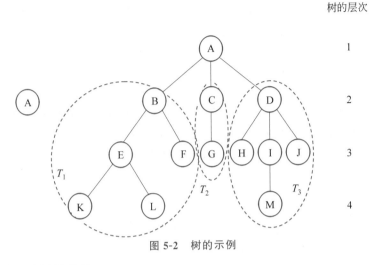

图 5-2 树的示例

2. 基本术语及树的特性

1) 基本术语

(1) 结点的度、树的度。结点拥有的子树数称为结点的度(Degree);树中结点的最大度数称为树的度。

(2) 分支结点、叶子结点。度不为 0 的结点称为非终端结点或分支结点;度为 0 的结点称为叶子(Leaf)或终端结点。在分支结点中,每个结点的分支数就是该结点的度。

(3) 结点的层次、深度和高度。结点的层次(Level)从根结点开始定义,根结点为第一层,根结点的孩子为第二层;若某结点在第 l 层,则其子树的根就在第 $l+1$ 层;树中结点的最大层次称为树的深度(Depth)或高度。

(4) 有序树、无序树。如果将树中结点的各子树看成从左至右是有次序的(即不能互换),则称该树为有序树,否则称为无序树。

(5) 森林。森林(Forest)是 $m(m \geqslant 0)$ 棵互不相交的树的集合。

(6) 路径、路径长度。树中两个结点之间的路径由这两个结点之间所经过的结点序列组成;路径长度为路径上所经过的边的个数。

(7) 祖先、子孙、双亲、孩子、兄弟。对于如图 5-2 所示结点 L,从根结点到结点 L 的唯一路径上的任意结点称为 L 的祖先;对于从根结点到结点 L 的唯一路径上,结点 L 为结点 B 的子孙;路径上最接近结点 L 的结点 E 为 L 的双亲;反过来,L 为 E 的孩子;有相同双亲的结点为兄弟,K 与 L 为兄弟。

2) 树的特性

(1) 树的根结点无前驱,除了根结点的其余结点均有前驱,且只有一个前驱,包括根结点在内的每个结点均有零个或者多个后继。

(2) n 个结点的树中有 $n-1$ 条边,且树中的结点数等于所有结点的度的和加 1。

(3) 已知树的度为 m,则其第 i 层上最多有 m^{i-1} 个结点($i \geqslant 1$)。

度为 m 的树的含义为任意结点的度小于或者等于 m 并且至少有一个结点的度等于 m,

假定其每个结点为最大度 m，则其第 i 层上最多有 m^{i-1} 个结点。

（4）已知 m 叉树的高度为 h，则该树最多有 $(m^h-1)/(m-1)$ 个结点。

m 叉树的含义为任意结点的度最多只有 m 个孩子的子树，则其第 i 层上有 m^{i-1} 个结点，计算得

$$m^0+m^1+m^2+\cdots+m^h=(m^h-1)/(m-1)$$

（5）高度为 h 的 m 叉树至少有 h 个结点。如图 5-3(a)所示，高度为 4 的三叉树至少 4 个结点；高度为 h 的度为 m 的树至少有 $h+m-1$ 个结点。

m 叉树的含义为任意结点的度最多只有 m 个孩子的子树，且允许所有结点的度都小于 m，则可得图 5-3(a)所示符合规则；高度为 h 的度为 m 的树的含义为任意结点的度小于或者等于 m 并且至少有一个结点的度等于 m，则可得图 5-3(b)所示符合规则。

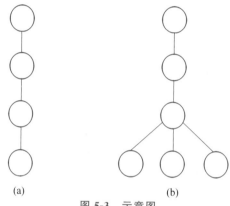

图 5-3 示意图

（6）具有 n 个结点的 m 叉树，其最小高度为 $\lceil \log_m(n(m-1)+1) \rceil$。

其高度最小的情况为所有结点均有 m 个子树，则结点数 n 为

$$\frac{m^{h-1}-1}{m-1}<n\leqslant\frac{m^h-1}{m-1}$$

根据性质"（4）已知 m 叉树的高度为 h，则该树最多有 $(m^h-1)/(m-1)$ 个结点"，左边为前 $h-1$ 层最多有的结点数，右边为前 h 层最多有的结点数。

求解过程为：

$$m^{h-1}<n(m-1)+1\leqslant m^h$$
$$h-1<\log_m(n(m-1)+1)\leqslant h$$

可得，h 的最小值为 $\lceil \log_m(n(m-1)+1) \rceil$。

5.3.2 二叉树的基本概念、特性及其存储结构

1. 二叉树的定义

5.3.2 二叉树的定义

二叉树(Binary Tree)是另一种树形结构,它的特点是每个结点至多只有两棵子树(即二叉树中不存在度大于2的结点),可以是空树($n=0$),或者由一个根结点和两个互不相交的根的左子树、右子树构成,左子树和右子树又分别是一棵二叉树。并且,二叉树的子树有左右之分,其次序不能任意颠倒。如图5-4所示为二叉树的5种基本形态。

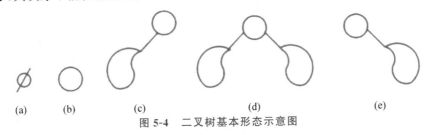

图 5-4 二叉树基本形态示意图

图5-4(a)为空二叉树,图5-4(b)为仅有根结点的二叉树,图5-4(c)为右子树为空的二叉树,图5-4(d)为左、右子树均非空的二叉树,图5-4(e)为左子树为空的二叉树。

满二叉树和完全二叉树是两种特殊形态的二叉树。

1) 满二叉树

一棵深度为 k 且有 2^k-1 个结点的二叉树称为满二叉树,如图5-5所示为深度为4的满二叉树,其特点为每层上的结点数都是最大结点数。

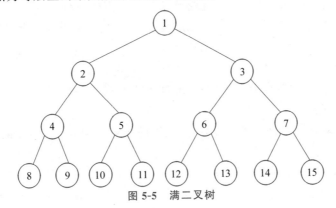

图 5-5 满二叉树

2) 完全二叉树

对满二叉树的结点进行连续编号,从根结点起,自上而下、自左而右,则深度为 k 的有 n 个结点的二叉树,当且仅当其每个结点都与深度为 k 的满二叉树中编号从 1 至 n 的结点一一对应,则称之为完全二叉树。如图5-6所示为一棵深度为4的完全二叉树的示意图。

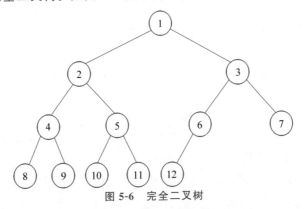

图 5-6 完全二叉树

对于结点个数为 n 的完全二叉树的特点总结如下。

(1) 完全二叉树的叶子结点只可能在层次最大的两层上出现,且最大层次中的叶子结点均依次排列在该层最左边的位置上。

(2) 对任一结点,若其右分支下的子孙的最大层次为 L,则其左分支下的子孙的最大层次必为 L 或 $L+1$。

(3) 若 $i \leqslant \lceil n/2 \rceil$,则结点 i 为分支结点。

(4) 如果有度为 1 的结点,则仅可能有一个,该结点只有左孩子没有右孩子。

(5) 如果 n 为奇数,则每个分支结点均有左、右孩子;若 n 为偶数,则编号最大的分支结点只有左孩子没有右孩子,其余的分支结点均有左孩子和右孩子。

5.3.2 二叉树的特性及其他特殊二叉树

2. 二叉树的特性及其他特殊二叉树

1) 二叉树的特性

(1) 性质 1。在二叉树的第 i 层上至多有 2^{i-1} 个结点($i \geqslant 1$)。

证明:第一层最多有 2^{1-1} 个结点,第二层有 2^{2-1} 个结点,由此可知等比数列第 i 层上至多有 2^{i-1} 个结点。

(2) 性质 2。深度为 k 的二叉树至多有 $2^k - 1$ 个结点($k \geqslant 1$)。

证明:根据上一个性质求前 k 项的和,通过等比数列求和公式可得深度为 k 的二叉树至多有 $2^k - 1$ 个结点。

(3) 性质 3。对任何一棵二叉树 T,如果其终端结点数为 n_0,度为 2 的结点数为 n_2,则 $n_0 = n_2 + 1$。

证明:假设度为 0、1、2 的结点数分别为 n_0、n_1、n_2,结点总数为 n,则有 $n = n_0 + n_1 + n_2$。

因除了根结点外其余结点均有一个分支进入,则分支总数为 $n-1$(一棵树的结点数为 n,则边数为 $n-1$);另外,从另一方面看,从度数计算分支数为 $n_1 + 2n_2$,有

$$n - 1 = n_1 + 2n_2$$
$$n_0 + n_1 + n_2 - 1 = n_1 + 2n_2$$

可得,$n_0 = n_2 + 1$。

(4) 性质 4。具有 n($n > 0$)个结点的完全二叉树的深度为 $\lfloor \log_2 n \rfloor + 1$。

证明:假设高度为 k,根据深度为 k 的二叉树至多有 $2^k - 1$ 个结点($k \geqslant 1$)这一性质和完全二叉树的定义有 $2^{k-1} \leqslant n < 2^k$,得 $k - 1 \leqslant \log_2 n < k$,因此 $k = \lfloor \log_2 n \rfloor + 1$。

(5) 性质 5。如果对一棵有 n 个结点的完全二叉树,其深度为 $\lfloor \log_2 n \rfloor + 1$ 的结点按层序编号,从第 1 层到第 $\lfloor \log_2 n \rfloor + 1$ 层,每层从左到右,则对任一结点 i($1 \leqslant i \leqslant n$),有

① 如果 $i = 1$,则结点 i 是二叉树的根,无双亲;如果 $i > 1$,则其双亲 PARENT(i) 是结点 $\lfloor i/2 \rfloor$,也就是当 i 为偶数时,其双亲的编号为 $i/2$,i 是双亲结点左孩子;当 i 为奇数时,其双亲的编号为 $(i-1)/2$,i 是双亲结点右孩子。

② 如果 $2i > n$,则结点 i 无左孩子(结点 i 为叶子结点);否则,其左孩子 LCHILD(i) 是

结点 $2i$。

③ 如果 $2i+1>n$，则结点 i 无右孩子；否则，其右孩子 RCHILD(i) 是结点 $2i+1$。

④ 结点 i 所在层次为 $\lfloor \log_2 i \rfloor + 1$。

2) 特殊二叉树

满二叉树和完全二叉树是两种特殊形态的二叉树，见二叉树的定义部分。此外，还有二叉排序树和平衡二叉树。

(1) 二叉排序树。**二叉排序树**(Binary Sort Tree)或者是一棵空树或者是具有如下特性的二叉树。

① 若它的左子树不为空，则左子树上所有结点的值均小于其根结点的值。

② 若它的右子树不为空，则右子树上所有结点的值均大于其根结点的值。

③ 左、右子树也都分别是二叉排序树。

(2) 平衡二叉树。平衡二叉树(Balanced Binary Tree 或 Height-Balanced Tree)又称 AVL 树。它或者是一棵空树或者是具有下列性质的二叉树：其左子树和右子树都是平衡二叉树，左子树和右子树的深度之差的绝对值不超过 1。

3. 二叉树的存储结构

5.3.2 二叉树的存储结构

二叉树有顺序存储结构和链式存储结构两种方式。

1) 顺序存储结构

二叉树的顺序存储，按照顺序存储结构的定义，用一组地址连续的存储单元自上而下、自左至右存储完全二叉树上的结点元素，也就是完全二叉树上编号为 i 的结点元素存储在上述定义的一维数组中下标为 $i-1$ 的分量中。这里，完全二叉树和满二叉树采用顺序存储，可以使树中的结点序号对应地反映出结点之间的逻辑关系，可以节省存储空间，同时能够利用数组元素的下标确定该结点在树中的关系和位置。

对于一般的二叉树，采用顺序存储结构，可对照完全二叉树的编号进行相应的存储，但在没有结点的位置补充空结点，以便能够使数组下标同样可以反映二叉树中的结点之间的逻辑关系，如图 5-7 所示为二叉树逻辑结构图及其顺序存储结构图。其中，0 表示并不存在的空结点。同时，对于二叉树的顺序存储，需要注意下标是从 0 开始还是从 1 开始。

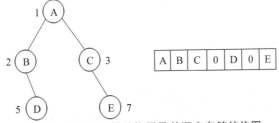

图 5-7 二叉树逻辑结构图及其顺序存储结构图

由此可见，完全二叉树和满二叉树采用顺序存储结构比较合适。

在最坏情况下,一棵深度为 k 且有 k 个结点的单支树却需要占据 2^k-1 个存储单元。
二叉树的顺序存储结构表示(二叉树的顺序存储结构的 C 语言描述)如下。

```
#define MaxTreeSize 100              //二叉树的最大结点数
typedef char SqBiTree[MaxTreeSize];
SqBitree T;
```

二叉树的动态顺序存储结构如下。

```
typedef struct {
    ElemType  *elem;                 //存储空间基址(初始化时分配空间)
    int       nodenum;               //二叉树中结点数
} SqBiTree;
SqBitree T;
```

2) 链式存储结构

由二叉树的定义可知,二叉树的结点由一个数据元素和分别指向其左、右子树的两个分支构成,则表示二叉树的链表的结点至少包含数据域、左指针域和右指针域,即 data、lchild 和 rchild,如图 5-8 所示。

| lchild | data | rchild |

(a) 含有2个指针域的结点结构

| lchild | data | parent | rchild |

(b) 含有3个指针域的结点结构

图 5-8 结点结构

顺序存储结构的存储空间利用率较低,因此,二叉树一般采取链式存储结构。

为了便于查找结点的双亲,可以在结点结构中增加一个指向其双亲结点的指针域,如图 5-9(c)所示。利用上述两种结点结构所得的二叉树的存储结构分别称为二叉链表和三叉链表,如图 5-9 所示。

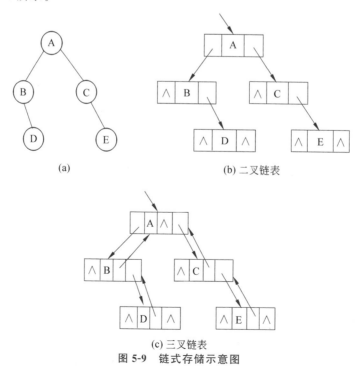

图 5-9 链式存储示意图

链表的头指针指向二叉树的根结点,并且,含有 n 个结点的二叉链表中含有 $n+1$ 个空链域,后续将通过使用这些空链域存储其他信息。另一种链式存储结构,即线索链表。

$n+1$ 个空指针的计算方法:每个叶子结点有 2 个空指针,度为 1 的结点有一个空指针,即 $2n_0+n_1$,由二叉树的性质可知 $n_0=n_2+1$,则空指针数可转化为 $n_0+n_1+n_2+1$,$n_0+n_1+n_2=n$,可得空指针数为 $n+1$。

二叉链表存储结构表示(二叉链表存储结构的 C 语言描述)如下。

```c
#define MaxSize 100                  //二叉树的最大结点数
typedef char ElemType;               //数据类型
typedef struct BiTNode
{
    ElemType data;                   //数据域
    struct BiTNode * lchild;         //左孩子
    struct BiTNode * rchild;         //右孩子
} BiTNode, * BiTree;                 //二叉链表结点类型定义
BiTree  T;
```

三叉链表存储结构表示(三叉链表存储结构的 C 语言描述)如下。

```c
#define MaxSize 100                  //三叉树的最大结点数
typedef char ElemType;               //数据类型
typedef struct TiTNode {
    ElemType data;
    struct TiTNode * Lchild, * Rchild;   //左、右孩子指针
    struct TiTNode * parent;             //双亲指针
} * TriTree;
TriTree T;
```

类似于线性表的双向链表,在二叉树的三叉链表中既有指示"后继"的信息,也有指示"前驱"的信息。需要注意的是,采用不同的存储结构时,对应的二叉树的操作算法不同,换句话说,需要根据实际需求选择合适的存储结构。

5.3.3 二叉树的遍历

5.3.3 二叉树的遍历

遍历二叉树是指如何按某条搜索路径访问树中每一个结点,使得每个结点均被访问一次,而且仅被访问一次。二叉树的遍历主要包括先序遍历、中序遍历、后序遍历和层次遍历等。遍历二叉树是进行二叉树上各种操作及其应用的基础。

二叉树是一种非线性结构,每个结点都可能有两棵子树,需要寻找一种规律使得二叉树上的结点能排列在一个线性队列上以便于遍历。

二叉树由 3 个基本单元组成,即根结点 N、左子树 L 和右子树 R,依次遍历这 3 部分即可遍历整个二叉树。排列组合有 6 种遍历方案,即 NLR、LNR、LRN、NRL、RNL 和 RLN。若要求先左后右,则有 NLR、LNR、LRN 3 种遍历方案,分别对应先序(根)遍历、中序(根)

遍历和后序(根)遍历。基于二叉树的递归定义,接下来详细介绍遍历二叉树的递归算法定义。

1. 先序遍历

先序遍历的操作定义如下。

若二叉树为空树,则不做任何操作;否则
(1) 访问根结点。
(2) 先序遍历左子树。
(3) 先序遍历右子树。

如图 5-10 所示,二叉树的先序遍历所得到的结点序列为 A B C D。其访问顺序如图 5-11(a)和图 5-11(b)所示。

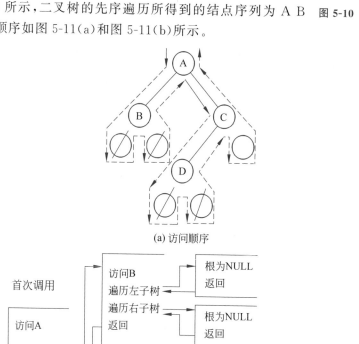

图 5-10 二叉树示意图

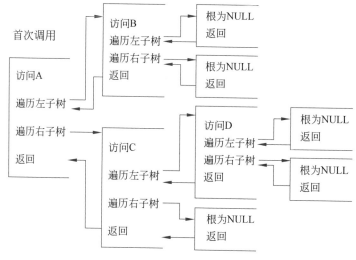

图 5-11 先序遍历过程示意图

对应的递归算法如下。

```
void PreOrder (BiTree T)
{//先序遍历以 T 为根指针的二叉树
    if (T) {                                      //也可写作 if(T!=NULL)
```

```
        visit(T);                    //访问根结点
        PreOrder(T->lchild);         //先序遍历左子树
        PreOrder(T->rchild);         //先序遍历右子树
    }
}
```

2. 中序遍历

中序遍历的操作定义如下。

若二叉树为空树,则不做任何操作;否则

(1) 中序遍历左子树。

(2) 访问根结点。

(3) 中序遍历右子树。

对应于图 5-10 的二叉树的中序遍历所得到的结点序列为 ＢＡＤＣ,对应的递归算法如下。

```
void InOrder (BiTree T)
{//中序遍历以 T 为根指针的二叉树
    if (T) {                         //也可写作 if(T!=NULL)
        InOrder (T->lchild);         //中序遍历左子树
        visit(T);                    //访问根结点
        InOrder (T->rchild);         //中序遍历右子树
    }
}
```

3. 后序遍历

后序遍历的操作定义如下。

若二叉树为空树,则不做任何操作;否则

(1) 后序遍历左子树。

(2) 后序遍历右子树。

(3) 访问根结点。

对应于图 5-10 的二叉树的后序遍历所得到的结点序列为 ＢＤＣＡ,对应的递归算法如下。

```
void PostOrder (BiTree T)
{//后序遍历以 T 为根指针的二叉树
    if (T) {                         //也可写作 if(T!=NULL)
        PostOrder (T->lchild);       //后序遍历左子树
        Postorder (T->rchild);       //后序遍历右子树
        visit(T);                    //访问根结点
    }
}
```

3 种遍历的时间复杂度分析。因无论采用哪种遍历方法,每个结点均只被访问一次,因此时间复杂度为 $O(n)$。对于**空间复杂度**,在递归遍历过程中,主要使用空间为递归工作栈的空间,递归工作栈的深度为树的深度,n 个结点的二叉树深度最大的情况为该二叉树是单支树,其深度为 n,此时最坏情况的遍历算法空间复杂度为 $O(n)$。

4. 遍历二叉树的非递归算法

5.3.3 遍历二叉树的非递归算法

1）中序遍历非递归算法

图 5-12 所示为示例二叉树的用栈实现中序遍历非递归过程。

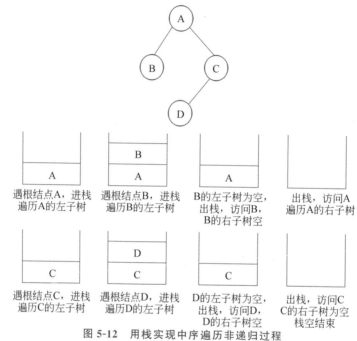

图 5-12 用栈实现中序遍历非递归过程

借助栈的中序遍历示例二叉树的访问过程如下。

（1）沿着根结点的左孩子依次入栈，直至左孩子为空，这时已经找到可以被访问的结点，示例中，当前栈中的元素从栈底至栈顶依次为 A、B。

（2）栈顶元素出栈并访问，如果其右孩子为空，则继续执行(2)，如果右孩子不为空，则右子树继续执行步骤(1)，直至栈空全部结点访问完毕。

整个示例树的用栈实现中序遍历非递归过程为遇到根结点 A，进栈，遍历 A 的左子树；遇到根结点 B，进栈，遍历 B 的左子树；B 的左子树为空，**出栈，访问 B**，B 的右子树，为空；**出栈，访问 A**，遍历 A 的右子树；遇到根结点 C，进栈，遍历 C 的左子树；遇到根结点 D，进栈，遍历 D 的左子树；D 的左子树为空，**出栈，访问 D**，D 的右子树为空；**出栈，访问 C**，C 的右子树为空，栈空结束。中序遍历所得到的结点序列为 B A D C。

中序遍历的非递归算法如下。

方法一。

```
void InOrder_stack1 (BiTree T)
{ //中序非递归遍历以 T 为根指针的二叉树
    InitStack(s);                          //初始化栈
```

```
        p=T;
        while(p||!StackEmpty(S)){
            if (p!=NULL) {
                push(S,p);                    //指针入栈
                p=p->lchild;                  //遍历左子树
            }//if
            else {
                pop(S,p);                     //指针出栈
                visit(p->data);               //访问
                p=p->Rchild;                  //遍历右子树
            } //else
        }//while
    }//InOrder_stack1
```

方法二。

```
    BiTNode *GoFarLeft(BiTree T, Stack * S){    //找到最左下结点
        if (!T)   return NULL;
        while (T->lchild){
            Push(S, T);
            T = T->lchild;
        }
        return T;
    }
    void InOrder_stack2(BiTree T){
        Initstack(s);
        p = GoFarLeft(T, S);                    //找到最左下结点
        while(p!=NULL){
            visit(p->data);
            if (p->rchild)
                p = GoFarLeft(p->rchild, S);
            else if ( !StackEmpty(S ))          //栈不空时退栈
                pop(S, p);
            else    p = NULL;                   //栈空则遍历结束
        } //while
    }//InOrder_stack2
```

有精力的读者可同时掌握两种方法,或者熟练掌握第一种方法。

2) 先序遍历非递归算法

先序遍历非递归算法和中序遍历非递归算法的基本思想相似,但需要把访问结点操作在入栈操作前。因此,算法思想不再赘述。

先序遍历的非递归算法如下。

```
    void PreOrder_stack(BiTree T)
    { //先序遍历非递归算法以 T 为根指针的二叉树
        Initstack(s);
        p=T;
        while(p||!StackEmpty(S)){
            if (p!=NULL) {
                visit(p->data);               //访问
                push(S,p);                    //指针入栈
```

```
            p=p->lchild;                    //遍历左子树
        }//if
        else {
            pop(S,p);                       //指针出栈
            p=p->Rchild;                    //遍历右子树
        } //else
    }//while
}//PreOrder_stack
```

3）后序遍历非递归算法

后序遍历非递归算法的思想为：从根结点开始将根结点入栈，沿着左子树往下搜索，直至搜索到没有左孩子的结点，但是这时不能出栈访问，因为它可能有右孩子，如果有右孩子，需要使用相同的规则处理其右子树。直至上述操作进行不下去，栈顶元素出栈被访问的条件是右子树为空或者右子树已经被访问完（左子树已经被访问完了）。对于图 5-10 示例树，A 进栈，B 进栈；B 无左子树，B 无右子树，**B** 出栈；处理 A 的右子树，C 入栈，D 入栈；D 无左子树，D 无右子树，**D** 出栈；C 无右子树，**C** 出栈；A 的右子树已经被访问完（左子树已经被访问完了），**A** 出栈。根据出栈序列可得后序遍历序列为 B D C A，与后序递归结果相同。

需要分清返回时是从左子树返回的还是从右子树返回的，设定辅助指针 r 指向最近访问过的结点。

后序遍历的非递归算法如下：

```
void PostOrder_stack(BiTree T)
{ //后序非递归遍历以 T 为根指针的二叉树
    Initstack(s);    p=T;
    r=NULL;
    while(p||!StackEmpty(S)){
        if (p) {
            push(S,p);                      //指针入栈
            p=p->Lchild;                    //遍历左子树
        }//if
        else {//向右
            Gettop(S,p);                    //读栈顶结点,不出栈
            if(p->rchlid&&p->rchild!=r)
                //如果右子树存在,且未访问
                p=p->rchild;                //遍历右子树
            else{
                pop(S,p);                   //弹出
                visit(p->data);
                r=p;                        //记录最近访问过的结点
                p=NULL;                     //结点访问完毕后,重置 p 指针
            }//else
        } //else
    }//while
}//PostOrder_stack
```

5．层次遍历

二叉树的层次遍历是从根结点出发，按照从上到下、同层从左至右的顺序访问所有结点。在层次遍历算法中使用辅助队列实现。

5.3.3 层次遍历

层次遍历的算法思想为：先将根结点入队,在队列不空时循环从队列中出队一个结点,访问该结点;若该结点有左子树,则左子树的根结点入队;若该结点有右子树,则右子树的根结点入队。依次反复,直至队空。如图 5-13 所示的示例树,按照 1、2、3 的层次顺序对二叉树的结点依次进行访问,层次遍历序列为 A,B,C,D。

二叉树的层次遍历算法如下。

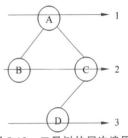

图 5-13　二叉树的层次遍历

```
void LevelOrder(BiTree T){           //二叉树的层次遍历
    InitQueue(Q);                    //初始化队列
    BiTree p;
    EnQueue(Q,T);                    //入队列
    while(!QueueEmpty(Q)){
        DeQueue(Q,p);                //出队列
        visit(p);                    //访问
        if(p->lchild!=NULL)          //判断左子树是否为空
            EnQueue(Q,p->lchild);    //左子树不为空,入队列
        if(p->rchild!=NULL)          //判断右子树是否为空
            EnQueue(Q,p->lchild);    //右子树不为空,入队列
    }//while
}//LevelOrder
```

6. 通过给定序列构造二叉树

5.3.3 通过给定序列构造二叉树

1) 先序序列和中序序列确定二叉树

由先序序列和中序序列可唯一确定一棵二叉树。先序序列的第一个结点为二叉树的根结点,根据已确定的根结点再结合中序序列,该已知的根结点将中序序列分为两部分,两部分中的第一部分为根结点的左子树的中序遍历序列,第二部分为根结点的右子树的中序遍历序列。根据上述得到的两个子序列,再结合先序序列中找到的相应的左子树序列和右子树序列,左子树先序序列中的第一个结点是左子树的根结点,右子树先序序列中的第一个结点是右子树的根结点。以此方法递归,最终确定二叉树形态。

例如,已知一棵二叉树的先序序列是 A,B,D,G,C,E,F,中序序列是 D,G,B,A,E,C,F,求上述序列所确定的二叉树。

确定二叉树的过程为：由先序序列确定 A 为根结点,根结点将中序序列分为 DGB 和 ECF 两部分,如图 5-14(a)所示;分析根结点 A 的左子树,DGB 为根结点的左子树的中序序列结合先序序列,则 A 的左子树的先序序列为 BDG 且其中序序列为 DGB,可得 B 为左子树的根,且 DG 在 B 的左子树上,如图 5-14(b)所示;B 的左子树的中序序列为 DG 且先序序列为 DG,则 D 为根结点,G 为 D 的右孩子,如图 5-14(c)所示;分析根结点 A 的右子树,同理根结点的右子树的先序序列为 CEF 且其中序序列为 ECF,C 为根结点,E 和 F 分别为 C 的左右孩子,如图 5-14(d)所示。

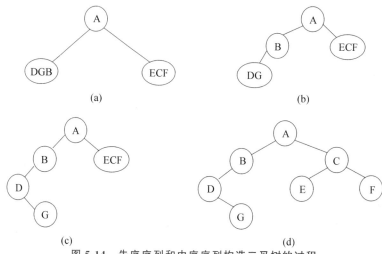

图 5-14 先序序列和中序序列构造二叉树的过程

2) 后序序列和中序序列确定二叉树

与上述先序序列和中序序列确定二叉树同理,由后序序列和中序序列也可以唯一确定一棵二叉树。后序序列的最后一个结点为根结点,可以将中序序列分为两个子序列,接着采用类似方法递归进行划分,最后得到一棵二叉树。

此外,层次序列和中序序列可以唯一确定一棵二叉树,如图 5-15 所示,根据层次遍历得到根结点,递归建立二叉树。但是,先序序列和后序序列无法唯一确定一棵二叉树。

图 5-15 层次序列和中序序列确定二叉树方法

5.3.4 线索二叉树

1. 线索二叉树的概念

5.3.4 线索二叉树的概念

之前学习的二叉链表存储仅能体现父子关系,无法直接得到结点在某种遍历中的前驱和后继,n 个结点的二叉树中有 $n+1$ 个空指针,利用二叉链表剩余的 $n+1$ 个空指针域来存放遍历过程中结点的前驱指针和后继指针,这种附加的指针称为**线索**,加上了线索的二叉树称为**线索二叉树**(Threaded Binary Tree)。这样,可加快查找结点的前驱和后继的速度,如遍历单链表一样方便地遍历二叉树。

$n+1$ 个空指针的计算方法:每个叶子结点有 2 个空指针,度为 1 的结点有一个空指针,即 $2n_0+n_1$,由二叉树的性质可知 $n_0=n_2+1$,则空指针数可转化为 $n_0+n_1+n_2+1$,$n_0+n_1+n_2=n$,可得空指针数为 $n+1$。因此,含有 n 个结点的线索二叉树上的线索数为 $n+1$。

如下规定:若结点有左子树,则其 lchild 域指示其左孩子,否则令 lchild 域指示其前驱;若结点有右子树,则其 rchild 域指示其右孩子,否则令 rchild 域指示其后继,同时,增加两个标志域。线索二叉树的结点结构如图 5-16 所示。同时,以这种结点结构构成的二叉链表作为二叉树的存储结构叫作**线索链表**,指向结点前驱和后继的指针称为**线索**,相应地增加了线索的二叉树称为**线索二叉树**。

其中,标志域为

$$LTag=\begin{cases} 0 & lchild \text{ 域指示结点的左孩子} \\ 1 & lchild \text{ 域指示结点的前驱} \end{cases}$$

$$RTag=\begin{cases} 0 & rchild \text{ 域指示结点的右孩子} \\ 1 & rchild \text{ 域指示结点的后继} \end{cases}$$

若无左子树,则 lchild 指向其前驱,同时增加线索标志 LTag 值为 1,否则当左子树存在时 lchild 指向左子树的根结点且线索标志 LTag 为 0;若无右子树,则 rchild 指向其后继,同时线索标记 RTag 为 1,否则当右子树存在时 rchild 指向右子树的根结点且线索标记 RTag 为 0。

二叉树的二叉线索存储表示(二叉树的二叉线索存储的 C 语言描述)如下。

```
#define MaxSize 100                      //二叉树的最大结点数
typedef char ElemType;                   //数据类型
typedef struct BiThrNode
{
    ElemType data;                       //数据域
    struct BiThrNode * lchild;           //左孩子
    struct BiThrNode * rchild;           //右孩子
    int LTag;                            //线索标志
    int RTag;                            //线索标志
}BiThrNode, * BiThrTree;
```

全线索二叉树:结点中增加两个指针域分别指向该结点的前驱和后继,使二叉树按线索关系成为双循环链表。全线索二叉树的存储结构如图 5-17 所示。

图 5-16 线索二叉树的结点结构　　图 5-17 全线索二叉树结点结构

全线索二叉树存储结构如下。

```
typedef struct BiThrNode{
    ElemType data;
    struct BiThrNode * lchild, * Rchild;    //左、右指针
    struct BiThrNode * prior, * next;       //前驱,后继线索
} * BiThrTree;
```

注意：全线索二叉树的 prior 和 next 是指向该结点的前驱和后继的指针。

2. 线索二叉树的创建（以中序线索化为例）

5.3.4 线索二叉树的创建

由于线索二叉树上保存的是遍历过程中得到的前驱和后继的信息，显然，线索二叉树应该在遍历过程中建立，也就是在遍历过程中改变二叉链表中结点的空指针及相应的指针类型标志。

对于**前驱指针**，如果结点没有左子树，则令其左指针指向它的前驱并将左指针类型标志改为1；若结点没有右子树，则令它的右指针指向它的后继并将右指针类型标志改为1。为获取前驱的信息，需在遍历过程中添加一个指向其前驱的指针 pre，指向刚刚被访问过的结点，指针 p 指向正在被访问的结点，也就是 pre 指向 p 的前驱。类似于线性链表中的前驱、后继，在线性链表中两者之间的关系仅为 p=pre->next，在线索二叉树中 p 和 pre 的关系取决于遍历过程。在遍历的过程中，如果 p 的左指针为空，则令其左指针指向 pre；判断 pre 的右指针是否为空，若为空则 pre 的右指针指向 p。图 5-18 为示例二叉树及相应的中序线索二叉树的二叉链表表示。

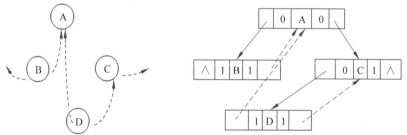

图 5-18 示例二叉树及相应的中序线索二叉树的二叉链表表示

下面给出通过中序遍历对二叉树进行线索化的递归算法，接着通过中序遍历建立中序线索二叉树的主算法调用上述线索化的递归算法，实现整个二叉树的中序线索化，具体算法如下。

```
void InThread(BiThrTree &p, BiThrTree &pre){
    if(p!=NULL){
        InThread(p->lchild);                    //线索化左子树
        if(p->lchild==NULL){
        //判断左子树是否为空,如空则建立前驱线索
            p->lchild=pre;
            p->LTag=1;
        }//if
        if(pre!=NULL&&pre->rchild==NULL){
            pre->rchild=p;
            pre->RTag=1;
        }//if
        pre=p;                                   //指向刚刚被访问过的 p
```

```
            InThread(p->rchild);              //线索化右子树
        }
    }
    BiThrTree pre=NULL;                        //全局变量
    void CreateInThread(BiThrTree T){
        pre=NULL;                              //初始化 pre
        if(T!=NULL){
            InThread(T,pre);                   //线索化
            if(pre->rchild==NULL)
                pre->RTag=1;
        }
    }
```

可在二叉树的线索链表上添加头结点,如图 5-19 所示,头结点的 lchild 指向二叉树的根结点,rchild 指向中序遍历访问的最后一个结点;同时,二叉树中序遍历的第一个结点的 lchild 指向头结点,最后一个结点的 rchild 指向头结点,这样可实现从前至后或者从后往前的遍历。

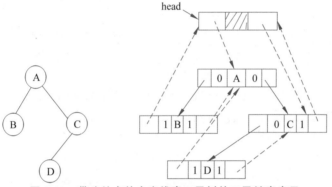

图 5-19 带头结点的中序线索二叉树的二叉链表表示

3. 线索二叉树的遍历

5.3.4 线索二叉树的遍历

先以中序线索二叉树为例,中序线索二叉树中结点含有其前驱和后继结点的信息,因此遍历中序线索二叉树有两个关键问题:一是如何访问第一个结点;二是如何查找每个结点的前驱和后继。

访问中序线索二叉树的第一个结点。中序遍历访问的第一个结点必定是"其左子树为空"的结点。若根结点没有左子树,则根结点为中序遍历访问的第一个结点;若根结点的左子树不空,则访问的第一个结点应该是其左子树中"最左下的结点"。

中序线索二叉树中结点的后继查找。若结点没有右子树,即结点的右指针类型标志 RTag 为 1,则指针 rchild 所指即为它的后继;若结点有右子树,则它的后继应该是其右子树

中访问的第一个结点(右子树最左下的结点),即从它的右子树根结点出发,顺指针 lchild 直至没有左子树的结点为止,该结点即为它的后继。

算法如下(这里假定不含头结点)。

```
BiThrNode * SearchFirstNode(BiThrTree p){
    //寻找访问中序线索二叉树的第一个结点
    while(p->LTag==0)                          //查找最左下结点
        p=p->lchild;
    return p;
}

BiThrNode * SearchNextNode(BiThrTree p){
    if(p->RTag==0)
        return SearchFirstNode(p->rchild);     //右子树的最左下的结点
    else return p->rchild;                      //沿着线索查找
}
void InOrder(BiThrNode * T){
    //主算法,通过调用上述两个函数得到中序线索二叉树的中序遍历算法
    BiThrNode * q;
    for(q=SearchFirstNode(T);q!=NULL;q=SearchNextNode(q))
        visit(q);
}
```

同理,可得求中序线索二叉树的最后一个结点和结点前驱的算法。

```
BiThrNode * SearchLastNode(BiThrTree p){
    while(p->RTag==0)
        p=p->rchild;
    return p;
}
BiThrNode * SearchNextNode(BiThrTree p){
    if(p->LTag==0)
        return SearchFirstNode(p->lchild);
    else return p->lchild;
}
```

4. 先序线索二叉树、后序线索二叉树的建立和查找后继

5.3.4 先序线索二叉树、后续线索二叉树的建立和查找后继

1) 先序线索二叉树的建立举例

如图 5-20 所示,建立过程为:先序遍历序列为 A,B,C,D。B 结点没有左孩子,左链指向前驱 A;B 结点没有右孩子,右链指向后继 C。D 结点没有左孩子,左链指向前驱 C;D 结点没有右孩子,也没有后继,则置空。C 结点没有右孩子,右链指向后继 D。

2) 后序线索二叉树的建立举例

如图 5-21 所示,建立过程为:后序遍历序列为 B,D,C,A。B 结点没有左孩子,但是也没有前驱,则置空;B 结点没有右孩子,右链指向后继 D。D 结点没有左孩子,左链指向前驱 B;D 结点没有右孩子,右链指向后继 C。C 结点没有右孩子,右链指向后继 A。

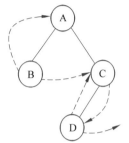 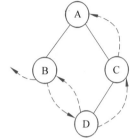

图 5-20　先序线索示例二叉树　　　　图 5-21　后序线索示例二叉树

3) 先序线索二叉树查找后继

如果结点有左孩子,则左孩子就是该结点的后继。如果结点没有左孩子,则判断是否有右孩子,如果有右孩子则右孩子为其后继;如果结点为没有左右孩子的叶子结点,则其右链域指向其后继,沿链查找即可。

4) 后序线索二叉树查找后继

如果结点是它双亲的右孩子或者是双亲的左孩子但是其双亲无右子树,则后继为双亲;如果结点是它双亲的左孩子,双亲有右子树,后继为双亲右子树上后序遍历的第一个结点;如果结点是该二叉树的根,则后继是空。因此,可使用三叉链表结构作为存储结构实现在后序线索查找后继。

5.3.5　树和森林

5.3.5 树的存储、树、森林和二叉树的转换

本节包括树的存储结构、森林与二叉树的转换、树和森林的遍历。

1. 树的存储结构

本节介绍 3 种常用的树的存储结构表示方法,包括双亲表示法、孩子表示法和孩子兄弟表示法。

1) 双亲表示法

以连续空间存储树的结点,并在每个结点中设置一个指示器(伪指针)用来指示其双亲结点在链表中的位置,如图 5-22 所示为树的双亲表示法示例树。图 5-23 所示为双亲表示法,根结点下标为 0,伪指针域为 −1。

双亲表示法存储结构定义(C语言描述)如下。

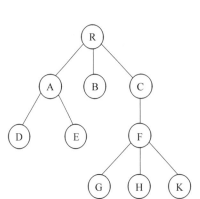

数组下标		
0	R	−1
1	A	0
2	B	0
3	C	0
4	D	1
5	E	1
6	F	3
7	G	6
8	H	6
9	K	6

图 5-22 树的双亲表示法示例树　　　图 5-23 双亲表示法

```
#define MaxSize 100             //二叉树的最大结点数
typedef char ElemType;          //数据类型
//双亲表示法
typrdef struct PTNode           //结点的结构
{
    ElemType data;              //数据域
    int parent;                 //双亲位置
}PTNode;
typrdef struct                  //树结构
{
    PTNode nodes[MaxSize];
    int r;                      //根的位置
    int n;                      //结点数
}PTree;
```

在双亲表示法中能够方便找到每个结点的双亲结点，但是在求结点的孩子时需要遍历整个结构。

2) 孩子表示法

孩子表示法将每个结点的孩子结点排列起来，用单链表连接形成一个线性表，n 个结点有 n 个孩子链表，可见叶子结点的孩子链表为空。图 5-22 示例树对应的孩子表示法如图 5-24 所示。孩子表示法方便寻找子女，但是寻找双亲时需要遍历 n 个结点的孩子链表指针域所指向的各孩子链表。解决该问题的方法为可以将双亲表示法与孩子链表相结合，如图 5-25 所示。

孩子链表表示法存储结构定义(C 语言描述)如下。

```
#define MaxSize 100             //二叉树的最大结点数
typedef char ElemType;          //数据类型
typedef struct CTNode           //孩子结点
{
    int child;                  //孩子结点对应的序号
    struct CTNode * next;       //指针域
} * ChildPtr;
```

```
typedef struct
{
    ElemType data;                      //存放树中结点数据
    ChildPtr firstchild;                //孩子链表头指针
}CTBox;
typedef struct
{
    CTBox nodes[MaxSize];
    int n,r;                            //n为结点总数,r指出根结点的位置
}CTree;
```

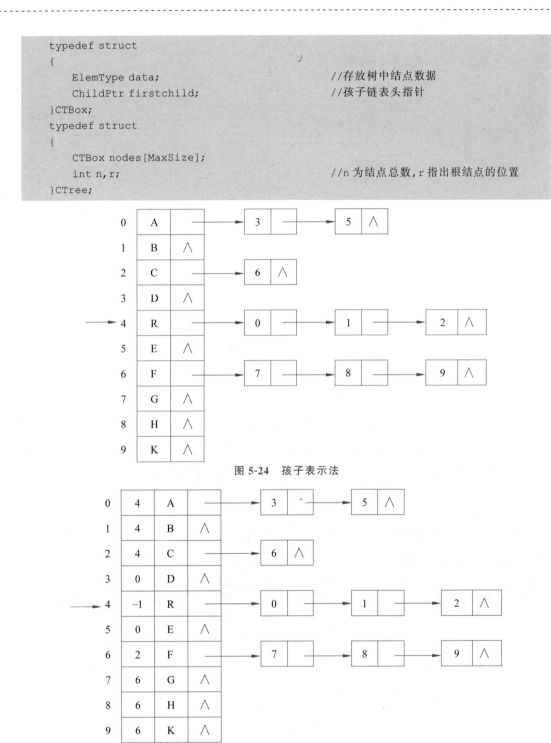

图 5-24　孩子表示法

图 5-25　双亲表示法与孩子链表相结合

3）孩子兄弟表示法

孩子兄弟表示法又称为二叉树表示法或者二叉链表表示法,换句话说就是以二叉链表作为树的存储结构。其结点包括结点值和两个链域,两个链域分别指向该结点的第一个孩子、下一个兄弟结点。本部分可在先学习树与二叉树的转换后再回过头来学习,可加深理

解。如图 5-26 为图 5-22 示例树的二叉链表表示法。

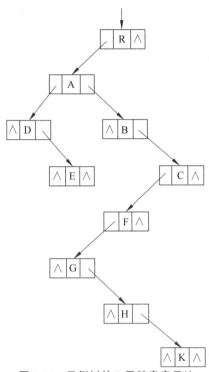

图 5-26 示例树的二叉链表表示法

利用该存储结构便于实现各种对树的操作,如易于实现找结点的孩子结点,过程为访问某结点的第 i 个孩子,从 firstchild 找到第一个孩子结点,接着沿着孩子结点的 nextsibling 域走 $i-1$ 步即找到该结点的第 i 个孩子。同时,可通过在每个结点增加指向双亲的指针域方便实现查找双亲的操作。

孩子兄弟表示法存储结构的定义(C 语言描述)如下。

```
typedef struct CSNode
{
    ElemType data;
    struct CSNode * firstchild;
    struct CSNode * nextsibling;
}CSNode, * CSTree;
```

2. 树、森林与二叉树的转换

由于二叉树和树都可以采用二叉链表作为其存储结构,因此以二叉链表作为媒介可得到树与二叉树的对应关系。给定一棵树,可以找到唯一一棵与它对应的二叉树,并且从物理结构上,二者的二叉链表是相同的,只是其解释不同。

1) 树转换为二叉树

(1) 规则。每个结点的左指针指向它的第一个孩子,右指针指向其在树中的第一个相邻的右兄弟。在树中,根结点没有右兄弟,所以转换后的二叉树根结点的右子树为空。

(2) 转换方法及示例。每个结点对于第一个孩子的连线不变,其他均去掉,兄弟之间连线,同时调整为二叉树形态。图 5-27 为示例树与二叉树的转换及相应的二叉链表。

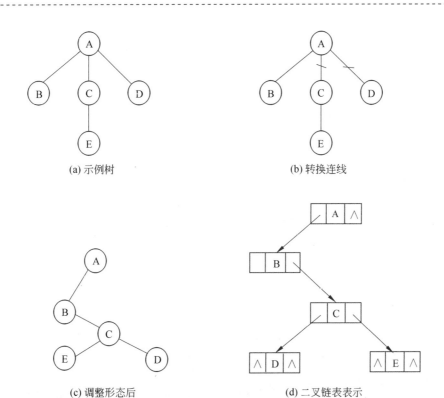

(a) 示例树　　　　　　　　　　(b) 转换连线

(c) 调整形态后　　　　　　　　(d) 二叉链表表示

图 5-27　示例树与二叉树的转换及相应的二叉链表

2）森林转换为二叉树

如果把森林中的第二棵树的根结点作为第一棵树的根结点的兄弟，与树转换为二叉树的规则类似，同理可导出森林和二叉树的对应关系。

（1）规则。首先，森林中的每棵树根据树转换为二叉树的规则将其转换为二叉树；与树对应的二叉树的根结点的右子树为空，把森林中的第二棵树的根结点作为第一棵树的根结点的右兄弟，将第二棵树对应的二叉树作为第一棵树对应的二叉树根的右子树；依照此规则，将第三棵树对应的二叉树作为第二棵树对应的二叉树根的右子树。最终，将森林转换为二叉树。

（2）转换方法及示例。森林中的每棵树按照（1）树转换为二叉树中的转换方法及示例分别转换为二叉树，然后，森林中的每棵树的根结点由于是兄弟关系，因此同理增加连线，同时调整为二叉树形态。图 5-28 所示为示例森林与二叉树的转换。

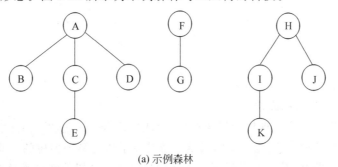

(a) 示例森林

图 5-28　示例森林与二叉树的转换

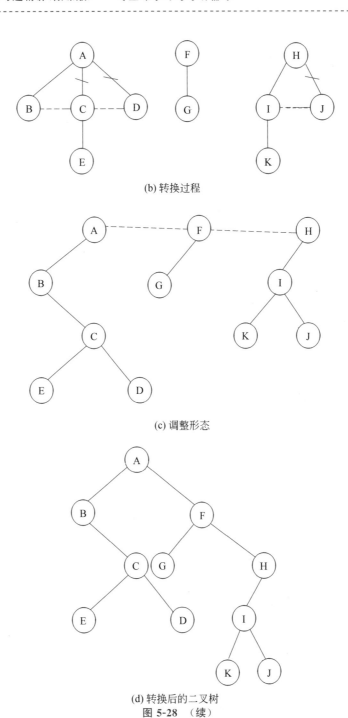

(b) 转换过程

(c) 调整形态

(d) 转换后的二叉树

图 5-28 （续）

3）二叉树转换为森林或树

这里将树看作是只有一棵树的特殊森林，因此本部分统一介绍二叉树转换为森林或树的规则：如果二叉树非空，则二叉树的根结点及其左子树为第一棵树的二叉树，若有右子树则将根结点的右链断开，若无右子树则该二叉树与只有一棵树的特殊森林对应（即二叉树与树的转换）。二叉树根结点的右子树为除第一棵树以外的森林转换后的二叉树，以此类推，直至最后只剩一棵无右子树的二叉树为止，再将每棵二叉树依次转换为对应的树，最后得到森林。同样二叉树与树或森林也是可以唯一转换的。可尝试使用上述规则将图5-28(d)中的二叉树反向转换为森林进行练习。

3. 树、森林和对应二叉树的遍历

5.3.5 树、森林和二叉树的遍历

1) 树的遍历

(1) 先根遍历。先访问树的根结点,再依次先根遍历根结点的每棵子树,遍历子树时同样遵循先根后子树的原则。

(2) 后根遍历。先依次后根遍历每棵子树,再访问根结点,遍历子树时同样遵循先子树后根的原则。

(3) 层次遍历。按照层次顺序依次访问各结点。

树的先根遍历序列与其对应的二叉树的先序遍历序列相同;树的后根遍历序列与其对应的二叉树的中序遍历序列相同。

如图5-29(a)所示的树的先根遍历序列为A,B,C,E,D,后根遍历序列为B,E,C,D,A,层次遍历序列为A,B,C,D,E。转换为二叉树后的形态如图5-29(b)所示,二叉树的先序遍历序列为A,B,C,E,D,中序遍历序列为B,E,C,D,A。

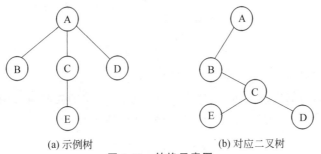

(a) 示例树　　　　　　　(b) 对应二叉树

图 5-29　转换示意图

2) 森林的遍历

(1) 先序遍历森林。先访问森林的第一棵树的根结点,先序遍历第一棵树根结点的子树森林,再先序遍历除第一棵树后的剩余树构成的森林。

(2) 中序遍历森林。中序遍历第一棵树根结点的子树森林,访问第一棵树的根结点,再中序遍历除第一棵树后的剩余树构成的森林。中序遍历森林有时又被称为后根遍历森林,因为根结点确实是被最后访问的,中序遍历是相对于其对应的二叉树而言的。

上一部分的森林与二叉树之间的转换规则,当森林转换为二叉树时,其第一棵树的子树森林转换为左子树,剩余树的森林转换为右子树。因此,森林的先序序列对应相应二叉树的先序序列,森林的中序序列对应相应二叉树的中序序列。

如图5-30(a)所示的森林的先序遍历序列为A,B,C,E,D,F,G,H,I,K,J,后序遍历序列为B,E,C,D,A,G,F,K,I,J,H。转换为二叉树后的形态如图5-30(b)所示,二叉树的先序遍历序列为A,B,C,E,D,F,G,H,I,K,J,中序遍历序列为B,E,C,D,A,G,F,K,I,J,H。

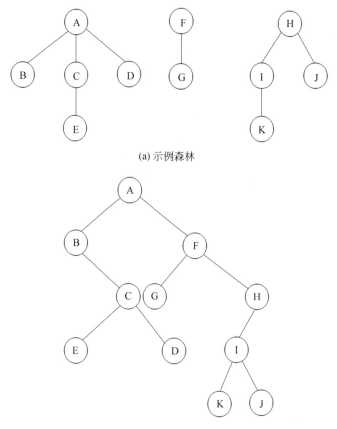

(a) 示例森林

(b) 转换后的二叉树

图 5-30 森林转换为二叉树

(3) 树、森林和对应二叉树的遍历之间的关系。

如表 5-1 所示,树的先根遍历、森林的先序遍历、二叉树的先序遍历相对应,树的后根遍历、森林的后根遍历(中序遍历)、二叉树的中序遍历相对应。

表 5-1 对应关系表

树	森 林	二 叉 树
先根遍历	先序遍历	先序遍历
后根遍历	后根遍历(中序遍历)	中序遍历

注意:有的教材将森林的中序/根遍历称为后根遍历,称为中序/根遍历的原因是相对于二叉树说的,称为后根遍历是因为根最后才访问,遇到以上两种说法可理解为同一种遍历方法。

因此,当以二叉链表作为树的存储结构时,树的先根遍历和后根遍历可借助二叉树的先序遍历和中序遍历算法实现。

5.3.6 树与二叉树的应用

本节树与二叉树的应用主要介绍哈夫曼树和哈夫曼编码、二叉排序树、平衡二叉树。

1. 哈夫曼树和哈夫曼编码

5.3.6 哈夫曼树与哈夫曼编码

1) 最优二叉树(哈夫曼树)定义

结点的权是指在实际应用中常给树中的每个结点赋予一个具有某实际意义的数值,该数值被称为结点的权;从某一结点到树根之间的路径长度与该结点的权的乘积被称为结点的带权路径长度。树的带权路径长度是指树中所有叶子结点的带权路径长度之和,通常记作 $WPL = \sum_{k=1}^{n} w_k l_k$。

假定现有 n 个权值$\{w_1, w_2, \cdots, w_n\}$,尝试构造一棵有 n 个叶子结点的二叉树,每个叶子结点的权为 w_k,l_k 为该叶子结点到根结点的路径长度,则其中带权路径长度 WPL 最小的二叉树称为**最优二叉树**或**哈夫曼树**。如图 5-31 所示的 3 棵二叉树均有 4 个叶子结点,其权值分别为 7、5、2、4。

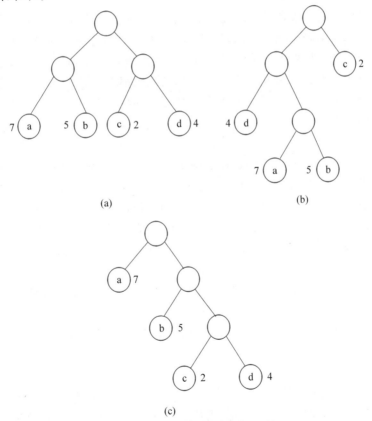

图 5-31 具有不同带权路径长度的二叉树

图 5-31 中 3 棵树的带权路径长度分别为

图 5-31(a)中,WPL=7×2+5×2+2×2+4×2=36。

图 5-31(b)中，WPL=7×3+5×3+2×1+4×2=46。

图 5-31(c)中，WPL=7×1+5×2+2×3+4×3=35。

图 5-31(c)树为最小，可以验证，其为哈夫曼树，也就是说它的带权路径长度在所有带权 7、5、2、4 的 4 个叶子结点的二叉树中最小。

2) 构造哈夫曼树

给定 n 个权值$\{w_1,w_2,\cdots,w_n\}$，构造哈夫曼树的算法描述如下。

(1) 根据给定的 n 个权值$\{w_1,w_2,\cdots,w_n\}$构成 n 棵仅含一个结点的二叉树，构成森林。

(2) 从上述森林中选取两棵根结点权值最小的树作为新结点的左、右子树，新结点的权值为左、右子树根结点的权值和。

(3) 从森林中除去上面两棵根结点权值最小的树，并将新构成的以新结点为根结点的树加入到森林。

(4) 重复(2)和(3)，直至森林中只剩下一棵树为止。

本部分一般以"给定结点权值，画出构造哈夫曼树的过程"等形式出题。哈夫曼树的构造过程例题见下一部分。

3) 哈夫曼编码

利用哈夫曼树构造用于通信的二进制编码称为**哈夫曼编码**，哈夫曼编码是一种被广泛使用的有效数据压缩编码。先给出固定长度编码、可变长度编码和前缀编码的概念：对每个字符用等长的二进制位表示的编码方式为**固定长度编码**；对不同字符用不等长的二进制位表示的编码方式为**可变长度编码**；任一个字符的编码都不是另一个字符的编码的前缀，这种编码称为**前缀编码**。其中，可变长度编码对使用频率高的字符采用较短的编码，对使用频率低的字符采用较长的编码，这样每个字符的平均编码长度缩短，整个通信的编码缩短，因此可变长度编码优于固定长度编码。

(1) 设计前缀码的原因。例如，设计字符 a、b、c 对应的编码为 0、00、1，则电文"aaabbc"可转换成字符串'00000001'，这样的电文无法翻译，因为翻译时传过来的字符串'00000001'可以有多种翻译结果，如'aaaaaaac'、'bbbac'等。因而需要设计前缀码。

(2) 通过构造哈夫曼树得到电文总长最短的二进制前缀码的方法如下。

① 将每个出现的字符作为独立结点，将该字符出现的频率作为该结点的权值构造哈夫曼树。

② 因每个字符均为叶子结点，从根开始到每个叶子结点的路径按照左'0'、右'1'进行标记，每个字符的编码为从根到该叶子结点字符的路径上的路径标记的序列。

例如，现有电文'aaaaaaabbbbbccdddd'，通过构造哈夫曼树，给出各个字符的编码，使得整个电文的编码长度尽量短。

每个字符的频度：a 为 7，b 为 5，c 为 2，d 为 4，以 7、5、2、4 为权值构造哈夫曼树，并在每个叶子结点上注明对应的字符。该哈夫曼树中从根结点到每个叶子结点均有一条路径，对路径上的各分支结点进行左 0 右 1 标记，则从根到叶子路径上的标记序列即为各个叶子结点对应的字符的编码，也就是哈夫曼编码。如图 5-32 所示为哈夫曼树构造和哈夫曼编码设计过程。

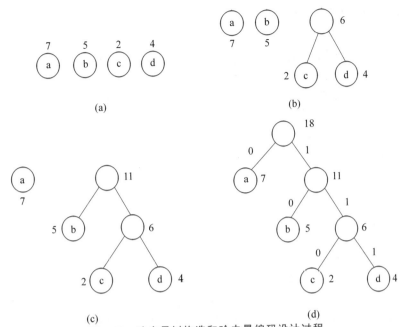

图 5-32 哈夫曼树构造和哈夫曼编码设计过程

各字符编码：a 为 0，b 为 10，c 为 110，d 为 111。

从哈夫曼编码可以看出，每个字符构造得到的编码均不是另一个字符的哈夫曼编码的前缀，如果某字符的哈夫曼编码为 01，则其他字符不会出现以 01 开头的哈夫曼编码。

2. 二叉排序树

5.3.6 二叉排序树的定义、查找和插入

1）定义

二叉排序树或者是一棵空树，或者具有如下特性。

（1）若它的左子树不空，则左子树上所有结点的值均小于根结点的值。

（2）若它的右子树不空，则右子树上所有结点的值均大于根结点的值。

（3）它的左、右子树也都分别是二叉排序树。

因此，对二叉排序树进行中序遍历可以得到递增有序序列。

如图 5-33 所示为一棵二叉排序树。

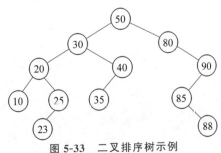

图 5-33 二叉排序树示例

2）二叉排序树的基本操作

以下在二叉排序树的存储结构的基础上分别给出二叉排序树的基本操作，包括二叉排序树的查找、二叉排序树的创建、二叉排序树的插入、二叉排序树的删除。

先给出二叉排序树的存储结构。

```
typedef char ElemType;                        //数据类型
typedef struct BiTNode
{
    ElemType data;                            //数据域
    struct BiTNode * lchild;                  //左孩子
    struct BiTNode * rchild;                  //右孩子
} BiTNode, * BSTree;                          //二叉链表结点类型定义
BSTree  T;
```

（1）二叉树的查找。二叉排序树的查找算法描述如下。

若二叉排序树为空，则查找不成功；否则

① 若给定值等于根结点的关键字，则查找成功。

② 若给定值小于根结点的关键字，则继续在左子树上进行查找。

③ 若给定值大于根结点的关键字，则继续在右子树上进行查找。

显然，上述算法为递归查找过程。

如查找图 5-33 中的结点 35，首先 35 小于 50，则在 50 的左子树上查找；35 大于 30，则在 30 的右子树上继续查找；与 40 进行比较，小于 40，则在 40 的左子树上查找，查找成功。

二叉排序树的查找算法如下。

非递归算法如下。

```
BiTNode * SearchBST (BSTree T, ElemType key) {
    while(T!=NULL&&key!=T->data)
    {
        if(key<T->data)
            T=T->lchild;                      //小于,则在左子树上继续查找
        else
            T=T->rchild;                      //大于,则在右子树上继续查找
    }
    return T;
}
```

递归算法如下。

```
bool SearchBST (BSTree T, KeyType kval, BSTree f, BSTree &p ) {
    if (!T)
        { p = f; return FALSE; }              //查找不成功
    else if ( key == T->data.key )
        { p = T; return TRUE; }               //查找成功
    else if ( key < T->data.key )
        return SearchBST (T->lchild, key, T, p );
    //返回在左子树中继续查找所得结果
    else
        return SearchBST (T->rchild, key, T, p );
    //返回在右子树中继续查找所得结果
} //SearchBST
```

指针 T、f、p 的关系：f、T 是双亲和孩子的关系，初始 f=NULL。

算法中的引用参数指针 p 在算法结束时的状态：若查找成功，即二叉排序树中存在等于给定值的关键字，则 p 指向该关键字所在结点；若查找不成功，则 p 应该指向查找路径上最后一个结点。

(2) 二叉排序树的插入。当二叉排序树中不存在其关键字等于给定值的结点时，需插入一个关键字等于给定值的数据元素。实际上，二叉排序树结构本身正是从空树开始逐个插入生成的。

二叉排序树的插入过程为：若二叉排序树为空树，则插入的结点为新的根结点；否则，插入的结点必为一个新的叶子结点，其插入位置由查找过程确定。

```
int Insert_BST(BSTree &T, ElemType e){
    //当二叉排序树 T 中不存在关键字等于 e 的数据元素时，插入 e
    if(T==NULL){//若二叉排序树为空树，则插入的结点为新的根结点
        T=new BiTNode;
        if(!T) exit(1);                    //存储分配失败
        T->data=e;
        T->lchild = T->rchild = NULL;
    }
    else if(T->data==e)
        return 0;                          //存在则返回失败
    else if(e<T->data)                     //插入到左子树
        return Insert_BST(T->lchild,e);
    else//插入到右子树
        return Insert_BST(T->rchild,e);
}
```

(3) 二叉排序树的删除。在二叉排序树上删除一个结点之后，该树应该仍是一棵二叉排序树。

5.3.6 二叉排序树的删除

在二叉排序树上删除一个结点后如何修改结点的指针，分为 3 种情况。

① 被删结点为叶子结点。此时删除该结点不影响其他结点之间的关系，因此仅需修改其双亲结点的相应指针。

例如，如图 5-34 所示，被删关键字为 20 时，将其双亲结点中相应指针域的值改为"空"即可。

② 被删结点为单分支结点，即被删结点只有左子树或右子树时。此时只需保持该结点的子树和其双亲之间原有的关系即可。即删除该结点之后，它的子树中的结点仍在其双亲的左子树或右子树上，因此只需要将其左子树或右子树直接链接到其双亲结点成为其双亲的子树。

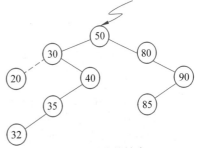

图 5-34 删除关键字 20

例如,如图 5-35 所示,被删关键字为 40,80,其双亲结点的相应指针域的值改为"指向被删除结点的左子树或右子树"。

③ 被删结点为双分支结点,即被删结点的左右子树均不空时。此时有直接删除和置换删除两种方法。

直接删除方法中,指针的修改比较复杂,而且可能会影响原二叉排序树的平衡性(平衡二叉树,或称二叉排序树为"平衡"指的是,它或是空树,或具有下列特性:其左子树和右子树都是平衡二叉排序树,且左右子树深度之差的绝对值不大于 1,具体见下文"平衡二叉树")。

置换删除方法中,指针的修改比较简单,而且一般不会影响原二叉排序树的平衡性。

采用置换删除,可将其前驱结点或后继结点替代被删数据元素,即将被删结点的数据元素置换为它的前驱结点或后继结点,然后从二叉排序树上删去这个前驱结点或后继结点。

例如,如图 5-36 所示,删除关键字 50,在以其前驱(中序遍历序列的前驱)替代后,再删除 40 原位置,然后再删除该前驱结点。

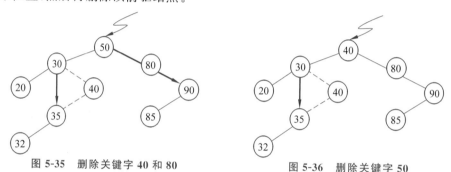

图 5-35　删除关键字 40 和 80　　　　图 5-36　删除关键字 50

二叉排序树删除算法如下。

```
BSTree f;                              //全局变量,用于存储被删除结点的双亲
//可在主函数先调用一次二叉树查找的递归算法,找到待删除结点 p 的双亲结点 f
SearchBST(T,key,f,p);                  //二叉树查找的递归算法
bool DeleteBST (BSTree &T, ElemType key ) {
    //若二叉排序树 T 中存在关键字等于 key 的数据元素时,则删除该数据元素结点 *p,并返回
    //TRUE;否则返回 FALSE
    if (!T) return FALSE;              //不存在关键字等于 key 的数据元素
    else {
        if ( key== T->data) )
        { DeleteNode (T);              //找到关键字等于 key 的数据元素
        return TRUE;}
        else if ( key < T->data)
            return DeleteBST(T->lchild, key);
        //返回在左子树上查找的结果
        else
            return DeleteBST ( T->rchild, key );
            //返回在右子树上查找的结果
    } //else
} //DeleteBST
```

删除操作过程算法 DeleteNode(T)如下。

```
void DeleteNode ( BSTree &p ) {
    //从二叉排序树中删除结点 p,并重接它的左或右子树
    if (!p->rchild) {
    //右子树空则只需重接它的左子树
        q = p;
        if (f->lchild==p) f->lchild = p->lchild;
        else    f->rchild = p->lchild;
        delete q;
    }//if
    else if (!p->lchild) {
        //只需重接它的右子树
        q = p;
        if (f->lchild==p) f->lchild = p->rchild;
        else   f->rchild = p->rchild;
        delete q;
    }//if
    else {                              //左右子树均不空
        q = p;
        s = p->lchild;
        while (s->rchild) {
            q = s;
            s = s->rchild;
        }//while
        p->data = s->data;              //s 指向被删结点的前驱
    if (q != p)
        q->rchild = s->lchild;
        else
            q->lchild = s->lchild;      //重接 *q 的左子树
        delete s;
    }//else
} //DeleteNode
```

（4）二叉排序树的构造。二叉排序树的创建过程,就是不断查找和插入的过程。从一棵空树出发,依次输入元素,将它们插入二叉排序树的合适位置。

5.3.6 二叉排序树的构造

设查找关键字序列为{45,24,53,12,90},二叉排序树的生成过程示意图如图 5-37 所示。算法如下。

```
void Creat_BST(BSTree &T,ElemType key[],int n){
    T=NULL;
    int i;
    for(i=0;i<n;i++)
        Insert_BST(T,key[i]);           //逐个插入
}
```

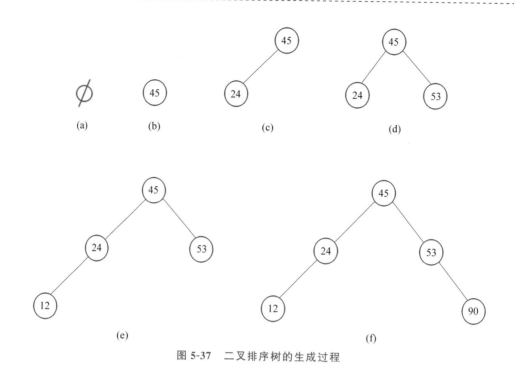

图 5-37 二叉排序树的生成过程

（5）查找性能分析。从二叉排序树的查找过程可见，二叉排序树的查找性能取决于它的深度。

5.3.6 二叉排序树的查找性能分析

对于每棵特定的二叉排序树，均可按照平均查找长度的定义来求它的 ASL 值，显然，由值相同的 n 个关键字，构造所得的不同形态的各棵二叉排序树的平均查找长度的值不同，甚至可能差别很大。

其中，查找算法的平均查找长度（average search length）为确定记录在查找表中的位置，需和给定值进行比较的关键字个数的期望值。n 为表长，P_i 为查找表中第 i 个记录的概率，C_i 为找到该记录时，曾和给定值比较过的关键字的个数。

这里

$$\sum_{i=1}^{n} P_i = 1$$

然而由于二叉排序树是在查找过程中逐个插入构成，因此它的深度取决于关键字先后插入的次序。

例如，含关键字 1,2,3,4,5 的二叉排序树，其深度可能为 3 或 4 或 5，若按 1,2,3,4,5 的次序得到的二叉排序树的深度为 5，若按 3,1,2,5,4 的次序得到的二叉排序树的深度则为 3，如图 5-38 所示。

平均查找长度分别为 ASL=(1+2+3+4+5)/5=3，ASL=(1+2+3+2+3)/5=2.2。

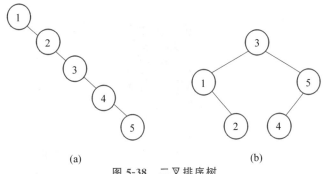

图 5-38　二叉排序树

二叉排序树查找的平均性能：平均查找长度的含义即为进行一次查找所需进行“比较”的平均次数，则 $P(n)$ 表示在含有 n 个结点的二叉排序树上进行一次查找操作时关键字和给定值进行比较的平均次数。

在随机的情况下，二叉排序树的查找性能是和 $\log_2 n$ 等数量级的。

下面讨论平均情况。

不失一般性，假设长度为 n 的序列中有 k 个关键字小于第一个关键字，则必有 $n-k-1$ 个关键字大于第一个关键字，由它构造的二叉排序树如图 5-39 所示。

图 5-39　二叉排序树示意图

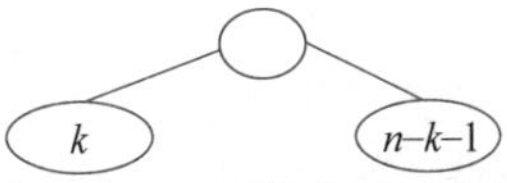

平均查找长度是 n 和 k 的函数 $P(n,k)(0\leqslant k\leqslant n-1)$。

假设 n 个关键字可能出现的 $n!$ 种排列的可能性相同，则含 n 个关键字的二叉排序树的平均查找长度为

$$\text{ASL}=P(n)=\frac{1}{n}\sum_{k=0}^{n-1}P(n,k)$$

在等概率查找的情况下，有

$$P(n,k)=\sum_{i=1}^{n}p_iC_i=\frac{1}{n}\sum_{i=1}^{n}C_i$$

$$\begin{aligned}P(n,k)&=\frac{1}{n}\sum_{i=1}^{n}C_i=\frac{1}{n}\left(C_{\text{root}}+\sum_{\text{L}}C_i+\sum_{\text{R}}C_i\right)\\&=\frac{1}{n}(1+k(P(k)+1)+(n-k-1)(P(n-k-1)+1))\\&=1+\frac{1}{n}(k\times P(k)+(n-k-1)\times P(n-k-1))\end{aligned}$$

$$\begin{aligned}P(n)&=\frac{1}{n}\sum_{k=0}^{n-1}\left(1+\frac{1}{n}(k\times P(k)+(n-k-1)\times P(n-k-1))\right)\\&=1+\frac{2}{n^2}\sum_{k=1}^{n-1}(k\times P(k))\end{aligned}$$

可类似于解差分方程，此递归方程有解，可得

$$P(n)=2\,\frac{n+1}{n}\log_2 n+C$$

3. 平衡二叉树

5.3.6 平衡二叉树

1) 定义

当生成二叉排序树的关键字序列非随机时,所生成的二叉排序树有可能偏向于单支,从而使其查找性能接近于顺序表。在这种情况下,需要在生成二叉排序树的过程中进行"平衡化"处理,使得在任何时刻二叉排序树的形态都是"平衡"的。

平衡因子:平衡因子定义为平衡二叉树中左子树的深度减去右子树的深度。

二叉排序树为"平衡"指的是,它或是空树,或具有下列特性:其左子树和右子树都是平衡二叉排序树,且左右子树深度之差的绝对值不大于 1。

2) 平衡二叉排序树的构造

每当插入一个结点时,首先检查是否因插入而破坏了树的平衡性,如果是因插入结点而破坏了树的平衡性,则找出其中最小不平衡子树,在保持排序树特性的前提下,调整最小不平衡子树中各结点之间的连接关系,以达到新的平衡。通常将这样得到的平衡二叉排序树简称为 AVL 树。

所谓**最小不平衡子树**是指,以离插入结点最近、且平衡因子绝对值大于 1 的结点作为根结点的子树。可归纳为下列 4 种情况:①LL 型;②RR 型;③LR 型;④RL 型。

(1) LL 型。由于在结点 A 的左孩子(L)的左子树(L)上插入了新的结点,如图 5-40 所示。

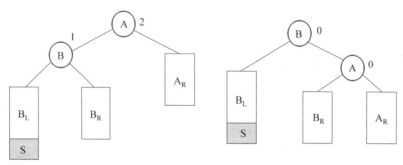

(a) 插入新结点S后失去平衡
  调整前(bf为平衡因子)
  A->bf=2;B->bf=1;
  B=A->rchild;

(b) 调整后恢复平衡
  调整后(bf为平衡因子)
  A->rchild=B->lchild;
  B->lchild=A;
  A->bf=0;B->bf=0;

图 5-40 LL 型

其中,B=A->lchild 的含义为 B 是 A 的左孩子,其他相关语句类似,语句是为了方便理解使用。

(2) RR 型。是由于在结点 A 的右孩子(R)的右子树(R)上插入了新的结点,如图 5-41 所示。

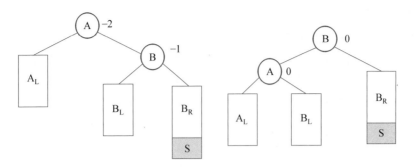

(a) 插入新结点S后失去平衡
　　调整前
　　A->bf=2；B->bf=-1；
　　B=A->rchild；

(b) 调整后恢复平衡
　　调整后
　　A->rchild=B->lchild；
　　B->lchild=A；
　　A->bf=0；B->bf=0；

图 5-41　RR 型

其中，B=A->rchild 的含义为 B 是 A 的右孩子，其他相关语句类似，语句是为了方便理解使用。

调整根结点 B 的指针。调整后二叉树的根结点 B 应接回原 A 处。令 A 原来的父指针为 FA，如果 FA 非空，则用 B 代替 A 作为 FA 的左孩子或右孩子；否则原来 A 就是根结点，此时应令根指针 t 指向 B。

```
if (FA==NULL)    t=B;
    else if (A==FA->lchild)
                 FA->lchild=B;
             else FA->rchild=B;
```

（3）LR 型。是由于在结点 A 的左孩子(L)的右子树(R)上插入了新的结点，如图 5-42 所示。

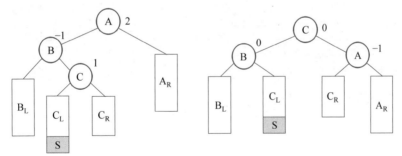

(a) 插入新结点S后失去平衡　　　　(b) 调整后恢复平衡

图 5-42　LR 型

调整平衡因子如下。

```
if (S->key<C->key)
    //在 C_L 下插入 S
{ A->bf=-1;  B->bf=0 ; C->bf=0;}
if (S->key >C->key)
    //在 C_R 下插入 S
{ A->bf=0;  B->bf=1;  C->bf=0, }
if (S->key ==C->key)
```

```
          //C本身就是插入的新结点S
     { A->bf=0;   B->bf=0 ; }
```

（4）RL 型。是由于在结点 A 的右孩子(R)的左子树(L)上插入了新的结点，如图 5-43 所示。

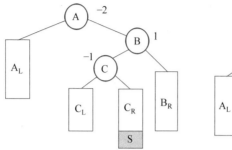

(a) 插入新结点S后失去平衡
调整前
A->bf=−2；B->bf= 1；
B=A->rchild；
C=A->lchild；

(b) 调整后恢复平衡
调整后
A->rchild=C->lchild；
B->lchild=C->lchild；
C->lchild=A；C->rchild=B；

图 5-43　RL 型

其中，B＝A->rchild 的含义为 B 是 A 的右孩子，C＝A->lchild 的含义为 C 是 A 的左孩子，其他相关语句类似，语句是为了方便理解使用。

调整平衡因子如下。

```
if (S->key<C->key)
          //在 C_L 下插入 S
     { A->bf=0;   B->bf=-1; C->bf=0;}
if (S->key >C->key)
          //在 C_R 下插入 S
     { A->bf=1;   B->bf=0 ;   C->bf=0; }
if (S->key ==C->key)
          //C本身就是插入的新结点S
     { A->bf=0;   B->bf=0 ; }
```

举例：LL 型如图 5-44 所示。

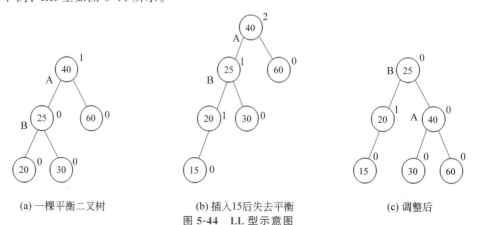

(a) 一棵平衡二叉树　　(b) 插入15后失去平衡　　(c) 调整后

图 5-44　LL 型示意图

RR 型如图 5-45 所示。

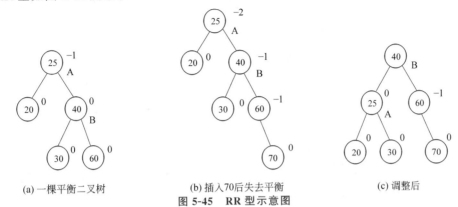

图 5-45　RR 型示意图

LR 型如图 5-46 所示。

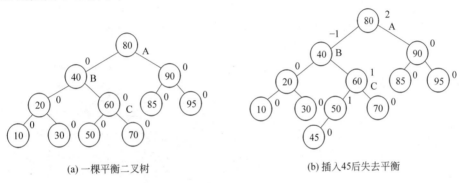

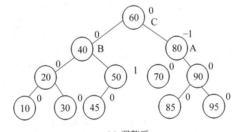

图 5-46　LR 型示意图

RL 型如图 5-47 所示。

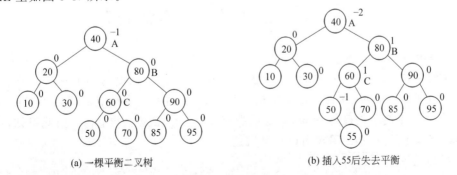

图 5-47　RL 型示意图

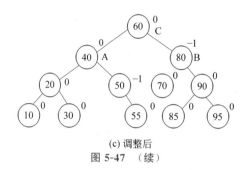

(c) 调整后

图 5-47 （续）

3) 平衡二叉树的查找性能分析

在平衡树上进行查找的过程和二叉排序树相同。因此，查找过程中和给定值进行比较的关键字的个数不超过平衡树的深度。

含 n 个关键字的平衡二叉树可能达到的最大深度是多少？

假设以 n_h 表示深度为 h 的平衡二叉树中含有的最少结点数。$n_0=0, n_1=1, n_2=2, n_h = n_{h-1} + n_{h-2} + 1$。可以证明，含有 n 个结点的平衡二叉树的最大深度为 $O(\log_2 n)$，平衡二叉树的平均查找长度为 $O(\log_2 n)$，如图 5-48 所示。

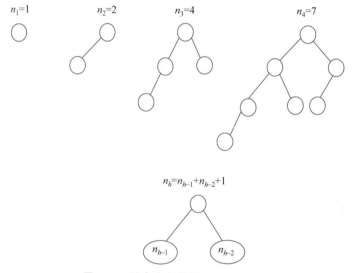

图 5-48 结点个数最少的平衡二叉树

5.4 重点和难点知识点详解

1. m 叉树与度为 m 的树

m 叉树为每个结点最多只能有 m 个孩子的树，任意结点的度均小于或者等于 m，允许所有结点的度都小于 m，并且可以是空树。度为 m 的树的任意结点的度均小于或者等于 m，且至少有一个结点的度等于 m，并为最少有 $m+1$ 个结点的非空树。由此可知，度为 2 的树至少有 3 个结点，而二叉树可以是空树。

2. 易错知识点

对于二叉树的顺序存储，需要注意下标是从 0 开始还是从 1 开始。

3. 算法提示

后序遍历的非递归算法可以用于求根到某结点的路径或两个结点的公共祖先。具体可结合示例树参看后序遍历的非递归算法。

4. 学习提示

二叉树的先序遍历、中序遍历、后序遍历、层次遍历均可在理解的基础上作为"模板",在稍做改变后解决不少题目。如遍历过程中对树求结点的孩子结点、双亲结点、二叉树的叶子结点个数、深度等。

5. 哈夫曼树的特点

哈夫曼树的特点为给定权值的结点为哈夫曼树的叶子结点;权值越小的结点距离哈夫曼树的根结点越远,即到根结点的路径长度越大;哈夫曼树中不存在度为1的结点。

6. 哈夫曼树的结点总数

哈夫曼树在构造过程中新建了 $n-1$ 个结点,因此哈夫曼树的结点总数为 $2n-1$。

7. 有 n 个结点的二叉树种数

有 n 个结点的二叉树共有 $\dfrac{C_{2n}^n}{n+1}$ 种。

◆ 5.5 习题题目

本部分习题形式包括单项选择题、综合应用题等题型,是专业课学习和考研常见题型。知识点覆盖专业课程学习和考研知识点,因此本部分知识点相关习题设置较全面。本章知识点一般以选择题、综合应用的形式考查居多,树的概念及基本术语、二叉树的定义、特性、存储结构(顺序存储和链式存储)以及二叉树的先序、中序、后序和层次遍历,线索二叉树的概念、构造和遍历,树和森林的转换,树、森林、对应二叉树的遍历及对应关系,树和二叉树的应用等是常见考查知识点。本部分习题形式包括单项选择题、填空题和综合应用题等题型,是专业课学习和考研常见题型。

题目难度方面设置基础习题、进阶习题、考研真题,这样读者可根据自身情况合理安排学习规划,有针对性地逐步提升专业知识、解题能力和应试能力。

5.5.1 基础习题

一、单项选择题

1. 根据二叉树的定义,具有 3 个结点的二叉树有( )种形态。
   A. 5   B. 6   C. 4   D. 3

2. 一棵结点数为 n 的树,其所有叶子结点的度数和是( )。
   A. n B. $n+1$ C. $2n$ D. $n-1$

3. 具有 8 个叶子结点的二叉树中度为 2 的结点的个数为( )。
   A. 10   B. 9   C. 7   D. 6

4. 一棵有 125 个叶子结点的完全二叉树最多有( )个结点。
   A. 249   B. 248   C. 250   D. 247

5. 一棵高度为 k 的完全二叉树至少有( )个结点,至多有( )个结点。

  A. 2^{k-1} B. 2^k-1 C. 2^k D. $2^{k-1}-1$

6. 若一棵二叉树有 125 个结点,则在第 7 层上至多有( )个结点。
  A. 63   B. 62   C. 32   D. 33

7. 一棵高度为 6 的完全二叉树,至多有( )个结点。
  A. 63   B. 31   C. 64   D. 12

8. 一棵二叉树的先序遍历序列为 1,2,3,4,5,6,中序遍历序列为 3,2,1,5,4,6,其后序遍历序列为( )。
  A. 6,5,4,3,2,1   B. 3,2,5,6,4,1
  C. 3,2,5,4,6,1   D. 3,2,1,5,4,6

9. 一棵二叉树的先序遍历序列和后序遍历序列相反,则该二叉树( )。
  A. 高度等于其结点数   B. 空树
  C. 只有一个结点   D. 完全二叉树

10. 在二叉树上有两个结点 a 和 b,a 是 b 的祖先,则使用( )遍历方式能够找到从 a 到 b 的路径( )。
  A. 层次   B. 先序   C. 中序   D. 后序

11. 一棵二叉树的后序序列为 4,1,2,5,3,中序序列为 4,5,2,1,3,则这棵二叉树的先序序列为( )。
  A. 4,5,3,2,1   B. 4,5,1,2,3
  C. 1,3,2,5,4   D. 3,5,4,2,1

12. 先序为 1,2,3,后序为 3,2,1 的二叉树共有( )棵。
  A. 4   B. 3   C. 2   D. 1

13. 树的后序遍历对应于树对应的二叉树的( )。
  A. 层次遍历   B. 先序遍历   C. 中序遍历   D. 后序遍历

14. 含有 n 个结点的线索二叉树上的线索数为( )。
  A. n B. $n-1$ C. $2n$ D. $n+1$

15. 二叉排序树按照( )方式遍历得到的序列是一个有序序列。
  A. 中序   B. 先序   C. 后序   D. 层次

16. 在二叉排序树中进行查找的效率与以下( )因素有关。
  A. 二叉排序树的结点个数   B. 二叉排序树的存储结构
  C. 二叉排序树的深度   D. 二叉排序树的非叶子结点数

17. 元素序列 41,15,3,22,63,50,81,47,13,30,从空树开始建立二叉排序树,查找元素 50 进行的比较次数为( )。
  A. 6   B. 5   C. 4   D. 3

18. 将 7 个权值构造成一棵哈夫曼树,则该哈夫曼树的结点总数为( )。
  A. 7   B. 6   C. 13   D. 15

19. 线索二叉树:(1)引入线索二叉树的目的是( )。
  A. 方便寻找双亲   B. 方便插入
  C. 加快查找结点的前驱或后继的速度   D. 方便删除

(2) 线索二叉树是一种( )。

A. 逻辑结构　　　　　B. 物理结构　　　　C. 逻辑和物理结构　D. 线性结构

20. 森林中有 3 棵树,结点数分别为 a、b、c,则与该森林相对应的二叉树的根结点的右子树上的结点个数为(　　)。

A. $a+b$　　　　　B. a　　　　　　C. $b+c$　　　　　　D. c

21. 在有 n 个结点的哈夫曼树中,非叶子结点的总数为(　　)。

A. n　　　　　　B. $n-1$　　　　C. $2n-1$　　　　　D. $2n$

二、综合应用题

1. 设计算法统计二叉树中叶子结点的个数,二叉树采用二叉链表存储结构。
2. 设计算法求二叉树的深度,二叉树采用二叉链表存储结构。
3. 设计算法求二叉树中值为 e 的结点的层次,二叉树采用二叉链表存储结构。
4. 设计算法判断二叉树是否为完全二叉树,二叉树采用二叉链表存储结构。
5. 设计算法求二叉树中所有叶子结点的路径,二叉树采用二叉链表存储结构。
6. 计算给定二叉树的所有双分支结点个数,二叉树采用二叉链表存储结构。
7. 设计算法计算非空二叉树具有结点数最多的层次的结点个数,二叉树采用二叉链表存储结构。
8. 编写后序遍历二叉树的非递归算法。
9. 一棵三叉树的结点数为 50,计算这棵树的最小高度,给出计算过程。
10. 含有 n 个结点的三叉树的最小高度是多少?
11. 已知一棵二叉树的中序序列为 4,5,2,1,3,后序序列为 4,1,2,5,3,画出这棵树。
12. 已知一棵二叉树的先序序列为 1,2,3,4,5,6,7,8,9,中序序列为 2,3,4,1,6,5,8,9,7,画出这棵树,并画出二叉树对应的森林。
13. 将图 5-49 的森林转化成对应的二叉树。

图 5-49　基础习题综合应用题 13 示意图

14. 从空树开始,依次插入元素 20,51,17,16,45,31,72,6,32,19,建立一棵二叉排序树,画出所建立的二叉排序树,并计算在等概率的情况下查找成功的平均查找长度。
15. 从空树开始,依次插入元素 22,12,3,85,96,14,92,建立平衡二叉树,使得在每次插入后保持其仍然是平衡二叉树,画出每次插入后形成的平衡二叉树。
16. 以数据集合{1,4,5,8,9}为权值构造一棵哈夫曼树,给出哈夫曼树的构造过程并计算它的带权路径长度。
17. 如何判断一棵二叉树是否是二叉排序树?
18. 设计算法,求出二叉排序树中最大和最小的关键字值。

5.5.2　进阶习题

一、单项选择题

1. 一棵完全二叉树的结点数为 1001,则这棵完全二叉树的叶子结点个数为(　　)。

A. 250　　　　B. 501　　　　C. 500　　　　D. 505

2. 一棵高度为 3 的完全二叉树,至少有( )个结点。

A. 6　　　　B. 5　　　　C. 4　　　　D. 3

3. 对于一棵有 n 个结点、度为 3 的树,以下说法正确的为( )。

A. 树的高度至多是 $n-2$　　　　B. 树的高度至多是 $n-3$

C. 第 i 层上至多有 $3(i-1)$ 个结点　　　　D. 至少在某一层上正好有 3 个结点

4. 高度为 h、度为 3 的树,以下说法正确的是( )。

A. 至多有 $3h-1$ 个结点　　　　B. 至少有 $h+2$ 个结点

C. 至多有 $3h$ 个结点　　　　D. 至少有 $h+3$ 个结点

5. 高度为 k 的二叉树上只有度为 0 和度为 2 的两种结点,则该二叉树的结点数至少为( )。

A. $k+1$　　　　B. $2k+1$　　　　C. $2k-1$　　　　D. $2k$

6. 一个具有 1024 个结点的二叉树的高度为( )。

A. 11　　　　B. 10　　　　C. 11～1024　　　　D. 10～1024

7. 下列有关二叉树的说法正确的是( )。

A. 二叉树的度可以小于 2　　　　B. 二叉树的度为 2

C. 二叉树中每个结点的度均为 2　　　　D. 二叉树中至少有一个结点的度为 2

8. 高度为 k 的完全二叉树的结点数至少为( )。

A. 2^k　　　　B. 2^k-1　　　　C. 2^k+1　　　　D. 2^{k-1}

9. 如图 5-50 所示的二叉树是由森林转化而来的,则原森林的叶子结点数为( )。

A. 6　　　　B. 5

C. 4　　　　D. 7

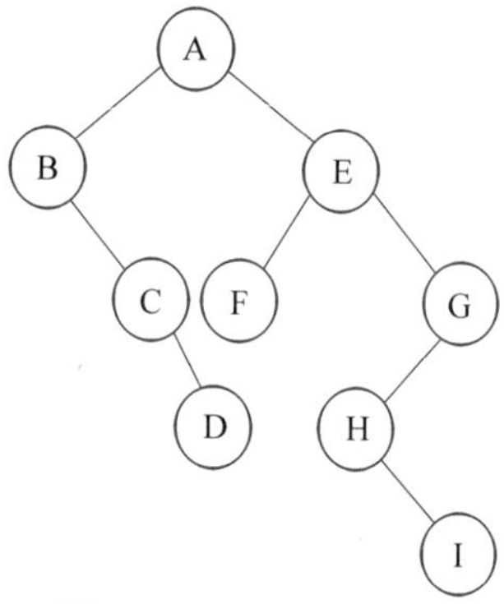

10. 已知一棵二叉树的层次序列为 1,2,3,4,5,6,中序遍历序列为 2,1,4,3,6,5,先序遍历序列为( )。

A. 1,2,3,4,5,6

B. 1,3,2,5,4,6

C. 1,2,3,4,6,5

D. 2,4,6,5,3,1

图 5-50　进阶习题单项选择题 9 示意图

11. 一棵三叉树中,度为 3 的结点数为 3,度为 2 的结点数为 2,度为 1 的结点数为 1,则度为 0 的结点数为( )。

A. 7　　　　B. 8　　　　C. 10　　　　D. 9

12. 二叉树中结点的先序序列是…X…Y…,中序序列为…Y…X…,则( )。

A. 结点 Y 在结点 X 的左子树中

B. 结点 Y 在结点 X 的右子树中

C. 结点 X 和 Y 分别在某结点的左、右子树中

D. 结点 X 和 Y 分别在某结点的两棵非空子树中

13. 二叉树的先序遍历序列、中序遍历序列和后序遍历序列中的叶子结点的相对位置( )。

A. 相同

B. 均不相同
　　C. 先序遍历和后序遍历相同,但是与中序遍历不同
　　D. 先序遍历和中序遍历相同,但是与后序遍历不同
14. 下列序列中不能唯一确定一棵二叉树的是( )。
　　A. 层次序列和中序序列　　　　　B. 先序序列和中序序列
　　C. 后序序列和中序序列　　　　　D. 先序序列和后序序列
15. 中序线索二叉树中,对于非根结点 R,已知它有左孩子,则 R 的前驱为( )。
　　A. R 的右子树的最左边结点　　　B. R 的左子树的最右边结点
　　C. R 的双亲　　　　　　　　　　D. R 的左子树的根结点
16. 二叉树线索化后仍然不能解决的问题是( )。
　　A. 中序线索二叉树中求中序前驱　B. 中序线索二叉树中求中序后继
　　C. 后序线索二叉树中求后序后继　D. 先序线索二叉树中求先序后继
17. 在二叉排序树中查找某个关键字的结点,结点总数为 n,则最多可能需要的比较次数为( )。
　　A. $\log_2 n$　　B. n　　C. $\log_2 n+1$　　D. $n/2$
18. 构造 12 个结点的平衡二叉树的最大深度为( )。
　　A. 3　　　　B. 4　　　　　C. 5　　　　　D. 6
19. 一棵哈夫曼树共有 n 个结点,对其进行哈夫曼编码,共能得到( )个不用的码。
　　A. $(n+1)/2$　　B. $n/2$　　C. n　　　D. $n-1$

二、综合应用题

1. 计算一棵具有 513 个结点的二叉树的高度,并说明原因。
2. 一棵有 n 个结点的满二叉树的分支结点、叶子结点和满二叉树的高度。
3. 设计算法复制二叉树,二叉树采用二叉链表存储结构。
4. 二叉树采用二叉链表存储结构,设计算法将二叉树的左右子树进行交换。
5. 已知一棵二叉树的中序序列和后序序列,建立该二叉树的二叉链表存储结构。
6. 设计算法利用结点的右孩子指针将一棵二叉树的叶子结点按照从左到右的顺序链接成一个线性表。
7. 已知一棵二叉树按照顺序存储结构存储,设计算法求编号为 a 和 b 的结点的最近公共祖先结点的编号。
8. 假设一个仅包含二元运算符的算术表达式以链表形式存储在二叉树 b1 中,写出计算该表达式值的算法。
9. 设计算法在一棵中序线索二叉树中查找结点 T 的中序线索二叉树的前驱。
10. 设计算法求在中序线索二叉树中查找指定结点在后序的前驱结点。
11. 给出中序线索二叉树的结点结构,试编写在不使用栈和递归的情况下先序遍历中序线索二叉树的算法。
12. 设计算法构建树的孩子兄弟链表结构(以(双亲,孩子)的形式输入)。
13. 设计递归算法求树的深度,树以孩子兄弟链表表示法存储。
14. 要求哈夫曼编码的长度不超过 4,并已经对两个字符编码为 01 和 1,最多还可对多少个字符编码? 给出对应的编码并给出求解过程。

15. 度为 a、叶子结点数为 n 的哈夫曼树,计算该树的非叶子结点数。

16. 假设一棵平衡二叉树的每个结点都标明了平衡因子 bf,试设计一个算法,求平衡二叉树的高度。

17. 设计算法,求出二叉排序树中所有小于 e 的关键字,要求输出顺序为从大到小。

18. 设计算法,求森林的深度,森林以孩子兄弟链表表示法存储。

5.5.3 考研真题

一、单项选择题

1.【2009 年统考真题】 给定二叉树如图 5-51 所示,设 N 代表二叉树的根,L 代表根结点的左子树,R 代表根结点的右子树。若遍历后的结点序列是 3,1,7,5,6,2,4,则其遍历方式是( )。

    A. LRN   B. NRL

    C. RLN   D. RNL

图 5-51 考研真题单项选择题 1 示意图

2.【2009 年统考真题】 将森林转换为对应的二叉树,若在二叉树中,结点 u 是结点 v 的父结点,则在原来的森林中,u 和 v 可能具有的关系是( )。

Ⅰ. 父子关系

Ⅱ. 兄弟关系

Ⅲ. u 的父结点与 v 的父结点是兄弟关系

    A. 只有 Ⅱ   B. Ⅰ 和 Ⅱ   C. Ⅰ 和 Ⅲ   D. Ⅰ、Ⅱ 和 Ⅲ

3.【2009 年统考真题】 下列二叉排序树中,满足平衡二叉树定义的是( )。

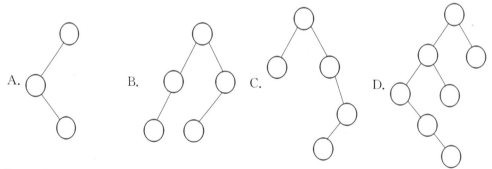

4.【2010 年统考真题】 在一棵度为 4 的树 T 中,若有 20 个度为 4 的结点,10 个度为 3 的结点,1 个度为 2 的结点,10 个度为 1 的结点,则树 T 的叶子结点个数是( )。

    A. 41   B. 82   C. 113   D. 122

5.【2010 年统考真题】 下列线索二叉树中(用虚线表示线索),符合后序线索树定义的是( )。

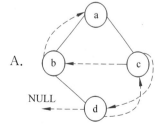 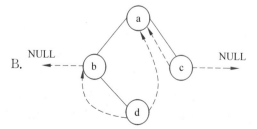

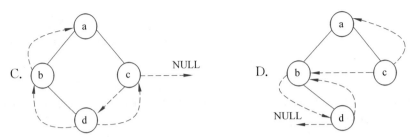

6.【2010 年统考真题】 $n(n \geqslant 2)$ 个权值均不相同的字符构成哈夫曼树,关于该树的叙述中,错误的是( )。

A. 该树一定是一棵完全二叉树

B. 树中一定没有度为 1 的结点

C. 树中两个权值最小的结点一定是兄弟结点

D. 树中任一非叶子结点的权值一定不小于下一层任一结点的权值

7.【2010 年统考真题】 在如图 5-52 所示的平衡二叉树中插入关键字 48 后得到一棵新的平衡二叉树,在新平衡二叉树中,关键字 37 所在结点的左、右子结点中保存的关键字分别是( )。

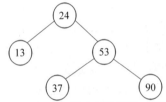

图 5-52 考研真题单项选择题 7 示意图

A. 13,48　　　B. 24,48　　　C. 24,53　　　D. 24,90

8.【2011 年统考真题】 已知一棵完全二叉树的第 6 层(根为第 1 层)有 8 个叶子结点,则该完全二叉树的结点个数最多是( )。

A. 39　　　B. 119　　　C. 111　　　D. 52

9.【2011 年统考真题】 若一棵完全二叉树有 768 个结点,其中叶子结点个数为( )。

A. 257　　　B. 258　　　C. 384　　　D. 385

10.【2011 年统考真题】 若一棵二叉树的前序遍历序列和后序遍历序列分别为 1,2,3,4 和 4,3,2,1,则该二叉树的中序遍历序列不会是( )。

A. 1,2,3,4　　　B. 2,3,4,1　　　C. 3,2,4,1　　　D. 4,3,2,1

11.【2011 年统考真题】 已知一棵有 2011 个结点的树,其叶子结点个数为 116,该树对应的二叉树中无右孩子的结点个数是( )。

A. 115　　　B. 116　　　C. 1895　　　D. 1896

12.【2011 年统考真题】 对于下列关键字序列,不可能构成某二叉排序树中一条查找路径的是( )。

A. 95,22,91,24,94,71　　　　　B. 92,20,91,34,88,35

C. 21,89,77,29,36,38　　　　　D. 12,25,71,68,33,34

13.【2012 年统考真题】 若一棵二叉树的先序遍历序列为 a,e,b,d,c,后序遍历序列为 b,c,d,e,a,则根结点的孩子结点( )。

A. 只有 e B. 有 e、b C. 有 e、c D. 无法确定

14.【2012年统考真题】 若平衡二叉树的高度为6,且所有非叶子结点的平衡因子均为1,则该平衡二叉树的结点总数为（　　）。

    A. 12　　　　B. 20　　　　C. 32　　　　D. 33

15.【2013年统考真题】 若 X 是后序线索二叉树中的叶子结点,且 X 存在左兄弟结点 Y,则 X 的右线索指向的是（　　）。

    A. X 的父结点　　　　　　　　　　B. 以 Y 为根的子树的最左下结点

    C. X 的左兄弟结点 Y　　　　　　　D. 以 Y 为根的子树的最右下结点

16.【2013年统考真题】 若将关键字 1,2,3,4,5,6,7 依次插入初始为空的平衡二叉树 T,则 T 中平衡因子为 0 的分支结点的个数是（　　）。

    A. 0　　　　B. 1　　　　C. 2　　　　D. 3

17.【2013年统考真题】 在任意一棵非空二叉排序树 T_1 中,删除某结点 v 之后形成二叉排序树 T_2,再将 v 插入 T_2 形成二叉排序树 T_3,下列关于 T_1 与 T_3 的叙述中,正确的是（　　）。

    Ⅰ. 若 v 是 T_1 的叶子结点,则 T_1 与 T_3 不同

    Ⅱ. 若 v 是 T_1 的叶子结点,则 T_1 与 T_3 相同

    Ⅲ. 若 v 不是 T_1 的叶子结点,则 T_1 与 T_3 不同

    Ⅳ. 若 v 不是 T_1 的叶子结点,则 T_1 与 T_3 相同

    A. 仅Ⅰ、Ⅲ　　B. 仅Ⅰ、Ⅳ　　C. 仅Ⅱ、Ⅲ　　D. 仅Ⅱ、Ⅳ

18.【2014年统考真题】 若对图5-53所示的二叉树进行中序线索化,则结点 x 的左、右线索指向的结点分别是（　　）。

    A. e,c

    B. e,a

    C. d,c

    D. b,a

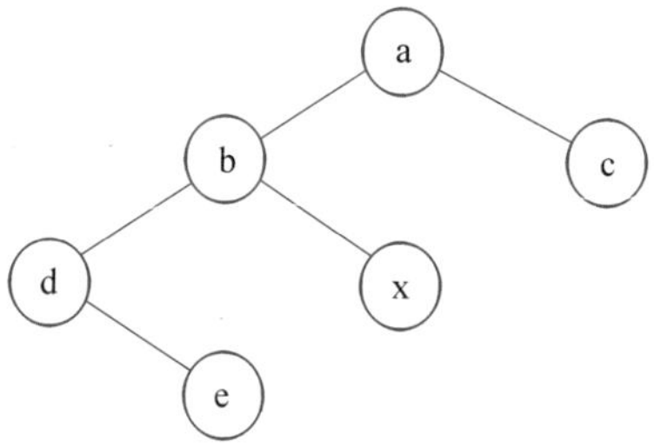

图5-53 考研真题单项选择题18示意图

19.【2014年统考真题】 将森林 F 转换为对应的二叉树 T,F 中叶子结点的个数等于（　　）。

    A. T 中叶子结点的个数　　　　　　B. T 中度为1的结点个数

    C. T 中左孩子指针为空的结点个数　D. T 中右孩子指针为空的结点个数

20.【2014年统考真题】 5个字符有如下4种编码方案,不是前缀码的是（　　）。

    A. 01,0000,0001,001,1

    B. 011,000,001,010,1

    C. 000,001,010,011,100

    D. 0,100,110,1110,1100

21.【2015年统考真题】 先序序列为 a,b,c,d 的不同二叉树的个数是（　　）。

    A. 13　　　　B. 14　　　　C. 15　　　　D. 16

22.【2015年统考真题】 下列选项给出的是从根分别到达两个叶子结点路径上的权值序列,属于同一棵哈夫曼树的是（　　）。

    A. 24,10,5 和 24,10,7　　　　B. 24,10,5 和 24,12,7

    C. 24,10,10 和 24,14,11　　　D. 24,10,5 和 24,14,6

23.【2015年统考真题】 现有一棵无重复关键字的平衡二叉树(AVL),对其进行中序

遍历可得到一个降序序列。下列关于该平衡二叉树的叙述中,正确的是( )。

A. 根结点的度一定是 2   B. 树中最小元素一定是叶子结点
C. 最后插入的元素一定是叶子结点   D. 树中最大元素一定是无左子树

24.【2016年统考真题】 若森林 F 有 15 条边、25 个结点,则 F 包含树的个数是( )。

A. 8   B. 9   C. 10   D. 11

25.【2017年统考真题】 若二叉树的树形如图 5-54 所示,其后序序列为 e,a,c,b,d,g,f,树中与结点 a 同层的结点是( )。

A. c   B. d   C. f   D. g

26.【2017年统考真题】 要使一棵非空二叉树的先序序列与中序序列相同,其所有非叶子结点须满足的条件是( )。

A. 只有左子树   B. 只有右子树   C. 结点的度均为 1   D. 结点的度均为 2

27.【2017年统考真题】 已知字符集{a,b,c,d,e,f,g,h},若各字符的哈夫曼编码依次是 0100,10,0000,0101,001,011,11,0001,则编码序列 01000110010010011110101 的译码结果是( )。

A. acgabfh   B. adbagbb   C. afbeagd   D. afeefgd

28.【2018年统考真题】 已知二叉排序树如图 5-55 所示,元素之间应满足的大小关系是( )。

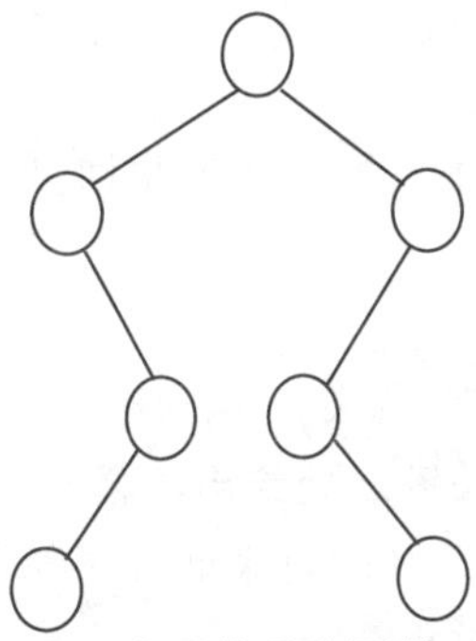

图 5-54 考研真题单项选择题 25 示意图 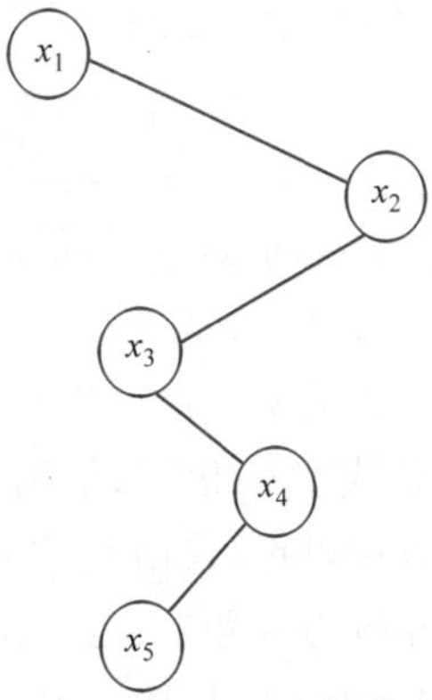   图 5-55 考研真题单项选择题 28 示意图

A. $x_1 < x_2 < x_5$ B. $x_1 < x_4 < x_5$ C. $x_3 < x_5 < x_4$ D. $x_4 < x_3 < x_5$

29.【2018年统考真题】 设一棵非空完全二叉树 T 的所有叶子结点均位于同一层,且每个非叶子结点都有 2 个子结点。若 T 有 k 个叶子结点,则 T 的结点总数是( )。

A. $2k-1$ B. $2k$ C. k^2 D. 2^k-1

30.【2018年统考真题】 已知字符集{a,b,c,d,e,f},若各字符出现的次数分别为 6,3,8,2,10,4,则对应字符集中各字符的哈夫曼编码可能是( )。

A. 00,1011,01,1010,11,100   B. 00,100,110,000,0010,01
C. 10,1011,11,0011,00,010   D. 0011,10,11,0010,01,000

31.【2019年统考真题】 若将一棵树 T 转化为对应的二叉树 BT,则下列对 BT 的遍历中,其遍历序列与 T 的后根遍历序列相同的是( )。

A. 先序遍历   B. 中序遍历   C. 后序遍历   D. 按层遍历

32.【2019年统考真题】 对 n 个互不相同的符号进行哈夫曼编码。若生成的哈夫曼树共有 115 个结点,则 n 的值是( )。
    A. 56   B. 57   C. 58   D. 60

33.【2020年统考真题】 已知森林 F 及与之对应的二叉树 T,若 F 的先根遍历序列树是 a,b,c,d,e,f,中根遍历序列是 b,a,d,f,e,c,则 T 的后根遍历序列是( )。
    A. b,a,d,f,e,c   B. b,d,f,e,c,a   C. b,f,e,d,c,a   D. f,e,d,c,b,a

34.【2020年统考真题】 对于任意一棵高度为 5 且有 10 个结点的二叉树,若采用顺序存储结构保存,每个结点占 1 个存储单元(仅存放结点的数据信息),则存放该二叉树需要的存储单元数量至少是( )。
    A. 31   B. 16   C. 15   D. 10

二、综合应用题

1.【2012年统考真题】 设有 6 个有序表 A,B,C,D,E,F,分别含有 10,35,40,50,60 和 200 个数据元素,各表中的元素按升序排列。要求通过 5 次两两合并,将 6 个表最终合并为 1 个升序表,并使最坏情况下比较的总次数达到最小。请回答下列问题。

(1) 给出完整的合并过程,并求出最坏情况下比较的总次数。

(2) 根据你的合并过程,描述 $n(n \geq 2)$ 个不等长升序表的合并策略,并说明理由。

2.【2014年统考真题】 二叉树的带权路径长度(WPL)是二叉树中的所有叶子结点的带权路径长度之和。给定一棵二叉树 T,采用二叉链表存储,结点结构为

| left | weight | right |

其中,叶子结点的 weight 域保存该结点的非负权值。设 root 为指向 T 的根结点的指针,请设计求 T 的 WPL 的算法,要求:

(1) 给出算法的基本设计思想。

(2) 使用 C 或 C++ 语言,给出二叉树结点的数据类型定义。

(3) 根据设计思想,采用 C 或 C++ 语言描述算法,关键之处给出注释。

3.【2016年统考真题】 若一棵非空 $k(k \geq 2)$ 叉树 T 中的每个非叶子结点都有 k 个孩子,则称 T 为正则 k 叉树,请回答下列问题并给出推导过程。

(1) 若 T 有 m 个非叶子结点,则 T 中的叶子结点有多少个?

(2) 若 T 的高度为 h(单结点的树 $h=1$),则 T 的结点数最多为多少个?最少为多少个?

4.【2017年统考真题】 请设计一个算法,将给定的表达式树(二叉树)转换为等价的中缀表达式(通过括号反映操作符的计算次序)并输出。例如,当图 5-56 所示两棵表达式树作为算法的输入时,输出的等价中缀表达式分别为 $(a+b)*(c*(-d))$ 和 $(a*b)+(-(c-d))$。

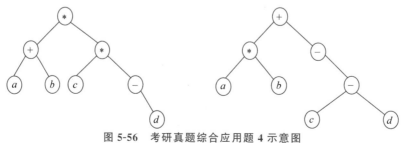

图 5-56 考研真题综合应用题 4 示意图

二叉树结点的定义如下。

```
typedef struct node{
    char data[10];                    //存储操作数或操作符
    struct node * left, * right;
}BTree;
```

要求：

（1）给出算法的基本设计思想。

（2）根据设计思想，采用 C 或 C++ 语言描述算法，关键之处给出注释。

5.【2020年统考真题】 若任意一个字符的编码都不是其他字符的前缀，则称这种编码具有前缀特性。现有某字符集(字符个数≥2)的不等长编码，每个字符的编码均为二进制的 0、1 序列，最长为 L 位，且具有前缀特性。请回答下列问题：

（1）哪种数据结构适宜保存上述具有前缀特性的不等长编码？

（2）基于你所设计的数据结构，简述从 0/1 串到字符串的译码过程。

（3）简述判定某字符集的不等长编码是否具有前缀特性的过程。

5.6 习题解析

本部分以图文形式详细分析并解答所有习题，或以微课视频方式给出必要的题目解析。

5.6.1 基础习题解析

一、单项选择题

1. A

本题目考查二叉树的性质，有 n 个结点的二叉树共有 $\dfrac{C_{2n}^{n}}{n+1}$ 种，计算可得形态为 $\dfrac{C_{6}^{3}}{3+1}=5$ 种，因此选择 A 选项。

2. D

除了根结点，其余结点都是某一结点的孩子，因此树中所有结点的度数和加 1 为结点数 n，也就是所有结点的度数和等于 $n-1$。

3. C

本题目考查二叉树的性质，对任何一棵二叉树 T，如果其终端结点数为 n_0，度为 2 的结点数为 n_2，则 $n_0=n_2+1$。因叶子结点数为 8，则度为 2 的结点数为 7。

4. C

度为 0 的结点数为 n_0，度为 2 的结点数为 n_2，则 $n_0=n_2+1$，因此度为 2 的结点数为 124，总结点数为 $n=n_0+n_1+n_2=249+n_1$，因为 $n_1=1$ 或 0，则总结点数最大值为 250。

5. A B

本题考查完全二叉树的性质，根据"深度为 k 的二叉树至多有 2^k-1 个结点($k \geq 1$)"性质，一棵高度为 k 的完全二叉树的前 $k-1$ 层为满二叉树则总的结点数至少为 $2^{k-1}-1+1=2^{k-1}$；当一棵高度为 k 的完全二叉树为满二叉树时它的结点数最多为 2^k-1。

6. B

要使二叉树在第 7 层达到最多的结点个数,则上面的 6 层为满二叉树,有 $2^6-1=63$ 个结点,则第 7 层最多有 $125-63=62$ 个结点。

7. A

本题目考查二叉树和完全二叉树的性质,由深度为 k 的二叉树至多有 2^k-1 个结点 ($k\geq 1$)可得 $2^6-1=63$ 个结点,则一棵高度为 6 的完全二叉树至多有 63 个结点。

8. B

本题目考查由遍历序列构造二叉树的方法中的先序序列和中序序列确定二叉树,由先序序列和中序序列可唯一确定一棵二叉树。先序序列的第一个结点为二叉树的根结点,根据已确定的根结点再结合中序序列,该已知的根结点将中序序列分为两个部分,两部分中的第一部分为根结点的左子树的中序遍历序列,第二部分为根结点的右子树的中序遍历序列。根据上述得到的两个子序列,再结合先序序列中找到的相应的左子树序列和右子树序列,左子树先序序列中的第一个结点是左子树的根结点,右子树先序序列中的第一个结点是右子树的根结点。以此方法递归,最终确定二叉树形态。

具体过程如图 5-57 所示,则后序遍历序列为 3,2,5,6,4,1。

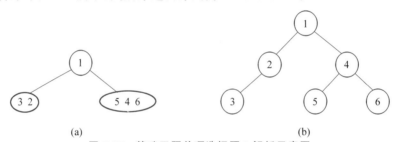

图 5-57 基础习题单项选择题 8 解析示意图

9. A

本题目考查二叉树的遍历,对于高度等于其结点数的二叉树,如图 5-58 所示,其先序遍历序列为 A,B,C,D,后序遍历序列为 D,C,B,A。

10. D

在后序遍历退回时访问根结点,可以从下向上把从 b 到 a 的路径上的结点输出,如果采用非递归的算法,则当后序遍历访问到 b 时,栈中把从根结点到 b 的父指针的路径上的结点记录下来可找到从 a 到 b 的路径。

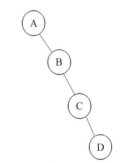

图 5-58 基础习题单项选择题 9 解析示意图

11. D

与上述第 8 题先序序列和中序序列确定二叉树同理,由后序序列和中序序列也可以唯一确定一棵二叉树。后序序列的最后一个结点为根结点,可以将中序序列分为两个子序列,接着采用类似方法递归进行划分,最后得到一棵二叉树。

具体过程如图 5-59 所示,则先序遍历序列为 3,5,4,2,1。

12. A

如图 5-60 所示,先序为 1,2,3 有 5 种,但是后序为 3,2,1 的二叉树有前 4 种。

13. C

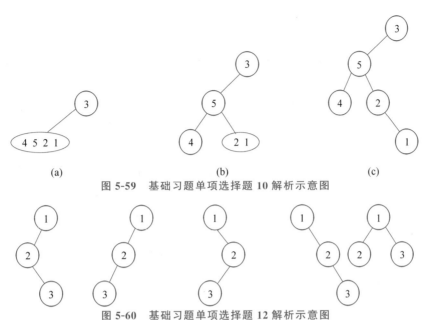

图 5-59 基础习题单项选择题 10 解析示意图

图 5-60 基础习题单项选择题 12 解析示意图

14. D

含有 n 个结点的线索二叉树上的线索数为 $n+1$。

$n+1$ 个空指针的计算方法：每个叶子结点有 2 个空指针，度为 1 的结点有一个空指针，即 $2n_0+n_1$，由二叉树的性质可知 $n_0=n_2+1$，则空指针数可转化为 $n_0+n_1+n_2+1$，$n_0+n_1+n_2=n$，可得空指针数为 $n+1$。

15. A

对二叉排序树进行中序遍历可以得到递增有序序列。

16. C

从二叉排序树的查找过程可见，二叉排序树的查找性能取决于它的深度。

17. D

从空树开始按照序列建立的二叉排序树如图 5-61 所示。

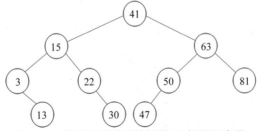

图 5-61 基础习题单项选择题 17 解析示意图

查找 50，先与 41 比较，大于 41 则在右子树上查找，与 63 比较小于 63，在左子树上查找，与 50 比较相等，共比较 3 次。

18. C

本题考查哈夫曼树的性质。哈夫曼树在构造过程中新建了 $n-1$ 个结点，因此，哈夫曼树的结点总数为 $2n-1$。因此，$2\times 7-1=13$。

19. (1)C　(2)B

20. C

由森林转换为二叉树的过程可知,后两棵树均在对应二叉树的根结点的右子树上。

21. B

n 个结点构造哈夫曼树需要进行 $n-1$ 次合并,每次合并将新建一个分支结点。因此,非叶子结点的总数为 $n-1$。

二、综合应用题

1. 解答。算法基本思想:只要对二叉树遍历一遍,并在遍历过程中设置判断条件,叶子结点必须满足左子树和右子树均为空,同时对叶子结点计数,需要在算法的参数中设一个"计数器"。其中,遍历的次序可以随意,可以是先序、中序或后序,如下选择先序遍历统计叶子结点个数。

二叉链表存储结构表示(二叉链表存储结构的 C 语言描述)如下。

```
#define MaxSize 100                     //二叉树的最大结点数
typedef char ElemType;                  //数据类型
typedef struct BiNode
{
    ElemType data;                      //数据域
    struct BiNode * lchild;             //左孩子
    struct BiNode * rchild;             //右孩子
}BiTree;                                //二叉链表结点类型定义
void CountLeaf (BiTree T, int& count) { //以 count 返回二叉树中叶子结点的数目
  if ( T ) {
      if ((!T->Lchild) && (!T->Rchild))
          count++;                      //对叶子结点计数
          CountLeaf( T->lchild, count);
          CountLeaf( T->rchild, count);
  } //if
} //CountLeaf
```

引申题目:设计算法统计二叉树中结点的个数,二叉树采用二叉链表存储结构。

可将上述算法适当改变如下。

```
void CountNode(BiTree T, int& count) {  //以 count 返回二叉树中结点的数目
  if ( T ) {
      if (!T)
          count++;                      //对结点计数
          CountNode( T->lchild, count);
          CountNode( T->rchild, count);
  } //if
} //CountNode
```

2. 解答。算法基本思想:二叉树的深度为树中叶子结点所在层次的最大值。根结点所在层为第 1 层,第 k 层结点的子树根在第 $k+1$ 层,可在遍历二叉树的过程中求各个结点的层次数,并将其中的最大值设为二叉树的深度。以下以先序和后序为例给出两种求二叉树深度的算法。

二叉链表存储结构表示(二叉链表存储结构的 C 语言描述)如下。

```
#define MaxSize 100              //二叉树的最大结点数
typedef char ElemType;           //数据类型
typedef struct BiTNode
{
    ElemType data;               //数据域
    struct BiTNode * lchild;     //左孩子
    struct BiTNode * rchild;     //右孩子
} BiTNode, * BiTree ;            //二叉链表结点类型定义
```

方法一：先序遍历求二叉树的深度。

```
void BiTreeDepth(BiTree T, int level, int &depth) {
    //T 指向二叉树的根,level 为 T 所指结点所在层次,其初值为 1,depth 为
    //当前求得的最大层次,其初值为 0
    if (T){
        if (level>depth)
        depth=level;
        BiTreeDepth(T->lchild, level+1, depth);
        BiTreeDepth(T->rchild, level+1, depth);
    }//if
}//BiTreeDepth
```

方法二：后序遍历求二叉树的深度。

```
int BiTreeDepth(BiTree T ){              //返回二叉树的深度
    if (!T)    depthval = 0;
    else   {
            depthLeft = BiTreeDepth ( T->lchild );
            depthRight= BiTreeDepth ( T->rchild );
        if (depthLeft > depthRight)
            depthval =depthLeft+1;
        else
            depthval =depthRight+1;
    } //else
    return depthval;
}//BiTreeDepth
```

3. 解答。算法基本思想：设计记录层号的变量，由上向下时 L++，由下向上时 L--。
二叉链表存储结构表示（二叉链表存储结构的 C 语言描述）如下。

```
#define MaxSize 100              //二叉树的最大结点数
typedef char ElemType;           //数据类型
typedef struct BiTNode
{
    ElemType data;               //数据域
    struct BiTNode * lchild;     //左孩子
    struct BiTNode * rchild;     //右孩子
}BiTree;                         //二叉链表结点类型定义
int L=1;                         //L 记录层号,L 的初始值为 1
void SearchLevel(BiTNode * p, ElemType e){
    if(p!=NULL)
```

```
        {
            if(p->data=e)  //相等则输出层号
                cout<<L<<endl;              //C++的输出
        }
        ++L;                                 //进入下一层,自增1代表下一层的层号
        SearchLevel(p->lchild,e);
        SearchLevel(p->rchild,e);
        --L;                                 //由下一层返回上一层,自减1代表上一层的层号
}
```

4. 解答。算法基本思想：采用队列作为辅助，依次入队，并设置标志判断是否符合完全二叉树。

```
int JudgeComplete(BiTree bt)
//判断二叉树是否是完全二叉树,如是,返回1;否则,返回0
{
    int tag=0;
    BiTree p=bt, Q[];                 //Q是队列,其元素是二叉树结点指针,容量足够大
    if(p==NULL)
        return 1;
    QueueInit(Q);                     //初始化队列
    EnQueue(Q,p);                     //根结点指针入队
    while (!QueueEmpty(Q))
    {
        p=DeQueue(Q);                 //出队
        if (p->lchild && !tag)
            EnQueue(Q,p->lchild);     //左子女入队
        else if (p->lchild) return 0; //前边已有结点为空,本结点不空
            else tag=1;               //首次出现结点为空
        if (p->rchild && !tag) QueueIn(Q,p->rchild);    //右子女入队
        else if (p->rchild) return 0;
            else tag=1;
    } //while
        return 1;
} //JudgeComplete
```

5. 解答。算法基本思想：采用栈作为辅助，保存路径上的结点，当自上到下走时将所经过的结点依次入栈，当自下向上走时，将经过的结点依次出栈，当到达叶子结点时自底至顶输出栈中元素就是根到叶子的路径。

二叉链表存储结构表示(二叉链表存储结构的C语言描述)如下。

```
#define MaxSize 100                     //二叉树的最大结点数
typedef char ElemType;                  //数据类型
typedef struct BiTNode
{
    ElemType data;                      //数据域
    struct BiTNode * lchild;            //左孩子
    struct BiTNode * rchild;            //右孩子
} BiTNode, * BiTree;                    //二叉链表结点类型定义
void AllPath_Bitree( Bitree T, Stack& S ) {
    if (T) {
```

```
        Push( S, T->data );
        if (T->lchild==NULL && T->rchild==NULL )
        //判断是否为叶子结点
            StackTraverse(S, output);        //若是叶子结点,输出路径
        else {
            AllPath_bitree ( T->lchild, S );
            AllPath_bitree ( T->rchild, S );
        }
        Pop(S,e);                            //自下向上时出栈
    } //if(T)
} //AllPath_Bitree
```

6. 解答。算法基本思想：只要对二叉树遍历一遍,并在遍历过程中设置判断条件,双分支结点必须满足左子树和右子树均为非空(可通过将第 1 题算法进行改造),同时对双分支结点计数,需要在算法的参数中设一个"计数器"。其中,遍历的次序可以随意,可以是先序、中序或后序,如下选择先序遍历统计双分支结点个数。

二叉链表存储结构表示(二叉链表存储结构的 C 语言描述)如下。

```
#define MaxSize 100                        //二叉树的最大结点数
typedef char ElemType;                     //数据类型
typedef struct BiTNode
{
    ElemType data;                         //数据域
    struct BiTNode * lchild;               //左孩子
    struct BiTNode * rchild;               //右孩子
} BiTNode, * BiTree;                       //二叉链表结点类型定义

void Count(BiTree T, int& count) {         //以 count 返回二叉树中双分支结点的数目
    if ( T ) {
        if ((T->lchild)&& (T->rchild))
            count++;                       //对双分支结点计数
        CountLeaf( T->lchild, count);
        CountLeaf( T->rchild, count);
    } //if
} //Count
```

7. 解答。算法基本思想：本题目也可以叙述为"编写计算二叉树最大宽度的算法"。可采用层次遍历的方法求出所有结点的层次,使用队列作为辅助,front 为队头指针,rear 为队尾指针,last 为同层最右结点在队列中的位置,temp 记录局部宽度,maxw 记录最大宽度。

```
int Width(BiTree bt)                       //求二叉树 bt 的最大宽度
{
    if (bt==NULL) return (0);              //空二叉树的宽度为 0
    else
    {
        BiTree Q[];                        //Q 是队列,元素为二叉树的结点指针,容量足够大
        front=1;rear=1;last=1;
        //front 为队头指针,rear 为队尾指针,last 为同层最右结点在队列中的位置
        temp=0; maxw=0;                    //temp 记录局部宽度, maxw 记录最大宽度
        Q[rear]=bt;                        //根结点入队列
```

```
        while(front<=last)
        {
            p=Q[front++]; temp++;      //同层元素数加1
            if (p->lchild!=NULL)
            Q[++rear]=p->lchild;       //左子女入队
            if (p->rchild!=NULL)
            Q[++rear]=p->rchild;       //右子女入队
            if (front>last)            //一层结束
            {
                last=rear;
                if(temp>maxw) maxw=temp;
                //last 指向下层最右元素,更新当前最大宽度
                temp=0;
            }//if
        }//while
        return maxw;
}//width
```

8. 解答。后序遍历非递归算法的思想为:从根结点开始将根结点入栈,沿着左子树往下搜索,直至搜索到没有左孩子的结点,但是这时不能出栈访问,因为它可能有右孩子,如果有右孩子,需要使用相同的规则处理其右子树。直至上述操作进行不下去,栈顶元素出栈被访问的条件是右子树为空或者右子树已经被访问完(左子树已经被访问完了)。

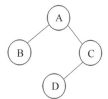

图 5-62　基础习题综合应用
　　　题 8 解析示意图

如图 5-62 所示,对于示例树,A 进栈,B 进栈;B 无左子树,B 无右子树,**B** 出栈;处理的 A 右子树,C 入栈,D 入栈;D 无左子树,D 无右子树,**D** 出栈;C 无右子树,**C** 出栈;A 的右子树已经被访问完(左子树已经被访问完了),**A** 出栈。根据出栈序列可得后序遍历序列为 B,D,C,A,与后序递归结果相同。

后序遍历的非递归算法如下。

```
void PostOrder_stack(BiTree T)
{ //后序非递归遍历以 T 为根指针的二叉树
    Initstack(s);   p=T;
    while(p||!StackEmpty(S)){
        if (p) {
            push(S,p);                          //指针入栈
            p=p->Lchild;                        //遍历左子树
        }//if
        else {
            while(Gettop(S,q) >Rchild ==p){
                pop(S,p);                       //指针出栈
                visit(p->data);                 //访问
            }//while
            if(!StackEmpty(S))
                p=Gettop(S,q)->Rchild;
        } //else
    }//while
}//PostOrder_stack
```

9. 解答。m 叉树为每个结点最多只能有 m 个孩子的树,任意结点的度均小于或者等于 m,允许所有结点的度都小于 m,并且可以是空树。完全二叉树满足三叉树的条件,这棵树第 i 层($i \geqslant 1$)层最多有 3^{i-1} 个结点。设高度为 h,则 $1+3^1+\cdots+3^{h-1}=(3^h-1)/2$ 是结点数的上限,可得 $50 \leqslant (3^h-1)/2, h \geqslant \log_3 101$,可得 h 为 $\lceil \log_3 101 \rceil = 5$。

10. 解答。m 叉树为每个结点最多只能有 m 个孩子的树,任意结点的度均小于或者等于 m,允许所有结点的度都小于 m,并且可以是空树。本题目求含有 n 个结点的三叉树的最小高度,那么满足条件的一定为一棵完全三叉树,不妨设高度为 h,第 h 层至少有 1 个结点,至多有 3^{h-1} 个结点,则
$$1+3^1+\cdots+3^{h-2} < n \leqslant 1+3^1+\cdots+3^{h-2}+3^{h-1}$$
可得 $(3^{h-1}-1)/2 < n \leqslant (3^h-1)/2$,即 $3^{h-1} < 2n+1 \leqslant 3^h$,得到 $h < \log_3(2n+1)+1, h \geqslant \log_3(2n+1)$。

因为 h 是正整数,则 h 的最小高度为 $\lceil \log_3(2n+1) \rceil$。

11. 解答。根据后序序列和中序序列可以构造出这棵树。后序序列的最后一个结点为根结点,可以将中序序列分为两个子序列,接着采用类似方法递归进行划分,最后得到一棵二叉树,如图 5-63 所示。

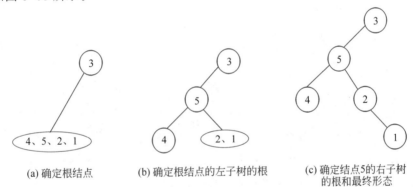

图 5-63 基础习题综合应用题 11 解析示意图

12. 解答。由先序序列和中序序列可唯一确定一棵二叉树。先序序列的第一个结点为二叉树的根结点,根据已确定的根结点再结合中序序列,该已知的根结点将中序序列分为两部分,两部分中的第一部分为根结点的左子树的中序遍历序列,第二部分为根结点的右子树的中序遍历序列。根据上述得到的两个子序列,再结合先序序列中找到的相应的左子树序列和右子树序列,左子树先序序列中的第一个结点是左子树的根结点,右子树先序序列中的第一个结点是右子树的根结点。以此方法递归,最终确定二叉树形态,如图 5-64 所示。

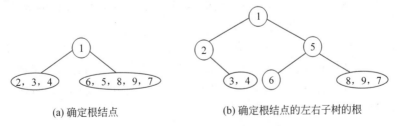

图 5-64 基础习题综合应用题 12 解析示意图一

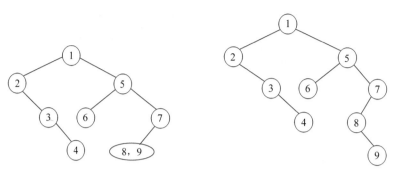

(c) 确定2的右子树和5的右子树根　　(d) 确定7的左子树和整个形态

图 5-64 （续）

接下来将二叉树转化为森林。如果二叉树非空，则二叉树的根结点及其左子树为第一棵树的二叉树，若有右子树则将根结点的右链断开，若无右子树则该二叉树与只有一棵树的特殊森林对应（即二叉树与树的转换）。二叉树根的右子树为除第一棵树以外的森林转换后的二叉树，以此类推，直至最后只剩一棵无右子树的二叉树为止，再将每棵二叉树依次转换为对应的树，最后得到森林。同样二叉树与树或森林也是可以唯一转换的。将森林转换成对应的二叉树如图 5-65 所示。

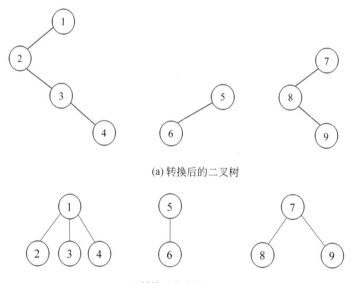

(a) 转换后的二叉树

(b) 转换后的森林

图 5-65　基础习题综合应用题 12 解析示意图二

13. 解答。转换规则为：首先，森林中的每棵树根据树转换为二叉树的规则将其转换为二叉树；与树对应的二叉树的根结点的右子树为空，把森林中的第二棵树的根结点作为第一棵树的根结点的右兄弟，将第二棵树对应的二叉树作为第一棵树对应的二叉树根的右子树；依照此规则，将第三棵树对应的二叉树作为第二棵树对应的二叉树根的右子树。最终，将森林转换为二叉树。其中，森林中的每棵树的根结点由于是兄弟关系，因此同理增加连线，同时调整为二叉树形态，如图 5-66 所示。

14. 解答。二叉排序树如图 5-67 所示。

$$ASL=(1+2\times 2+3\times 3+4\times 2+5\times 3)/10=3.7$$

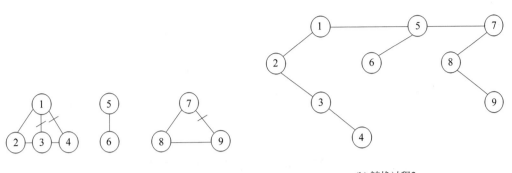

(a) 转换过程1　　　　　　　　　　　(b) 转换过程2

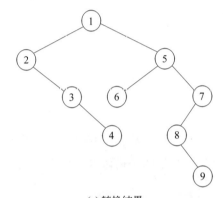

(c) 转换结果

图 5-66　基础习题综合应用题 13 解析示意图

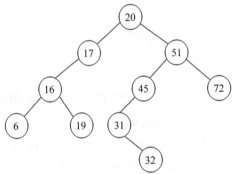

图 5-67　基础习题综合应用题 14 解析示意图

15. 解答。平衡二叉树的建立过程如下：插入结点 22,12,3 结点后，需要对以 22 为根的子树做 LL 调整，如图 5-68 所示。

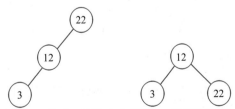

图 5-68　基础习题综合应用题 15 解析示意图一

插入结点 85 和 96 后，需要对以 22 为根的子树做 RR 调整，如图 5-69 所示。
插入结点 14 后，需要对以 12 为根的子树做 RL 调整，如图 5-70 所示。

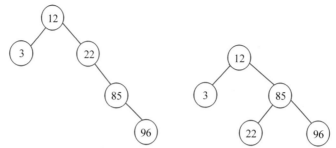

图 5-69　基础习题综合应用题 15 解析示意图二

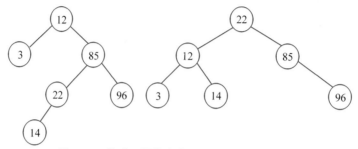

图 5-70　基础习题综合应用题 15 解析示意图三

插入结点 92 后，需要对以 85 为根的子树做 RL 调整，如图 5-71 所示。

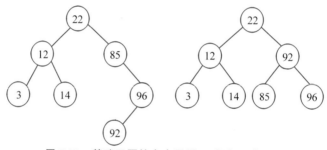

图 5-71　基础习题综合应用题 15 解析示意图四

16. 解答。本题目考查哈夫曼树的构造，为简单题。按照哈夫曼树的构造过程进行构造，每次选取权值最小的两个结点生成新的结点，新结点的权值为两个结点的权值之和，以此类推构造哈夫曼树。构造得到的哈夫曼树如图 5-72 所示。

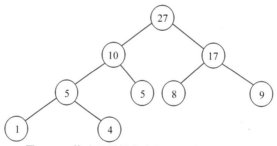

图 5-72　基础习题综合应用题 16 解析示意图

$$WPL=(1+4)\times 3+(5+8+9)\times 2=59$$

17. 解答。对二叉排序树进行中序遍历可以得到递增有序序列。可对给定的二叉树进行中序遍历，如果能够保持前一个值小于后一个值，则说明该二叉树为二叉排序树。

18. 解答。算法基本思想：二叉排序树中最左下结点即为关键字最小的结点，最右下结点为关键字最大的结点。

先给出二叉排序树的存储结构。

```
typedef char ElemType;                    //数据类型
typedef struct BiTNode
{
    ElemType data;                        //数据域
    struct BiTNode * lchild;              //左孩子
    struct BiTNode * rchild;              //右孩子
} BiTNode, * BSTree;                      //二叉链表结点类型定义
BSTree  T;

ElemType func1(BSTree T){
//求出二叉排序树中最大关键字值
    while(T->rchild!=NULL)
        T=T->rchild;
    return T->data;
}
ElemType func2(BSTree T){
//求出二叉排序树中最小关键字值
    while(T->lchild!=NULL)
        T=T->lchild;
    return T->data;
}
```

5.6.2 进阶习题解析

一、单项选择题

1. B

本题目考查完全二叉树的性质，当没有单分支结点时，叶子结点的个数为 n_0，度为 2 的结点数为 n_0-1，因为完全二叉树只有度为 0、1、2 的 3 种结点，则 $n_0+n_0-1=1001$，可得 $n_0=501$；当有单分支结点时，因为完全二叉树只有度为 0、1、2 的 3 种结点，则 $n_0+n_0-1+1=1001$，因为 n_0 为整数，所以此时无解。

2. C

本题目考查二叉树和完全二叉树的性质，一棵高度为 3 的完全二叉树的前两层为满二叉树，由深度为 k 的二叉树至多有 2^k-1 个结点($k \geqslant 1$)可得 $2^2-1=3$ 个结点，则一棵高度为 3 的完全二叉树至少有 $3+1=4$ 个结点。

3. A

度为 m 的树的任意结点的度均小于或者等于 m，且至少有一个结点的度等于 m，并为最少有 $m+1$ 个结点的非空树。因此，要使得 n 个结点，度为 3 的树高度最大，则就需要使每层的结点数尽量少，如图 5-73 所示。最后一层为 3 个结点，则高度为 $n-3+1=n-2$。树的度为 3，即某结点恰好(最多)有 3 个孩子结点。

4. B

度为 m 的树的任意结点的度均小于或者等于 m，且至少有一个结点的度等于 m，并为

最少有 $m+1$ 个结点的非空树。因此,高度为 h 度为 3 的树的结点总数最少需满足至少有一个结点有 3 个分支并且每层的结点数目尽可能少,如图 5-74 所示,结点个数为 $h+2$;若要使结点度数最多,则每个非叶子结点度均为 3,总数为 $1+3+3^2+\cdots+3^{h-1}$。

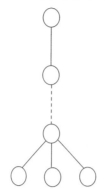

图 5-73 进阶习题单项选择题 3 解析示意图

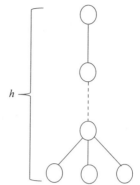

图 5-74 进阶习题单项选择题 4 解析示意图

5. C

本题考查二叉树的性质。当高度为 k 时,结点数最少的二叉树的形态如图 5-75 所示。因此,该二叉树的结点数至少为 $2k-1$。

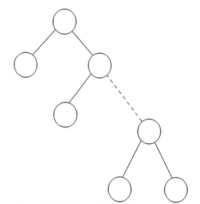

图 5-75 进阶习题单项选择题 5 解析示意图

6. C

当二叉树每层只有一个结点时,高度最高为 1024,当为完全二叉树时高度最小为 $\log_2 n$ 向下取整为 10,再加 1 得 11。

7. A

本题考查 m 叉树与度为 m 的树的区别。m 叉树为每个结点最多只能有 m 个孩子的树,任意结点的度均小于或者等于 m,允许所有结点的度都小于 m,并且可以是空树;度为 m 的树的任意结点的度均小于或者等于 m,且至少有一个结点的度等于 m,并为最少有 $m+1$ 个结点的非空树。

8. D

高度为 k 的完全二叉树的结点数最少的情况为:$k-1$ 层的满二叉树和第 k 层有 1 个结点,则结点总数为 $2^{k-1}-1+1=2^{k-1}$。

9. A

根据二叉树与森林的转换方法,对应的森林为图 5-76。

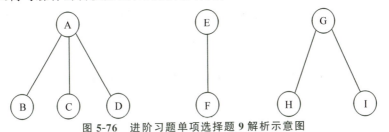

图 5-76 进阶习题单项选择题 9 解析示意图

10. A

构造过程如图 5-77 所示,先序序列为 1,2,3,4,5,6。

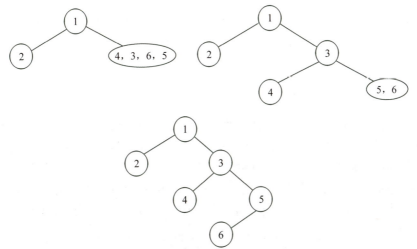

图 5-77 进阶习题单项选择题 10 解析示意图

11. D

一棵三叉树中,度为 3 的结点数为 n_3,度为 2 的结点数为 n_2,度为 1 的结点数为 n_1,则度为 0 的结点数为 n_0。

结点总数 n 的第一种计算方法为 $n=n_0+n_1+n_2+n_3$。

根据除根结点外,每个结点均与树的一个分支对应,则第二种计算方法为 $n=1+n_1+2n_2+3n_3$。

结合两种计算方法可得,$n_0+n_1+n_2+n_3=1+n_1+2n_2+3n_3$。

代入已知数据 $n_3=3,n_2=2,n_1=1$,计算可得 $n_0=9$。

12. A

本题目可对每个选项进行先序遍历和中序遍历,可知 A 符合。

13. A

本题考查二叉树的遍历方法。不论哪种遍历方式,得到的遍历序列中叶子结点的相对位置是不变的。

14. D

先序序列为 NLR,后序序列为 LRN,可确定根结点但是无法划分左、右子树。

15. B

本题考查线索二叉树的相关知识。在中序线索二叉树中，因为 R 有左孩子因此在访问 R 前需要将左子树上结点都访问完毕，左子树上最后被访问完的结点为 R 的前驱，也就是 R 的左子树中的最右边结点。

16. C

二叉树线索化后仍然不能解决的问题是后序线索二叉树中求后序后继，还是需要按照常规的方法查找。

17. B

由于二叉排序树是在查找过程中逐个插入构成，因此它的深度取决于关键字先后插入的次序。最坏情况下可能是 n 个结点的单支树。

18. C

假设以 n_h 表示深度为 h 的平衡二叉树中含有的最少结点数。$n_0=0, n_1=1, n_2=2, n_h=n_{h-1}+n_{h-2}+1$。可得，构造 5 层平衡二叉树至少需要 12 个结点。

19. A

二、综合应用题

1. 解答。10 至 513。

当每层只有一个结点时，此时二叉树的高度最高为 513；当每层结点数与同高度的完全二叉树对应的每层结点数相同时，由"具有 $n(n>0)$ 个结点的完全二叉树的深度为 $\lfloor \log_2 n \rfloor +1$"性质可得，高度最低为 $\lfloor \log_2 n \rfloor +1=10$。

2. 解答。满二叉树中度为 1 的结点为 0，由二叉树的性质可知度为 0 的结点比度为 2 的结点多 1，即 $n_2=n_0-1, n=n_0+n_1+n_2=2n_0-1$，则 $n_0=(n+1)/2$；分支结点数为 $n_2=n_0-1=\dfrac{n+1}{2}-1=\dfrac{n-1}{2}$。

高度为 h 的满二叉树的结点数为 $n=1+2^1+2^2+\cdots+2^{h-1}=2^h-1$，即高度为 $h=\log_2(n+1)$。

3. 解答。复制二叉树的含义为按照原二叉树的二叉链表另建立一个新的二叉链表。

算法基本思想：先分别复制已知二叉树的左、右子树，然后生成一个新的根结点，新生成的结点的左、右指针域的值指向复制得到的两棵子树的根。"访问"操作是生成二叉树的一个结点。

二叉链表存储结构表示（二叉链表存储结构的 C 语言描述）如下。

```
#define MaxSize 100                //二叉树的最大结点数
typedef char ElemType;             //数据类型
typedef struct BiTNode
{
    ElemType data;                 //数据域
    struct BiTNode * lchild;       //左孩子
    struct BiTNode * rchild;       //右孩子
}BiTree;                           //二叉链表结点类型定义
```

后序遍历复制二叉树算法如下。

```
BiNode * CopyTree(BiTNode * T){
    //T 为已知二叉树的根指针，算法返回它的复制品的根指针
```

```
    BiTNode * newlptr;
    BiTNode * newrptr;
    if (!T )
        return NULL;
    //复制一棵空树
    if (T->Lchild)
        newlptr = CopyTree(T->Lchild);              //复制(遍历)左子树
    else
        newlptr = NULL;
    if (T->Rchild)
        newrptr = CopyTree(T->Rchild);              //复制(遍历)右子树
    else
        newrptr = NULL;
    newnode = GetTreeNode(T->data, newlptr, newrptr); //生成根结点
    return newnode;
}
BiTNode  * GetTreeNode (TElemType item, BiTNode * lptr, BiTNode * rptr)
{ //生成一个其元素值为 item、左指针为 lptr、右指针为 rptr 的结点
//TElemType 为 data 的类型
    T = new BiTNode;
    T-> data = item;
    T-> Lchild = lptr;
    T-> Rchild = rptr;
    return T;
}
```

4. 解答。算法基本思想：采用(后序遍历)递归算法实现交换二叉树的左右子树,先交换结点的左孩子的左右子树,然后交换结点的右孩子的左右子树,最后再交换结点的左右孩子,当结点为空时递归结束。

二叉链表存储结构表示(二叉链表存储结构的 C 语言描述)如下。

```
#define MaxSize 100                         //二叉树的最大结点数
typedef char ElemType;                      //数据类型
typedef struct BiTNode
{
    ElemType data;                          //数据域
    struct BiTNode * lchild;                //左孩子
    struct BiTNode * rchild;                //右孩子
} BiTNode, * BiTree;                        //二叉链表结点类型的定义
void func(BiTree T){
    struct BiTNode * p;                     //临时变量
    if(T){
        func(T->lchild);
        func(T->rchild);
        p= T->lchild;
        T->lchild= T->rchild;
        T->rchild=p;
    }
}
```

5. 解答。本类题型一般为构造树形题目,本部分给出算法供学习参考。

```
BiTree IntoPost(ElemType in[],post[],int l1,h1,l2,h2)
//in 和 post 是二叉树的中序序列和后序序列,l1,h1,l2,h2 分别是两序列第一和最后结点的
//下标
{
    BiTree bt=(BiTree)malloc(sizeof(BiNode));  //申请结点
    bt->data=post[h2];                          //后序遍历序列最后一个元素是根结点数据
    for(i=l1;i<=h1;i++) if(in[i]==post[h2])break;   //在中序序列中查找根结点
    if(i==l1) bt->lchild=NULL;                  //处理左子树
    else bt->lchild=IntoPost(in,post,l1,i-1,l2,l2+i-l1-1);
    if(i==h1) bt->rchild=NULL;                  //处理右子树
    else bt->rchild=IntoPost(in,post,i+1,h1,l2+i-l1,h2-1);
    return(bt);
}
```

6. 解答。如图 5-78 所示的二叉树的带箭头部分即为建立题目要求链接后的二叉树。

算法基本思想：通过遍历二叉树，访问每个叶子结点并在访问时对其 rchild 指针进行修改，将叶子结点连成一个单链表。在二叉树的先序、中序和后序序列中可以看到，3 种序列中叶子结点的相对位置不变，因此无论是哪种遍历都可以对叶子结点按照从左到右的顺序进行访问。在访问每个结点的过程中判断结点是否为叶子结点，如果是就对 rchild 进行修改，如果不是则不需要做什么。以下给出以先序遍历方式设计的算法。

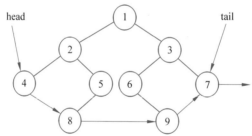

图 5-78 进阶习题综合应用题 6 解析示意图

二叉链表存储结构表示(二叉链表存储结构的 C 语言描述)如下。

```
#define MaxSize 100                 //二叉树的最大结点数
typedef char ElemType;              //数据类型
typedef struct BiTNode
{
    ElemType data;                  //数据域
    struct BiTNode * lchild;        //左孩子
    struct BiTNode * rchild;        //右孩子
}BiTree;                            //二叉链表结点类型定义

void LeafLink(BiTNode * p, BiTNode * &head, BiTNode * &tail){
    //定义两个指针 head 和 tail,head 指向第一个叶子结点,tail 指向最后一个叶子结点
    if(p!=NULL)
    {
        if(p->lchild!=NULL&& p->rchild!=NULL) //判断是否为叶子结点
        {
            if(head==NULL)
            {//判断是否为当前第一个结点,如果是则 head、tail 均指向它
```

```
                    head=p;
                    tail=p;
            }
        else
            {//如果head不为空,则head已经指向第一个叶子结点,并且当前结点不是第一个叶子
            //结点,则可将当前结点链接到叶子结点链表的尾部,更新新的表尾结点使tail指向它
                    tail->rchild=p;
                    tail=p;
            }
        }
        LeafLink(p->lchild,head,tail);
        LeafLink(p->rchild,head,tail);
    }
}
```

7. 解答。二叉树中任意两个结点一定存在最近的公共祖先结点,并且从最近的公共祖先结点到根结点的全部祖先结点都是公共的。当这两个结点分别在根结点的左右分支时,最坏的情况下最近的公共祖先是根结点。根据二叉树的性质可知,任一结点编号为 a 的双亲结点的编号是 $a/2$,则求编号为 a 和 b 的结点的最近公共祖先结点的编号算法基本思想:

当 $a>b$,则结点 b 所在的层次小于或者等于结点 a 所在的结点层次。结点 $a/2$ 为结点 a 的双亲结点,判断 $a/2$ 与 b 关系,如果 $a/2=b$,则 $a/2$ 为原结点 a 和 b 的最近公共祖先结点,反之,$a/2 \neq b$,则令 $a=a/2$,再次以新的 a 为起点,继续查找;当 $a<b$,则结点 a 所在的层次小于或者等于结点 b 所在的结点层次。结点 $b/2$ 为结点 b 的双亲结点,判断 $b/2$ 与 a 关系,如果 $b/2=a$,则 $b/2$ 为原结点 a 和 b 的最近公共祖先结点,反之,$b/2 \neq a$,则令 $b=b/2$。重复上述步骤,直到找到最近的公共祖先结点为止。

二叉树的顺序存储结构表示(二叉树的顺序存储结构的 C 语言描述)如下。

```
#define MaxTreeSize 100                 //二叉树的最大结点数
typedef char SqBiTree[MaxTreeSize];     //0号单元存储根结点
SqBitree    T;
```

二叉树的动态顺序存储结构如下。

```
typedef struct {
    ElemType  * elem;                   //存储空间基址(初始化时分配空间)
    int nodenum;                        //二叉树中的结点数
} SqBiTree;
SqBitree T;
ElemType Func_Ancestors(SqBitree  T,int a,int b){
    //在二叉树中查找编号为 a 和 b 的结点的最近公共祖先
    if(T[i]!='0'&& T[j]!='0')           //判断结点是否存在
    { while(a!=b)
        if(a>b)
            a=a/2;
        else
            b=b/2;
    }//if
        return T[i];
}
```

8. 解答。算法基本思想：以后序遍历算法求以二叉树表示的算术表达式的值。

二叉链表存储结构表示（二叉链表存储结构的 C 语言描述）如下。

```c
#define MaxSize 100                    //二叉树的最大结点数
typedef char ElemType;                 //数据类型
typedef struct BiTNode
{
    ElemType data;                     //数据域
    struct BiTNode * lchild;           //左孩子
    struct BiTNode * rchild;           //右孩子
} BiTNode, * BiTree;                   //二叉链表结点类型定义
float PostEval(BiTree bt) {
    float lv, rv;
    if(bt!=NULL)
    {
        lv=PostEval(bt->lchild);       //求左子树表示的子表达式的值
        rv=PostEval(bt->rchild);       //求右子树表示的子表达式的值
        switch(bt->optr)
        {
            case '+': value=lv+rv; break;
            case '-': value=lv-rv; break;
            case '*': value=lv * rv; break;
            case '/': value=lv/rv;
        }
    }
    return value;
}
```

9. 解答。算法基本思想：若结点 T 有左线索，则其左线索所指结点就是其中序前驱；否则，其左子树上中序的最后一个结点为它的中序前驱。

二叉树的二叉线索存储表示（二叉树的二叉线索存储的 C 语言描述）如下。

```c
#define MaxSize 100                    //二叉树的最大结点数
typedef char ElemType;                 //数据类型
typedef struct BiThrNode
{
    ElemType data;                     //数据域
    struct BiThrNode * lchild;         //左孩子
    struct BiThrNode * rchild;         //右孩子
    int LTag;                          //线索标志
    int RTag;                          //线索标志
}BiThrNode, * BiThrTree;
BiThrNode * Prior(BiThrNode * T) {
    //寻找 T 为根的子树上中序的最后一个结点
    //思路为沿着结点 T 的右子树链一直走下去,直到遇到有指针为右线索的结点为止则该结点
//即为所求结点
    BiThrNode * p=T;
    while(p&&!p>RTag)
        p=p->rchild;
    else
        return p;
```

```
                }
BiThrNode*   Prior(BiThrNode * T){
    //查找结点 T 的中序线索二叉树的前驱
    BiThrNode *p=T->lchild;
    if(p&&!T->LTag)
        p=Last(p);                  //寻找 p 为根的子树上中序的最后一个结点
    else
        return p;
}
```

10. 解答。算法基本思想：在后序序列中，若结点 p 有右子女，则右子女是其前驱，若无右子女而有左子女，则左子女是其前驱。若结点 p 均无左右子女，设其中序左线索指向某祖先结点 f(p 是 f 右子树中按中序遍历的第一个结点)，若 f 有左子女，则其左子女是结点 p 在后序下的前驱；若 f 无左子女，则顺其前驱找双亲的双亲，一直继续到双亲有左子女（这时左子女是 p 的前驱）。还有一种情况，若 p 是中序遍历的第一个结点，结点 p 在中序遍历和后序遍历下均无前驱。

二叉树的二叉线索存储表示（二叉树的二叉线索存储的 C 语言描述）如下。

```
#define MaxSize 100                 //二叉树的最大结点数
typedef char ElemType;              //数据类型
typedef struct BiThrNode
{
    ElemType data;                  //数据域
    struct BiThrNode * lchild;      //左孩子
    struct BiThrNode * rchild;      //右孩子
    int ltag;                       //线索标志
    int rtag;                       //线索标志
}BiThrNode, * BiThrTree;
BiThrTree InPostPre (BiThrTree t,p)
//在中序线索二叉树 t 中,求指定结点 p 在后序遍历下的前驱结点 q
{
    BiThrTree q;
    if (p->rtag==0) q=p->rchild;
    //若 p 有右子女,则右子女是其后序遍历的前驱
    else if (p->ltag==0) q=p->lchild;
    //若 p 无右子女而有左子女,左子女是其后序遍历的前驱
    else if(p->lchild==NULL) q=NULL;
    //p 是中序序列第一结点,无后序遍历的前驱
    else //顺左线索向上找 p 的祖先,若存在,再找祖先的左子女
    {
        while(p->ltag==1 && p->lchild!=NULL) p=p->lchild;
        if(p->ltag==0) q=p->lchild;
        //p 结点的祖先的左子女是其后序遍历的前驱
        else  q=NULL;
        //仅右单枝树(p 是叶子结点),已上到根结点,p 结点无后序遍历的前驱
    }
    return q;
}//InPostPre
```

11. 解答。算法基本思想：按先序遍历带头结点的中序线索二叉树 T，先判断 p->ltag

==0,如果有左孩子则遍历左面,如果没有左孩子则判断 p->rtag==1 && p->rchild!=T,进行回溯,遍历右面。

```
void Preorder_InThreat(BiThrTree T)
//按先序遍历带头结点的中序线索二叉树 T
{
    p=T->lchild;                                          //设 p 指向二叉树的根结点
    while(p)
    {
        while(p->ltag==0)
        {printf(p->data); p=p-> lchild ;}                 //遍历左子树
        printf(p->data);                                  //准备右转
        while(p->rtag==1 && p->rchild!=T) p=p->rchild;    //回溯
        if(p->rchild!=T ) p=p->rchild;                    //遍历右子树
    }//while(p)
}
```

12. 解答。算法基本思想:假设在输入根结点之后,以(双亲,孩子)的形式输入树中各个分支的有序对,并且各分支的输入次序为自上而下,同层次则为从左到右。

例如,输入的次序为(A,B),(A,C),(A,D),(B,E),(D,F),(D,G),(E,H),(E,I),(E,J),(G,K),如图 5-79 所示。

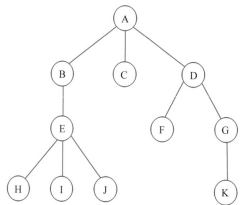

图 5-79 进阶习题综合应用题 12 解析示意图

孩子兄弟表示法存储结构的定义(C 语言描述)如下。

```
typedef struct CSNode
{
    ElemType data;
    struct CSNode * firstchild;
    struct CSNode * nextsibling;
}CSTree;
void CreateTree( CSTree &T ) {
    //按自上而下且每一层自左至右的次序输入(双亲,孩子)的有序对,建立树的孩子-兄弟链
    //表,T 为指向根结点的指针
    SqQueue Q;                                    //辅助队列
    cin >> n;                                     //输入树的结点数
    if (n==0)
        T=NULL;
```

```
        else {
            InitQueue(Q);                              //初始化空队列
            T = new CSNode;
            if (!T) exit(1);                           //存储分配失败
            cin >> T->data;                            //输入树的根结点元素
            T->firstchild = T->nextsibling = NULL;
            EnQueue(Q, T);                             //根结点入队列
            for (k=1; k<n; k++) {
                cin >> fa >> ch;                       //输入一个分支
                s= new CSNode;                         //建立孩子结点
                if (!s) exit(1);                       //存储分配失败
                    s->data = ch;
                s->firstchild = s->nextsibling = NULL;
                GetHead(Q, p);
                while (p->data != fa) {                //查询双亲结点
                    DeQueue(Q, p);
                    GetHead(Q, p);
                } //while
                if (!p->firstchild)                    //当前输入的是第一个孩子
                    { p->firstchild = s; r = s; }
                else { r->nextsibling = s; r = s; }
                EnQueue(Q, s);                         //新建的孩子结点入队列
            } //for
            DestroyQueue(Q);
        } //else
} //CreateTree
```

13. 解答。算法基本思想：采用递归算法，首先判断树是否为空，若为空则高度为零；否则，高度为第一棵子女树的高度加 1 和兄弟子树高度二者之间较大的值。

孩子兄弟表示法存储结构的定义（C 语言描述）如下。

```
typedef struct CSNode
{
    ElemType data;
    struct CSNode * firstchild;
    struct CSNode * nextsibling;
}CSTree;
int TreeHeight(CSTree T){
    int fh,nh;
    if(T==NULL)
        return 0;
    else{
        //高度为第一棵子女树的高度加1和兄弟子树高度二者之间较大的值
        fh= TreeHeight(T-> firstchild);
        nh= TreeHeight(T-> nextsibling);
            if(fh+1>nh)
                return fh+1;
            else
                return nh;
    }//else
}
```

14. 解答。因要求哈夫曼编码的长度不超过 4,则哈夫曼树的高度最高为 5,并且已经对两个字符编码为 01 和 1,则第 2 层和第 3 层各有一个叶子结点,为了尽可能多的字符编码余下的树尽可能满,如图 5-80 所示,可知底层有 4 个叶子结点,则最多还可对 4 个字符编码。编码分别为 0011、0010、0000、0001。

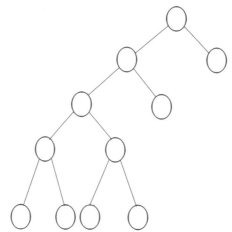

图 5-80 进阶习题综合应用题 14 解析示意图

15. 解答。$(n-1)/(a-1)$。

度为 a 的树的任意结点的度均小于或者等于 a,且至少有一个结点的度等于 a,并为最少有 $a+1$ 个结点的非空树。一棵度为 a 的哈夫曼树应只有度为 0 和 a 的结点,设度为 a 的结点数为 n_a,度为 0 的结点数为 n_0,结点总数为 N,$N=n_a+n_0$,因为 N 个结点的哈夫曼树有 $N-1$ 个分支,所以 $an_a=N-1=n_a+n_0-1$,解得 $(a-1)n_a=n_0-1$,题目中叶子结点数为 n,即 $n=n_0$,$n_a=(n-1)/(a-1)$。

16. 解答。算法基本思想:设置记录高度的变量 level,沿着树高较高的子树统计计数,bf 为负数则右子树高,否则沿着左子树继续,最后返回 level 值。

先给出二叉排序树的存储结构如下。

```
typedef char ElemType;                        //数据类型
typedef struct BiTNode
{
    ElemType data;                            //数据域
    struct BiTNode * lchild;                  //左孩子
    struct BiTNode * rchild;                  //右孩子
    int bf;                                   //平衡因子
} BiTNode, * BSTree;                          //二叉链表结点类型定义
BSTree  T;

int   Height(BSTree t)
//求平衡二叉树 t 的高度
{
    int level=0;
    BSTree p=t;
    while(p)
    {level++;                                 //树的高度增 1
```

```
        if(p->bf<0)p=p->rchild;            //bf=-1 沿右分支向下
            else p=p->lchild;              //bf>=0 沿左分支向下
    }//while
        return  level;                     //平衡二叉树的高度
} //算法结束
```

17. 解答。算法基本思想：二叉排序树的左子树中的结点值小于根结点，二叉排序树的右子树中的结点值大于根结点，因此为了从小到大输出结点值小于 e 的元素值，则先访问右子树，再访问根结点，再访问左子树。

先给出二叉排序树的存储结构如下。

```
typedef char ElemType;                    //数据类型
typedef struct BiTNode
{
    ElemType data;                        //数据域
    struct BiTNode * lchild;              //左孩子
    struct BiTNode * rchild;              //右孩子
} BiTNode, * BSTree;                      //二叉链表结点类型定义
BSTree  T;
void func(BSTree  T, ElemType e){
    if(T==NULL)
        return 0;
    if(T->rchild!=NULL)
        func(T->rchild,e);                //递归输出右子树结点
    if(T->data<e)
        printf("%d",T->data);             //输出
    if(T->lchild!=NULL)
        func(T->lchild,e);                //递归输出左子树结点
}
```

18. 解答。算法基本思想：森林的深度＝max{每一棵树的深度}；树的深度为其子树森林的深度加 1；求树的深度可以对树进行后根遍历。

求森林的深度算法。

孩子兄弟表示法存储结构的定义（C 语言描述）如下。

```
typedef struct CSNode
{
    ElemType data;
    struct CSNode * firstchild;
    struct CSNode * nextsibling;
}CSTree;
int Depth_Tree( CSTree T ) {
    //T 是以孩子-兄弟链表存储的森林的头指针,返回该森林的深度
    if (!T)
        return 0;
    else {
        dep = 0;                          //初始化森林的深度为 0
        p = T;                            //指针 p 指向第一棵树的根
            while (p) {
                d = Depth_Tree(p->firstchild);
```

```
                    //返回p的子树森林的深度
            if (d+1>dep)
                dep=d+1;                    //求各棵树的深度的最大值
            p=p->nextsibling;               //指向下一棵树的根
        } //while
        return dep;
    } //else
} //Depth_Tree
```

5.6.3 考研真题解析

考研真题

一、单项选择题

1. D

第 5 章考研真题单项选择题 1

根结点在中间被访问,右子树结点在左子树结点之前被访问,因此为 RNL。

2. B

第 5 章考研真题单项选择题 2

可采用特殊值法,结点 u、v 是森林中第一棵树的根结点的第一个孩子和第二个孩子,即原来二者是兄弟关系,则转换后可得在二叉树中结点 u 是结点 v 的父结点;结点 u 是森林中第一棵树的根结点,v 是 u 的第一个孩子,即原来二者是父子关系,则转换后可得在二叉树中结点 u 是结点 v 的父结点。

3. B

第 5 章考研真题单项选择题 3

根据平衡二叉树的定义,平衡二叉树,或称二叉排序树为"平衡"指的是,它或是空树,或具有下列特性：其左子树和右子树都是平衡二叉排序树,且左右子树深度之差的绝对值不大于1。其余的3个选项都可以找到不满足条件的结点。

4．B

第5章考研真题单项选择题4

度为4的结点数为n_4,度为3的结点数为n_3,度为2的结点数为n_2,度为1的结点数为n_1,则度为0的结点数为n_0。

结点总数n的第一种计算方法为$n=n_0+n_1+n_2+n_3+n_4$。

根据除根结点外,每个结点均与树的一个分支对应,则第二种计算方法为$n=1+n_1+2n_2+3n_3+4n_4$。

结合两种计算方法可得,$n_0+n_1+n_2+n_3+n_4=1+n_1+2n_2+3n_3+4n_4$。

代入已知数据$n_4=20,n_3=10,n_2=1,n_1=10$,计算可得$n_0=82$。

相关知识点提示。

m叉树与度为m的树。m叉树为每个结点最多只能有m个孩子的树,任意结点的度均小于或者等于m,允许所有结点的度都小于m,并且可以是空树;度为m的树的任意结点的度均小于或者等于m,且至少有一个结点的度等于m,并为最少有$m+1$个结点的非空树。由此可知,度为2的树至少有3个结点,而二叉树可以是空树。

5．D

第5章考研真题单项选择题5

后序序列为d,b,c,a,逐一对照选择D。

6．A

第5章考研真题单项选择题6

哈夫曼树为一棵带权路径长度最小的树,但不一定是一棵完全二叉树。

7．C

第5章考研真题单项选择题7

在插入结点 48 以后，二叉树根结点的平衡因子－1 变为－2，需要进行 RL 调整；调整前后如图 5-81 所示。

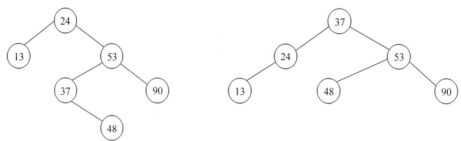

图 5-81　考研真题单项选择题 7 解析示意图

则关键字 37 所在结点的左、右子结点中保存的关键字分别是 24 和 53。

相关知识点提示：RL 型调整。

由于在结点 A 的右孩子(R)的左子树(L)上插入了新的结点，调整前后分别如下(见图 5-82)。

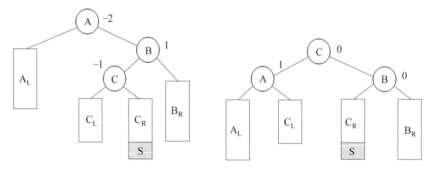

(a) 插入新结点S后失去平衡　　　　　　(b) 调整后恢复平衡

图 5-82　考研真题单项选择题 7 解析示意图

调整前　　　　　　　　　　调整后
　A->bf=-2;B->bf=1;　　　A->rchild=C->lchild;
　B=A->rchild;　　　　　　B->lchild=C->rchild;
　C=A->lchild;　　　　　　C->lchild=A；C->rchild=B;
8. C

第 5 章考研真题单项选择题 8

该完全二叉树的前 5 层均满，则层数为 5 的满二叉树的结点数为 $2^5-1=31$，该完全二叉树的结点数为 $31+8=39$；但是还有另外一种情况，即存在第 7 层，使得第 6 层的叶子结点数为 8，但是该层的结点总数为 $2^{k-1}=2^{6-1}=32$，则该层的非叶子结点数为 $32-8=24$，每个非叶子结点数有两个分支时结点数最多，则第 7 层结点数为 $24\times2=48$。综上，第二种情况的结点总数最多为 $2^6-1+48=111$。

相关知识点提示：二叉树的特性。

(1) 性质1。在二叉树的第 i 层上至多有 2^{i-1} 个结点$(i \geq 1)$。

证明：第一层最多有 2^{1-1} 个结点，第二层有 2^{2-1} 个结点，由此可知等比数列第 i 层上至多有 2^{i-1} 个结点。

(2) 性质2。深度为 k 的二叉树至多有 2^k-1 个结点$(k \geq 1)$。

证明：根据上一个性质求前 k 项的和，通过等比数列求和公式可得深度为 k 的二叉树至多有 2^k-1 个结点。

9. C

第 5 章考研真题单项选择题 9

由完全二叉树的性质，可得最后一个分支结点的序号为 $768/2=384$（如果题目无法整除则舍去小数部分），则叶子结点的个数为 $768-384=384$。

10. C

第 5 章考研真题单项选择题 10

由于前序序列与后序序列相反，因此不可能存在既有左孩子又有右孩子的结点，1 为根结点，树的形态为图 5-83(a)可得 D 结果，为图 5-83(b)可得 A 结果，为图 5-83(c)可得 B 结果。

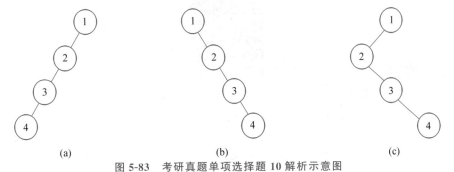

图 5-83 考研真题单项选择题 10 解析示意图

11. D

第 5 章考研真题单项选择题 11

树转化为二叉树,树的每个分支结点的所有子结点中的最右孩子都没有右孩子,根结点也无右孩子,则无右孩子结点数为分支结点数加 1,总的结点数＝分支结点数＋叶子结点数,故无右孩子结点数＝总的结点数－叶子结点数＋1＝2011－116＋1＝1896。

12. A

第 5 章考研真题单项选择题 12

在二叉排序树中,左子树的结点值小于根结点,右子树的结点值大于根结点。对于选项 A,查找到 91 后向 24 查找,这时候的路径之后找到的应该都小于 91,但是 94 大于 91,因此选项 A 错误。

13. A

第 5 章考研真题单项选择题 13

先序序列和后序序列不能唯一确定一棵二叉树,但是可以确定结点间的祖先关系,如果两个结点的先序序列为 a,b,后序序列为 b,a,则 a 为 b 的祖先。本题的先序遍历序列为 a、e,b,d,c,后序遍历序列为 b,c,d,e,a,则 a 为根结点,e 为 a 的孩子,同理可判断出 e 是 b、c、d 的祖先,因此根结点的孩子结点只有 e。

14. B

第 5 章考研真题单项选择题 14

所有非叶子结点的平衡因子均为 1,平衡二叉树满足使得结点最少的平衡二叉树。假设以 n_h 表示深度为 h 的平衡二叉树中含有的最少结点数。$n_0=0,n_1=1,n_2=2,n_h=n_{h-1}+n_{h-2}+1,n_6=20$。

相关知识点提示：假设以 n_h 表示深度为 h 的平衡二叉树中含有的最少结点数。$n_0=0,n_1=1,n_2=2,n_h=n_{h-1}+n_{h-2}+1$。可以证明,含有 n 个结点的平衡二叉树的最大深度为 $O(\log_2 n)$,平衡二叉树的平均查找长度为 $O(\log_2 n)$,如图 5-84 所示。

15. A

根据后序线索二叉树的规则,且 X 是后序线索二叉树中的叶子结点,且 X 存在左兄弟结点 Y,可知 X 为右孩子,则 X 的后序后继为它的父结点。

16. D

如图 5-85 所示,可得 T 中平衡因子为 0 的分支结点的个数是 3。

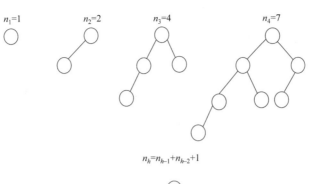

$$n_h = n_{h-1} + n_{h-2} + 1$$

图 5-84 考研真题单项选择题 14 解析示意图

第 5 章考研真题单项选择题 15

第 5 章考研真题单项选择题 16

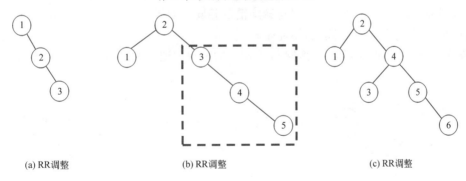

(a) RR 调整　　　　　　(b) RR 调整　　　　　　(c) RR 调整

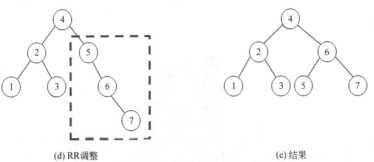

(d) RR 调整　　　　　　　　　　　　(e) 结果

图 5-85 考研真题单项选择题 16 解析示意图

相关知识点提示：RR 型调整。

由于在结点 A 的右孩子(R)的右子树(R)上插入了新的结点,调整前后如图 5-86。

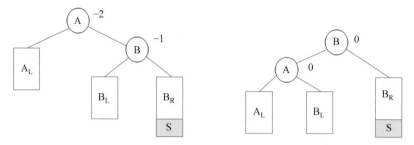

(a) 插入新结点S后失去平衡　　　　　(b) 调整后恢复平衡

图 5-86　考研真题单项选择题 16 解析示意图

调整前
　　A->bf=-2;B->bf=-1;
　　B=A->rchild;

调整后
　　A->rchild=B->lchild;
　　B->lchild=A;
　　A->bf=0;B->bf=0;

17. C

第 5 章考研真题单项选择题 17

在一棵二叉排序树删除一个结点后,再将此结点插入二叉排序树,如果删除的结点是叶子结点,则插入结点后的二叉排序树与删除前的相同。如果删除的不是叶子结点,则在插入结点后的二叉排序树会发生变化,不完全相同。

若 v 不是 T_1 的叶子结点 5,删除与插入 v 的过程如图 5-87 所示,可见 T_1 与 T_3 不同。

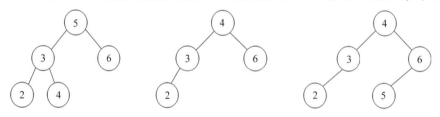

(a) 原图T_1　　　　(b) 删除后调整　　　　(c) 插入5变为T_3

图 5-87　考研真题单项选择题 17 解析示意图

18. D

第 5 章考研真题单项选择题 18

中序序列为 d,e,b,x,a,c,根据中序线索化定义,则结点 x 的左、右线索分别指向 x 在中序序列下左边的 b 和右边的 a。

19. C

第 5 章考研真题单项选择题 19

根据森林转换成二叉树的规则,森林中结点的第一个孩子为它的左子树,兄弟为右子树,则森林中的叶子结点无孩子结点,转换为二叉树的时候则无左结点,即左孩子指针为空。

20. D

第 5 章考研真题单项选择题 20

任一个字符的编码都不是另一个字符的编码的前缀,这种编码称为前缀编码。D 中的 110 是 1100 的前缀。

21. B

第 5 章考研真题单项选择题 21

根据二叉树先序遍历和中序遍历的递归算法中递归工作栈的状态变化可知,先序序列与中序序列的关系为以先序序列为入栈次序,以中序序列为出栈次序,先序和中序可唯一确定一棵二叉树,则问题可转换为以 a,b,c,d 入栈,则出栈序列数为多少,可得 $\frac{1}{n+1}C_{2n}^{n} = \frac{1}{4+1}C_{8}^{4} = 14$。

22. D

第 5 章考研真题单项选择题 22

根据哈夫曼树的结点权值等于左右孩子结点的权值之和判断,选项 D 的根结点为 24,左右子树根为 10 和 14,符合;对于 A 根结点为 24,如果左右结点均为 10,则权值应为 20 不正确,若 10 为单一结点,则 5 和 7 为其两个孩子,和为 12 不为 10,不符。

23. D

第 5 章考研真题单项选择题 23

A 错误,反例为只有两个结点的平衡二叉树的根结点的度为 1;B 错误,D 正确,中序遍历序列为降序,树中的最大元素一定无左子树可能有右子树,所以不一定为叶子结点;最后插入的元素可能会导致平衡的调整,不一定是叶子结点,C 错误。

24. C

第 5 章考研真题单项选择题 24

n 个结点的树有 $n-1$ 条边,森林 F 有 15 条边、25 个结点,则可计算得到 $25-15=10$,树的棵树为 10。

25. B

第 5 章考研真题单项选择题 25

根据后序规则,确定树的形态如图 5-88 所示。

根结点左子树的叶子结点先被访问则可确定 e 的位置,接着访问 e 的父结点 a 则确定 a 的位置,然后访问 a 的父结点 c,则确定 c 的位置。对于右子树,先访问叶子结点,则 b 位置被确定,再访问 b 的父结点 d 的位置确定,d 的父结点 g 确定,最后访问根结点 f。

26. B

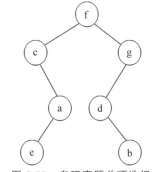

图 5-88 考研真题单项选择题 25 解析示意图

第 5 章考研真题单项选择题 26

设 N 代表二叉树的根,L 代表根结点的左子树,R 代表根结点的右子树,则先序序列为 NLR,中序序列为 LNR,若所有非叶子结点只有右子树,则先序序列与中序序列相同。

27. D

第 5 章考研真题单项选择题 27

哈夫曼编码为前缀码,前缀码的定义为任一个字符的编码都不是另一个字符的编码的前缀。将序列对应译码得 afeefgd。

28. C

第 5 章考研真题单项选择题 28

二叉排序树的中序遍历序列为降序,中序遍历序列为 x_1,x_3,x_5,x_4,x_2。可知 $x_3 < x_5 < x_4$。

29. A

第 5 章考研真题单项选择题 29

题中给出非叶子结点的度都是 2,且所有叶子结点都位于同一层,为完全二叉树,则该树为满二叉树。不妨设树的高度为 h,可计算得到叶子结点数为 $2^{h-1}=k$,总结点数为 $2^h-1=2k-1$。

相关知识点提示:二叉树的特性。

(1) 性质 1。在二叉树的第 i 层上至多有 2^{i-1} 个结点($i \geqslant 1$)。

证明:第一层最多有 2^{1-1} 个结点,第二层有 2^{2-1} 个结点,由此可知等比数列第 i 层上至多有 2^{i-1} 个结点。

(2) 性质 2。深度为 k 的二叉树至多有 2^k-1 个结点($k \geqslant 1$)。

证明:根据上一个性质求前 k 项的和,通过等比数列求和公式可得深度为 k 的二叉树至多有 2^k-1 个结点。

30. A

第 5 章考研真题单项选择题 30

构造哈夫曼树如图 5-89 所示,然后以左 0 右 1 规则得到字符集{a,b,c,d,e,f}各个字符的哈夫曼编码为 00,1011,01,1010,11,100。

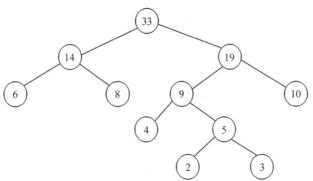

图 5-89 考研真题单项选择题 30 解析示意图

31. B

第 5 章考研真题单项选择题 31

BT 的中序遍历序列与 T 的后根遍历相对应。

32. C

第 5 章考研真题单项选择题 32

n 个互不相同的符号进行哈夫曼编码，构造哈夫曼树时新建 $n-1$ 个结点，则结点总数是 $2n-1$，已知生成的哈夫曼树共有 115 个结点，可得 $2n-1=115$，解得 $n=58$。

33. C

第 5 章考研真题单项选择题 33

森林的先根遍历序列对应于二叉树的先序遍历序列，森林的中根遍历序列对应于二叉树的中序遍历序列，由 F 的先根遍历序列是 a,b,c,d,e,f(二叉树先序)，中根遍历序列是 b,a,d,f,e,c(二叉树中序)可确定对应二叉树的形态如图 5-90 所示，则二叉树的后序遍历为 b,f,e,d,c,a。

34. A

顺序存储需要将 1～5 层的所有结点均存起来，即存储一棵高度为 5 的满二叉树，需要 $1+2+4+8+16=31$ 个存储单元。

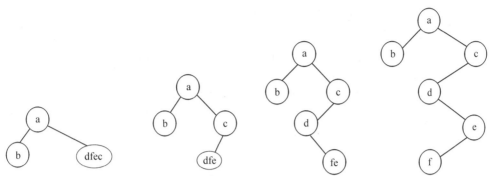

图 5-90 考研真题单项选择题 33 解析示意图

第 5 章考研真题单项选择题 34

二、综合应用题

1. 解答。

第 5 章考研真题综合应用题 1

（1）先合并的表中元素在后续的合并中会再次参加比较，因此本题求最小合并次数的问题可以类似于最小带权路径长度，进而可以采用构造哈夫曼树方法解答本题。每次选择表集合中长度最小的两个表进行合并，示意图如图 5-91 所示，过程如下。

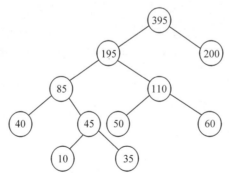

图 5-91 考研真题综合应用题 1 解析示意图

在表集合{10,35,40,50,60,200}中选择 A 和 B 合并，生成 45 个元素的表 AB；在表集合{40,45,50,60,200}中选择 AB 和 C 合并，生成 85 个元素的表 ABC；在表集合{50,60,85,200}中选择 D 和 E 合并，生成 110 个元素的表 DE；在表集合{85,110,200}中选择 ABC 和 DE 合并，生成 195 个元素的表 ABCDE；在表集合{195,200}中选择 ABCDE 和 F 合并，生成 395 个元素的表 ABCDEF。

合并两个长度分别为 L1 和 L2 的有序表在最坏情况下需要比较 L1+L2−1 次，因此可得:第一次合并,最多比较次数为 $10+35-1=44$;第二次合并,最多比较次数为 $40+45-1=84$;第三次合并,最多比较次数为 $50+60-1=109$;第四次合并,最多比较次数为 $85+110-1=194$;第五次合并,最多比较次数为 $195+200-1=394$。比较的总次数最多为 $44+84+109+194+394=825$。

(2) 对 $n(n \geqslant 2)$ 个不等长升序表的合并,如果表长不同,则最坏情况下的比较次数与表的合并次数相关,可通过构造哈夫曼树的思想,选择表长最短的表逐步合并,则可获得最坏情况下的最佳合并效率,如上一问的合并过程。

2. 解答。

第 5 章考研真题综合应用题 2

(1) 算法的基本设计思想:设置一个全局变量 w 记录 WPL,基于先序递归算法,将结点的深度作为传递的参数之一。如果结点为叶子结点则在全局变量 w 上加上结点的深度乘以权值的结果;如果该结点是非叶子结点,左子树不为空则递归调用左子树,右子树不为空则递归调用右子树,递归调用时的深度加 1;最后,计算得到 w。

(2) 二叉树结点的数据类型定义如下。

```
typedef struct BiTNode
{
    int weight;                    //权值
    struct BiTNode * left;         //左孩子
    struct BiTNode * right;        //右孩子
}BiTNode, * BiTree;                //二叉链表结点类型定义
```

(3)

```
int w=0;
int WPL(BiTree root,int d) {             //d 为深度
    if(root->left==NULL&&root->right==NULL)  //叶子结点的处理
        w=w+d * root-> weight;
    if(root->left!=NULL)                 //左子树不为空则递归调用左子树
        WPL(root->left,d+1);
    if(root->right!=NULL)                //右子树不为空则递归调用右子树
        WPL(root->right,d+1);
        return w;
}
int TotalWPL(BiTree root){
    return WPL(root,0);
}
```

3. 解答。

(1) 正则 k 叉树有叶子结点和度为 k 的结点两类结点,分别用 n_0 和 n_k 表示,结点总数为 $n=n_0+n_k$,边数为 $n-1$,边都是从 m 个度为 k 的结点发出,因此 $n-1=mk$, $n_0+m-1=mk$, $n_0=(k-1)m+1$。

第5章考研真题综合应用题3

(2) T的结点数最多时树的形态为除了最后一层,从第一层到倒数第二层的结点都是度为 k 的分支结点,最后一层均为叶子结点。此时第 $i(h \geqslant i \geqslant 1)$ 层的结点数为 k^{i-1},结点的总数为 $\sum\limits_{i=1}^{h} k^{i-1} = \dfrac{k^h-1}{k-1}$。

T 的结点数最少时树的形态为第一层只有根结点,第二层到最后一层每层结点数都为 k (第二层到倒数第二层仅含一个分支结点和 $k-1$ 个叶子结点,最后一层有 k 个叶子结点),结点的总数为 $1+(h-1)k$。

4. 解答。

第5章考研真题综合应用题4

(1) 表达式的中序序列上加上相应的括号可得到等价的中缀表达式。将二叉树的中序遍历递归算法改造,除了根结点和叶子结点外,遍历到其他结点的时候在遍历左子树之前加上左括号,遍历完右子树后加上右括号。

(2) 算法。

```
typedef struct node{
    char data[10];                            //存储操作数或操作符
    struct node * left, * right;
}BTree;
void f2(BTree * T,int d){
    if(T==NULL)
        return ;
    else if(T->left==NULL&&T->right==NULL)    //叶子结点
        printf("%s",T->data);                 //不加括号
    else{
        if(d>1)  printf("(");                 //如果有子表达式则加一层括号
        f2(T->left,d+1);
        printf("%s",T->data);                 //输出
        f2(T->right,d+1);
        if(d>1)  printf(")");                 //如果有子表达式则加一层括号
    }
}
void f1(BTree * T){
    f2(T,1);                                  //根高度为1
}
```

5. 解答。

第 5 章考研真题综合应用题 5

(1) 可以采用二叉树保存字符集中的各个字符编码。每个编码与从树根到叶子结点的路径,叶子结点值为编码字符。

(2) 树的中结点的左分支为 0,右分支为 1,从根结点到叶子结点按照串中的序列沿着左或右分支直至叶子结点,输出叶子结点字符,再重复上述步骤译码。

(3) 依次读入编码,建立或者寻找从根开始与编码路径对应,从左至右扫描编码,根据当前位沿着结点指针向下移动,位为 0 或 1,指针为左指针或右指针。当遇到空指针的时候创建新结点,空指针指向该新结点并继续移动;当遇到叶子结点时说明不具有前缀特性;若处理时均没有建新的结点,则说明不具有前缀特性;若在处理最后一位时候创建了新结点,则继续验证下一个编码。如果所有的编码均通过了验证,则编码具有前缀特性。

第6章 图

本章为图部分,首先给出本章学习目标、知识点导图,使读者对本章内容有整体了解;接着,介绍图的基本概念、存储结构及基本操作;然后,给出图的深度优先和广度优先搜索算法;最后为图的应用,具体包括最小生成树的 Prim(普里姆)和 Kruskal(克鲁斯卡尔)算法、拓扑排序(AOV 网)、关键路径(AOE 网)和最短路径。

本书在每章各个需要讲解的部分配有微课视频和配套课件,读者可根据需要扫描对应部分的二维码获取;同时,考研真题部分也配有真题解析微课讲解,可根据需求扫描对应的二维码获取。

图

◆ 6.1 本章学习目标

(1) 学习图的基本概念、基本性质。

(2) 掌握图的存储结构、存储结构之间的转换及其基本操作。

(3) 掌握图的深度优先搜索和广度优先搜索方法。

(4) 掌握图的常见应用,具体包括最小生成树的 Prim 和 Kruskal 算法、拓扑排序(AOV 网)、关键路径(AOE 网)和最短路径。

(5) 本部分涉及的算法较多,一般需要掌握算法的思想和步骤。

◆ 6.2 知识点导图

图的知识点导图如图 6-1 所示。

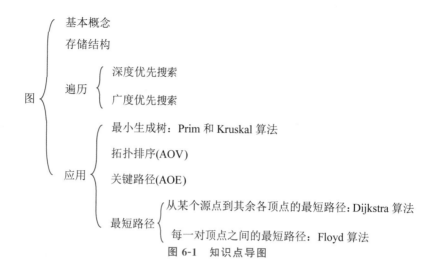

图 6-1 知识点导图

6.3 知识点归纳

6.3.1 图的基本概念

第 6 章图的基本概念

1. 图的定义

图(Graph)是一种较线性表和树更为复杂的数据结构。在图结构中,结点之间的关系可以是任意的,图中任意两个数据元素之间都可能相关。图结构是一个二元组 $G=(V,E)$,是由一个顶点集 V 和一个边集 E 构成的数据结构。

其中,V 是具有相同特性的数据元素的集合,是顶点的有穷非空集合,记为 $V(G)$;E 是数据关系的集合 $E=\{VR\}$,是连接 V 中两个不同顶点的边的有限集合,记为 $E(G)$。$E(G)$ 可以为空集,当 $E(G)$ 为空集时,图 G 只有顶点而没有边。可用 $|V|$ 表示图 G 的顶点的个数,$|E|$ 表示边的条数。

2. 图的基本术语

图的示例如图 6-2 所示,以下术语以图 6-2 为例说明。

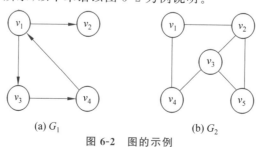

图 6-2 图的示例

1) 无向图和有向图

对于一个图 G，若 E 是无向边的有限集合，则图 G 为**无向图**，如图 6-2 中 G_2 就是一个无向图；若 E 是有向边的有限集合，则 G 是**有向图**，如图 6-2 中 G_1 就是一个有向图。这里需要注意的是，数据结构中仅讨论有向图或者无向图，不考虑部分是有向图而另一部分是无向图的情况。

对于无向图的无向边又称为边。无向图的边是无序对，若两个顶点分别为 u、v，则可记为 (u,v) 或者 (v,u)，u 和 v 互为邻接点；对于有向图的边又称为弧，弧是顶点的有序对 $<u,v>$，顶点分别为 u、v，u 为弧尾（无箭头的一端），v 为弧头（有箭头的一端）。

2) 简单图和多重图

简单图的特点为不存在重复边、不存在顶点到自身的边，如果图 G 满足上述特点，则称之为**简单图**；如果图 G 中某两个顶点之间的边数大于一条，也允许顶点通过一条边与自身相关联，则该图为**多重图**。多重图和简单图的定义是相对的。需要注意的是，数据结构中只讨论简单图。

3) 无向完全图和有向完全图

对于无向图，如果具有 $n(n-1)/2$ 条边，则称之为**无向完全图**或**完全图**。如图 6-3(a) 所示，为无向完全图，结点数为 4 个，边数为 6 条。

对于有向图，如果具有 $n(n-1)$ 条边，则称之为**有向完全图**。如图 6-3(b) 所示为有向完全图，结点数为 4 个，边数为 12 条。

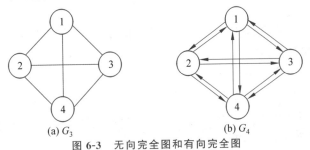

图 6-3 无向完全图和有向完全图

4) 度、入度和出度

对于无向图，顶点的度是指依附于该顶点的边的条数。在图 6-2(b) 中顶点 v_1 的度为 2。若无向图 G 具有 n 个顶点、e 条边，因为每条边和两个顶点相关，则 n 个顶点的度数之和为 $2e$。

对于有向图，顶点的度分为入度和出度，对于顶点 u，以顶点 u 为终点的有向边的条数为 u 的入度，以顶点 u 为起点的有向边的条数为 u 的出度，图 6-2(a) 中顶点 v_1 的入度为 1、出度为 2。顶点的度为该顶点的入度和出度之和。若有向图 G 具有 n 个顶点、e 条边，因为每条有向边都有一个起点和终点，则 n 个顶点的入度数之和等于这 n 个顶点的出度数之和，同时等于边数 e。

5) 稀疏图和稠密图

边数较少的图称为**稀疏图**。若有向图 G 具有 n 个顶点、e 条边，一般当 $e \ll n\log_2 n$ 时，可将 G 视为稀疏图。边数较多的图为**稠密图**。稀疏图与稠密图二者是相对而言的，本身概念较模糊。

6) 子图和生成子图

设有两个图 $G=(V,E)$ 和 $G'=(V',E')$，若 V' 是 V 的子集，并且 E' 是 E 的子集，则称 G' 是 G 的**子图**。

如果 G' 和 G 的顶点集相同，则称 G' 是 G 的**生成子图**。如图 6-4 所示，G_5 是图 6-3(b) G_4 的子图。

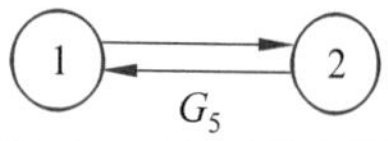

图 6-4 子图示意图

7) 图的遍历

从图中某一顶点出发访遍图中其余顶点，且使每个顶点仅被访问一次，这一过程就称为**图的遍历**(Traversing Graph)。通常有两条遍历图的路径：深度优先搜索和广度优先搜索。

8) 路径、路径长度、带权路径长度和最短路径

在一个图 G 中，从顶点 v_i 到 v_j 的一条**路径**是一个顶点序列 v_i、v_{i1}、v_{i2}、$\cdots$、v_j。路径上的边的数目为**路径长度**。

当图是带权图时，把从一个顶点到图中其余任意一个顶点的一条路径所经过边上的权值之和，定义为该路径的**带权路径长度**，把带权路径长度最短的那条路径称为**最短路径**。

例如，图 6-2(b)中的 G_2 $v_1 \rightarrow v_4 \rightarrow v_3$ 路径长度为 2。

9) 距离

从顶点 u 出发，到顶点 v 的最短路径如果存在，则此路径长度为从 u 到 v 的**距离**；如果 u 到 v 不存在路径，则该距离记为无穷 ∞。

10) 回路

若一条路径上的起点和终点为同一个结点，则称该路径为**回路**或环。

11) 简单路径和简单回路

若一条路径的顶点序列中顶点不重复出现，则称该路径为**简单路径**。

除了起点和终点相同外，其余顶点不重复出现的回路为**简单回路**或简单环。

例如，图 6-2(b) G_2 中的 $v_1 \rightarrow v_4 \rightarrow v_3 \rightarrow v_2 \rightarrow v_1$ 是一条回路，同时也是一条简单回路。

12) 连通、连通图和连通分量

在无向图 G 中，若从顶点 u 到顶点 v 有路径，则称顶点 u 和 v 是**连通**的。若图 G 中任意两个顶点都是连通的，则称 G 为**连通图**，否则为非连通图。无向图 G 中的极大连通子图称为 G 的**连通分量**。图 6-5(a)所示的 G_6，有 3 个连通分量，如图 6-5(b)所示。

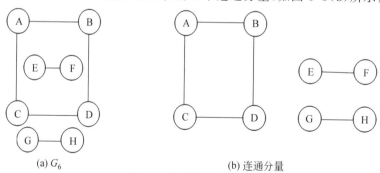

图 6-5 连通分量示意图

13) 强连通图和强连通分量

在有向图中，若有一对顶点 u 和 v，从 u 到 v 以及 v 到 u 之间均有路径，则称这两个顶

点是**强连通的**。如果图中的任意一对顶点都是强连通的,则称该图为**强连通图**。有向图中的极大连通子图称为有向图的**强连通分量**。图 6-3(b)所示的 G_4 和图 6-4(b)所示的 G_5 均是强连通图。

14) 边的权和网

在一个图 G 中,可以在每条边标上具有某种含义的数值,该数值称为该边的**权**。称边上带权的图为**带权图**,或称为**网**。如图 6-6 所示的 G_7 在图 6-2(a)所示的 G_1 的边上标上了数值,则 G_7 就是一个带权图。

15) 有向树

只有顶点的入度为 0,其他顶点的入度均为 1 的有向图为**有向树**。

16) 生成树和生成森林

连通图的**生成树**为包含该图全部结点的一个极小连通子图(不唯一)。如去掉生成树的一条边,则变为非连通图;增加一条边则会形成回路。对于顶点数为 n 的图 G,其生成树含有 $n-1$ 条边。

图 6-6 带权图 G_7

在非连通图中,连通分量的生成树组成**生成森林**。

17) DAG、AOV 和 AOE

一个无环的有向图称为**有向无环图**(Directed Acycline Graph,DAG),在工程计划和管理方面有着广泛而重要的应用。工程可分为若干称为"活动"的子工程,这些子工程之间通常受一定条件的约束。例如,盖楼的第一步是打地基,而房屋内的装修必须在房子盖好之后才能开始进行等,房子盖好与装修之前存在约束。

设 $G=(V,E)$ 是一个具有 n 个顶点的有向图,图中的顶点表示活动、边表示活动之间的优先关系的有向图被称为**顶点表示活动的网**(Activity On Vertex Network,AOV 网)。

与 AOV 网相对应的是 **AOE 网**(Activity On Edge Network,边表示活动的网)。AOE 网是一个带权的有向无环图,其中,顶点表示事件(Event),弧表示活动,权表示活动持续的时间。通常,AOE 网可用来估算工程完成的时间。

6.3.2 图的存储结构

第 6 章图的存储结构

图是一种较复杂的数据结构,图的存储结构需要反映顶点之间的逻辑关系、顶点集和边集的信息。本部分主要介绍图的存储结构,图的存储结构包括邻接矩阵、邻接表、十字链表和邻接多重表。

1. 邻接矩阵

1) 邻接矩阵的概念

邻接矩阵是表示图的顶点之间相邻关系的矩阵。具体存储形式为用一个一维数组存储图中的顶点信息,用一个二维数组存储各顶点之间的关系。

不带权图 G 的邻接矩阵为具有如下定义的 n 阶方阵。

图 $G=(V,E)$ 的顶点为 v_1、v_2、$\cdots$、v_n，v_i、v_j 是图 G 中的顶点。

$$A[i][j]=\begin{cases}1 & \text{无向图}(v_i,v_j)\in E(G);\text{有向图}<v_i,v_j>\in E(G);\\ 0 & \text{无向图}(v_i,v_j)\text{不是}E(G)\text{中的边};\text{有向图}<v_i,v_j>\text{不是}E(G)\text{中的边}。\end{cases}$$

带权图（或网） G 的邻接矩阵定义如下。

图 $G=(V,E)$ 的顶点为 v_1、v_2、$\cdots$、v_n，v_i、v_j 是图 G 中的顶点。w_{ij} 为边 (v_i,v_j) 或 $<v_i,v_j>$ 的权。

$$A[i][j]=\begin{cases}w_{ij} & \text{无向图}(v_i,v_j)\in E(G);\text{有向图}<v_i,v_j>\in E(G)。\\ 0\text{ 或 }\infty & \text{无向图}(v_i,v_j)\text{不是}E(G)\text{中的边};\text{有向图}<v_i,v_j>\text{不是}E(G)\text{中的边}。\end{cases}$$

邻接矩阵存储结构的定义（邻接矩阵存储结构的 C 语言描述）如下。

```
#define INFINITY  INT_MAX;               //最大值∞
#define maxsize  20;                     //最大顶点个数
typedef char VertexType;
typedef int VRType;
typedef enum {DG, DN, UDG, UDN} GraphKind;  //{有向图,有向网,无向图,无向网}
typedef struct ArcCell {                 //弧的定义
    VRType adj;                          //VRType 是顶点关系类型
    //对无权图,用 1 或 0 表示是否相邻
    //对带权图,则为权值类型
    InfoType * info;                     //该弧相关信息的指针
} ArcCell,AdjMatrix [maxsize] [maxsize];
typedef struct {                         //图的定义
    VertexType vexs[maxsize];            //顶点信息
    AdjMatrix arcs;                      //表示顶点之间关系的二维数组
    int vexnum,arcnum;                   //图的当前顶点数和弧(边)数
    GraphKind kind;                      //图的种类标志
} MGraph;
```

2）邻接矩阵举例

有向图 G_1、无向图 G_2 和带权图 G_7 的邻接矩阵如图 6-7 所示。

$$G_1 \text{arcs} = \begin{bmatrix} 0 & 1 & 1 & 0 \\ 0 & 0 & 0 & 0 \\ 0 & 0 & 0 & 1 \\ 1 & 0 & 0 & 0 \end{bmatrix} \qquad G_2 \text{arcs} = \begin{bmatrix} 0 & 1 & 0 & 1 & 0 \\ 1 & 0 & 1 & 0 & 1 \\ 0 & 1 & 0 & 1 & 1 \\ 1 & 0 & 1 & 0 & 0 \\ 0 & 1 & 1 & 0 & 0 \end{bmatrix}$$

(a) 有向图 G_1 的邻接矩阵 　　　　　(b) 无向图 G_2 的邻接矩阵

$$\begin{bmatrix} \infty & 1 & 5 & \infty \\ \infty & \infty & \infty & \infty \\ \infty & \infty & \infty & 7 \\ 3 & \infty & \infty & \infty \end{bmatrix}$$

(b) 带权图 G_7 的邻接矩阵

图 6-7　图的邻接矩阵

3）邻接矩阵的特点

无向图的邻接矩阵是一个对称矩阵，在存储时只存储上三角或者下三角矩阵的元素即可；在无向图中求顶点 i 的度，只需要遍历的邻接矩阵得到第 i 行或第 i 列非零/非 ∞

元素个数,即为顶点 i 的度;在有向图中求顶点 i 的出度,只需遍历邻接矩阵得到第 i 行非零/非∞元素的个数,即为顶点 i 的出度;同理,第 i 列非零/非∞元素的个数为顶点 i 的入度。

2. 邻接表

1) 邻接表概念

邻接表是图的一种链式存储结构。邻接表类似于树的孩子链表,其结构分为两部分,分别为顶点表和边表。邻接表将和同一顶点"相邻接"的所有邻接点链接在一个单链表中,该单链表为边表;单链表的头指针和顶点信息一起存储在一个一维数组中,该数值为顶点表。图的邻接表的头结点和表结点结构如图 6-8(a)和图 6-8(b)所示。

图 6-8 图的邻接表的结点结构

对于图中每个顶点的单链表,第 i 个单链表中的结点在无向图中表示的是依附于第 i 个顶点的边,在有向图中表示的是以第 i 个顶点为尾的弧。

头结点(顶点表结点)2 个域的含义。每个单链表附设一个表头结点。头结点包括数据域 data 和链域 firstarc 两部分。数据域 data 存储顶点 i 的名称或其他信息,链域 firstarc 为指向第一条邻接边的指针。

表结点(边或弧表结点)3 个域的含义。由邻接点域 adjvex、链域 nextarc 和数据域 info 组成。邻接点域 adjvex 指示与顶点 i 邻接的点在图中的位置,链域 nextarc 指示下一条边或弧的结点,数据域 info 存储和边或弧相关的信息,如权值等。

图的邻接表存储结构的定义(图的邻接表存储结构的 C 语言描述)如下。

```
#define  maxsize  20;
typedef struct ArcNode {          //边表结点的结构
    int adjvex;                    //该弧所指向的顶点的位置
    struct ArcNode * nextarc;      //指向下一条弧的指针
    InfoType * info;               //与边或弧相关信息的指针
}ArcNode ;
typedef struct VNode {            //顶点表结点的结构
    VertexType data;               //顶点信息
    ArcNode  * firstarc;           //指向第一条依附该顶点的弧的指针
} VNode,AdjList[maxsize ];
typedef struct {                  //图的邻接表结构定义
    AdjList vertices;              //顶点数组
    int vexnum, arcnum;            //图的当前顶点数和弧数
    int kind;                      //图的种类标志
} ALGraph;
```

2) 邻接表举例

邻接表示意图如图 6-9 所示。

3) 邻接表的特点

对于有 n 个顶点和 e 条边的无向图,它的邻接表有 n 个顶点和 $2e$ 个边结点;如果有向

(a) G_1的邻接表　　(b) G_2的邻接表

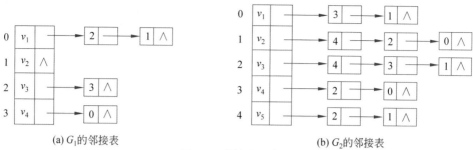

图 6-9　邻接表示意图

图采用邻接表结构存储,遍历并记录该结点为顶点对应的边表即可求一个结点的出度,但是求顶点的入度就需要遍历全部的邻接表。

4) 逆邻接表

有时为了便于确定顶点的入度或顶点为头的弧,可以建立有向图的逆邻接表。逆邻接表是对每个结点建立一个链接以顶点为头的弧的表。逆邻接表与邻接表的存储方式类似。如图 6-10 所示为 G_1 的逆邻接表。

图 6-10　G_1 的逆邻接表

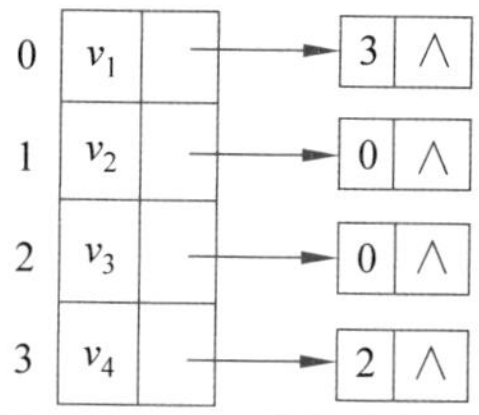

3. 十字链表

十字链表是有向图的另一种链式存储结构。可看作是将有向图的邻接表和逆邻接表相结合的一种链表。图的十字链表结点结构如图 6-11 所示。有向图的每条弧在十字链表中有一个弧结点,每个结点也有一个顶点结点。

tailvex	headvex	hlink	tlink	info

(a) 弧结点

data	firstin	firstout

(b) 顶点结点

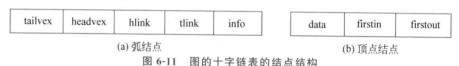

图 6-11　图的十字链表的结点结构

弧结点 5 个域的含义。尾域 tailvex 和头域 headvex 分别指示弧尾和弧头这两个顶点在图中的位置,链域 hlink 指向弧头相同的下一条弧,链域 tlink 指向弧尾相同的下一条弧,info 域指向该弧相关的信息。这样,弧头相同的弧在同一链表上,弧尾相同的弧也在同一个链表上。

头结点(顶点结点)3 个域的含义。data 域存储与顶点相关的信息,如顶点的名称等;firstin 和 firstout 均为链域,分别指向以该顶点为弧头或弧尾的第一个弧结点。

有向图及其对应的十字链表如图 6-12 所示。

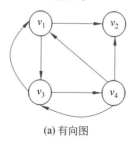

(a) 有向图

图 6-12　有向图及其对应的十字链表

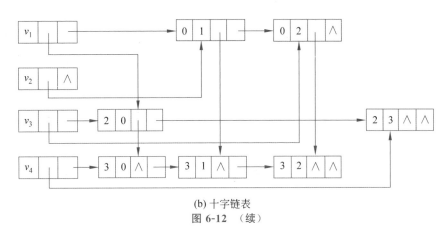

(b) 十字链表

图 6-12 （续）

图的十字链表存储结构的定义(图的十字链表存储结构的 C 语言描述)如下。

```
#define MAX_VERTEX_NUM 20
typedef struct ArcBox {                       //弧结构
    int tailvex, headvex;                     //该弧的尾和头顶点的位置
    struct ArcBox * hlink, * tlink;           //分别为弧头相同和弧尾相同的弧的链域
    InfoType  * info;                         //该弧相关信息的指针
} ArcBox;
typedef struct VexNode {                      //顶点结构表示
    VertexType  data;
    ArcBox  * firstin, * firstout;            //分别指向该顶点第一条入弧和出弧
} VexNode;
typedef struct {
    VexNode  xlist[MAX_VERTEX_NUM];           //顶点结点 (表头向量)
    int vexnum,arcnum;                        //有向图的当前顶点数和弧数
} OLGraph;
```

4. 邻接多重表

邻接多重表是无向图的另一种链式存储结构。在邻接表中每一条边有两个结点,分别在两个链表中,在执行某些操作时会带来不便,如删除操作,需要在两个顶点的边表中遍历。

邻接多重表的结构与十字链表结构相似。邻接多重表中每条边用一个结点表示,结构如下。

| mark | ivex | ilink | jvex | jlink | info |

mark 为标志域,可用于标记该条边是否被搜索过;ivex 和 jvex 为该边依附的两个顶点在图中的位置;ilink 指向下一条依附于顶点 ivex 的边;jlink 指向下一条依附于顶点 jvex 的边;info 是指向和边相关的各种信息的指针域。

每个顶点用如下顶点结构表示。

data 域存储该顶点的相关信息,firstedge 域指示第一条依附于该顶点的边。在邻接多重表中,所有依附于同一顶点的边串联在同一链表中,由于每条边依附于两个顶点,则每个

边结点同时链接在两个链表中。

可见,对于无向图,其邻接多重表和邻接表的差别为同一条边在邻接多重表中只有一个结点,在邻接表中用两个结点表示。但是,邻接多重表的基本操作与邻接表相似。如图6-13所示为无向图 G_2 的邻接多重表。

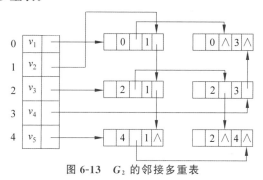

图6-13 G_2 的邻接多重表

5. 复杂度分析

对于有 n 个结点的图 G,邻接矩阵表示法的空间复杂度为 $O(n^2)$。

用邻接矩阵存储图,能较容易确定图中两个顶点间是否相连,但是某些应用需要遍历邻接矩阵,花费的时间代价相对较大。例如,计算图中有多少条边;又如,给定一顶点找出它的所有邻边需要扫描一行,花费的时间为 $O(n)$。

用邻接表存储图,n 为结点数,e 为边数。若 G 为无向图,因无向图中每条边在邻接表中出现两次,因此所需存储空间为 $O(n+2e)$;若 G 为有向图,所需的存储空间为 $O(n+e)$。给定一顶点找出它的所有邻边需要查找该顶点的邻接表即可。但是在邻接表中判断两个顶点间是否相连则需要在一个结点对应的边表中查找另外一个结点是否在。

6.3.3 图的遍历

图的遍历是求解图的连通性、拓扑排序等算法的基本思想。图的遍历是指从图中某一顶点出发按照某种方法沿着边对图中的顶点访问一次且仅访问一次。为避免重复访问一般设置标识数组。图的遍历主要可分为两种方法:**深度优先搜索**(Depth First Search,DFS)和**广度优先搜索**(Breadth First Search,BFS)。这里,深度优先搜索和广度优先搜索对无向图和有向图都适用。

1. 深度优先搜索

第6章图的深度优先搜索遍历

1) 深度优先搜索基本过程

深度优先搜索基本过程类似于树的先根遍历,其基本过程如下。

(1) 从图中某个初始顶点 v 出发,首先访问初始顶点 v;

(2) 选择一个与顶点 v 相邻接且没有被访问过的顶点 w,再访问与 w 邻接且未被访问的任一顶点,以此类推。

(3) 重复(2),当不能再继续向下访问时,依次退回至最近被访问的结点,判断该顶点的邻接顶点是否有未被访问过的,若有则从该顶点开始执行(2),若没有则继续回退,直到图中的顶点均被访问过,深度优先搜索结束。

若此时图中尚有顶点未被访问,则另选图中一个未被访问过的顶点为起始点,重复上述过程,直到图中所有顶点都被访问过为止。

2) 图的深度优先搜索过程

如图 6-14、图 6-15 所示,从顶点 v_1 出发进行搜索,先访问顶点 v_1,然后选择顶点 v_1 的邻接点 v_2,因 v_2 没有被访问过,从 v_2 出发进行搜索。以此类推,接着选择从 v_4、v_8、v_5 出发进行搜索,当访问完 v_5 后,因为 v_5 的邻接点均已经被访问过,则退回至 v_8,v_8 的邻接点均已经被访问过,所以依次退回至 v_4、v_2,直到退回至 v_1,发现 v_1 的另一个邻接点未被访问过,搜索从 v_1 到 v_3,接着选择从 v_3、v_6、v_7 出发进行搜索,当访问完 v_7 后,因为 v_7 的邻接点均已经被访问过,则退回至 v_6,v_6 的邻接点均已经被访问过,所以依次退回至 v_3、v_1,深度优先搜索结束。因此,深度优先搜索序列为 $v_1,v_2,v_4,v_8,v_5,v_3,v_6,v_7$。

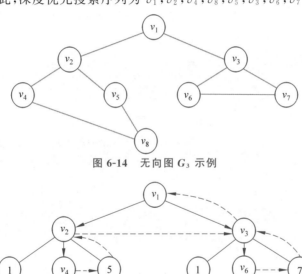

图 6-14 无向图 G_3 示例

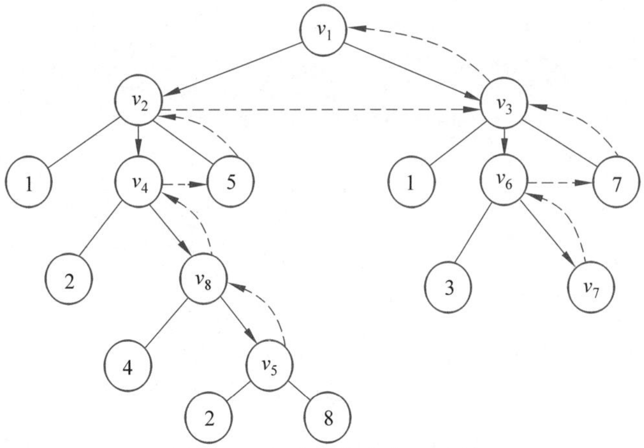

图 6-15 深度优先搜索的过程

3) 深度优先搜索算法

(1) 通用的深度优先搜索算法。可根据图的具体存储结构实现图的基本操作 FirstNeighbor(G,v) 和 NextNeighbor(G,v,w),其中,FirstNeighbor(G,v) 含义为求图中顶点 v 的第一个邻接点(若存在则返回顶点编号,若不存在邻接点或无顶点 v 可设置返回 FALSE 或 −1);NextNeighbor(G,v,w) 含义为顶点 w 是顶点 v 的一个邻接点,返回除了顶

点 w 外顶点 v 的下一个邻接点的顶点编号。如果此时 w 是 v 的最后一个顶点,则可设置返回 FALSE 或 -1。

具体算法如下。

```
bool visit[G.vexnum];                    //附设访问标识数组
void DFSTraverse(Graph G){
    for(v=0; v<G.vexnum; ++v)
        visited[v] = FALSE;              //访问标识数组初始化
    for (v=0; v<G.vexnum; ++v)
    {
        if (!visited[v])                 //对尚未访问的顶点调用 DFS
            DFS(G, v);
    }
}
void DFS(Graph G, int v){
    //从第 v 个顶点出发递归地对图 G 进行深度优先搜索
    visit(v);                            //访问顶点 v
    visited[v] = TRUE;                   //设访问标志
    for ( w= FirstNeighbor(G,v); w>=0; w= NextNeighbor(G,v,w))
    {
        if (!visited[w])
            DFS(G, w);                   //对 v 的尚未访问过的邻接顶点 w 递归调用 DFS
    }
}
```

(2) 下面给出邻接表结构的深度优先搜索算法。

```
bool visited[G.vexnum];                  //附设访问标识数组
void DFSTraverse(ALGraph G){             //对以邻接表表示的图 G 进行深度优先搜索
    for (v=0; v<G.vexnum; ++v)
        visited[v] = FALSE;              //访问标识数组初始化
    for (v=0; v<G.vexnum; ++v)
    {
        if (!visited[v]) //对尚未访问的顶点调用 DFS
            DFS(G, v);
    }
}
void DFS(ALGraph G, int v){
    //从顶点 v 出发递深度优先搜索图 G
    visit(G.vertices[v].data);           //访问顶点 v
    visited[v] = TRUE;                   //设访问标志
    for ( p=G.vertices[v].firstarc; p; p=p->nextarc)
    {//p 为指向弧结点的指针
        w=p->adjvex;
        if (!visited[w])
            DFS(G, w);                   //对 v 的尚未访问过的邻接顶点 w 递归调用 DFS
    }
}
```

4) 算法性能分析

已知图 G 的顶点数为 n、边数为 e。

空间复杂度。DFS算法为递归算法,需要借助递归工作栈实现,则其空间复杂度为$O(n)$。

时间复杂度。邻接矩阵作为存储结构时,DFS算法的时间复杂度为$O(n^2)$;邻接表作为存储结构时,DFS算法的时间复杂度为$O(n+e)$。

原因:图的遍历过程为对各顶点查找其邻接点的过程,它的时间复杂度与其所用的存储结构有关。邻接矩阵作为存储结构时,查找每个顶点所需的时间为$O(n)$,共有n个顶点,则算法总体的时间复杂度为$O(n^2)$;邻接表作为存储结构时,查找所有顶点的邻接点的时间为$O(e)$,访问顶点所需要的时间为$O(n)$,则算法总体的时间复杂度为$O(n+e)$。

一个图的邻接矩阵存储结构是唯一的,但是其邻接表存储结构可能不唯一。因为邻接表的每个顶点对应的单链表各边的链接次序可以是任意的,与建立邻接表的算法及边的输入次序有关。

由此可知,对于同一个图,以邻接矩阵作为存储结构遍历所得到的BFS、DFS序列都是唯一的,但是当以邻接表作为存储结构遍历所得到的BFS、DFS序列均不是唯一的。

5)深度优先生成树和生成森林

对于连通图,深度优先搜索将产生一棵深度优先生成树。对于非连通图,深度优先搜索将产生深度优先生成森林。与上一部分同理,对于图的深度优先生成树,以邻接表作为存储结构遍历所得到的深度优先生成树也是不唯一的。

例如,画出图6-16的深度优先生成树或生成森林。

基本思想:在图的遍历过程中,从每个未被访问的顶点出发所访问到的顶点以及所有与这些顶点相关的边构成无向图的一个连通分量;如果从第一个顶点出发的深度优先搜索,即访遍图中所有顶点,则该图为连通图;否则对于非连通图,继续选取图中的未被访问的其他结点执行深度优先搜索,直至顶点全部访问完毕。

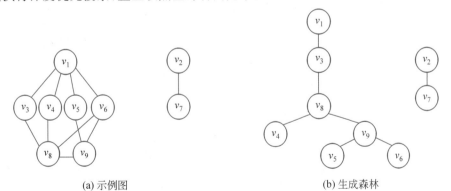

(a) 示例图　　　　　　　　　　　　(b) 生成森林

图6-16　深度优先生成树和生成森林

示例中图6-16(a)左边(单看)的深度优先生成树为图6-16(b)的左边(单看),图6-16(a)整体的深度优先生成森林为图6-16(b)整体。

2. 广度优先搜索

第6章图的广度优先搜索遍历

1) 广度优先搜索基本过程

广度优先搜索类似于树的层次遍历,其基本过程如下:

(1) 首先访问初始顶点 v,从初始顶点 v 出发。

(2) 访问 v 的所有未被访问过的邻接点 v_1、v_2、$\cdots$、v_i。

(3) 按照 v_1、v_2、$\cdots$、v_i 的次序访问每个顶点的所有未被访问过的邻接点。

(4) 以此类推,再从这些访问过的顶点出发,访问它们所有未被访问过的邻接点,直到图中所有顶点都被访问过为止。

若此时图中尚有顶点未被访问,则另选图中一个未被访问过的顶点为起始点,重复上述过程,直到图中所有顶点都被访问过为止。

2) 图的广度优先搜索过程

广度优先搜索图的过程是以 v 为起点,由近及远,依次访问和 v 有路径相通且路径长度为 1、2…的顶点。以下通过一个例子演示广度优先搜索遍历的过程。如图 6-17、图 6-18 所示,首先访问 v_1 和 v_1 的邻接点 v_2 和 v_3,然后依次访问 v_2 的邻接点 v_4 和 v_5 及 v_3 的邻接点 v_6 和 v_7,最后访问 v_4 的邻接点 v_8。由于这些顶点的邻接点均已被访问完毕,并且图中的所有顶点都被访问,由此完成了图的遍历,得到广度优先搜索序列为 $v_1,v_2,v_3,v_4,v_5,v_6,v_7,v_8$。

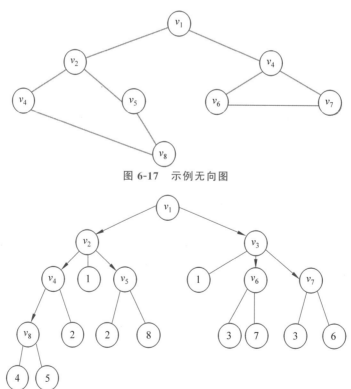

图 6-17 示例无向图

图 6-18 广度优先搜索的过程

3) 广度优先搜索算法

广度优先搜索算法不是递归算法,无回退过程,是一种分层的查找过程,算法需要借助一个辅助队列,用来记录正在访问顶点的下一层顶点;另外,设置辅助数组标识顶点是否已经被访问,同时也防止顶点被多次访问的问题。

(1) 通用的广度优先搜索算法。可根据图的具体存储结构实现图的基本操作 FirstNeighbor(G,v) 和 NextNeighbor(G,v,w),其中,FirstNeighbor(G,v) 的含义为求图中顶点 v 的第一个邻接点(若存在则返回顶点编号,若不存在邻接点或无顶点 v 可设置返回 FALSE 或 -1);NextNeighbor(G,v,w) 的含义为顶点 w 是顶点 v 的一个邻接点,返回除了顶点 w 外顶点 v 的下一个邻接点的顶点编号,如果此时 w 是 v 的最后一个顶点则可设置返回 FALSE 或 -1。

具体算法如下。

```
bool visit[G.vexnum];                        //附设访问标识数组
void BFSTraverse(Graph G){                   //广度优先搜索图 G
    for(v=0; v<G.vexnum; ++v)
        visited[v] = FALSE;                  //访问标识数组初始化
    Queue Q;                                 //附设队列 Q
    InitQueue(Q,G.vexnum);                   //初始化队列 Q
    for (v=0; v<G.vexnum; ++v)
    {
        if (!visited[v])                     //对尚未访问的顶点调用 BFS
            BFS(G, v);
    }//for
}
void BFS(Graph G, int v){
    //从第 v 个顶点出发对图 G 进行广度优先搜索
    visit(v);                                //访问顶点 v
    visited[v] = TRUE;                       //设访问标志
    EnQueue(Q,v);                            //顶点 v 入队列
    while(!EmptyQueue(Q))
    {
        DeQueue(Q,v);                        //顶点 v 出队列
        for ( w= FirstNeighbor(G,v); w>=0; w= NextNeighbor(G,v,w))
        {
            if (!visited[w])
            {
                visit(w);                    //访问顶点 w
                visited[w] = TRUE;           //设访问标志
                EnQueue(Q,w);                //w 入队列
            }//if
        }//for
    } //while
    DestroyQueue(Q);
}
```

(2) 下面给出邻接矩阵结构的广度优先搜索算法。

```
bool visited[G.vexnum];                      //附设访问标识数组
void BFSTraverse(MGraph G)   {
    Queue Q;                                 //附设队列 Q
    for (v=0; v<G.vexnum; ++v)               //初始化标识数组
        visited[v] = FALSE;
    InitQueue(Q,G.vexnum);                   //初始化队列 Q
```

```
        for ( v=0; v<G.vexnum; ++v )
            if ( !visited[v]){
            //从每一个未被访问的顶点出发,进行广度优先搜索
                visited[v] = TRUE;
                visit(v);                          //访问图中第 v 个顶点
                EnQueue(Q, v);                     //v 入队列
                while (!QueueEmpty(Q)) {
                    DeQueue(Q, u);                 //队头元素出队并置为 u
                    for ( w=0; w<G.vexnum; w++; )
                        if ( G.arcs[u, w].adj && ! visited[w] ) {
                            visited[w] = TRUE;
                            visit(w);              //访问图中第 w 个顶点
                            EnQueue(Q, w);         //当前访问的顶点 w 入队列 Q
                        } //if
                } //while
            } //if
    DestroyQueue(Q);
} //BFSTraverse
```

4) 算法性能分析

已知图 G 的顶点数为 n、边数为 e。

空间复杂度。无论采用邻接表还是邻接矩阵作为存储结构,均需要借助辅助队列实现,则其空间复杂度为 $O(n)$。

时间复杂度。采用邻接表作为存储结构时,BFS 算法的时间复杂度为 $O(n+e)$;采用邻接矩阵作为存储结构时,BFS 算法的时间复杂度为 $O(n^2)$。

原因:采用邻接表作为存储结构时,需要每个顶点搜索一次,时间复杂度为 $O(n)$,在搜索任一顶点的邻接点时每条边至少访问一次,BFS 算法的时间复杂度为 $O(n+e)$;采用邻接矩阵作为存储结构时,查找每个顶点的邻接点所需要的时间复杂度为 $O(n)$,BFS 算法的时间复杂度为 $O(n^2)$。

一个图的邻接矩阵存储结构是唯一的,但是其邻接表存储结构可能不唯一。因为邻接表的每个顶点对应的单链表各边的链接次序可以是任意的,与建立邻接表的算法及边的输入次序。

由此可知,对于同一个图,以邻接矩阵作为存储结构遍历所得到的 BFS、DFS 序列都是唯一的,但是当以邻接表作为存储结构遍历所得到的 BFS、DFS 序列均不是唯一的。

5) 广度优先生成树

在广度优先搜索过程中得到的遍历树称为**广度优先生成树**。

可自行根据上述广度优先搜索过程完成广度优先生成树。

6.3.4 图的应用

本部分为专业课学习和研究生入学考试的重点和难点内容,但是读者不必畏惧,接下来我们分为最小生成树、最短路径、拓扑排序、关键路径的顺序分别展开讲解,并配以示例和相应的视频讲解。本部分一般以图的示例过程形式考查,需要掌握算法的执行过程,进而进行算法过程的模拟。

1. 最小生成树

第6章图的应用最小生成树

1) 最小生成树的概念和性质

在所有生成树中,树的权最小的生成树为图 G 的最小生成树。

带权连通无向图 G(顶点数为 n),其生成树中边的权值之和为该树的权,在含有 n 个顶点的带权连通图中选择 $n-1$ 条边,构成一棵极小连通子图,并使该连通子图中 $n-1$ 条边上权值之和达到最小,则称这棵连通子图为带权连通图的最小生成树(Minimum Spanning Tree,MST)。换句话说,图 G 的最小生成树在所有生成树中,树的权最小。

最小生成树的性质如下。

(1) 最小生成树包含图的所有结点,最小生成树的边数为 $n-1$(只含有尽可能少的边)。

(2) 去掉一条边则变为非连通图,加上一条边则形成回路。

(3) 最小生成树是否唯一问题。最小生成树不一定是唯一的,一般情况不唯一,当图 G 的各边权值不相等时,是唯一的;但是最小生成树的权值唯一。

2) 最小生成树算法

假设 $G=(V,E)$ 为带权连通无向图,V 是顶点集合,U 是 V 的非空子集。在生成树的构造过程中,图中 n 个顶点分属两个集合,分别为已落在生成树上的顶点集 U 和尚未落在生成树上的顶点集 $V-U$;接着,在所有连通 U 中顶点和 $V-U$ 中顶点的边中选取权值最小的边 (u,v),$u \in U$,$v \in V-U$。

本部分介绍最小生成树的两种算法:Prim 算法和 Kruskal 算法。

(1) Prim 算法描述。

① 任取图中一个顶点 v 作为生成树的根。

② 在生成树上添加新的顶点 w,使得在添加的顶点 w 和已生成树上的顶点 v 之间一定存在一条边,该边的权值在所有连通顶点 v 和 w 之间的边中取值最小。

③ 继续在生成树上添加顶点,同时满足②中条件,直至生成树上含有 $n-1$ 个顶点为止。

Prim 算法构造最小生成树的过程如图 6-19 所示。

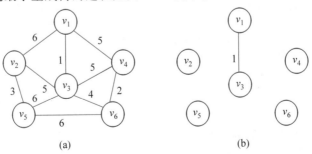

图 6-19 Prim 算法构造最小生成树的过程

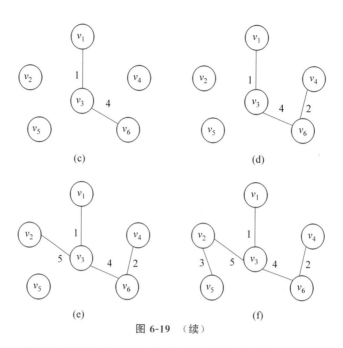

图 6-19 （续）

一般考查 Prim 算法的模拟绘制过程，但是本部分为读者提供 Prim 算法（仅供参考）。Prim 算法如下。

设置一个辅助数组，对当前 $V-U$ 集中的每个顶点，记录和顶点集 U 中顶点相连接的代价最小的边。

```
typedef struct {
    char    adjvex;
    int     lowcost;
}closedge[MAX_VERTEX_NUM];
void MiniSpanTree_P(MGraph G, VertexType u) {
    //从 u 出发构造最小生成树
    k = LocateVex ( G, u );
    for ( j=0; j<G.vexnum; ++j )                    //数组初始化
        if (j!=k)   closedge[j] = { u, arcs[k][j].adj };
    closedge[k].lowcost = 0;
    for (i=0; i<G.vexnum; ++i) {                    //继续添加顶点
        k = minimum(closedge);                      //求加入生成树的下一顶点
        printf(closedge[k].adjvex, G.vexs[k]);      //输出生成树的上一条边
        closedge[k].lowcost = 0;                    //并入 U 集
        for (j=0; j<G.vexnum; ++j)                  //修改其他顶点的最小边
        if (G.arcs[k][j].adj < closedge[j].lowcost)
            closedge[j] = { G.vexs[k], G.arcs[k][j].adj };
    } //for
}//MiniSpanTree_P
```

（2）Kruskal 算法。Kruskal 算法的基本思想为使生成树上边的权值之和达到最小，则应使生成树中每条边的权值尽可能地小。

Kruskal 算法描述。

① 先构造一个只含 n 个顶点的子图 $SG(V,\{\})$。

② k 计选中的边数,初值为 0,若 $k < n-1$,从权值最小的边 (u,v) 开始添加。

③ 若添加边不使 SG 中产生回路,则在 SG 上加上这条边,k 值加 1,如此重复,直至加上 $n-1$ 条边为止。

Kruskal 算法构造最小生成树的过程如图 6-20 所示。

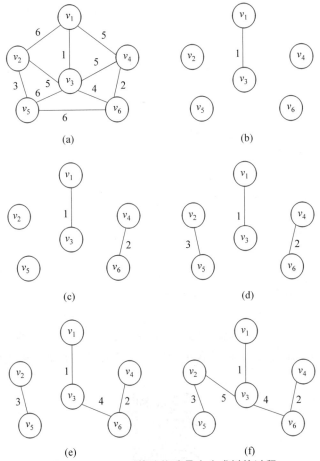

图 6-20 Kruskal 算法构造最小生成树的过程

一般考查 Kruskal 算法的模拟绘制过程,但是本部分为读者提供 Kruskal 算法(仅供参考)。Kruskal 算法如下。

存储结构定义如下。

```
typedef struct {
    char  vex1;                              //顶点 1
    char  vex2;                              //顶点 2
    int   weight;                            //权值
}EdgeType;
typedef ElemType EdgeType;
typedef struct {                             //有向网的定义
    VertexType vexs[MAX_VERTEX_NUM];         //顶点
    EdgeType edge[MAX_EDGE_NUM];             //边
    int vexnum,arcnum;                       //顶点数和边数
    }ELGraph;
```

```
void MiniSpanTree_Kruskal(ELGraph G, SqList& MSTree)   {
    //依权值从小到大存放有向网中的边
    //按 Kruskal 算法求得生成树的边存放在顺序表 MSTree 中
    MFSet F;
    InitSet(F, G.vexnum);                     //初始化为 n 棵树的集合
    InitList(MSTree, G.vexnum);               //初始化为空树
    i=0; k=1;
    while( k<G.vexnum ) {
        e = G.edge[i];
        //取第 i 条权值最小的边
        r1 = fix_mfset(F, LocateVex(e.vex1));
        r2 = fix_mfset(F, LocateVex(e.vex2));  //返回两个顶点所在树的根
        if (r1 != r2) {                        //选生成树上第 k 条边
            if (ListInsert(MSTree, k, e))
                k++;                           //插入生成树
                mix_mfset(F, r1, r2);          //归并为一棵树
        } //if
        i++;
    } //while
    DestroySet(F);
} //MiniSpanTree_Kruskal
```

（3）Prim 算法和 Kruskal 算法分析。Prim 算法适合于构造稠密图的最小生成树。原因是 Prim 算法的时间复杂度为 $O(n^2)$，因只和结点的规模有关，与边的规模无关，因此适合于构造稠密图的最小生成树。

Kruskal 算法适合于构造稀疏图的最小生成树。原因是 Prim 算法的时间复杂度为 $O(e\log e)$，只与边的规模有关，因此适合于构造边较少的稀疏图最小生成树。

2. 拓扑排序

第 6 章图的应用拓扑排序

1）拓扑排序概念

在 AOV 网中不允许出现有向环。可用一个有向图表示子工程及其相互制约的关系，顶点表示活动，边表示活动间优先制约关系，如果有环，则意味着某项子工程的开始以本身的完成为先决条件。

拓扑有序序列是指，如果在 AOV 网中存在一条从顶点 a 到顶点 b 之间的弧，则在拓扑有序序列中顶点 a 必须领先于顶点 b；反之，如果在 AOV 网中顶点 a 和顶点 b 之间没有弧，则在拓扑有序序列中这两个顶点的先后次序关系可以随意；按照有向图给出的次序关系，将图中顶点排成一个线性序列，对于有向图中没有限定次序关系的顶点，则可以人为加上任意的次序关系。将一个偏序的有向图，改造为一个全序的有向图，这种排序就称为**拓扑排序**。

2）拓扑排序过程及示例

拓扑排序的过程如下。

(1) 从 AOV 网中选择入度为 0 的顶点并输出。
(2) 在 AOV 网中删除该顶点和所有以该顶点为弧尾的边。
(3) 重复上述两个步骤直到当前 AOV 网为空或不存在入度为 0 的顶点为止,如果出现"当前 AOV 网不空且不存在入度为 0 的顶点"的情况,则说明网中有环。

拓扑排序示例如图 6-21 所示。v_3 的入度为 0,输出 v_3,在删除顶点 v_3 和以 v_3 为尾的弧 $<v_3,v_1>$ 和 $<v_3,v_4>$ 后如图 6-21(b)所示;v_1 的入度为 0,输出 v_1,在删除顶点 v_1 和以 v_1 为尾的弧 $<v_1,v_4>$ 和 $<v_1,v_2>$ 后如图 6-21(c)所示;v_4 的入度为 0,输出 v_4,在删除顶点 v_4 和以 v_4 为尾的弧 $<v_4,v_5>$ 后如图 6-21(d)所示;v_5 的入度为 0,输出 v_5,在删除 v_5 和以 v_5 为尾的弧 $<v_5,v_2>$ 后如图 6-21(e)所示;v_2 的入度为 0,输出 v_2,在删除顶点 v_2 和以 v_2 为尾的弧 $<v_2,v_6>$ 后如图 6-21(f)所示;最后输出结点 v_6。

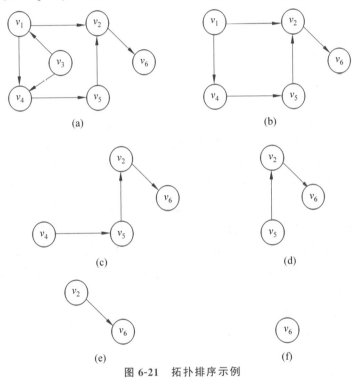

图 6-21 拓扑排序示例

3) 拓扑排序算法

拓扑排序算法如下(使用辅助栈)。本部分给出基于邻接表的拓扑排序,基于邻接矩阵的拓扑排序可参见本章进阶综合应用题中相关题目。

```
int TopoSort (ALGraph G){
    SqStack S;
    int indegree[maxsize];
    int i,  count,  k;
    ArcNode * p;
    FindID(G, indegree);                    //求各顶点入度
    InitStack(S);                           //初始化辅助栈
    for(i=0; i<G.vexnum; i++)
        if(indegree[i]==0)
            Push(&S, 1);                    //将入度为 0 的顶点入栈
```

```
            count=0;
            while(!StackEmpty(S))     {
                Pop(S, i);
                printf( G.vertices[i].data);
                count++;                                  //输出 i 号顶点并计数
                p=G.vertices[i].firstarc;
                while(p){
                    k=p->adjvex;
                    indegree[k]--;                        //顶点 i 的每个邻接点的入度减 1
if(indegree[k]==0)                                        //若入度减为 0,则入栈
                        Push(S,   k);
                    p=p->nextarc;
                }//while
            } //while
            if (count<G.vexnum)                           //有环
                return 0;
            else
                return 1;
        }                                                 //TopoSort
```

4) 算法复杂度分析

对于有 n 个结点、e 条边的有向图,以邻接表作为存储结构时,算法的时间复杂度为 $O(n+e)$;以邻接矩阵作为存储结构时,算法的时间复杂度为 $O(n^2)$。

原因:建立求各顶点的入度的时间复杂度为 $O(e)$,建立入度顶点栈的时间复杂度为 $O(n)$,在拓扑排序过程中,若有向图无环,则每个顶点入栈一次、出栈一次,入度减 1 操作在 while 语句中执行 e 次,则总的时间复杂度为 $O(n+e)$。从另一个角度,无论采用邻接矩阵还是邻接表,输出每个顶点的同时还要删除以它为尾的弧,因此以邻接表作为存储结构时,算法的时间复杂度为 $O(n+e)$;以邻接矩阵作为存储结构时,算法的时间复杂度为 $O(n^2)$。

5) 逆拓扑排序

当有向图中无环时,逆拓扑排序的步骤如下。

(1) 从 AOV 网中选择出度为 0 的顶点并输出。

(2) 在 AOV 网中删除该顶点和所有以该顶点为弧头的边。

(3) 重复上述两个步骤直到当前 AOV 网为空。

当有向图中无环时,可以利用深度优先搜索进行拓扑排序,因为图中无环,则由图中某顶点出发进行深度优先搜索时,最先退出 DFS 的顶点(出度为 0 的顶点)是拓扑排序中最后一个顶点。同时按照退出 DFS 函数的先后得到的顶点序列为逆向的拓扑有序序列,即逆拓扑排序序列。

另外,关于有向无环图描述表达式的问题在真题中也曾出现过,具体可查看习题部分的考研真题部分及相应的解答。

3. 关键路径

第 6 章图的应用关键路径

1) 关键路径的概念

与 AOV 网相对应的是 **AOE 网**，即边表示活动的网。AOE 网是一个带权的有向无环图，其中，顶点表示事件（Event），弧表示活动，权表示活动持续的时间。通常，AOE 网可用来估算工程完成的时间。

工程的 AOE 网络。一项工程可以表示为一个 AOE 网络。整个工程完成的时间为：从有向图的源点到汇点的最长路径。**关键活动**指的是该弧上的权值增加将使有向图上的最长路径的长度增加。**源点**表示工程开始事件的顶点的入度为零，汇点表示工程结束事件的顶点的出度为零。一个工程的 AOE 网应是只有一个单源点和单汇点的有向无环图。

2) 求关键活动的方法

求关键活动的方法如下。

(1) 事件（顶点）的最早发生时间 $ve(j)$，$ve(j)$ 为从源点到顶点 j 的最长路径长度。

(2) 事件（顶点）的最迟发生时间 $vl(k)$，$vl(k)$ 为从顶点 k 到汇点的最短路径长度。

(3) 假设第 i 条弧为 $<j,k>$，则对第 i 项活动，"活动（弧）"的最早开始时间 $e(i)$，$e(i) = ve(j)$。

(4) "活动（弧）"的最迟开始时间 $l(i)$，$l(i) = vl(k) - \text{weight}(<j,k>)$，$\text{weight}(<j,k>)$ 为 $<j,k>$ 上的权值。

(5) 若 $e(i) - l(i) = 0$，则活动 i 为关键活动。

这里，正拓扑排序初始化 $ve(源点) = 0$；依次求 $ve(k) = \max\{ve(j) + \text{weight}(<j,k>)\}$；逆拓扑排序初始化 $vl(汇点) = ve(汇点)$；依次求 $vl(j) = \min\{vl(k) - \text{weight}(<j,k>)\}$。

3) 示例

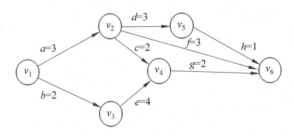

(a) 示例图

值	v_1	v_2	v_3	v_4	v_5	v_6
$ve(i)$	0	3	2	6	6	8
$vl(i)$	0	4	2	6	7	8

(b) 求 $ve(i)$ 和 $vl(i)$

值	a	b	c	d	e	f	g	h
$e(i)$	0	0	3	3	2	3	6	6
$l(i)$	1	0	4	4	2	5	6	7
$l(i)-e(i)$	1	0	1	1	0	0	0	1

(c) 求 $e(i)$、$l(i)$ 和 $l(i)-e(i)$

图 6-22 求解关键路径过程

示例求解关键路径的过程如下。

(1) 求 ve()。初始 ve(1)=0,在拓扑排序输出顶点过程中,求得 ve(2)=3,ve(3)=2,ve(4)=max{ve(2)+2,ve(3)+4}=max{5,6}=6,ve(5)=ve(2)+3=6,ve(6)=max{ve(5)+1,ve(2)+3,ve(4)+2}=max{7,6,8}=8。

(2) 求 vl()。vl(6)=ve(6)=8,在逆拓扑排序出栈过程中,求得,vl(5)=7,vl(4)=6,vl(3)=2,vl(2)=min{vl(5)−3,vl(6)−3,vl(4)−2}={4,5,4}=4,vl(1)=min{ vl(2)−3,vl(3)−2}=min{1,0}=0。

(3) 弧的最早开始时间等于该弧的起点顶点的 ve(),结果见图 6-22。

(4) 弧的最迟开始时间等于该弧的终点顶点的 vl()减去弧的权值,结果见图 6-22。

(5) $l(i)-e(i)=0$ 的关键活动为"b,e,g",则关键路径为 $v_1 v_3 v_4 v_6$。

4) 算法实现

本算法一般考查模拟绘制运行过程表进而求出关键路径,但是本部分依然给出算法(仅供参考),以备深入学习使用。

```
int  ve[maxsize];                           //顶点的最早发生时间
int TopoOrder(AdjList G, Stack  T) {
//T 为返回拓扑序列的栈,S 为存放入度为 0 的顶点的栈
    int count, i, j, k;    ArcNode * p;
    int indegree[maxsize];                  //各顶点入度数组
    Stack S;
    InitStack(T);
    InitStack(S);                           //初始化栈 T 和 S
    FindID(G, indegree);                    //求各个顶点的入度
    for(i=0; i<G.vexnum; i++)
        if(indegree[i]==0)
            Push(S, i);
    count=0;
    for(i=0; i<G.vexnum; i++)
        ve[i]=0;                            //初始化最早发生时间
        while(!StackEmpty(S)) {
            Pop(S, j); Push(T, j);   count++;
            p=G.vertex[j].firstarc;
            while(p){ k=p->adjvex;
                if(--indegree[k]==0)
                    Push(S, k);             //若顶点的入度减为 0,则入栈
                if(ve[j]+p->weight>ve[k])
                    ve[k]=ve[j]+p->weight;
                p=p->nextarc;
            } //while
        } //while
    if(count<G.vexnum)
        return Error;
    else
        return Ok;
}//TopoOrder
int CriticalPath(AdjList G){                //求关键路径
    ArcNode  * p;
    int   i, j, k, d, ei, li; char tag;
```

```
        int vl[maxsize];                    //顶点的最迟发生时间
        Stack T;
        if(!TopoOrder(G, T))
            return Error;
        for(i=0; i<G.vexnum; i++)
            vl[i]=ve[i];                    //初始化顶点事件的最迟发生时间
            while(!StackEmpty(T))    {      //按逆拓扑顺序求各顶点的vl值
                Pop(T, j);
                p=G.vertex[j].firstarc;
                while(p){
                    k=p->adjvex;   d=p->weight;
                    if(vl[k]-d<vl[j])
                        vl[j]=vl[k]-d;
                    p=p->nextarc;
                }//while
            } //while
        for(j=0; j<G.vexnum; j++)   { //求ee(i)、el(i)和关键活动
            p=G.vertex[j].firstarc;
            while(p) {
                k=p->Adjvex;   dut=p->weight;
                ei=ve[j]; li=vl[k]-dut;
                tag=(ei==li)?'*':' ';
                printf("%c, %c, %d, %d, %d, %c\n",
G.vertex[j].data, G.vertex[k].data, dut, ei, li, tag);
                //输出关键活动
                p->nextarc;
            } //while
        }//for
        return Ok;
} //CriticalPath
```

5) 需要注意下列问题

缩短工期问题。需要指出,并不是加快任何一个关键活动都可以缩短整个工程完成的时间,只有加快那些在关键路径上的所有关键活动才能达到缩短工程的工期。但也不能任意缩短关键活动,因为一旦缩短到一定程度,该关键活动有可能变为非关键活动;此外,关键路径可能不唯一,对于有几条关键路径的网,只提高一条路径上的关键活动速度并不能缩短整个工程工期,只有加快包括在所有关键路径上的关键活动才能达到缩短工期的目的。

4. 最短路径

当图是带权图时,把从一个顶点到图中其余任意一个顶点的一条路径所经过边上的权值之和,定义为该路径的带权路径长度,把带权路径长度最短的那条路径称为最短路径。广度优先搜索查找最短路径只是对无权图而言。

求解最短路径的算法依赖于两点之间的最短路径包含路径上其他顶点间的最短路径这一特性。对于带权有向图,单源最短路径可以使用 Dijkstra(迪杰斯特拉)算法,任意一对顶点之间的最短路径可以使用 Floyd(弗洛伊德)算法。

1) 从某个源点到其余各顶点的最短路径

单源最短路径问题是指,已知一个有向带权图中某个源点,求得从该源点到图中其他各个顶点之间的最短路径。

(1) Dijkstra算法思想。Dijkstra算法思想总体可归纳为:如果从源点到某个终点存在

第 6 章图的应用最短路径

路径,必存在一条路径长度取最小值的路径。Dijkstra 提出了一个"按各条最短路径长度递增的次序"产生最短路径的算法。该算法是基于贪心算法的。

按路径长度递增次序产生最短路径算法描述:

把顶点 V 分成两组,S 组为已求出最短路径的顶点的集合,T 组为 $T=V-S$,指尚未确定最短路径的顶点集合,将 T 中顶点按最短路径递增的次序加入到 S 中,并保证从源点 V_0 到 S 中各顶点的最短路径长度都不大于从 V_0 到 T 中任何顶点的最短路径长度;每个顶点对应一个路径的长度值,S 中顶点是从 V_0 到此顶点的最短路径长度,T 中顶点是从 V_0 到此顶点的只包括 S 中顶点作中间顶点的最短路径长度(可以证明:V_0 到 T 中顶点 V_k 的最短路径,或是从 V_0 到 V_k 的直接路径的权值;或是从 V_0 经 S 中顶点到 V_k 的路径权值之和)。

Dijkstra 算法描述: 设置辅助数组 dist,其中每个分量 dist[k] 表示当前所求得的从源点到其余各顶点 k 的最短路径。n 是图 G 中的顶点数,dist[n] 为存放从源点到每个终点当前最短路径的长度,path[n] 为存放相应路径,S 是求得的最短路径的终点的集合。

① 令 $S=\{v_s\}$,v_s 为源点,并设定 dist[i] 的初始值。

② 选择顶点 v_j 使得 dist[j] = min{dist[k] | $v_k \in V-S$},并将顶点 v_j 并入到集合 S 中。

③ 对集合 $V-S$ 中所有顶点 v_k,若存在从 v_j 指向该顶点的弧,且
$$\text{dist}[j] + w_{jk} < \text{dist}[k]$$
则修改 dist[j] 和 path[k] 的值。

④ 重复②和③直至求得从源点到所有其他顶点的最短路径为止。

一般情况下,求解最短路径的算法依赖于两点之间的最短路径包含路径上其他顶点间的最短路径这一特性。

即 dist[k] = <源点到顶点 k 的弧上的权值> 或者 = <源点到其他顶点的路径长度> + <其他顶点到顶点 k 的弧上的权值>

(2) 示例。单源最短路径生成过程如图 6-23 所示。

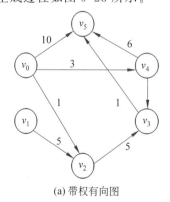

(a) 带权有向图

图 6-23 单源最短路径生成

顶点	第1轮	第2轮	第3轮	第4轮	第5轮
1	∞	∞	∞	∞	∞
2	1(选) $v_0 \to v_2$				
3	∞	6 $v_0 \to v_2 \to v_3$	5(选) $v_0 \to v_4 \to v_3$		
4	3 $v_0 \to v_4$	3(选) $v_0 \to v_4$			
5	10 $v_0 \to v_5$	10 $v_0 \to v_5$	9 $v_0 \to v_4 \to v_5$	6(选) $v_0 \to v_4 \to v_3 \to v_5$	
S	v_0、v_2	v_0、v_2、v_4	v_0、v_2、v_4、v_3	v_0、v_2、v_4、v_3、v_5	v_0、v_2、v_4、v_3、v_5

(b) 算法过程

始点	终点	类型	说明
v_0	v_1	无	
	v_2	(v_0,v_2)	1
	v_3	(v_0,v_4,v_3)	5
	v_4	(v_0,v_4)	3
	v_5	(v_0,v_4,v_3,v_5)	6

(c) v_0 到其余各点的最短路径

图 6-23 单源最短路径生成

(3) Dijkstra算法实现。本算法一般考查模拟绘制运行过程表进而求出最短路径,但是本部分依然给出算法(仅供参考),以备深入学习使用。

```
void ShortestPath_DIJ( MGraph G, VertexType u )
    { //求从 u 到其余顶点的最短路径
    k = LocateVex(G, u);                    //源点 u 在图中的序号
    for ( i=0; i<G.vexnum; ++i) {
        final[i] = FALSE;
        dist[i] = G.arcs[k][i];
        v=G.vexs[i];
        if (dist[i] < INFINITY)
            path = u ;                      //从顶点 u 到顶点 v 的一条路径
        else
            path[i] = '' ;                  //此时无路径
    }
```

```
            dist[k] = 0;
            final[k] = TRUE;                    //初始化顶点 u 属于 S 集合
            for (i=1; i<G.vexnum; ++i){//求从源点 u 到其余顶点的最短路径顶点
                min= INFINITY;
                for (k=1; k<G.vexnum; ++k) {          //求当前的最短路径长度最小值
                    if (! final[k]&& dist[k]<min )
                    { min=dist[k];
                      j=k;  }//if
                if (dist[j]= =INFINITY) break;
                //V-S 中剩余顶点不存在从顶点 u 到它们的路径
                final[j] = TRUE;                    //当前离顶点 u 最近的 v 加入 S 集合
                for (k=0; k<G.vexnum; ++k)          //更新其他顶点的当前最短路径
                if (!final[k] && (dist[j]+G.arcs[j][k]<dist[k])) {
                    //修改 dist[k]和 path[k] G.vexs[k]∈V-S
                    dist[k] = dist[j] + G.arcs[j][k];
                    path[k] = path[j] ; } //if
                } //for
            } //for
} //ShortestPath_DIJ
```

(4) 复杂度分析。

Dijkstra 算法使用邻接矩阵表示时,时间复杂度是 $O(n^2)$;使用邻接表表示时虽然修改 dist 的时间减少,但是在 dist 中选择最小分量的时间不变,时间复杂度仍为 $O(n^2)$。

2) 每对顶点之间的最短路径

如果希望求得图中任意两个顶点之间的最短路径,显然只要依次将每个顶点设为源点,调用 Dijkstra 算法 n 次便可求出,其时间复杂度为 $O(n^3)$。

本部分介绍一种形式上更简单的算法 Floyd 算法。Floyd 算法的时间复杂度也是 $O(n^3)$。

(1) Floyd 算法思想。Floyd 算法的基本思想为逐个顶点试探法。

① 初始时设置一个 n 阶方阵,对角线元素为 0,若存在弧 $<v_i,v_j>$,则对应元素为权值,否则为 ∞。

② 逐步试着在原直接路径中增加中间顶点,若加入中间点后路径变短,则修改;否则,不变。

③ 所有顶点试探完毕时,算法结束。

综上所述,Floyd 算法的基本思想是递推地产生一个矩阵序列,即

$$A^{(-1)}, A^{(0)}, \cdots, A^{(k)}, \cdots, A^{(n-1)}$$

其中

$$A^{-1}[i][j] = G.arcs[i][j]$$
$$A^{(k)}[i][j] = \min\{A^{(k-1)}[i][j], A^{(k-1)}[i][k]+A^{(k-1)}[k][j]\}, 0 \leqslant k \leqslant n-1$$

式中,$A^{(1)}[i][j]$ 是从 v_i 到 v_j 中间顶点序号不大于 1 的最短路径长度;$A^{(k)}[i][j]$ 是从 v_i 到 v_j 中间顶点序号不大于 k 的最短路径长度;$A^{(n-1)}[i][j]$ 是从 v_i 到 v_j 的最短路径长度。

(2) 示例如图 6-24 所示。

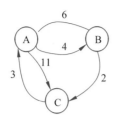

(a) 有向图　　　　　(b) 初始矩阵及路径

(c) 加入**A**矩阵及路径　　　(d) 加入**B**矩阵及路径

(e) 加入**C**矩阵及路径

图 6-24　示意图

(3) Floyd 算法实现。本算法一般考查模拟绘制运行过程进而求出最短路径，但是本部分依然给出算法（仅供参考），以备深入学习使用。

用邻接矩阵存储，length[ ][ ]存放最短路径长度，path[i][j]是从 v_i 到 v_j 中间顶点序号不大于 k 的最短路径上 v_i 的一个邻接顶点的序号，约定若 v_i 到 v_j 无路径时 path[i][j] = 0。由 path[i][j] 的值，可以得到从 v_i 到 v_j 的最短路径。

```
void shortpath_FLOYD(int cost[][M],int path[][M],int length[][M],int n){
                                              //Floyd算法求最短路径
    for(i=0;i<n;i++)
        for(j=0;j<n;j++){                     //初始化 path、length 矩阵
            length[i][j]=cost[i][j];
            if(i==j)
                path[i][j]=0;
            else if(length[i][j]<MAX)
                path[i][j]=i+1;
            else  path[i][j]=0;
        }
for(k=0;k<n;k++)
    for(i=0;i<n;i++)
        for(j=0;j<n;j++)
            if(length[i][k]+length[k][j]<length[i][j]){
                length[i][j]=length[i][k]+length[k][j];
                path[i][j]=path[k][j]; } //if
} //shortpath_FLOYD
```

(4) 复杂度分析。显然，Floyd 算法的时间复杂度为 $O(n^3)$。

6.4 重点和难点知识点详解

1. 连通性与强连通性的讨论范围

在无向图中讨论连通性，在有向图中讨论的是强连通性。

2. 存储问题

无向图的邻接矩阵是对称矩阵，当其规模较大时可参考矩阵的压缩存储部分知识点对矩阵进行压缩存储。

3. 解题技巧

通常，在一些应用中可将邻接矩阵简化为采用二维数组存储，可忽略存储顶点信息。

4. 稀疏图和稠密图适合的存储结构

对于稀疏图，邻接表比邻接矩阵更节省空间；对于稠密图，采用邻接矩阵更节省空间。

5. A^n 的含义

已知图 G 的邻接矩阵为 A，对于 A^n 中 $A^n[i][j]$ 的含义为，从顶点 i 到顶点 j 的长度为 n 的路径的条数。具体证明过程可参考离散数学相关教材。

6. 唯一问题 1

一个图的邻接矩阵存储结构是唯一的，但是其邻接表存储结构可能不唯一。因为邻接表的每个顶点对应的单链表各边的链接次序可以是任意的，与建立邻接表的算法及边的输入次序有关。

7. 对于无向图和有向图分别采用邻接矩阵和邻接表存储时的分析

（1）求某结点度的方法。无向图的邻接矩阵，该顶点下标对应的行中值为 1 的元素个数；无向图的邻接表，顶点的度等于该顶点表结点的单链表中边表结点的个数；有向图的邻接矩阵，顶点的度为入度和出度的和，出度等于该顶点下标对应的行中值为 1 的元素个数，入度等于该顶点下标对应的列中值为 1 的元素个数；有向图的邻接表，顶点的度为入度和出度的和，出度为该顶点表结点的单链表中边表结点的个数，入度为邻接表中所有编号为该顶点编号的边表结点的个数。

（2）计算图中的边数。无向图的邻接矩阵，边数为矩阵中值为 1 的元素个数除以 2；无向图的邻接表，边数为边结点数除以 2；有向图的邻接矩阵，边数为矩阵中值为 1 的元素个数；有向图的邻接表，边数等于边结点的个数。

（3）判断两个顶点是否连通的方法。对于邻接矩阵，判断第 i 行 j 列或 j 行 i 列是否为 1，为 1 则连通，否则不连通；若从顶点表结点 i 出发找到编号为 j 的边表结点，或者从顶点表结点 j 出发找到编号为 i 的边表结点，则连通，否则不连通。

8. 唯一问题 2

由第 6 点可知，对于同一个图，以邻接矩阵作为存储结构遍历所得到的 BFS、DFS 序列都是唯一的，但是当以邻接表作为存储结构遍历所得到的 BFS、DFS 序列均不是唯一的。

9. 唯一问题 3

有向无环图的拓扑排序结果是否唯一问题。一个结点有时候有多个直接后继时图的拓扑排序结果可不唯一；如果各个顶点有唯一的前驱后继关系，则拓扑排序的结果唯一。

10. AOV 网与 AOE 网

AOV 网与 AOE 网均为有向无环图，AOV 网中无权值，仅表示顶点之间的关系，而 AOE 网的边有权值。

6.5 习题题目

本部分习题形式包括单项选择题、综合应用题等题型，是专业课学习和考研常见题型。知识点覆盖专业课程学习和考研知识点，因此，本部分知识点相关习题设置较全面。本章知识点一般以选择题、综合应用题的形式考查居多，图的基本概念、存储结构、图的深度优先和广度优先搜索算法、图的应用具体包括最小生成树的 Prim 和 Kruskal 算法、拓扑排序（AOV 网）、关键路径（AOE 网）和最短路径等是常见考查知识点。本部分涉及的算法较多，一般需要掌握算法的思想和步骤，算法的具体实现不是重点。

题目难度方面设置基础习题、进阶习题、考研真题，这样读者可根据自身情况合理安排学习规划，有针对性地逐步提升专业知识、解题能力和应试能力。

6.5.1 基础习题

一、单项选择题

1. 如果图 G 是一个有 n 个顶点的有向完全图，则该图共有（　　）条弧。

   A. $n(n-1)$　　　B. $n(n-1)/2$　　　C. n^2-1　　　D. $(n^2-1)/2$

2. 如果对于无向图，从任一顶点出发进行一次深度优先搜索即可访问所有顶点，则该图一定是（　　）。

   A. 一棵树　　　B. 连通图　　　C. 完全图　　　D. 有回路

3. 下列说法正确的是（　　）。

   Ⅰ. 如果有向图中存在拓扑序列，则图中无回路

   Ⅱ. 如果从无向图的任意顶点出发进行一次深度优先搜索就可以访问所有顶点，那么该无向图一定是连通图

   Ⅲ. 一个有 n 个顶点和 n 条边的无向图一定是有环的

   A. 只有Ⅱ　　　B. Ⅰ和Ⅱ　　　C. Ⅰ和Ⅲ　　　D. Ⅰ、Ⅱ和Ⅲ

4. 求无向图的所有连通分量，可以采用以下（　　）算法。

   A. 拓扑排序　　　B. 广度优先搜索　　　C. 求关键路径　　　D. 求图的最短路径

5. 下列说法正确的是（　　）。

   Ⅰ. 图中的路径是指由顶点和邻接顶点序偶构成的边组成的序列

   Ⅱ. 有向完全图一定是强连通有向图

   Ⅲ. 无向图的连通分量指的是无向图中的极大连通子图

   A. 只有Ⅱ　　　B. Ⅰ和Ⅱ　　　C. Ⅰ和Ⅲ　　　D. Ⅰ、Ⅱ和Ⅲ

6. 图采用邻接表存储，则其广度优先搜索算法类似于树的（　　）遍历，深度优先搜索算法类似于树的（　　）遍历。

   A. 层次　　　B. 先序　　　C. 中序　　　D. 后序

7. 无向图 $G(V,E)$ 的 $V=\{1,2,3,4,5,6\}$，$E=\{(1,2),(1,3),(1,5),(2,5),(4,5),(4,$

6),(5,6)},从结点1开始进行深度优先搜索,则得到的顶点序列为(　　)。

　　　A. 1,3,6,4,5,2　　B. 1,5,3,6,4,2　　C. 1,5,6,4,2,3　　D. 1,5,4,6,3,2

8. 无向图 $G(V,E)$ 如图6-25所示,其广度优先搜索序列为(　　)。

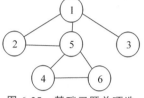

图6-25　基础习题单项选择题8示意图

　　　A. 1,2,5,3,4,6
　　　B. 1,5,3,4,6,2
　　　C. 1,2,4,5,6,3
　　　D. 1,2,4,5,6,3

9. n 个顶点的连通图的生成树有(　　)个顶点,(　　)条边。

　　　A. n　　　　　B. $n-1$　　　　C. $n+1$　　　　D. $n-2$

10. 下列说法正确的是(　　)。

　　　Ⅰ. 无向图的最小生成树可以有一棵或者多棵
　　　Ⅱ. 采用Prim算法和Kruskal算法构造图所得到的最小生成树可能是相同的也可能是不同的,但是最小生成树的代价是唯一的
　　　Ⅲ. 如果无向图中没有权值相同的边,则最小生成树是唯一的
　　　A. 只有Ⅱ　　B. Ⅰ和Ⅱ　　C. Ⅰ和Ⅲ　　D. Ⅰ、Ⅱ和Ⅲ

二、综合应用题

1. 如果一个无向图具有 n 个顶点和 e 条边,并且该图是一个森林,计算森林中有多少棵树并说明原因。

2. 图采用邻接矩阵存储和邻接表存储时,如何判断图中的边数是多少条?

3. 图的顶点数为 n,如果该图是无向连通图,则该图边的条数至少为多少? 如果是强连通有向图,则它的边的条数至少为多少? 说明原因。

4. 对于稠密图和稀疏图,采用邻接矩阵和邻接表哪个更好?

5. 设计算法将图的邻接表表示转换成邻接矩阵表示。

6. (1) 已知带权有向图的邻接矩阵如图6-26所示,该图有几个顶点? 画出该带权有向图。其中的结点可以用 v_i 表示。

(2) 图的邻接表如图6-27所示,画出该图。

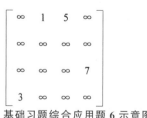

图6-26　基础习题综合应用题6示意图

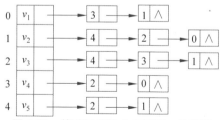

图6-27　基础习题综合应用题6示意图

7. 已知带权图如图6-28所示,画出用Kruskal算法产生最小生成树的过程及算法思想。

8. 已知带权图如图6-29所示,画出用Prim算法产生最小生成树的过程及算法思想。

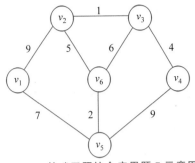

图 6-28 基础习题综合应用题 7 示意图

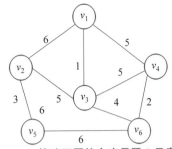

图 6-29 基础习题综合应用题 8 示意图

9.（1）有向图采用邻接矩阵存储，则如何计算某顶点的入度？

（2）带权有向图采用邻接矩阵存储，则如何计算某顶点的入度？

（3）无向图采用邻接矩阵存储，则如何计算某顶点的入度？

（4）无向图采用邻接矩阵存储，已知无向图的顶点数为 n，边数为 e，计算邻接矩阵中零元素的个数，并说明原因。

（5）如果图的邻接矩阵中主对角线上的元素为 0，其他元素为 1，那么该图具有什么特征？请说明原因。

10. 图 G 的邻接表结构如图 6-30 和图 6-31 所示。

（1）从顶点 v_0 出发，对图 G 调用深度优先搜索所得的顶点序列是什么？

（2）从顶点 v_0 出发，对图 G 调用广度优先搜索所得的顶点序列是什么？

（3）画出从顶点 v_0 出发进行深度优先搜索的深度优先生成树。

（4）画出从顶点 v_0 出发进行广度优先搜索的广度优先生成树。

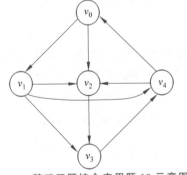

图 6-30 基础习题综合应用题 10 示意图一

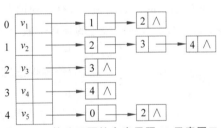

图 6-31 基础习题综合应用题 10 示意图二

11. 图采用邻接表存储，设计算法通过深度优先搜索判断顶点 i 和顶点 j 是否有路径（i、j 不相同）。

12. 图采用邻接表存储，设计算法通过广度优先搜索判断顶点 i 和顶点 j 是否有路径（i、j 不相同）。

13. 不带权的有向图 G，采用邻接矩阵存储，设计算法分别实现以下各题。

（1）求图 G 中各顶点的入度。

（2）求图 G 中各顶点的出度。

（3）求图 G 中出度为 0 的顶点数。

（4）求图 G 中顶点 i 和顶点 j 是否存在边。

14. 设计邻接表结构的深度优先搜索算法(递归和非递归两种)。

6.5.2 进阶习题

一、单项选择题

1. 带权有向图用邻接矩阵存储，则顶点 i 的入度等于(　　)。
   A. 第 i 行非 0 且非 ∞ 元素个数　　　　B. 第 i 行非 ∞ 元素之和
   C. 第 i 列非 0 且非 ∞ 元素个数　　　　D. 第 i 列非 ∞ 元素之和

2. 一个非连通无向图具有 15 条边，则它至少具有的结点数为(　　)。
   A. 7　　　　　　B. 6　　　　　　C. 8　　　　　　D. 9

3. 如果无向图需要进行两次广度优先搜索才能访问图中的所有顶点，以下说法不正确的是(　　)。
   A. 该图肯定不是完全图　　　　　B. 该图中一定有回路
   C. 该图一定不是连通图　　　　　D. 该图有两个连通分量

4. 下列说法正确的为(　　)。
   Ⅰ. 对于采用邻接表存储的有向图，求它的结点的度需要遍历整个邻接表
   Ⅱ. 邻接表存储图所占空间的大小与图的顶点数和边数有关
   Ⅲ. 一个图的邻接矩阵表示是唯一的，邻接表表示不唯一
   A. 只有 Ⅱ　　　B. Ⅰ 和 Ⅱ　　　C. Ⅰ 和 Ⅲ　　　D. Ⅰ、Ⅱ 和 Ⅲ

5. 对于有 n 个顶点的带权连通图，对于它的最小生成树是指(　　)。
   A. 由 n 个顶点构成的极小连通子图，且边的权值之和最小
   B. 由 $n-1$ 条权值最小的边构成的子图
   C. 由 $n-1$ 条权值之和最小的边构成的连通子图
   D. 由 $n-1$ 条权值之和最小的边构成的子图

6. 无向图中的边数 e 为 13，有 3 种顶点，分别为度为 2 的顶点、度为 3 的顶点和度为 4 的顶点，度为 2 的顶点和度为 3 的顶点个数分别为 4 个和 2 个，则图的顶点总数为(　　)个。
   A. 8　　　　　　B. 9　　　　　　C. 10　　　　　D. 11

7. 无向图具有 5 个顶点，为了确保该图为一个连通图，其边数是(　　)。
   A. 5　　　　　　B. 6　　　　　　C. 7　　　　　　D. 8

8. Dijkstra 算法是(　　)求图中从源点到其余顶点最短路径。
   A. 按最短路径长度递增的顺序
   B. 按最短路径长度递减的顺序
   C. 通过深度优先搜索算法
   D. 通过广度优先搜索算法

9. 有向图采用邻接表存储，则某顶点在边表中出现的次数为(　　)。
   A. 该顶点的入度　B. 该顶点的出度　C. 该顶点的度　D. 没有含义

10. 可以用下列(　　)方法判断有向图中是否存在回路。
    A. 拓扑排序　　　　　　　　　　B. 深度优先搜索算法
    C. 广度优先搜索算法　　　　　　D. A 和 B

11. 下列说法正确的是(　　)。

Ⅰ.在有向图的拓扑序列中,如果一个顶点在另一个顶点前,则一定不存在从另一个顶点到该顶点的路径

Ⅱ.在拓扑排序算法中可以使用栈或队列暂存入度为零的结点

Ⅲ.具有有序拓扑排序序列的有向图的邻接矩阵为三角矩阵

A.只有Ⅱ　　　　B.Ⅰ和Ⅱ　　　　C.Ⅰ和Ⅲ　　　　D.Ⅰ、Ⅱ和Ⅲ

12. 下列说法正确的是(　　)。

Ⅰ.拓扑排序是求关键路径的基础

Ⅱ.缩短所有关键路径上共同的任一关键活动持续时间可以缩短关键路径长度

Ⅲ.关键路径上的活动的时间延长,则整个工程时间延长

A.只有Ⅱ　　　　B.Ⅰ和Ⅱ　　　　C.Ⅰ和Ⅲ　　　　D.Ⅰ、Ⅱ和Ⅲ

二、综合应用题

1. 邻接多重表和十字链表分别是用来存储哪类图?

2. Dijkstra 算法为什么不适合求含负权的图的单源最短路径?

3. Floyd 算法为什么适合求含负权的图的多源最短路径?

4. 有向图有 n 个顶点,计算每个顶点的度的最大值是多少? 请说明原因。

5. 设计算法,判断以邻接表方式存储的有向图中是否存在由顶点 v_i 到顶点 v_j 的路径 ($i<->j$)。

6. 有向图采用邻接表表示,具有 n 个顶点和 e 条边,则删除与某个顶点相关的所有边的时间复杂度是多少?

7. 设有向图 G 有 n 个点(用 $1,2,\cdots,n$ 表示),e 条边,设计算法根据其邻接表生成其逆邻接表,要求算法复杂性为 $O(n+e)$。

8. 设计算法,判断有向图是否存在回路。要求先给出算法思想,再写出相应算法。

9. 已知一个有 n 个顶点的有向图,采用邻接矩阵存储,当对应的 i 行 j 列为 1 时,表示从顶点 i 到顶点 j 有一条弧;当 i 行 j 列为 0 时,表示从顶点 i 到顶点 j 没有弧,设计算法实现该有向图的拓扑排序算法。

10. 图 G 的顶点数为 n,边数为 e,当采用邻接表存储时,深度优先搜索和广度优先搜索的时间复杂度是多少? 当采用邻接矩阵存储时,深度优先搜索和广度优先搜索的时间复杂度是多少?

11. 深度优先搜索算法递归遍历一个有向无环图,在退出递归时输出顶点,则得到的顶点序列是什么? 说明原因。

12. 设计算法,通过深度优先搜索实现有向无环图的拓扑排序。

13. 对如图 6-32 所示的有向图,使用 Dijkstra 算法,给出从顶点 1 到其他各顶点的最短路径和最短路径长度。

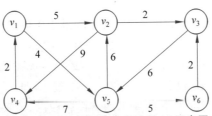

图 6-32　进阶习题综合应用题 13 示意图

14. 图 6-33 所示为一个用 AOE 网表示的工程，请完成以下各题目。

图 6-33 进阶习题综合应用题 14 示意图

(1) 列出各事件的最早发生时间和最迟发生时间。
(2) 求出关键路径和完成该工程所需的最短时间。

6.5.3 考研真题

一、单项选择题

1.【2009 年统考真题】 下列关于无向连通图特性的叙述中，正确的是(　　)。
　　Ⅰ. 所有顶点的度之和为偶数
　　Ⅱ. 边数大于顶点个数减 1
　　Ⅲ. 至少有一个顶点的度为 1
　　A. 只有Ⅰ　　　　B. 只有Ⅱ　　　　C. Ⅰ和Ⅱ　　　　D. Ⅰ和Ⅲ

2.【2010 年统考真题】 若无向图 $G=(V,E)$ 中含有 7 个顶点，要保证图 G 在任何情况下都是连通的，则需要的边数最少是(　　)。
　　A. 6　　　　　　B. 15　　　　　　C. 16　　　　　　D. 21

3.【2010 年统考真题】 对图 6-34 进行拓扑排序，可得不同拓扑序列的个数是(　　)。
　　A. 4　　　　　　　　　　　　　B. 3
　　C. 2　　　　　　　　　　　　　D. 1

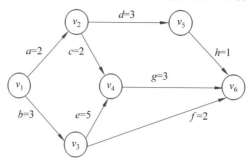

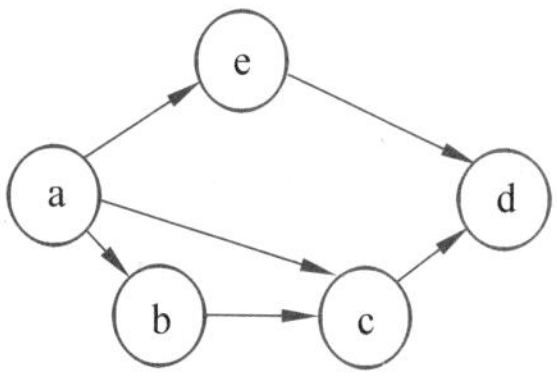

图 6-34 考研真题单项选择题 3 示意图

4.【2011 年统考真题】 下列关于图的叙述中，正确的是(　　)。
　　Ⅰ. 回路是简单的路径
　　Ⅱ. 存储稀疏图，用邻接矩阵比用邻接表更省空间
　　Ⅲ. 若有向图中存在拓扑序列，则该图不存在回路
　　A. 仅Ⅰ　　　　B. 仅Ⅰ、Ⅱ　　　　C. 仅Ⅲ　　　　D. 仅Ⅰ、Ⅲ

5.【2012 年统考真题】 下列关于最小生成树的叙述中，正确的是(　　)。
　　Ⅰ. 最小生成树的代价唯一
　　Ⅱ. 所有权值最小的边一定会出现在所有的最小生成树中
　　Ⅲ. 使用 Prim 算法从不同顶点开始得到的最小生成树一定相同
　　Ⅳ. 使用 Prim 算法和 Kruskal 算法得到的最小生成树总不相同
　　A. 仅Ⅰ　　　　B. 仅Ⅱ　　　　C. 仅Ⅰ、Ⅲ　　　　D. 仅Ⅱ、Ⅳ

6.【2012 年统考真题】 对图 6-35 所示的有向带权图，若采用 Dijkstra 算法求从源点 a

到其他各顶点的最短路径,则得到的第一条最短路径的目标顶点是 b,第二条最短路径的目标顶点是 c,后续得到的其余各最短路径的目标顶点依次是(　　)。

　　A. d,e,f　　　　B. e,d,f　　　　C. f,d,e　　　　D. f,e,d

7.【2012 年统考真题】 若用邻接矩阵存储有向图,矩阵中主对角线以下的元素均为零,则关于该图拓扑序列的结论是(　　)。

　　A. 存在,且唯一　　　　　　　　B. 存在,且不唯一

　　C. 存在,可能不唯一　　　　　　D. 无法确定是否存在

8.【2012 年统考真题】 对有 n 个结点、e 条边且使用邻接表存储的有向图进行广度优先搜索,其算法时间复杂度是(　　)。

　　A. $O(n)$　　　　B. $O(e)$　　　　C. $O(n+e)$　　　　D. $O(ne)$

9.【2013 年统考真题】 设图的邻接矩阵 A 如图 6-36 所示,各顶点的度依次是(　　)。

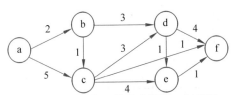

图 6-35　考研真题单项选择题 6 示意图

图 6-36　考研真题单项选择题 9 示意图

　　A. 1,2,1,2　　　　B. 2,2,1,1　　　　C. 3,4,2,3　　　　D. 4,4,2,2

10.【2013 年统考真题】 若对如图 6-37 所示无向图进行遍历,则下列选项中,不是广度优先搜索序列的是(　　)。

　　A. h,c,a,b,d,e,g,f　　　　　　B. e,a,f,g,b,h,c,d

　　C. d,b,c,a,h,e,f,g　　　　　　D. a,b,c,d,h,e,f,g

11.【2013 年统考真题】 图 6-38 所示 AOE 网表示一项包含 8 个活动的工程。通过同时加快若干活动的进度可以缩短整个工程的工期。下列选项中,加快其进度就可以缩短工程工期的是(　　)。

　　A. c 和 e　　　　B. d 和 c　　　　C. f 和 d　　　　D. f 和 h

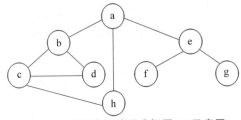

图 6-37　考研真题单项选择题 10 示意图

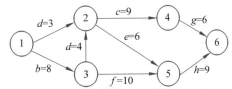

图 6-38　考研真题单项选择题 11 示意图

12.【2014 年统考真题】 对图 6-39 所示的有向图进行拓扑排序,得到的拓扑序列可能是(　　)。

　　A. 3,1,2,4,5,6　　B. 3,1,2,4,6,5　　C. 3,1,4,2,5,6　　D. 3,1,4,2,6,5

13.【2015 年统考真题】 设有向 $G=(V,E)$,顶点集 $V=\{v_0,v_1,v_2,v_3\}$,边集 $E=\{<v_0,v_1>,<v_0,v_2>,<v_0,v_3>,<v_1,v_3>\}$。若从顶点 v_0 开始对图进行深度优先搜索,则可能得到的不同遍历序列个数是(　　)。

A. 2　　　　　　B. 3　　　　　　C. 4　　　　　　D. 5

14.【2015 年统考真题】 求如图 6-40 所示带权图的最小(代价)生成树时,可能是克鲁斯卡尔(Kruskal)算法第 2 次选中,但不是普里姆(Prim)算法(从 v_4 开始)第 2 次选中的边是(　　)。

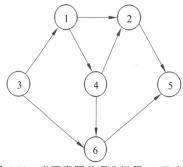

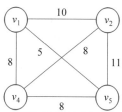

图 6-39　考研真题单项选择题 12 示意图　　　图 6-40　考研真题单项选择题 14 示意图

A. (v_1,v_3)　　B. (v_1,v_4)　　C. (v_2,v_3)　　D. (v_3,v_4)

15.【2016 年统考真题】 下列选项中,不是图 6-41 深度优先搜索序列的是(　　)。

A. v_1,v_5,v_4,v_3,v_2　　　　　　B. v_1,v_3,v_2,v_5,v_4

C. v_1,v_2,v_5,v_4,v_3　　　　　　D. v_1,v_2,v_3,v_4,v_5

16.【2016 年统考真题】 若对 n 个顶点,e 条弧的有向图采用邻接表存储,则拓扑排序算法的时间复杂度是(　　)。

A. $O(n)$　　B. $O(n+e)$　　C. $O(n^2)$　　D. $O(ne)$

17.【2016 年统考真题】 使用 Dijkstra 算法求图 6-42 中从顶点 1 到其他各顶点的最短路径,依次得到的各最短路径的目标顶点是(　　)。

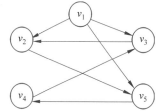

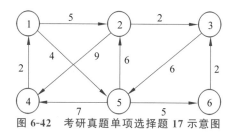

图 6-41　考研真题单项选择题 15 示意图　　　图 6-42　考研真题单项选择题 17 示意图

A. 5,2,3,4,6　　B. 5,2,3,6,4　　C. 5,2,4,3,6　　D. 5,2,6,3,4

18.【2017 年统考真题】 已知无向图 G 含有 16 条边,其中度为 4 的顶点个数为 3,度为 3 的顶点个数为 4,其他顶点的度均小于 3,图 G 所含的顶点个数至少是(　　)。

A. 10　　　　　　B. 11　　　　　　C. 13　　　　　　D. 15

19.【2018 年统考真题】 下列选项中,不是图 6-43 所示有向图的拓扑序列的是(　　)。

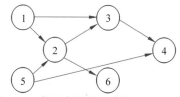

图 6-43　考研真题单项选择题 19 示意图

A. 1,5,2,3,6,4　　B. 5,1,2,6,3,4　　C. 5,1,2,3,6,4　　D. 5,2,1,6,3,4

20.【2019年统考真题】 用有向无环图描述表达式$(x+y)((x+y)/x)$,需要的顶点个数至少是(　　)。

　　A. 5　　　　　　B. 6　　　　　　C. 8　　　　　　D. 9

21.【2019年统考真题】 图6-44所示的AOE网表示一项包含8个活动的工程,活动d的最早开始时间和最迟开始时间分别是(　　)。

　　A. 3和7　　　　B. 12和12　　　C. 12和14　　　D. 15和15

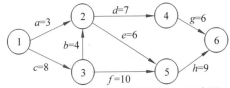

图6-44　考研真题单项选择题21示意图

22.【2020年统考真题】 已知无向图G如图6-45所示,使用克鲁斯卡尔算法求图G的最小生成树,加入最小生成树中的边依次是(　　)。

　　A. (b,f),(b,d),(a,e),(c,e),(b,e)　　　B. (b,f),(b,d),(b,e),(a,e),(c,e)
　　C. (a,e),(b,e),(c,e),(b,d),(b,f)　　　D. (a,e),(c,e),(b,e),(b,f),(b,d)

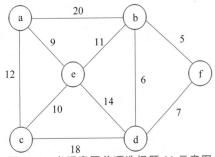

图6-45　考研真题单项选择题22示意图

23.【2020年统考真题】 修改递归方式实现的图的深度优先搜索(DFS)算法,将输出(访问)顶点信息的语句移到退出递归前(即执行输出语句后立刻退出递归)。采用修改后的算法遍历有向无环图G,若输出结果中包含G中的全部顶点,则输出的顶点序列是G的(　　)。

　　A. 拓扑有序序列　　　　　　　　　　B. 逆拓扑有序序列
　　C. 广度优先搜索序列　　　　　　　　D. 深度优先搜索序列

24.【2020年统考真题】 若使用AOE网估算工程进度,则下列叙述中正确的是(　　)。

　　A. 关键路径是从源点到汇点边数最多的一条路径
　　B. 关键路径是从源点到汇点路径长度最长的路径
　　C. 增加任一关键活动的时间不会延长工程的工期
　　D. 缩短任一关键活动的时间将会缩短工程存在的工期

二、综合应用题

1.【2009年统考真题】 带权图(权值非负,表示边连接的两顶点间的距离)的最短路径问题是找出从初始顶点到目标顶点之间的一条最短路径。假设初始顶点到目标顶点间存在路径,现有一种解决该问题的方法:

(1) 设最短路径初始时仅包含初始顶点,令当前顶点 u 为初始顶点。

(2) 选择离 u 最近且尚未在最短路径中的一个顶点 v,加入最短路径,修改当前顶点 $u=v$。

(3) 重复步骤(2),直到 u 是目标顶点时为止。

问上述方法能否求得最短路径?若该方法可行,请证明;否则,举例说明。

2.【2011 年统考真题】 已知有 6 个顶点(顶点编号为 0~5)的有向带权图 G,其邻接矩阵 A 为上三角矩阵,按行为主序(行优先)保存在如下一维数组中。

4	6	∞	∞	∞	5	∞	∞	∞	4	3	∞	∞	3	3

要求:

(1) 写出图 G 的邻接矩阵 A。

(2) 画出有向带权图 G。

(3) 求图 G 的关键路径,并计算该关键路径的长度。

3.【2014 年统考真题】 某网络中的路由器运行 OSPF 路由协议,表 6-1 是路由器 R1 维护的主要链路状态信息(LSI),R1 构造的网络拓扑图(见图 6-46)是根据表 6-1 及 R1 的接口名构造出来的网络拓扑。

表 6-1 路由器 R1 维护的主要链路状态信息

项 目		R1 的 LSI	R2 的 LSI	R3 的 LSI	R4 的 LSI	备 注
Router ID		10.1.1.1	10.1.1.2	10.1.1.5	10.1.1.6	标识路由器的 IP 地址
Link1	ID	10.1.1.2	10.1.1.1	10.1.1.6	10.1.1.5	所连路由器的 Router ID
	IP	10.1.1.1	10.1.1.2	10.1.1.5	10.1.1.6	Link1 的本地 IP 地址
	Metric	3	3	6	6	Link1 的费用
Link2	ID	10.1.1.5	10.1.1.6	10.1.1.1	10.1.1.2	所连路由器的 Router ID
	IP	10.1.1.9	10.1.1.13	10.1.1.10	10.1.1.14	Link2 的本地 IP 地址
	Metric	2	4	2	4	Link2 的费用
Net1	Prefix	192.1.1.0/24	192.1.6.0/24	192.1.5.0/24	192.1.7.0/24	直接网络 Net1 的网络前缀
	Metric	1	1	1	1	到达直连网络 Net1 的费用

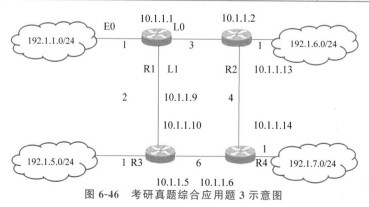

图 6-46 考研真题综合应用题 3 示意图

回答下列问题。

(1) 本题中的网络可抽象为数据结构中的哪种逻辑结构？

(2) 针对表中的内容，设计合理的链式存储结构，以保存表中的链路状态信息（LSI）。要求给出链式存储结构的数据类型定义，并画出对应表的链式存储结构示意图（示意图中可仅以 ID 标识结点）。

(3) 按照 Dijkstra 算法的策略，依次给出 R1 到达子网 192.1.x.x 的最短路径及费用。

4.【2015 年统考真题】 已知含有 5 个顶点的图 G 如图 6-47 所示。

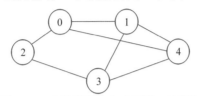

图 6-47 考研真题综合应用题 4 示意图

请回答下列问题。

(1) 写出图 G 的邻接矩阵 A（行、列的下标从 0 开始）。

(2) 求 A^2，矩阵 A^2 中位于 0 行 3 列元素值的含义是什么？

(3) 若已知具有 $n(n \geq 2)$ 个顶点的图的邻接矩阵为 B，则 $B^m (2 \leq m \leq n)$ 中非零元素的含义是什么？

5.【2017 年统考真题】 使用 Prim 算法求带权连通图的最小（代价）生成树（MST）。请回答下列问题。

(1) 对下列图 G（见图 6-48），从顶点 A 开始求 G 的 MST，依次给出按算法选出的边。

(2) 图 G 的 MST 是唯一的吗？

(3) 对任意的带权连通图，满足什么条件时，其 MST 是唯一的？

6.【2018 年统考真题】 拟建设一个光通信骨干网络连通 BJ、CS、XA、QD、JN、NJ、TL 和 WH 8 个城市，图 6-49 中无向边上的权值表示两个城市之间备选光缆的铺设费用。

回答下列问题。

(1) 仅从铺设费用角度出发，给出所有可能的最经济的光缆铺设方案（用带权图表示），并计算相应方案的总费用。

(2) 该图可采用图的哪种存储结构？给出求解问题(1)所用的算法名称。

(3) 假设每个城市采用一个路由器按(1)中得到的最经济方案组网，主机 H1 直接连接在 TL 的路由器上，主机 H2 直接连接在 BJ 的路由器上。若 H1 向 H2 发送一个 TTL=5 的 IP 分组，则 H2 是否可以收到该 IP 分组？

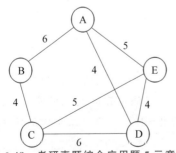

图 6-48 考研真题综合应用题 5 示意图

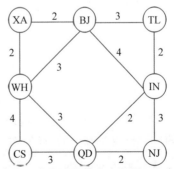

图 6-49 考研真题综合应用题 6 示意图

6.6 习题解析

本部分以图文形式详细分析并解答所有习题,或以微课视频方式给出必要的题目解析。

6.6.1 基础习题解析

一、单项选择题

1. A

有向图的每个顶点都可以与其他顶点有 $n-1$ 条弧,共有 n 个顶点,则该图共有 $n(n-1)$ 条弧。

2. B

对于连通图,从其中某个顶点出发进行一次深度优先搜索能够访问所有顶点。

3. D

存在回路的图不存在拓扑排序,Ⅰ正确;对于无向图连通图做一次深度优先搜索则可以访问到该图的所有结点,Ⅱ正确;一个有 n 个顶点和 $n-1$ 条边的无向图可以是连通但是无环的,也就是它的生成树,但是生成树再增加一条边则会有环,Ⅲ正确。因此,均正确选择 D。

4. B

从图中某一顶点出发进行广度优先搜索可以将与该顶点连通的顶点全部遍历到,也就是能够找到该顶点所在的连通分量。

5. D

根据定义可知Ⅰ正确;有向完全图一定是强连通有向图Ⅱ正确;无向图的极大连通子图称为连通分量Ⅲ正确。因此,均正确选择 D。

6. A   B

图的广度优先搜索逐层扩展搜索,需要辅助队列,类似于树的层次遍历;图的深度优先搜索先访问结点,再递归向外层结点遍历,采用回溯法。

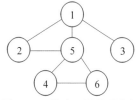

图 6-50 基础习题单项选择题 6 解析示意图

7. C

可画出对应的示意图,如图 6-50 所示,则其中的一个深度优先搜索序列为 1,5,6,4,2,3。

8. A

根据广度优先搜索过程,将选项逐个代入看是否符合。

9. A B

n 个顶点的连通图的生成树有 n 个顶点、$n-1$ 条边。

10. D

无向图的最小生成树可以有一棵或者多棵,但是最小生成树的代价是唯一的;采用 Prim 算法和 Kruskal 算法构造图所得到的最小生成树可能是相同的也可能是不同的,但是最小生成树的代价也是唯一的;如果无向图中没有权值相同的边,则最小生成树是唯一的显然正确。

二、综合应用题

1. 解答。$n-e$。

   n 个结点的树有 $n-1$ 条边,因此树的棵树为 $n-e$。

2. 解答。对于无向图,邻接矩阵中边数为矩阵中值为 1 的元素值个数除以 2,邻接表中为边结点个数除以 2;对于有向图,邻接矩阵中边数为矩阵中值为 1 的元素值个数,邻接表中为边结点个数。

3. 解答。图的顶点数为 n,如果该图是无向连通图,则该图边的条数至少为 $n-1$。如果是强连通有向图,则它的边的条数至少为 n。对于无向连通图,边最少时是构成一棵生成树,边数为 $n-1$;对于强连通有向图边最少是构成一个有向环状态。

4. 解答。邻接矩阵适合于稠密图,因为其存储空间大小与边数无关;邻接表更适合于稀疏图,因为其存储空间大小与边数有关,边数越多需要的存储空间越大。

5. 解答。算法基本思想:本算法既适用于有向图又适用于无向图。首先,初始化邻接矩阵,遍历邻接表,依次遍历顶点的边链表时若链表边结点的值为 j,则置 Gm[i][p->adjvex]=1,遍历完邻接表时转换结束。

   本题给出了邻接矩阵和邻接表存储结构的定义(C 语言描述)。

   邻接矩阵存储结构的定义(邻接矩阵存储结构的 C 语言描述)如下。

```
#define  INFINITY   INT_MAX;              //最大值∞
#define  maxsize  20;                     //最大顶点个数
typedef  enum {DG,DN,UDG,UDN} GraphKind; //{有向图,有向网,无向图,无向网}
typedef struct ArcCell {                  //弧的定义
    VRType  adj;                          //VRType 是顶点关系类型,可写为 int adj;
    //对无权图,用 1 或 0 表示是否相邻
    //对带权图,则为权值类型
    InfoType * info;                      //该弧相关信息的指针
} ArcCell,AdjMatrix [maxsize ] [maxsize ];
(typedef   struct {                       //图的定义
    VertexType vexs[maxsize ];            //顶点信息
    AdjMatrix arcs;                       //表示顶点之间关系的二维数组
    int    vexnum,arcnum;                 //图的当前顶点数和弧(边)数
    GraphKind kind;                       //图的种类标志
} MGraph;)
```

   图的邻接表存储结构的定义(图的邻接表存储结构的 C 语言描述)如下。

```
#define  maxsize  20;
typedef struct ArcNode {                  //边表结点的结构
    int adjvex;                           //该弧所指向的顶点的位置
    struct ArcNode * nextarc;             //指向下一条弧的指针
    InfoType * info;                      //与边或弧相关信息的指针
}ArcNode ;
typedef struct VNode {                    //顶点表结点的结构
    VertexType data;                      //顶点信息
    ArcNode * firstarc;                   //指向第一条依附该顶点的弧的指针
} VNode,AdjList[maxsize ];
(typedef struct {                         //图的邻接表结构定义
    AdjList vertices;                     //顶点数组
```

```
            int vexnum, arcnum;                    //图的当前顶点数和弧数
            int kind;                              //图的种类标志
    } ALGraph; )

    void AdjListToAdjMatrix(AdjList Gl, AdjMatrix Gm)
    //将图的邻接表表示转换为邻接矩阵表示
    {
        for (i=1;i<=n;i++)                         //设图有 n 个顶点,邻接矩阵初始化
            for (j=1;j<=n;j++)
                Gm[i][j]=0;
        for (i=1;i<=n;i++)
        {
            p=Gl[i].firstarc;                      //取第一个邻接点
            while (p!=NULL)
            {
                Gm[i][p->adjvex]=1;
                p=p->nextarc;
            }//下一个邻接点
        }//for
    }
```

6. 解答。

(1) 4 个顶点。

因为邻接矩阵为 4×4 方阵,因此顶点数为 4,如图 6-51 所示。

(2) 在邻接表中,每条边均存储了两次,因此可为无向图或具有对边的有向图,这里仅给出对应的无向图,如图 6-52 所示。

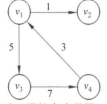

图 6-51　基础习题综合应用题 6 解析示意图　　图 6-52　基础习题综合应用题 6 解析示意图

7. 解答。算法基本思想:对于任一有 n 个顶点的带权连通图 $G=(V,E)$,构造最小生成树。

(1) 先构造一个只含 n 个顶点的子图 SG,ST=(V,{ })。

(2) k 计选中的边数,初值为 0,若 $k<n-1$,从权值最小的边 (u,v) 开始添加。

(3) 若添加边不使 SG 中产生回路,则在 SG 上加上这条边,$k++$,如此重复,直至加上 $n-1$ 条边为止。

构造最小生成树的过程如图 6-53 所示。

最小生成树如图 6-53(f)所示。

8. 解答。算法基本思想:对于任一有 n 个顶点的带权连通图 $G=(V,E)$,构造最小生成树。

(1) 任取图中一个顶点 v 作为生成树的根。

(2) 在生成树上添加新的顶点 w,使得在添加的顶点 w 和已生成树上的顶点 v 之间一

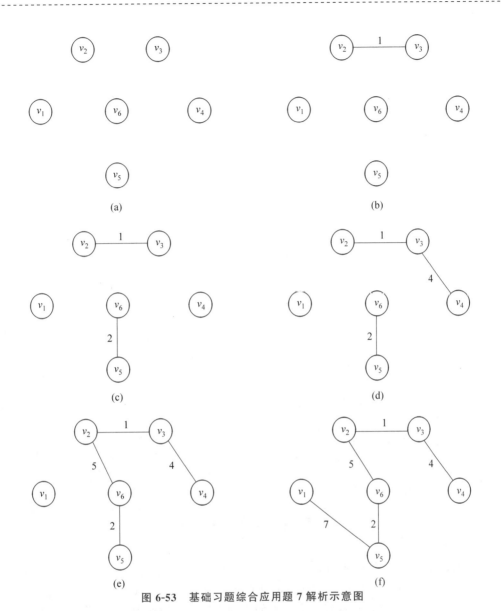

图 6-53　基础习题综合应用题 7 解析示意图

定存在一条边,该边的权值在所有连通顶点 v 和 w 之间的边中取值最小。

(3) 继续在生成树上添加顶点,同时满足(2)中条件,直至生成树上含有 $n-1$ 个顶点为止。

最小生成树如图 6-54(e)所示。

9. 解答。

(1) 结点下标对应列的值为 1 的元素个数。

(2) 结点下标对应列的值非零且非∞的元素个数。

(3) 结点下标对应行或列的值为 1 的元素个数。

(4) n^2-2e,原因为总的元素个数为 n^2,由于无向图矩阵是对称的,非零元素个数为 $2e$,因此可得到邻接矩阵中零元素的个数为 n^2-2e。

(5) 图的邻接矩阵中主对角线上的元素为 0,其他元素为 1,则可以看出该图的任意两个结点之间均有边,则为完全图。

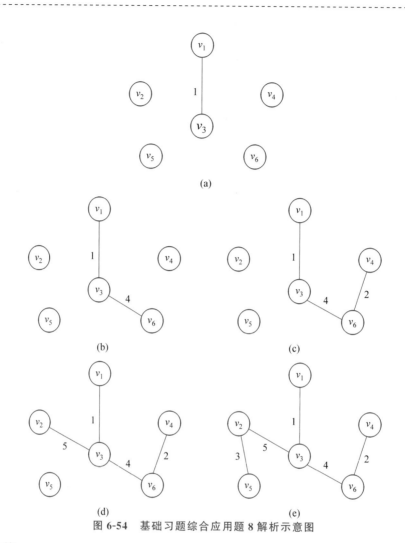

图 6-54 基础习题综合应用题 8 解析示意图

10. 解答。

(1) 对图 G 调用深度优先搜索所得的顶点序列为 v_0, v_1, v_2, v_3, v_4。

(2) 对图 G 调用广度优先搜索所得的顶点序列为 v_0, v_1, v_2, v_3, v_4。

(3) 从顶点 v_0 出发进行深度优先搜索的深度优先生成树如图 6-55 所示。

(4) 从顶点 v_0 出发进行广度优先搜索的广度优先生成树如图 6-56 所示。

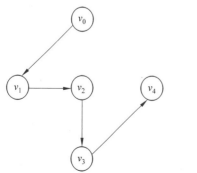

图 6-55 基础习题综合应用题 10 解析示意图一

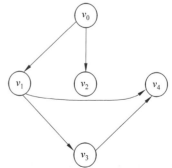

图 6-56 基础习题综合应用题 10 解析示意图二

11. 解答。

```
bool visited[G.vexnum];                              //附设访问标识数组
void DFS(ALGraph G,int i,int j,int flag){
//对以邻接表表示的图G进行深度优先搜索,判断i、j之间是否有路径
//flag为标志变量,当为1时i、j之间有路径,否则无路径
    for (v=0; v<G.vexnum; ++v)
        visited[v] = FALSE;                          //访问标识数组初始化
    if(i!=j)
    {
        visited[v] = TRUE;
        for(p=G.vertices[v].firstarc; p; p=p->nextarc)
        {
            //p为指向弧结点的指针
            w=p->adjvex;
                if (!visited[w]&&!flag)
            DFS(G,w,j,flag);
                }//for
    }//if
    if(i==j)
    {
        flag=1;
        return;
    }//if
}//end
```

12. 解答。

```
bool visit[G.vexnum];                                //附设访问标识数组
int BFS(Graph G,int i,int j){                        //广度优先搜索图G
    for(v=0; v<G.vexnum; ++v)
        visited[v] = FALSE;                          //访问标识数组初始化
    Queue Q;                                         //附设队列Q
    InitQueue(Q,G.vexnum);                           //初始化队列Q
    EnQueue(Q,i);                                    //顶点i入队列
    if(i!=j)
    {
        while(!EmptyQueue(Q))
        {
            DeQueue(Q,v);
            visit(v);                                //访问顶点v
            visited[v] = TRUE;                       //设访问标志
            if(v==j)
                return 1;                            //查找成功
            for( w= FirstNeighbor(G,v); w; w= NextNeighbor(G,v,w))
            {
                if(w==j)
                    return 1;                        //查找成功
                if (!visited[w])
                {
                    visited[w] = TRUE;               //设访问标志
                    EnQueue(Q,w);                    //w入队列
```

```
                }
            }
        }
        DestroyQueue(Q);
    }
}
```

13. 解答。本题算法依次如下,均采用如下邻接矩阵存储。
邻接矩阵存储结构的定义(邻接矩阵存储结构的 C 语言描述)如下。

```
#define  INFINITY   INT_MAX;              //最大值∞
#define  maxsize  20;                     //最大顶点个数
typedef  enum {DG,DN,UDG,UDN} GraphKind;  //{有向图,有向网,无向图,无向网}
typedef struct ArcCell {                  //弧的定义
    VRType  adj;                          //VRType 是顶点关系类型
    //对无权图,用 1 或 0 表示是否相邻
    //对带权图,则为权值类型
    InfoType * info;                      //该弧相关信息的指针
} ArcCell,AdjMatrix [maxsize] [maxsize];
typedef  struct {                         //图的定义
    VertexType vexs[maxsize];             //顶点信息
    AdjMatrix arcs;                       //表示顶点之间关系的二维数组
    int  vexnum,arcnum;                   //图的当前顶点数和弧(边)数
    GraphKind kind;                       //图的种类标志
} MGraph;
```

(1)
```
void in(MGraph G){
    int i,j,n;
    for(j=0;j<G.vexnum;j++)
    {
        n=0;
        for(i=0;i<G.vexnum;i++)
            if(G.arcs[i][j]!=0)
                n++;
        printf(j,n);
    }
}
```

(2)
```
void out(MGraph G){
    int i,j,n;
    for(i=0;i<G.vexnum;i++)
    {
        n=0;
        for(j=0;j<G.vexnum;j++)
            if(G.arcs[i][j]!=0)
                n++;
        printf(i,n);
    }
}
```

(3)
```
void ZeroOut(MGraph G){
    int i,j,n;
    for(i=0;i<G.vexnum;i++)
    {
        n=0;
        for(j=0;j<G.vexnum;j++)
            if(G.arcs[i][j]!=0)
                n++;
        if(n==0)
            printf(i);
    }
}
```

(4)
```
bool Arc(MGraph G,int I,int j){
    return (G.arcs[i][j]!=0);
}
```

14. 解答。

(1) 下面给出邻接表结构的深度优先搜索算法。

```
bool visited[G.vexnum];                  //附设访问标识数组
void DFSTraverse(ALGraph G){             //对以邻接表表示的图 G 进行深度优先搜索
    for (v=0; v<G.vexnum; ++v)
        visited[v] = FALSE;              //访问标识数组初始化
    for (v=0; v<G.vexnum; ++v)
    {
        if (!visited[v])                 //对尚未访问的顶点调用 DFS
            DFS(G, v);
    }
}
void DFS(ALGraph G, int v){
    //从顶点 v 出发递深度优先搜索图 G
    visit(G.vertices[v].data);           //访问顶点 v
    visited[v] = TRUE;                   //设访问标志
    for ( p=G.vertices[v].firstarc; p; p=p->nextarc)
        {//p 为指向弧结点的指针
    w=p->adjvex;
        if (!visited[w])
        DFS(G, w);                       //对 v 的尚未访问过的邻接顶点 w 递归调用 DFS
    }
}
```

(2) 下面给出邻接表结构的深度优先搜索非递归算法。

```
bool visited[G.vexnum];                  //附设访问标识数组
void DFSTraverse(ALGraph G){             //对以邻接表表示的图 G 进行深度优先搜索
    for (v=0; v<G.vexnum; ++v)
        visited[v] = FALSE;              //访问标识数组初始化
    for (v=0; v<G.vexnum; ++v)
    {
```

```
            if (!visited[v])              //对尚未访问的顶点调用 DFS
                DFS(G, v);
        }
}
//设置辅助栈和标识数组记录顶点是否已进过栈
void DFS_N(ALGraph G, int v){
    //从顶点 v 出发递深度优先搜索图 G
    InitStack(S);
    Push(S,v);
    visited[v]= TRUE;                     //设访问标志
    while(!StackEmpty(S))
    {
        u=Pop(S);
        visit(u);
        for ( p=G.vertices[u].firstarc; p; p=p->nextarc)
                        {//p 为指向弧结点的指针
            if (!visited[p])
            {
                w=p->adjvex;
                Push(S,w);
                visited[w]= TRUE;
            }//if
        }//for
    }//while
}
```

6.6.2 进阶习题解析

一、单项选择题

1. C

顶点 i 的入度等于第 i 列非 0 且非 ∞ 元素个数。

2. A

考虑最极端的情况为该图由一个完全图加一个独立的结点组成,则增加一条边时变为连通图。设完全图部分的结点数为 n,则 $n(n-1)/2=15$,$n=6$,则总的结点数为 $6+1=7$。

3. B

无向图需要进行两次广度优先搜索才能访问图中的所有顶点说明该图有两个连通分量,那么它一定不是完全图,但是不一定有回路。

4. D

对于采用邻接表存储的有向图,求它的结点的度既要对出度计数又要对入度计数需要遍历整个邻接表,Ⅰ正确;邻接表存储图需要存储结点和边,因此与图的顶点数和边数都有关,Ⅱ正确;一个图的邻接矩阵存储结构是唯一的,但是其邻接表存储结构可能不唯一,因为邻接表的每个顶点对应的单链表各边的链接次序可以是任意的,与建立邻接表的算法及边的输入次序有关,Ⅲ正确。

5. A

对于有 n 个顶点的带权连通图,对于它的最小生成树是指由 n 个顶点构成的极小连通子图,且边的权值之和最小。

6. B

在具有 n 个顶点、e 条边的无向图中,顶点的度数和为 $2e$,因此可得 $4\times 2+2\times 3+4\times x=13\times 2$,解得 $x=3$,则结点总数为 $4+2+3=9$。

7. C

考虑最极端的情况为该图由一个完全图加一个独立的结点组成,则增加一条边时变为连通图。因此,4 个点构成一个完全无向图,则边数为 $4\times(4-1)/2=6$,再加上一条边使得第 5 个顶点与 4 个点构成一个完全无向图,构成连通图,因此总的边数为 $6+1=7$ 条。

8. A

Dijkstra 算法是一种贪心算法,按最短路径长度递增的顺序求出图的源点到其余顶点的最短路径。

9. A

有向图采用邻接表存储,则某顶点在边表中出现表示以该点为弧头的数目,则为该顶点的入度。

10. D

拓扑排序和深度优先搜索算法可以判断有向图中是否存在回路。

11. D

在有向图的拓扑序列中,如果一个顶点在另一个顶点前,若存在从另一个顶点到该顶点的路径,说明该有向图中有回路、无拓扑序列,但是题目中已说明有拓扑序列,因此一定不存在从另一个顶点到该顶点的路径;在拓扑排序算法中可以使用栈或者队列暂存入度为零的结点;可证明得到有向图中顶点适当编号后,"它的邻接矩阵为主对角元素为零的三角矩阵"与"有向图可进行拓扑排序"为充分必要条件,读者可记住这条结论。

12. D

拓扑排序是求关键路径的基础,Ⅰ 正确;若延长不会导致产生不同的关键路径,若缩短可能导致不同的关键路径,同时由关键路径的定义,Ⅲ 正确;缩短所有关键路径上共同的任一关键活动持续时间可以缩短关键路径长度,Ⅱ 正确。但是需要注意的是,并不是加快任何一个关键活动都可以缩短整个工程完成的时间,只有加快那些在关键路径上的所有关键活动才能达到缩短工程的工期。但也不能任意缩短关键活动,因为一旦缩短到一定程度,该关键活动有可能变为非关键活动。

二、综合应用题

1. 解答。邻接多重表用来存储无向图,十字链表用来存储有向图。

2. 解答。Dijkstra 算法求单源最短路径是一种贪心算法,将已经求出最短路径的顶点添加到 S 顶点集合中,一旦某个顶点 v 添加到 S 中,则以后不会再调整其最短路径,如果图中有负权的边,S 中的某个顶点 v 的最短路径有可能还需要调整,也就是找到一条更短的路径,而 Dijkstra 算法不允许这样调整。因此,Dijkstra 算法不适合求含负权的图的单源最短路径。

3. 解答。Floyd 算法按照 $k=0,1,\cdots,n-1$ 的顺序求多源最短路径,每次都有可能修改两个顶点之间的最短路径,如果图中有负权的边,后面也会调整路径为两个顶点之间的最短路径。因此,Floyd 算法适合求含负权的图的多源最短路径。

4. 解答。$2n-2$。

在有向图中,顶点的度包括入度和出度两部分。在有向图中,每个顶点可以与其他 $n-1$ 个顶点相连,出 $n-1$ 条边加上入 $n-1$ 条边,总和为 $2n-2$。

5. 解答。设全局变量 flag,初值为 0,若有通路,则 flag=1,否则为 0。通过改造深度优先搜索算法判断是否有通路。

图的邻接表存储结构的定义(图的邻接表存储结构的 C 语言描述)如下。

```
#define  maxsize 20;
typedef struct ArcNode {            //边表结点的结构
    int adjvex;                     //该弧所指向的顶点的位置
    struct ArcNode  * nextarc;      //指向下一条弧的指针
    InfoType * info;                //与边或弧相关信息的指针
}ArcNode ;
typedef struct VNode {              //顶点表结点的结构
    VertexType data;                //顶点信息
    ArcNode  * firstarc;            //指向第一条依附该顶点的弧的指针
} VNode,AdjList[maxsize ];
(typedef struct {                   //图的邻接表结构定义
    AdjList vertices;               //顶点数组
    int vexnum, arcnum;             //图的当前顶点数和弧数
    int kind;                       //图的种类标志
} ALGraph; )

int visit[G.vexnum];                //附设访问标识数组
int  DFS(AdjList G ,int vi)
//以邻接表为存储结构的有向图 g,判断顶点 vi 到 vj 是否有通路
{
    visit[vi]=1;                    //visit 是访问标识数组
    p=G[vi].firstarc;               //第一个邻接点
    while ( p!=NULL)
    {
            j=p->adjvex;
        if (vj==j)
            { //vi 到 vj 有通路
            flag=1;
            return 1;
        }
        if (visited[j]==0)
            DFS(G,j);
        p=p->nextarc;
    }//while
    if (!flag)
        return 0;
}
```

6. 解答。$O(n+e)$。

在采用邻接表表示有向图中删除与某顶点相连的所有边的步骤可分为两部分:删除出边,删除下标为 i 的顶点表结点的单链表(该顶点下标为 i),最多为 $n-1$ 条出边,对应的时间复杂度为 $O(n)$;删除入边,扫描所有边表结点,删除所有的该顶点的入边,时间复杂度为

$O(e)$。综上,总的时间复杂度为 $O(n+e)$。

7. 解答。算法基本思想：图的邻接表和逆邻接表的存储结构相似。首先,建立逆邻接表的顶点向量,遍历邻接表的顶点表找到逐个边表结点将其反向对应到逆邻接表上。

图的邻接表(逆邻接表)存储结构的定义(图的邻接表存储结构的C语言描述)如下。

```
#define  maxsize  20;
typedef struct ArcNode {                //边表结点的结构
    int adjvex;                         //该弧所指向的顶点的位置
    struct ArcNode  * nextarc;          //指向下一条弧的指针
    InfoType * info;                    //与边或弧相关信息的指针
}ArcNode ;
typedef struct VNode {                  //顶点表结点的结构
    VertexType data;                    //顶点信息
    ArcNode  * firstarc;                //指向第一条依附该顶点的弧的指针
} VNode,AdjList[maxsize ];
(typedef struct {                       //图的邻接表结构定义
    AdjList vertices;                   //顶点数组
    int vexnum, arcnum;                 //图的当前顶点数和弧数
    int kind;                           //图的种类标志
} ALGraph;)
void InvertAdjList(AdjList Gin, AdjList Gout){
    //将有向图的出度邻接表改为按入度建立的逆邻接表
    for (i=1;i<=n;i++)                  //设有向图有n个顶点,建逆邻接表的顶点向量
    {
        Gin[i].data=Gout[i].data;
        Gin[i].firstarc=NULL;
    }
    for (i=1;i<=n;i++)                  //邻接表转为逆邻接表
    {
        p=Gout[i].firstarc;             //取指向邻接表的指针
        while (p!=NULL)
        {
            j=p->adjvex;
            r=(ArcNode *)malloc(sizeof(ArcNode));   //申请结点空间
            r->adjvex=i;
            r->nextarc=gin[j].firstarc;
            Gin[j].firstarc=r;
            p=p->nextarc;               //下一个邻接点
        }//while
    }//for
}
```

8. 解答。算法基本思想：利用拓扑排序思想,重复寻找入度为0的顶点,将该顶点从图中删除,并将该顶点及其所有的出边从图中删除,即相应的顶点的入度减1,判断计数值,如果等于顶点数则无回路,否则有回路。

算法如下。

图的邻接表(逆邻接表)存储结构的定义(图的邻接表存储结构的C语言描述)如下。

```
#define  maxsize  20;
typedef struct ArcNode {                //边表结点的结构
```

```
    int adjvex;                              //该弧所指向的顶点的位置
    struct ArcNode * nextarc;                //指向下一条弧的指针
    InfoType * info;                         //与边或弧相关信息的指针
}ArcNode ;
typedef struct VNode {                       //顶点表结点的结构
    VertexType data;                         //顶点信息
    ArcNode * firstarc;                      //指向第一条依附该顶点的弧的指针
} VNode,AdjList[maxsize ];
typedef struct {                             //图的邻接表结构定义
    AdjList vertices;                        //顶点数组
    int vexnum, arcnum;                      //图的当前顶点数和弧数
    int kind;                                //图的种类标志
} ALGraph;

int TopoSort (ALGraph G){
    SqStack S;
    int indegree[maxsize];
    int i, count, k;
    ArcNode * p;
    FindID(G, indegree);                     //求各顶点的入度
    InitStack(S);                            //初始化辅助栈
    for(i=0; i<G.vexnum; i++)
        if(indegree[i]==0)
            Push(&S, i);                     //将入度为 0 的顶点入栈
    count=0;
    while(!StackEmpty(S))  {
            Pop(S, i);
            printf( G.vertices[i].data);
            count++;                         //输出 i 号顶点并计数
            p=G.vertices[i].firstarc;
            while(p){
                k=p->adjvex;
                indegree[k]--;               //顶点 i 的每个邻接点的入度减 1
                if(indegree[k]==0)           //若入度减为 0,则入栈
                    Push(S,  k);
                p=p->nextarc;
            }//while
    } //while
    if (count<G.vexnum)                      //有环
        return 0;
    else
        return 1;
} //TopoSort
```

9. 解答。算法如下。

邻接矩阵存储结构的定义（邻接矩阵存储结构的 C 语言描述）如下。

```
#define  INFINITY   INT_MAX;                 //最大值∞
#define  maxsize  20;                        //最大顶点个数
typedef  enum {DG,DN,UDG,UDN} GraphKind;     //{有向图,有向网,无向图,无向网}
typedef struct ArcCell {                     //弧的定义
```

```
            VRType    adj;                          //VRType 是顶点关系类型
            //对无权图,用1或0表示是否相邻
            //对带权图,则为权值类型
            InfoType * info;                        //该弧相关信息的指针
        } ArcCell,AdjMatrix [maxsize] [maxsize];
        typedef  struct {                           //图的定义
            VertexType vexs[maxsize];               //顶点信息
            AdjMatrix arcs;                         //表示顶点之间关系的二维数组
            int    vexnum,arcnum;                   //图的当前顶点数和弧(边)数
            GraphKind kind;                         //图的种类标志
        } MGraph;

        int TopoSort (MGraph G){
            SqStack S;
            int indegree[maxsize];
            int i,   count,   k;
            FindID(G, indegree);                    //求各顶点的入度
            InitStack(S);                           //初始化辅助栈
            for(i=0; i<G.vexnum; i++)
                if(indegree[i]==0)
                    Push(&S, i);                    //将入度为0的顶点入栈
            count=0;
            while(!StackEmpty(S))   {
                Pop(S, i);
                printf( G.vex[i]);
                count++;                            //输出 i 号顶点并计数
                for(int j=0;j<G.vexnum;j++)
                {
                    if(G.arcs[i][j]==1&&!(--indegree[j]))
                        Push(&S, j);
                    }//for
            }//while
                    if (count<G.vexnum)             //有环
                        return 0;
                    else
                        return 1;
        } //TopoSort
```

10. 解答。$O(n+e),O(n+e),O(n^2),O(n^2)$。

邻接表存储时,深度优先搜索时,每个顶点表和边表结点均需要查找一次;广度优先搜索时,每个顶点表和边表结点均需要查找一次,因此时间复杂度均为 $O(n+e)$。

邻接矩阵存储时,查找一个顶点所有出边的时间复杂度为 $O(n)$,共有 n 个结点,则时间复杂度为 $O(n^2)$。

11. 解答。逆拓扑有序序列。

在深度优先搜索算法退出时输出,得到的序列为逆拓扑序列。设在图中有顶点 i 和 j,关系为存在 $<i,j>$ 边,深度优先规则为 i 入栈后遍历完它的后继结点后 i 才会出栈,即 i 在 j 后出栈,则 j 在 i 前输出,因为 i,j 具有任意性,因此输出的顶点序列为逆拓扑有序序列。

12. 解答。算法基本思想:根据题 11 可知,i 在栈中的时间要长于 j,则可通过设置时

间数组,根据时间的大小(由大到小排列)确定拓扑排序顺序,如果二者无关系(无边)则二者拓扑关系任意。

```
bool visit[G.vexnum];                    //附设访问标识数组
int time[G.vexnum];                      //附设时间数组
void DFSTraverse(Graph G){
    for(v=0; v<G.vexnum; ++v)
        visited[v] = FALSE;              //访问标识数组初始化
    for (v=0; v<G.vexnum; ++v)
    {
        if (!visited[v])                 //对尚未访问的顶点调用 DFS
            DFS(G, v);
    }//for
}
void DFS(Graph G,int v){
    //从第 v 个顶点出发递归地对图 G 进行深度优先搜索
    visit(v);                            //访问顶点 v
    visited[v] = TRUE;                   //设访问标志
    for ( w= FirstNeighbor(G,v); w>=0; w= NextNeighbor(G,v,w))
    {
        if (!visited[w])
            DFS(G, w);                   //对 v 的尚未访问过的邻接顶点 w 递归调用 DFS
    }
    t=t+1;                               //相对时间
    time[v]=t;
}
```

13. 解答。

最短路径和相应的最短路径长度分别为表 6-2 中带有"(选)"对应一栏,如顶点 1 到顶点 2 的最短路径为 $v_1 \to v_2$,最短路径长度为 5。

表 6-2 进阶习题综合应用题 13 解析表

顶 点	第 1 轮	第 2 轮	第 3 轮	第 4 轮	第 5 轮
2	5 $v_1 \to v_2$	5(选) $v_1 \to v_2$			
3	∞	∞	7(选) $v_1 \to v_2 \to v_3$		
4	∞	11 $v_1 \to v_5 \to v_4$	11 $v_1 \to v_5 \to v_4$	11 $v_1 \to v_5 \to v_4$	11(选) $v_1 \to v_5 \to v_4$
5	4(选) $v_1 \to v_5$				
6	∞	9 $v_1 \to v_5 \to v_6$	9 $v_1 \to v_5 \to v_6$	9(选) $v_1 \to v_5 \to v_6$	
集合	{1,5}	{1,5,2}	{1,5,2,3}	{1,5,2,3,6}	{1,5,2,3,6,4}

14. 解答。求各事件的最早发生时间和最迟发生时间:

(1) 求 ve(),初始时 ve(1)=0,拓扑排序输出顶点,得到 ve(2)=2,ve(3)=3,ve(4)=max{ve(2)+2,ve(3)+3}=max{4,8}=8, ve(5)= ve(2)+3=5, ve(6)=max{ve(3)+2,

ve(4)+3, ve(5)+1}=max{5,11,6}=11。

(2) 求 vl()，初始 vl(6)=11，在逆拓扑排序出栈过程中，求得 vl(5)=10, vl(4)=8, vl(3)=min{vl(4)−5,vl(6)−3}=min{3,8}=3，vl(2)=min{vl(4)−2,vl(5)−3}=min{6,7}=6,vl(1)=min{vl(2)−2,vl(3)−3}=min{4,0}=0。

(3) 弧的最早开始时间等于该弧的起点顶点的 ve()，结果见表 6-3。

(4) 弧的最迟开始时间等于该弧的终点顶点的 vl() 减去弧的权值，结果见表 6-4。

表 6-3 进阶习题综合应用题 14 解析表一

值	v_1	v_2	v_3	v_4	v_5	v_6
ve(i)	0	2	3	8	5	11
vl(i)	0	6	3	8	10	11

表 6-4 进阶习题综合应用题 14 解析表二

值	a	b	c	d	e	f	g	h
e(i)	0	0	2	2	3	3	8	5
l(i)	4	0	6	7	3	9	8	10
l(i)−e(i)	4	0	4	5	0	6	0	5

$l(i)-e(i)=0$ 的关键活动为"b,e,g"，则关键路径为 $v_1v_3v_4v_6$，完成该工程至少需要 11。

6.6.3 考研真题解析

考研真题

一、单项选择题

1. A

第 6 章考研真题单项选择题 1

无向图顶点的度之和为边的 2 倍，因此为偶数，Ⅰ正确；无向图的最小生成树也是无向连通图，其边数＝顶点数−1，Ⅱ错误；当无向连通图恰好构成一个回路时的情况，此时所有顶点的度均为 2，Ⅲ错误。因此，选择 A 选项。

2. C

题中条件"保证图 G 在任何情况下都是连通的"，则考虑特殊极端情况，6 个点顶点构成

第6章考研真题单项选择题2

完全无向图,与第7个顶点通过一条边相连共同构成一个连通图,此时的最少边数为$6\times(6-1)/2+1=16$。在已经考虑上述情况后,可判断当有15条边或者更少时,这些边全部连在6个顶点间不能够与第7个顶点连通,这样就不满足题中所要求的"保证图G在任何情况下都是连通的"。

3. B

第6章考研真题单项选择题3

可以得到3种不同拓扑序列,分别是aebcd、abced和abecd。

4. C

第6章考研真题单项选择题4

简单回路与简单路径相对应,回路对应于路径,Ⅰ不正确;稀疏图的边较少,应选用邻接表,如果采用邻接矩阵则较浪费空间,Ⅱ不正确;如果图中有回路则不存在拓扑序列,Ⅲ正确。因此,选择C选项。

5. A

第6章考研真题单项选择题5

最小生成树可能不唯一,但最小生成树的代价唯一,Ⅰ正确;考虑极端情况,如果权值最小的边有多条并且都成环,则这时候生成最小生成树时必有权值最小的边不在某棵最小生成树中,Ⅱ错误;假设N个结点构成环,$N-1$条边的权值是相等的,另一条边的权值最小,那么从不同顶点开始Prim算法会得到$N-1$种不同的最小生成树,Ⅲ错误;当最小生成树唯一时,Prim算法和Kruskal算法得到的最小生成树相同,当各边的权值不同时最小生成树唯一。

6. C

从a到各顶点的最短路径如表6-5所示。

第6章考研真题单项选择题6

表 6-5 考研真题单项选择题 6 解析表

顶点	第1轮	第2轮	第3轮	第4轮	第5轮
b	(a,b)2(选)				
c	(a,c)5	(a,b,c)3(选)			
d	∞	(a,b,d)5	(a,b,d)5	(a,b,d)5(选)	
e	∞	∞	(a,b,c,e)7	(a,b,c,e)7	(a,b,d,e)6(选)
f	∞	∞	(a,b,c,f)4(选)		
集合	{a,b}	{a,b,c}	{a,b,c,f}	{a,b,c,f,d}	{a,b,c,f,d,e}

可得到后序目标结点依次为 f,d,e。

7. C

第6章考研真题单项选择题7

由主对角线以下的元素均为零可知矩阵不对称，图为有向图，并且只有顶点 i 到顶点 j ($i<j$)的边，而顶点 j 到顶点 i 无边，一定无环，因此一定存在拓扑排序。如下矩阵

$$\begin{bmatrix} 0 & 0 & 1 \\ 0 & 0 & 1 \\ 0 & 0 & 0 \end{bmatrix}$$

对应的图如图 6-57 所示。

存在两个拓扑序列 1,2,3 和 2,1,3，因此不唯一。

引申，如果对角以上的元素均为 1，以下的元素均为 0，则说明每个顶点与其他顶点均有关系，则拓扑排序唯一。

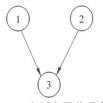

图 6-57 考研真题单项选择题 7 解析示意图

8. C

第6章考研真题单项选择题8

有向图的广度优先搜索中，需要借助队列来实现，每个顶点进队列一次，时间复杂度为 $O(n)$，每条边至少访问一次，时间复杂度为 $O(e)$，总的时间复杂度为 $O(n+e)$。

9. C

第6章考研真题单项选择题9

矩阵为非对称矩阵,可知图为有向图,结点的度为入度和出度的和,结点对应的行非零元素个数为该结点的出度、列非零元素个数为该结点的入度,则结点的度为结点对应的行和列的非零元素个数和。

10. D

第6章考研真题单项选择题10

根据广度优先搜索原则,逐个代入,模拟广度优先搜索,则可知选项 D 为深度优先遍历。

11. C

第6章考研真题单项选择题11

全部关键路径为 bdcg、bdeh 和 bfh。只有关键路径上的活动时间同时减少才能够缩短工期,可知 C 包含在所有路径中,A、B、D 并不包含在所有路径中。

或者也可以尝试逐个选项缩短后检验的方法验证。

12. D

第6章考研真题单项选择题12

根据拓扑排序算法,逐个检验,看是否符合规则。

或者对图进行拓扑排序,得到的拓扑序列为 3,1,4,2,6,5 和 3,1,4,6,2,5。

13. D

第6章考研真题单项选择题13

根据题目可画出如图 6-58 所示的图,采用图的深度优先搜索可得到 5 种不同的遍历序列:v_0,v_2,v_1,v_3;v_0,v_1,v_3,v_2;v_0,v_3,v_1,v_2;v_0,v_2,v_3,v_1;v_0,v_3,v_2,v_1。

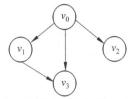

图 6-58　考研真题单项选择题 13 解析示意图

14. C

第 6 章考研真题单项选择题 14

Kruskal 算法描述:先构造一个只含 n 个顶点的子图 SG,(V,{ });k 计选中的边数,初值为 0,若 $k<n-1$,从权值最小的边 (u,v) 开始添加;若添加边不使 SG 中产生回路,则在 SG 上加上这条边,k++,如此重复,直至加上 $n-1$ 条边为止。

Prim 算法描述:任取图中一个顶点 v 作为生成树的根;在生成树上添加新的顶点 w,使得在添加的顶点 w 和已生成树上的顶点 v 之间一定存在一条边,该边的权值在所有连通顶点 v 和 w 之间的边中取值最小;继续在生成树上添加顶点,同时满足②中条件,直至生成树上含有 $n-1$ 个顶点为止。

Kruskal 算法选中的第一条边为权值最小的(v_1,v_4),此时 v_1,v_4 可达,含有 v_1,v_4 的权值为 8 的第二条边一定符合 Prim 算法,因此选择 C 选项。

15. D

第 6 章考研真题单项选择题 15

根据深度优先搜索原则,逐个代入,模拟深度优先搜索,则可知选项 D 首先访问 v_1,然后访问 v_2,紧接着应该访问 v_5,因此 D 错误。

16. B

第 6 章考研真题单项选择题 16

采用邻接表作为存储结构进行拓扑排序时,需要对 n 个顶点做出栈、入栈、输出各一次,在处理边时,需要检测 n 个顶点的边链表的 e 个边结点,需要的总代价为 $O(n+e)$。

17. B

第6章考研真题单项选择题17

从顶点1到各顶点的最短路径如表6-6所示。

表6-6 考研真题单项选择题17解析表

顶点	第1轮	第2轮	第3轮	第4轮	第5轮
2	5 1→2	5(选) 1→2			
3	∞	∞	7(选) 1→2→3		
4	∞	11 1→5→4	11 1→5→4	11 1→5→4	11(选) 1→5→4
5	4(选) 1→5				
6	∞	9 1→5→6	9 1→5→6	9(选) 1→5→6	
集合	{1,5}	{1,5,2}	{1,5,2,3}	{1,5,2,3,6}	{1,5,2,3,6,4}

18. B

第6章考研真题单项选择题18

无向图顶点的度之和为边的2倍,不妨设边数为 e,度为4的顶点个数为 n_4,度为3的顶点个数为 n_3,则其他顶点度均为2时的结点个数最少,设为 n_2 个,则 $2e=4n_4+3n_3+2n_2$,已知 $n_4=3$、$n_3=4$、$e=16$,解得 $n_2=4$。

结点总数为 $3+4+4=11$。

19. D

第6章考研真题单项选择题19

拓扑排序依次选择入度为0的结点输出,前两个结点均在5和1,因此D错误。

20. A

第一步,将表达式转换为有向二叉树,如图6-59(a)所示。

第 6 章考研真题单项选择题 20

第二步,去掉重复的顶点,将有向二叉树转换成有向无环图,如图 6-59(b)所示。

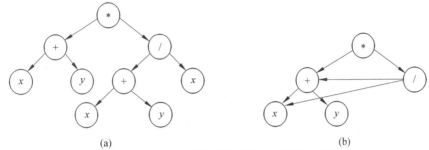

图 6-59 考研真题单项选择题 20 解析示意图

21. C

第 6 章考研真题单项选择题 21

活动 d 的最早开始时间等于该活动弧的起点所表示的事件的最早发生时间,活动 d 的最早开始时间等于事件 2 的最早发生时间 $\max\{a,b+c\}=\max\{3,12\}=12$;活动 d 的最迟开始时间为该活动弧的终点所表示的事件的最迟发生时间与该活动所需时间之差。由于本题目为选择题,可算出图中的关键路径长度为 27,事件 4 的最迟发生时间为 $\min\{27-6\}=21(g=6)$,可得活动 d 的最迟开始时间为 $21-7=14(d=7)$。

22. A

第 6 章考研真题单项选择题 22

Kruskal 算法描述:先构造一个只含 n 个顶点的子图 SG,(V,{ });k 计选中的边数,初值为 0,若 $k<n-1$,从权值最小的边 (u,v) 开始添加;若添加边不使 SG 中产生回路,则在 SG 上加上这条边,$k++$,如此重复,直至加上 $n-1$ 条边为止。

则可知选择选项 A 正确。

23. B

在深度优先搜索算法退出时输出,得到的序列为逆拓扑序列。设在图中有顶点 i 和顶点 j,关系为存在 $<i,j>$ 边,深度优先搜索规则为 i 入栈后遍历完它的后继结点后 i 才会出栈,即 i 在 j 后出栈,则 j 在 i 前输出(输出访问顶点信息的语句移到退出递归前,即执行输

第 6 章考研真题单项选择题 23

出语句后立刻退出递归),因为 i、j 具有任意性,因此输出的顶点序列为逆拓扑有序序列。

24. B

第 6 章考研真题单项选择题 24

关键路径是指权值之和最大的路径,A 错误;存在一条或多条关键路径时,增加任一关键活动的时间都会延长工程的工期,C 错误;多条关键路径时,缩短任一关键活动的时间不一定会缩短工程的工期,D 错误。

二、综合应用题

1. 解答。该方法不一定能求得最短路径。

第 6 章考研真题综合应用题 1

如图 6-60 所示带权无向图。如果按照题目中所给方法,找到的从顶点 1 到顶点 3 的最短路径为 1、2、3,但是正确的最短路径为 1、4、3。因此,该方法不一定能求得最短路径。

2. 解答。

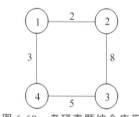

图 6-60 考研真题综合应用题 1 解析示意图

第 6 章考研真题综合应用题 2

(1) 图 G 的邻接矩阵 A 如下。

$$A = \begin{bmatrix} 0 & 4 & 6 & \infty & \infty & \infty \\ \infty & 0 & 5 & \infty & \infty & \infty \\ \infty & \infty & 0 & 4 & 3 & \infty \\ \infty & \infty & \infty & 0 & \infty & 3 \\ \infty & \infty & \infty & \infty & 0 & 3 \\ \infty & \infty & \infty & \infty & \infty & 0 \end{bmatrix}$$

(2) 有向连通图 G 如图 6-61 所示。

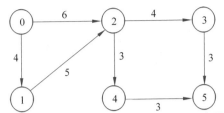

图 6-61 考研真题综合应用题 2 解析示意图

(3) 关键路径为 0、1、2、3、5，长度为 4+5+4+3=16。

3. 解答。

第 6 章考研真题综合应用题 3

本题目只是以网络为背景，实际并未涉及过多的网络知识点，所以不必畏惧。

题中给出的网络拓扑可以抽象为无向图。

链式存储结构示意图及链式存储结构数据类型定义如下。

弧结点：

Flag=1	Next
ID	
IP	
Metric	

Flag=2	Next
Prefix	
Mask	
Metric	

表头结点：

RouterID
LN_link
Next

数据结构类型定义如下。

```
typedef struct{
unsigned int ID,IP;
}LinkNode;
typedef struct{
unsigned int Prefix,Mask;
}NetNode;
typedef struct Node{
int Flag;//Flag=1,为 Link;Flag=2,为 Net
union{
    LinkNode Lnode;
    NetNode Nnode;
}LinkNet;
```

```
    unsigned int Metric;
    struct Node * next;
}ArcNode;                                    //弧结点
typedef struct hNode{
    unsigned_int RouterID;
    ArcNode * LN_link;
    struct hnode * next;
}hnode;                                      //表头结点
```

对应表链式存储结构如图 6-62 所示。

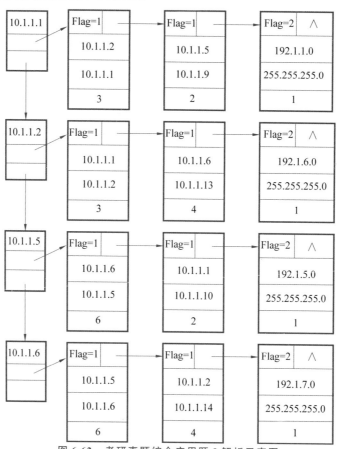

图 6-62 考研真题综合应用题 3 解析示意图

(3) 计算结果如表 6-7 所示。

表 6-7 考研真题综合应用题 3 解析表

步骤	目的网络	路径	代价
第 1 步	192.1.1.0/24	直接到达	1
第 2 步	192.1.5.0/24	R1、R3、192.1.5.0/24	3
第 3 步	192.1.6.0/24	R1、R2、192.1.6.0/24	4
第 4 步	192.1.7.0/24	R1、R2、R4、192.1.7.0/24	8

4. 解答。

第6章考研真题综合应用题4

(1) 图 G 的邻接矩阵 A 如下。

$$A = \begin{bmatrix} 0 & 1 & 1 & 0 & 1 \\ 1 & 0 & 0 & 1 & 1 \\ 1 & 0 & 0 & 1 & 0 \\ 0 & 1 & 1 & 0 & 1 \\ 1 & 1 & 0 & 1 & 0 \end{bmatrix}$$

(2) $A^2 = \begin{bmatrix} 3 & 1 & 0 & 3 & 1 \\ 1 & 3 & 2 & 1 & 2 \\ 0 & 2 & 2 & 0 & 2 \\ 3 & 1 & 0 & 3 & 1 \\ 1 & 2 & 2 & 1 & 3 \end{bmatrix}$

0 行 3 列的元素值为 3,表示从顶点 0 到顶点 3 之间长度为 2 的路径共有 3 条。

(3) $B^m (2 \leqslant m \leqslant n)$ 中位于 i 行 j 列 $(0 \leqslant i, j \leqslant n-1)$ 非零元素的含义是,图中从顶点 i 到顶点 j 的长度为 m 的路径条数。

5. 解答。

第6章考研真题综合应用题5

Prim 算法描述:任取图中一个顶点 v 作为生成树的根;在生成树上添加新的顶点 w,使得在添加的顶点 w 和已生成树上的顶点 v 之间一定存在一条边,该边的权值在所有连通顶点 v 和 w 之间的边中取值最小;继续在生成树上添加顶点,同时满足上一条件,直至生成树上含有 $n-1$ 个顶点为止。

(1) 生成树的顶点集中的顶点为 A,候选边为(A,D)、(A,B)、(A,E),选择(A,D)加入;生成树的顶点集中的顶点为 A、D,候选边为(A,B)、(A,E)、(D,E)、(C,D),选择(D,E)加入;生成树的顶点集中的顶点为 A、D、E,候选边为(A,B)、(C,E)、(C,D),选择(C,E)加入;生成树的顶点集中的顶点为 A、D、E、C,候选边为(A,B)、(B,C),选择(B,C)加入;最后,得到最小生成树,选择的边依次为(A,D)、(D,E)、(C,E)、(B,C)。

(2) 图 G 的 MST 是唯一的,图中包含了权值最小的 4 条边,(A,E)的权值与(C,E)相等,但是如果(A,E)替换(C,E)则 A、D、E 构成回路,因此图 G 的 MST 是唯一的。

(3) 在带权连通图中,当任意一个环中所包含的边的权值均不相同时,其 MST 是唯一的。

6. 解答。

第 6 章考研真题综合应用题 6

(1) 求解最经济方案问题可以抽象为求无向带权图的最小生成树问题。可模拟 Prim 算法或 Kruskal 算法画图,得到本题目最小生成树的两种方案,如图 6-63 所示。

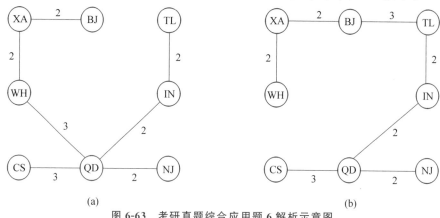

图 6-63　考研真题综合应用题 6 解析示意图

方案的总费用为 16。

(2) 存储题中的图可采用邻接矩阵(或邻接表),构造最小生成树采用 Prim 算法(或者 kruskal 算法)。

(3) TTL 为 5 的含义为 IP 分组的最大传输距离为 5,即生存时间为 5,图 6-63(a)中 TL 和 BJ 的距离超过了这个值,不能让 IP 分组从 H1 传到 H2,因此 H2 不可以收到该 IP 分组;图 6-63(b)中 TL 和 BJ 的距离符合,因此 H2 可以收到分组。

第 7 章 查　找

本章为查找部分,首先给出本章学习目标、知识点导图,使读者对本章内容有整体了解;接着,介绍查找的概念;然后,介绍线性结构下的查找,包括顺序查找、折半查找、分块查找,对于折半查找应掌握折半查找的过程、判定树、平均查找长度等;之后,引入树结构下的查找,包括二叉排序树(详见第 5 章)、平衡二叉树(详见第 5 章)、B 树及其基本操作、B＋树的基本概念;对于哈希结构查找,给出哈希表的定义、哈希函数构造、哈希表的构造、处理冲突方法、查找成功和查找失败的平均查找长度、哈希查找的特征和性能分析;同时,在介绍查找时,给出查找算法的分析及应用。

本书在每章各个需要讲解的部分配有微课视频和配套课件,读者可根据需要扫描对应部分的二维码获取;同时,考研真题部分也适当配有真题解析微课讲解,可根据需求扫描对应的二维码获取。

查找

7.1　本章学习目标

本章为考研命题的重点。

(1) 学习查找的基本概念。

(2) 掌握线性结构下的查找,包括顺序查找、折半查找、分块查找。其中,对于折半查找应掌握折半查找的过程、判定树、平均查找长度等。

(3) 掌握树结构下的查找,包括二叉排序树、平衡二叉树(二叉排序树、平衡二叉树见第 5 章)、B 树及其基本操作、B＋树的基本概念。其中,B 树和 B＋树是本章的难点,掌握 B 树的概念和插入、删除和查找的操作过程,B＋树一般仅需要了解其概念和性质。

(4) 对于哈希结构查找,应掌握哈希表的定义、哈希函数构造、哈希表的构造、处理冲突方法、查找成功和查找失败的平均查找长度、哈希查找的特征和性能分析。

（5）掌握查找算法的分析及应用。

7.2 知识点导图

查找的知识点导图如图7-1所示。

$$
查找\begin{cases}基本概念：定义、查找表、关键字、静态查找和动态查找\\分类\begin{cases}线性结构：顺序查找、折半查找、分块查找\\树结构：二叉排序树、平衡二叉树、B树、B+树\\哈希结构：哈希表的概念、哈希函数构造、\\\qquad\qquad处理冲突方法、性能分析\end{cases}\\分析：查找成功的平均查找长度、查找失败的平均查找长度\end{cases}
$$

图7-1 知识点导图

7.3 知识点归纳

7.3.1 查找的基本概念

第7章 查找的基本概念

1. 查找和查找表

查找的含义是在数据集合中寻找满足条件的数据元素。用于查找的数据集合为查找表。

查找的结果分为查找成功和查找失败，当在数据集合中找到满足条件的数据元素时为查找成功，否则为查找失败。

查找表是由同一类数据元素或记录组成的，可以表现为数组或链表等数据类型。查找表上常见操作包括查询某个数据元素是否存在于查找表中或查找满足条件的某个数据元素的某个属性，在查找表中插入或删除数据元素等。

2. 静态查找表

如果一个查找表的操作只涉及如"查询某个数据元素是否存在于查找表中或查找满足条件的某个数据元素的某个属性"，则不需要动态地修改查找表，这类查找表被称为静态查找表。适合静态查找表的查找方法包括顺序查找、折半查找等。

3. 动态查找表

与静态查找表相对应，动态查找表是需要动态地插入或者删除的查找表。适合动态查找表的查找方法包括二叉排序树、哈希查找等。需要指出的是，平衡二叉树和B树都是二叉排序树的改进，B+树是B树的变形。

4. 关键字

关键字的含义为数据元素中唯一标识该元素的某个数据项的值。因此,基于关键字的查找得到的结果是唯一的。例如,身份证号码可唯一标识一个人。

5. 平均查找长度

平均查找长度(Average Search Length,ASL)是衡量查找算法效率的最主要指标。查找过程中一次查找的长度为需要比较的关键字次数。平均查找长度是指在查找过程中进行的关键字比较次数的平均值,它是衡量一个查找算法效率优劣的标准。平均查找长度的数学定义为

$$\text{ASL} = \sum_{i=1}^{n} P_i C_i$$

其中,n 是数据元素的数量;P_i 是查找元素的出现概率,这里需要说明的是一般情况下假设每个元素的查找概率相等;C_i 是查找相应记录需进行的关键字比较次数。

7.3.2 静态查找表

静态查找表可以有不同的表示方法,在不同的表示方法中,实现查找操作的方法不同。

1. 顺序查找

第 7 章顺序查找

顺序查找(线性查找)适用于顺序结构存储的线性表和链式结构存储的线性表。对于顺序表,通过数组下标递增顺序找到每个元素;对于链表,通过指针域依次找到每个元素。

以下对按关键字"无序线性表"和"有序线性表"的顺序查找分别介绍。

1) 无序(一般)线性表的查找

(1) 无序(一般)线性表的查找的基本思想。从表的一端开始顺序遍历线性表,依次比较当前访问元素的关键字与给定的关键字,如果相等则查找成功,返回该元素在线性表中的位置;如果直到遍历完毕仍然没有关键字相等的元素存在,则查找失败。

以下给出带有"哨兵"的顺序查找算法。

```
typedef struct {                          //查找表结构
    ElemType * Elem;                      //存储空间基址
    int length;                           //表的长度
}Table;
int Search(Table T, ElemType key){
    T.Elem[0]=key;
    for ( i = T.length; T.Elem [i]!= key ;--i )
        return i;
}
```

引入"哨兵"的作用:for 循环的判断条件不必再判断数组是否会越界,即使原序列中无待查找的元素,避免了不必要的判断语句提高程序效率。当 i=0 时,循环也会跳出。但是"哨兵"并不减少算法的时间复杂度。

(2) 算法分析。

平均查找长度分析。对于有 n 个元素的表,分析其查找成功时的平均查找长度和查找失败时的平均查找长度。

查找成功时(从后向前查找),当给定值 key 与表中第 i 个元素的关键字值相等时,需要进行 $n-i+1$ 次关键字比较,$C_i=n-i+1$。例如,当第 1 个元素的关键字值为 key 时,需要比较 n 次($n-1+1=n$),当第 n 个元素的关键字值为 key 时,需要比较一次($n-n+1=1$)。因此,查找成功时,顺序查找的平均查找长度为

$$\text{ASL}_{成功} = \sum_{i=1}^{n} P_i (n-i+1)$$

其中,P_i 是每个元素的查找概率,当每个元素的查找概率相等时,$P_i = \dfrac{1}{n}$,可得

$$\text{ASL}_{成功} = \sum_{i=1}^{n} P_i (n-i+1) = \dfrac{n+1}{2}$$

即查找成功时的平均比较次数约为表长的一半。

若查找失败,则算法一直遍历到 Elem[0],一共比较 $n+1$ 次,即顺序查找不成功的平均查找长度为 $\text{ASL}_{不成功} = n+1$。

综上所述,顺序查找的算法时间复杂度为 $O(n)$。顺序查找算法的优点是比较简单,而且对表结构没有要求,无论是顺序存储结构还是链式存储结构,无论结点关键字是否有序,都同样适用;缺点是顺序查找算法的效率低,当 n 很大时,平均查找长度较大。

2) 有序表的顺序查找

(1) 算法思想。假设表 T 是按照关键字从小到大排列,从前向后进行查找,待查找元素的关键字为 k,则当查找到某一个元素时,该元素的关键字小于 k,下一个元素的关键字值大于 k,则再向后的元素的关键字均大于 k,此时即可返回查找失败的信息。因此,如果关键字有序,则查找失败时可无须比较到表的另一端就可以返回查找失败信息,降低顺序查找失败的平均查找长度。

例如,如图 7-2 所示的判定树描述了有序表查找过程。查找序列为(11,15,17,20,31,45)。

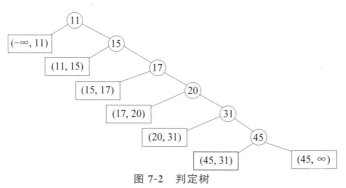

图 7-2 判定树

其中,图中的方形结点表示失败结点,为不在表中的数据元素关键字值集合。当查找到该结点时,表示查找失败,并且由于 n 个结点的二叉树具有 $n+1$ 个空指针,则该类结点数为 $n+1$ 个。上述例子中,查找 30 时,会到达失败结点(20,31)。

(2) 分析。查找成功的平均查找长度和一般线性表的顺序查找相同。

查找失败时,例如上例查找结点30,因失败结点是不存在的,只是为了计算和表示而人为设置的,因此达到失败结点时所查找的长度等于其父结点的层次数。计算查找不成功时的平均查找长度为(假定查找概率相等)

$$\mathrm{ASL}_{\text{不成功}} = \sum_{i=1}^{n} P_i(h_i - 1) = \frac{1+2+\cdots+n+n}{n+1} = \frac{n}{2} + \frac{n}{n+1}$$

其中,P_i 为到达第 i 个失败结点的概率,$P_i = \dfrac{1}{n+1}$;h_i 为第 i 个失败结点存在的层次数。

2. 折半查找

第7章折半查找

查找表的顺序查找算法简单,但平均查找长度较大,特别不适用于数据规模较大的顺序表查找。若是有序顺序表,则查找过程可以"折半"进行。折半查找又称为二分查找,适用于有序的顺序表(以下假设是递增有序)。其中,折半查找的判定树是一棵二叉排序树,也是一棵平衡二叉树。

1) 算法思想及实现

折半查找的基本思路:设 T[low,…,high] 为当前的查找区间,首先,确定该区间的中间位置 mid =(low+high)/2;然后,将待查关键字 key 值与 T[mid]比较,如果相等,则查找成功并返回该位置,否则需要确定新的查找区间。若 T[mid]>key,则由表的有序性可知 T[mid,…,high]均大于 key,若表中存在关键字等于 key 的记录,则该记录在 mid 左边的子表 T[low,…,mid−1]中,则新的查找区间是左子表 T[low,…,mid−1]。同理,若 T[mid]<key,则要查找的 key 必在 mid 的右子表 T[mid+1,…,high]中,新的查找区间是右子表 T[mid+1,…,high]。递归地处理新区间,如此重复,直到找到为止,或者确定表中没有需要查找的元素则查找失败。

有序顺序表的折半查找算法如下。

```
typedef struct {                              //查找表结构
    ElemType * Elem ;                         //存储空间基址
    int length ;                              //表的长度
}Table ;
int Search_Bin ( Table T[], ElemType key) {
    //有序整型数组 T 中元素的折半查找
    low = 0;   high = T.length;               //置区间初值
    while (low <= high) {
        mid = (low + high) / 2;
        if (key==T.Elem[mid] )
            return  mid;                      //找到待查元素
        else  if ( key< T.Elem [mid])
            high = mid - 1;                   //继续在前半区间进行查找
        else  low = mid + 1;                  //继续在后半区间进行查找
```

```
    }
    return -1;                          //顺序表中不存在待查元素
} //Search_Bin
```

2) 举例

例如,已知如下 11 个元素的有序表(关键字即为数据元素的值):(05,12,17,20,36,50,64,72,81,89,90),现要查找关键字为 15 和 81 的数据元素。以下给出查找 15 的过程,其中 low 指示查找区间的下界,high 指示查找区间的上界,mid＝(low＋high)/2,查找 81 的过程可以自行按照步骤分析完成。

```
 1    2    3    4    5    6    7    8    9   10   11
05   12   17   20   36   50   64   72   81   89   90
 ↑                        ↑                   ↑
low                      mid                 high
```

(1) 将中间位置值与待查关键字值 key 进行比较,mid＝(low＋high)/2＝6,key＜T.Elem[mid],15＜50,若存在则该记录在 mid 左边的子表 T[low,…,mid−1]中,更新 high＝mid−1＝5,mid＝(low＋high)/2＝3,则新的查找区间是 T[1,…,5]。

```
 1    2    3    4    5    6    7    8    9   10   11
05   12   17   20   36   50   64   72   81   89   90
 ↑         ↑         ↑
low       mid      high
```

(2) 将中间位置值与待查关键字值 key 进行比较,mid＝(low＋high)/2＝3,key＜T.Elem[mid],15＜17,若存在则该记录在 mid 左边的子表 T[low,…,mid−1]中,更新 high＝mid−1＝2,mid＝(low＋high)/2＝1,则新的查找区间是 T[1,2]。

```
 1    2    3    4    5    6    7    8    9   10   11
05   12   17   20   36   50   64   72   81   89   90
 ↑    ↑
low  high
mid
```

(3) 将中间位置值与待查关键字值 key 进行比较,mid＝(low＋high)/2＝1,key＜T.Elem[mid],15＞05,若存在则该记录在 mid 左边的子表 T[mid＋1,…,high]中,更新 low＝mid＋1＝2,mid＝(low＋high)/2＝2,则新的查找区间是 T[2,2]。

```
 1    2    3    4    5    6    7    8    9   10   11
05   12   17   20   36   50   64   72   81   89   90
      ↑ ↑
     high
     mid
     low
```

(4) 子表仅含有一个元素,但是二者不相等,即 15 不等于 12,因此表中不存在该数据元素(从程序角度 12＜15,low＝mid＋1＝3,high＜low,跳出 while 循环,返回−1)。

3) 分析

例如,折半查找的过程可以通过如图 7-3 所示描述,为折半查找的判定树(假设 $n=11$)是一棵二叉排序树,也是一棵平衡二叉树。

假设关键字序列为 $\{1,2,3,4,5,6,7,8,9,10,11\}$,只要表中的关键字个数相同,就一定会形成相同形状的判定树,只是同一位置上的结点值不一样。形态相同则平均查找长度相同,判定树形状如图 7-3 所示。

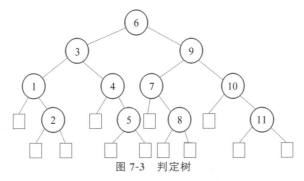

图 7-3 判定树

判定树中结点的值为关键字值的下标(从 1 开始),也可对应改为关键字值,下面的方形(叶子)结点表示查找不成功的情况。

折半查找的平均查找长度:查找成功时的查找长度为从根到目的结点路径上的结点个数;查找不成功时的查找长度为从根到失败结点的父结点路径上的结点个数。折半查找的比较次数最多不超过判定树的高度 h(不算叶子结点)。假设等概率查找,则查找成功的平均查找长度为 $ASL_{成功} \leqslant h$,并且 $ASL_{不成功} \leqslant h$。

假设结点数为 n,折半查找的判定树中,只有最下面一层是不满的,计算方法与完全二叉树相同,则由二叉树的性质可得 $h = \lceil \log_2(n+1) \rceil$,因此折半查找的时间复杂度为 $O(\log_2 n)$。

上例的判定树中,在等概率情况下,$ASL_{成功} = (1 \times 1 + 2 \times 2 + 3 \times 4 + 4 \times 4)/11 = 3$,$ASL_{不成功} = (3 \times 4 + 4 \times 8)/12 = 11/3$。

3. 索引顺序查找(分块查找)

第 7 章索引顺序查找

1) 分块查找概念

若以索引顺序表表示静态查找表,则查找函数可用分块查找来实现。分块查找又称索引顺序查找,是顺序查找的一种改进方法,具有顺序查找和折半查找的优点,具有动态结构,适合于快速查找。

索引顺序表的结构是采用顺序表存储数据,但和顺序表不同的是,要求线性表中的记录按关键字分块有序。查找表被分为若干块,块内可无序,块间有序,如第 i 块中的最大关键字小于第 $i+1$ 块中的最大关键字。

索引表存储索引在顺序表的同时,另建一个"索引表",索引为"索引项"的有序表。索引表的结构为索引表按"索引项"的有序表。每个索引项则由各分段的"最大关键字"和"起始序号"组成。对顺序表中的每个子表,也称为块,建立一个索引项。索引表按关键字有序。

例如,一个索引顺序表中含有 18 个记录,可分成 3 个子表 $(r_0, r_1, r_2, \cdots, r_5)$、$(r_6, r_7, r_8, \cdots, r_{11})$、$(r_{12}, r_{13}, r_{14}, \cdots, r_{17})$,索引顺序表结构如图 7-4 所示。

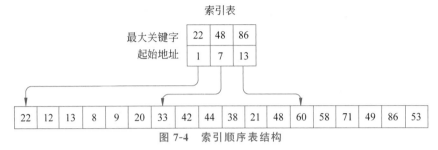

图 7-4 索引顺序表结构

分块查找的过程为:先在索引表中确定待查记录所在块,因有序则可以采用顺序查找或者折半查找索引表;然后再在块内进行顺序查找。

2) 算法实现

本部分中的代码实现部分读者可参考,一般考查较少。

索引表的结构定义如下。

```
typedef struct {                    //索引项类型
    keytype key;                    //块内最大关键字
    int stadr;                      //块的起始位置
} IndexItem;
typedef struct {                    //索引表结构
    IndexItem *elem;                //索引表基址
    int blknum;                     //索引表元素个数,即块的数目
} IndexTable;
```

索引顺序表的存储结构定义如下。

```
typedef struct {                    //数据元素类型
    keytype key;                    //关键字类型
    ...                             //其他数据项
} ElemType;
typedef struct {                    //顺序表结构
    ElemType *elem;                 //顺序表基址
    int length;                     //顺序表元素个数
} IndexSqList;
```

索引顺序表中的查找算法如下。

```
int Search_Idx(IndexSqList ST, IndexTable ID, KeyType kval )
{   //在索引顺序表 ST 中查找其关键字等于
    //kval 的数据元素,若找到,则函数值
    //为该元素在表中的位置,否则为 0
    low = 1; high = ST.index.blknum;
    found=FALSE;                    //置区间初值和查找标志
    while (low <= high&&!found) {
        //折半查找索引表,确定查找区间
        mid = (low + high) / 2;
```

```
    if ( kval< ST.index.elem[mid].key )
        high = mid - 1;                         //继续在前半区间内进行查找
    else if ( kval > ST.index.elem[mid].key )
        low = mid + 1;                          //继续在后半区间内进行查找
    else   {found=TRUE; low=mid}
} //while
s = ST.index.elem[low].stadr;                   //定位在第 low 块,s 为下界
if (high < ST.index.blknum )
        t = ST.index.elem[low+1].stadr-1;       //t 为上界
else    t = ST.index. Length ;
if ( kval == ST.elem[t].key )
            return t;
else { //在 ST.elem[s]和 ST.elem[t]区间内进行顺序查找
    ST.elem[0] = ST.elem[t+1];                  //暂存 ST.elem[t+1]
    ST.elem[t+1].key = kval;                    //设置监视哨
    for( k=s; ST.elem[k].key != kval;k++);
            ST.elem[t+1] = ST.elem[0];          //恢复暂存值
            if ( k != t+1)      return k;       //找到
            else   return 0;                    //未找到
    } //else
} //Search_Idx
```

3) 分析

分块查找的平均查找长度为

$$ASL=L_b+L_w$$

其中：L_b 为查找索引表确定所在块的平均查找长度，L_w 为在块中查找元素的平均查找长度。

一般情况下，为进行分块查找，可以将长度为 n 的表均匀地分成 b 块，每块含有 s 个记录，即

$$b=\lceil n/s \rceil$$

又假定表中每个记录的查找概率相等，则每块查找的概率为 $1/b$，块中每个记录的查找概率为 $1/s$。

(1) 若用顺序查找确定所在块，则分块查找的平均查找长度为

$$ASL=L_b+L_w=\frac{1}{b}\sum_{j=1}^{b}j+\frac{1}{s}\sum_{i=1}^{s}i=\frac{b+1}{2}+\frac{s+1}{2}=\frac{1}{2}\left(\frac{n}{s}+s\right)+1$$

容易看出，它的平均查找长度介于顺序表和有序表之间。如果此时 $s=\sqrt{n}$（数学求导得出，自行计算），则此时的平均查找长度最小值为 $\sqrt{n}+1$。

(2) 若用折半查找确定所在块，即对索引表采用折半查找，则平均查找长度为

$$ASL=L_b+L_w=\lceil \log_2(b+1)\rceil+\frac{S+1}{2}$$

7.3.3 动态查找表

动态查找表中的二义排序树、平衡二叉树相关内容详见第 5 章。

1. B 树

第 7 章 B 树

对于 B 树,一般考查其基本概念和操作(建立、插入和删除)。对于其代码实现一般不做考查。

1) B 树的定义及性质

B 树是一种平衡的多路查找树。一棵 B 树是一棵平衡的 m 路查找树,它或者是空树,或者是满足如下性质的树。

(1) 树中每个结点最多有 m 棵子树,至多有 $m-1$ 个关键字。

(2) 根结点至少有两棵子树(如果根结点不是终端结点)。

(3) 除根结点之外的所有非叶子结点至少有 $\lceil m/2 \rceil$ 棵子树,至少含有 $\lceil m/2 \rceil - 1$ 个关键字。

(4) 非叶子结点中的多个关键字均自小至大有序排列,即 $K_1 < K_2 < \cdots < K_n$。

(5) 所有叶子结点出现在同一层上,并且不含信息,通常称为失败结点。失败结点为虚结点,指向它们的指针为空指针。引入失败结点是为了便于分析 B 树的查找性能。

(6) B 树是所有结点的平衡因子均为零的多路平衡查找树。

B 树的非叶子结点的结构为

$$(n, A_0, K_1, A_1, K_2, \cdots, K_n, A_n)$$

其中,$K_i (i=1,2,\cdots,n)$ 为关键字,且 $K_1 < K_2 < \cdots < K_n$;$A_i (i=0,1,\cdots,n)$ 为指向子树根结点的指针,且指针 A_{i-1} 所指子树中所有结点的关键字均小于 $K_i (i=1,2,\cdots,n)$,A_n 所指子树中所有结点的关键字均大于 K_n,n 为关键字个数,$\lceil m/2 \rceil - 1 \leq n \leq m-1$。即关键字从左至右递增有序,关键字两侧均有指向子树的指针,左边指针子树上所有结点的关键字值均小于该关键字,右边指针子树上所有结点的关键字值均大于该关键字,下层结点关键字落在了上层结点关键字所划分的区域内。

2) B 树举例

一棵 4 阶 B 树如图 7-5 所示。

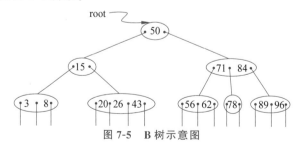

图 7-5 B 树示意图

上述其他性质对应分析如下。

(1) 最大孩子数 $m=4$,最多有 3 个关键字。

(2) 根结点为非终端结点,有两棵子树。

(3) 除根结点之外的所有非叶子结点至少有$\lceil m/2 \rceil = 2$棵子树,至少含有$\lceil m/2 \rceil - 1 = 1$个关键字。

(4) 非叶子结点中的多个关键字均自小至大有序排列,第 3 层最左结点的关键字划为$(-\infty,3),(3,8),(8,15)$。

(5) 所有叶子结点出现在第 4 层上。

3) B 树的基本操作

(1) B 树的查找。从根结点出发,沿指针搜索结点和在结点内进行顺序(或折半)查找,两个过程交叉进行。若查找成功,则返回指向被查找关键字所在结点的指针和位置;若查找不成功,则返回结点的插入位置。B 树经常是存储在磁盘上的,在 B 树中找结点的查找操作是在磁盘上进行的,而在结点内查找关键字是在内存中进行的,找到目标结点后先将信息读入内存,再在结点内进行顺序查找或折半查找。

例如,在上述 4 阶 B 树中查找关键字 78:从根结点开始,78>50,若存在则在关键字 50 的右边子树上,右孩子结点有两个关键字 71 和 84,71<78<84,如果存在则在 71 和 84 之间的子树上,接着在子结点中找到关键字 78,查找成功。如果查找到叶子结点,其对应指针为空指针,则无该关键字,查找失败。

(2) B 树的插入。在查找不成功之后,需进行插入。显然,关键字插入的位置必定在最下层非叶子结点,但是不能简单地将其加入到终端结点中,以免导致整棵树不再满足 B 树的定义。先定位,按照 B 树的查找算法,找到插入关键字的最底层的某个非叶子结点,在 B 树中查找关键字会找到表示查找失败的叶子结点,可确定最底层非叶子结点的插入位置,然后再进行插入,有下列几种情况。

① 若双亲为空,则创建新的根结点。

② 插入后,该结点的关键字个数 $n < m$,不修改指针。

③ 插入后,该结点的关键字个数 $n = m$,则需进行"结点分裂",令 $s = \lceil m/2 \rceil$,在原结点中保留$(A_0, K_1, \cdots, K_{s-1}, A_{s-1})$,建新结点$(A_s, K_{s+1}, \cdots, K_n, A_n)$,将$(K_s, p)$插入双亲结点。如果此时导致其双亲结点的关键字个数也超过了上限,则继续执行分裂操作,直至过程到达根结点,B 树的高度增 1。

例如,4 阶 B 树,结点中的关键字数最多为 $m-1=3$,插入一个关键字 12 后结点内的关键字个数超过 3,进行分裂后的结果如图 7-6(c)所示。

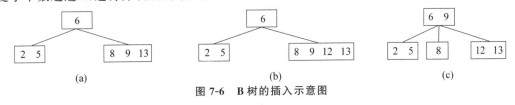

图 7-6 B 树的插入示意图

(3) B 树的删除。首先必须找到待删除关键字所在结点,并且要求删除之后,结点中关键字的个数不能小于$\lceil m/2 \rceil - 1$;否则,要从其左(或右)兄弟结点"借调"关键字,前提是兄弟结点够借(兄弟结点的关键字个数大于或等于$\lceil m/2 \rceil$);若其左和右兄弟结点均无关键字可借(结点中只有最少量的关键字),则必须进行结点的"合并"。具体将在下面分情况阐述。

这里首先需要说明的是,当被删关键字不在最底层非叶子结点时,可以用该关键字的前驱或者后继来代替该关键字,然后在相应的结点中再删除关键字。因此,最终删除的关键字一定在某个最底层非叶子结点中,转换成了被删关键字在最底层非叶子结点中。以上情况可理解为对于被删关键字在最底层非叶子结点中而言的删除情况分类,如图 7-7 所示。

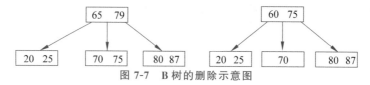

图 7-7　B 树的删除示意图

要删除 79,先用前驱 75 替代然后再在终端结点中删除 79。

① 直接删除情况较简单,如 4 阶树删除过程中图 7-8(a)中删除 43 得到图 7-8(b),先用 47 替代 43,然后直接删除最底层非叶子结点中的原 47(也就是 43)。

② 兄弟够借,如 4 阶树删除过程中图 7-8(b)中删除 35 得到图 7-8(d),先用 27 替代 35,然后删除最底层非叶子结点中的原 27(也就是 35),左兄弟的关键字个数为 2 够借,则将 18 取代原 27 的位置,将 13 调整到 18 位置。

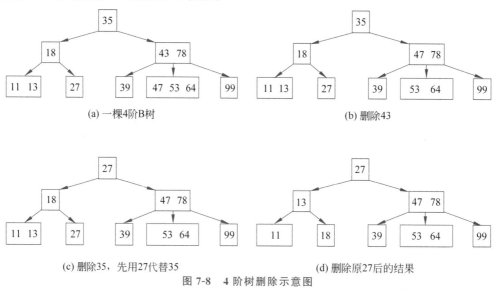

图 7-8　4 阶树删除示意图

③ 兄弟不够借。如果被删除关键字的结点关键字个数和相邻左右兄弟结点的关键字个数均为 $\lceil m/2 \rceil - 1$,则必须进行结点的"合并",将关键字删除后与左或者右兄弟结点及双亲结点中的关键字合并。

例如,删除 4 阶 B 树图 7-9(a)中的关键字 2,该结点与右兄弟的关键字个数均为 1,因此在删除 2 后,将 6 合并到 8 中,如图 7-9(b)所示。

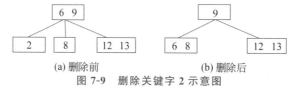

图 7-9　删除关键字 2 示意图

在合并过程中双亲结点的关键字个数将减 1。如果双亲不是根结点,关键字个数减少后为小于 $\lceil m/2 \rceil - 1$,则需要与其兄弟结点进行借调或者合并,重复上述操作,直到符合 B 树定义为止;如果双亲结点为根结点并且当其关键字个数减少后等于 0,则直接删除原根结点,新的根结点为合并后的新结点。

4) B树查找性能的分析

在B树中进行查找时,其查找时间主要花费在搜索结点(访问外存)上,即主要取决于B树的深度(即高度,不包含最后一层)。

关键字个数为N(N大于或者等于1),高度(深度)为H,对任意一棵m阶B树,下面提出两个问题。

(1)(高瘦问题)含N(N大于或者等于1)个关键字的m阶B树可能达到的最大高度(深度)H为多少?

此时,关键字个数N确定,如果让每个结点中的关键字个数达到最少,B树的深度更大。

第1层1个。

第2层2个。

第3层$2\times\lceil m/2 \rceil$个。

第4层$2\times(\lceil m/2 \rceil)^2$个。

$\vdots$

第$H+1$层$2\times(\lceil m/2 \rceil)^{H-1}$个。

假设m阶B树的深度为$H+1$,由于第$H+1$层为叶子结点,而当前树中含有N个关键字,则叶子结点必为$N+1$个,由此推得下列结果:

$$N+1 \geqslant 2(\lceil m/2 \rceil)^{H-1}$$
$$H-1 \leqslant \log_{\lceil m/2 \rceil}((N+1)/2)$$
$$H \leqslant \log_{\lceil m/2 \rceil}((N+1)/2)+1$$

结论:在含N个关键字的B树上进行一次查找,需访问的结点个数不超过$\log_{\lceil m/2 \rceil}((N+1)/2)+1$。

(2)(矮胖问题)含N(N大于或者等于1)个关键字的m阶B树可能达到的最小高度(深度)H为多少?

因为B树中的每个结点最多有m棵子树:

第1层$m-1$个。

第2层m个。

第3层m^2个。

$\vdots$

第H层m^{H-1}个。

在高度为H的m阶B树中关键字的个数$N \leqslant (m-1)(1+m+m^2+\cdots+m^{H-1})=m^H-1$,可得$H \geqslant \log_m(N+1)$。

2. B+树

第7章 B+树

B+树是B树的一种变形,是根据数据库所需出现的。对于B+树一般考查其基本概念,本部分简要提及其基本操作,但一般不做考查。

1) B+树的结构特点

具有 n 个结点的 m 阶 B+树满足下列条件:每个分支结点最多有 m 棵子树;每个非叶子结点至少有两棵子树,其他非叶子结点至少有 $\lceil m/2 \rceil$ 棵子树;结点的子树个数与关键字个数相等;每个叶子结点中含有 n 个关键字和 n 个指向记录的指针;所有叶子结点彼此相链接构成一个有序链表,其头指针指向含最小关键字的结点;每个非叶子结点中的关键字 K_i 即为其相应指针 A_i 所指子树中关键字的最大值;所有叶子结点都处在同一层次上,每个叶子结点中关键字的个数均介于 $\lceil m/2 \rceil$ 和 m 之间。

例如,如图 7-10 所示 4 阶 B+树。

分支结点的某个关键字是其子树中最大关键字的副本。有两个头指针,一个 root 指向根结点,另一个指向关键字最小的叶子结点。

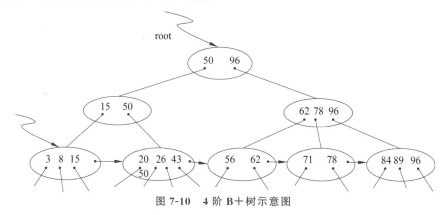

图 7-10 4 阶 B+树示意图

2) 查找

在 B+树上,既可以进行缩小范围的查找(从根结点开始的多路查找),也可以进行顺序查找。

在进行缩小范围的查找时,不管成功与否,都必须查到叶子结点才能结束;若在结点内查找时,给定值 $\leq K_i$,则应继续在 A_i 所指子树中进行查找。因此,在 B+树上无论是否成功,每次查找都是一条从根到叶子结点的路径。

3) 插入和删除

类似于 B 树进行,即必要时,也需要进行结点的"分裂"或"合并"。

7.3.4 哈希表

第 7 章哈希表

1. 哈希表的概念

在前面介绍的结构(线性表和树)中,记录在结构中的相对位置是随机的,与记录的关键字之间不存在确定的关系。在结构中查找记录时需要与关键字进行一系列的比较,因此查找的效率取决于比较的次数。

哈希函数:把反映关键字值与存储位置的一对一关系的函数 $H(key)$ 称为哈希函数。

哈希地址:利用哈希函数来实现从记录的关键字值到该记录在检索表中存储位置地址的计算,哈希函数 $H(key)$ 的值称为哈希地址。

哈希法:把利用哈希函数 $H(key)$ 组织查找表并利用 $H(key)$ 进行查找的这种方法称为哈希法。

(哈希)冲突:在实际应用中,通常关键字的取值范围比哈希地址的取值范围要大得多,因此经过哈希函数 $H(key)$ 变换后,可能会将不同的关键字值映射到同一个哈希地址上,我们称这种现象为地址冲突、哈希冲突或直接简称为冲突。

同义词:如果 $key1 \neq key2$,但是 $H(key1)=H(key2)$,则称这种现象为冲突,并且 key1 和 key2 对哈希函数来说是同义词。

哈希表:根据设定的哈希函数和处理冲突的方法,将一组关键字映射到一个有限的连续的地址集上,并以关键字地址作为记录在表中的存储位置,把用这种思想方法(即哈希方法)组织起来的查找表称为作哈希表。

应用哈希技术要解决两个关键问题:首先,好的哈希函数,应使哈希地址均匀地分布在哈希表的整个地址区间内,这样可以避免或减少发生冲突;其次,一旦发生了冲突应如何解决冲突。

本部分重点考查概念和操作,算法实现偶尔会做考查,以下给出的实现仅供参考。

哈希表的存储结构如下。

```
#define maxsize 100                    //定义表长
typedef struct {                       //定义记录结构
    KeyType    key;                    //关键字域
    DataType   other;                  //其他数据域
} ElemType;
typedef struct {
    ElemType  * elem;
    int    count;                      //当前数据元素个数
    int    hashsize;                   //为最大容量
} HashTable;
```

2. 哈希函数的构造方法

好的哈希函数应该能够使一组关键字的哈希地址均匀分布在整个哈希表中,以减少冲突。以下介绍常用的构造哈希函数的方法。

1) 直接地址法

取关键字或者关键字的某个线性函数作为哈希地址。

$$H(key)=key \text{ 或者 } H(key)=a \times key+b$$

其中,a、b 为常数。

2) 数字分析法

假设关键字为 r 进制(如十进制),哈希表中可能出现的关键字都是事先知道的,则可以选取关键字的若干数位组成哈希地址。

选取原则为使得到的哈希地址尽量能够避免冲突,所选数位上的数字尽可能是随机的。

3) 平方取中法

取关键字平方后的中间几位为哈希地址。在选定哈希函数时不一定事先知道关键字的全部情况，因此，仅取其中的几位为地址时并不一定合适，但是当一个数平方后的中间几位数和一个数的每一位都相关时，由此方法得到的哈希地址的随机性更大。这里，选取的位数由表长决定。

4) 折叠法

将关键字分割成位数相同的几部分，最后一部分的位数可以不同，取这几部分的叠加和（舍去进位）作为哈希地址，这种方法称为折叠法。

关键字位数很多，而且关键字中的每一位上数字分布大致均匀时，可以采用折叠法得到哈希地址。

5) 除留余数法（常考）

取关键字除以某个不大于哈希表表长 m 的整数 p，得到的余数为哈希地址。

$$H(key) = key \bmod p, \quad p \leqslant m$$

其中，$H(key) = key \bmod p$ 是对关键字直接取模，还可以在折叠或者平方取中后取模。

在使用除留余数法时，p 的选择影响是否易产生同义词，一般情况下选 p 为素数（只可以被 1 和它本身整除）。

6) 随机数法

选择一个随机函数，取关键字的随机函数值为它的哈希地址，即

$$H(key) = random(key)$$

其中，random 为随机函数。通常，当关键字长度不等时，采用此方法构造哈希函数较恰当。

3. 处理冲突的方法

均匀的哈希函数可以减少冲突，但是不能避免冲突。因此，必须有良好的方法来处理冲突。

假设哈希表是长度为 m、地址为 0 到 $m-1$ 的顺序表，现共有 n 个记录要存放到哈希表中。冲突是指由关键字得到的哈希地址处已经有记录，则处理冲突需要为该关键字的记录找到另一个空的哈希地址。在处理冲突的过程中可能会得到一个地址序列，记为 H_i（$0 \leqslant H_i \leqslant m-1, i=1,2,\cdots$），也就是处理哈希地址冲突所得到的新的哈希地址 H_1 也发生了冲突，则继续求下一个新的哈希地址 H_2，以此类推，直到 H_k 不发生冲突为止，则 H_k 为记录在表中的位置。

处理冲突的方法如下。

1) 开放定址法

开放定址法是指可存放新表项的空闲地址，即向它的同义词和非同义词均开放。公式表达为

$$H_i = (H(key) + d_i) \% m$$

其中，$H(key)$ 为哈希函数；$i=0,1,2,\cdots,k,k \leqslant m-1$；$m$ 为哈希表表长；d_i 为增量序列。

在本方法中，以发生冲突的哈希地址为自变量，通过某种哈希冲突函数得到一个新的空闲哈希地址的方法有多种，以下分别介绍。

(1) 线性探测再哈希法（常考）。$d_i=0,1,2,\cdots,m-1$ 时，称为线性探测法。当冲突发生时，顺序查看表中的下一个位置，当探测到表中的最后一个位置时，再回到表头（0 号位

置),直至找到一个未被占用的空闲位置(未满时能够找到空闲位置),或者遍历全表(表满未找到位置)。

例如,已知一组关键字为(19,14,23,01,68,20,84,27,55,11,10,79),则按照哈希函数为 H(key)=key MOD 13 和线性探测处理冲突构造所得的哈希表如图 7-11 所示。

0	1	2	3	4	5	6	7	8	9	10	11	12	13	14	15
	14	01	68	27	55	19	20	84	79	23	11	10			

图 7-11 用线性探测法得到的哈希表

线性探测再哈希法解决冲突的查找实现如下。

```
int hash_search(HashTable hstable[],KeyType k){
    //在哈希表中查找关键字为 k 的记录
    int i,d;
    i=0;                                //初始化探测序列
    d=h(k);                             //取得哈希地址
    while ((hstable[d].key!=k) && (hstable[d]!=NULL) && (i<m))
    {   i++;
        d=(d+i)%m;                      //线性探测下一个地址
    } //while
    if (hstable[d].key==k)
            return d;                   //查找成功
    else return -1;                     //失败返回 1
}//hash_search
```

(2) 平方探测法。$d_i=0^2,1^2,-1^2,2^2,-2^2,\cdots,k^2,-k^2$ 时,称为平方探测法,$k \leqslant m/2$。根据数论知识,哈希表的长度 m 必须是可以表示成 $4k+3$ 的素数才能探测到表中尽可能多的单元,也称为二次探测法。

(3) 再哈希法。$H_i=RH_i(key),i=1,2,\cdots,k$,$RH_i$ 均是不同的哈希函数,即在同义词产生地址冲突时计算另一个哈希函数地址,直到冲突不再发生。

(4) 伪随机数法。当 d_i 为伪随机数序列时,称为伪随机数法。

关于删除标识。对于开放定址法解决地址冲突的哈希表,某位置为空是查找失败的条件,若在哈希表中进行删除操作应该给出删除标识,否则会中断查找过程中的探查序列。

2) 链地址法(拉链法)

链地址法是把所有的同义词存储在一个线性链表中的方法。这个线性链表由哈希地址唯一标识,即哈希地址为 i 的同义词链表的头指针存储在哈希表的第 i 个单元中。

链地址法的查找、插入和删除操作主要在同义词链上进行,因此该方法适合于经常需要插入和删除操作的情况。

例如,已知一组关键字为(19,14,23,01,68,20,84,27,55,11,10,79),则按照哈希函数为 H(key)=key MOD 13 和链地址法处理冲突构造所得的哈希表如图 7-12 所示。

链地址法解决哈希冲突的结点结构如下。

```
typedef struct node
{   KeyType key;                        //关键字域
```

```
    struct node * next;                    //指针域
}hsnode;
typedef hsnode * linklist;
typedef linklist hstable[m];
```

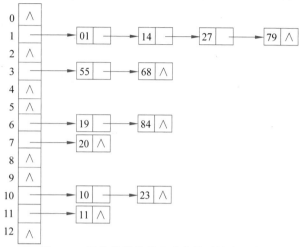

图 7-12 用链地址法处理冲突得到的哈希表

链地址法解决地址冲突的查找实现如下。

```
linklist hash_seach_link(HashTable hst, KeyType k)  {
    //在哈希表中查找
    int d; linklist p;
    d=h(k);                                //取得哈希地址
    p=hst[d];                              //取链表的第一个结点
    while((p!=NULL)&&(p->key!=k))
        p=p->next;                         //取后继结点
    return p;                              //成功或失败均返回 p
}//hash_seach_link
```

4. 哈希表的查找及其分析

哈希表的创建和查找过程基本一致。

(1) 对于给定的关键字值 k，根据建表时设定的哈希函数 $H(key)$ 求得哈希地址。

(2) 若表中对应位置上没有记录则查找失败，否则与记录的关键字值进行比较。

(3) 若关键字等于给定值 k 则查找成功，否则按建表时所采用的消解地址冲突的方法找到下一个地址。

(4) 如此反复探测比较，直到某个记录的关键字等于给定值 k 时查找成功，或某个位置上为空时查找失败为止。

哈希表的平均查找长度：虽然由关键字值用哈希函数可以直接计算哈希地址，但由于地址冲突的产生，哈希表的查找过程仍然是一个给定值与关键字的比较过程。查找效率的度量还要用平均查找长度来衡量。

例如，已知一组关键字为(19,14,23,01,68,20,84,27,55,11,10,79)，则按照哈希函数为 $H(key)=key \bmod 13$ 和线性探测法处理冲突构造所得的哈希表如图 7-13 所示。

0	1	2	3	4	5	6	7	8	9	10	11	12	13	14	15
	14	01	68	27	55	19	20	84	79	23	11	10			

图 7-13 用线性探测法得到的哈希表

给定值 84 的查找过程为：假设哈希表为 T，首先得到哈希地址为 $H(84)=6$，T[6]不空但是 T[6]不为 84，则找第一次冲突处理后的地址 $H_1=(6+1)\%16=7$，T[7]不空但是 T[7]不为 84，则找第二次冲突处理后的地址 $H_2=(6+2)\%16=8$，T[8]不空且 T[8]为 84，查找成功，返回记录在表中的序号。可得各关键字的比较次数如表 7-1 所示。

表 7-1 比较次数

关 键 字	比 较 次 数
14	1
1	2
68	1
27	4
55	3
19	1
20	1
84	3
79	9
23	1
11	1
10	3

在查找概率相等的前提下，线性探测法例子中的平均查找长度为
$$ASL=(1\times6+2\times1+3\times3+4+9)/12=2.5$$

按照哈希函数为 $H(key)=key \bmod 13$ 和链地址法处理冲突构造所得的哈希表如图 7-14 所示。

在查找概率相等的前提下，链地址法例子中的平均查找长度为
$$ASL=(1\times6+2\times4+3+4)/12=1.75$$

例如，查找 01，只需要比较一次，查找 14 需要比较 2 次，以此类推。可得查找一次即可找到的为 01、55、19、20、10、11 共 6 个元素，查找 2 次即可找到的为 14、68、84、23 共 4 个元素，查找 3 次即可找到的为 27 共一个元素，查找 4 次即可找到的为 79 共一个元素。

可见，对于同一组关键字，设定相同的哈希函数，则不同的处理冲突的方法得到的哈希表不同，平均查找长度也不同。虽然哈希表在关键字与记录的存储位置之间建立了直接映像，但是由于可能存在冲突，因此哈希表的查找过程是一个给定值与关键字的比较过程，以平均查找长度作为衡量哈希表查找效率的度量。

影响平均查找长度的因素为哈希函数、解决冲突的方法和哈希表的装填因子。哈希函

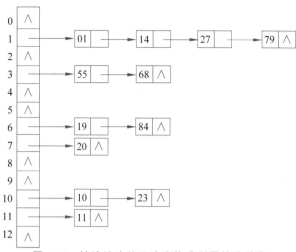

图 7-14 链地址法处理冲突构造所得的哈希表

数影响地址冲突的频度,所以设计一个哈希地址分布均匀的哈希函数是哈希查找的首要任务。相同的哈希函数但处理地址冲突的方法不同时,得到的哈希表不同,其平均查找长度也不同。哈希表的装填因子定义为表中已填入的记录数和表的长度之比,即

$$\alpha = \frac{\text{表中已填入的记录数}}{\text{哈希表的长度}}$$

对于哈希函数相同、处理地址冲突的方法也相同的哈希表,其平均查找长度依赖于哈希表的装填因子,它标志了哈希表的装满程度,装填因子越小发生冲突的可能性就越小;装填因子越大表中已填入的记录越多,发生冲突的可能性就越大,查找时同给定值的比较次数也就越多。

可以证明,在几种不同的解决地址冲突方法之下,哈希表的平均查找长度与装填因子之间的关系如表 7-2 所示。

表 7-2 哈希表的平均查找长度与装填因子之间的关系

消解地址冲突的策略	检索成功时的平均检索长度	检索失败时的平均检索长度
线性探测法	$\frac{1}{2}\left(1+\frac{1}{1-\alpha}\right)$	$\frac{1}{2}\left(1+\frac{1}{(1-\alpha)^2}\right)$
二次探测法	$-\frac{1}{\alpha}\ln(1-\alpha)$	$\frac{1}{1-\alpha}$
随机探测法	$-\frac{1}{\alpha}\ln(1-\alpha)$	$\frac{1}{1-\alpha}$
拉链法	$1+\frac{\alpha}{2}$	$\alpha+e^{-\alpha}$

可以看出,哈希表的平均查找长度是装填因子的函数,而不是问题规模 n 的函数。由此,不管 n 多大,总可以选择一个合适的装填因子把平均查找长度限定在一定的范围内。

本部分要求考研的读者掌握在给出哈希表长度、哈希函数、处理冲突方法、元素个数的基础上,求出哈希表,并能计算出查找成功或不成功时的平均查找长度。

7.4 重点和难点知识点详解

1. 顺序查找的概率问题

通常情况下,查找表中记录的查找概率并不是相等的。如果能够预先知道每个记录的查找概率,则可先对记录的查找概率由大到小进行排序。

2. 折半查找

折半查找需要借助线性表的随机存储特性,只适合采用顺序存储结构进行存储并有序的表,该表不能采用链式结构进行存储;其判定树(以关键字或者下标作为结点值)上的结点值大于左子结点值、小于右子结点值,并且是一棵平衡二叉树;查找表元素个数为 n 时,判定树的非叶子结点个数为 n,二叉树的结点空指针为 $n+1$,因此叶子(方形)结点个数为 $n+1$。

3. B 树与 B+ 树的考查范围

对于 B 树,一般考查其基本概念和操作,对于其代码实现一般不做考查;对于 B+ 树,一般考查其基本概念,其基本操作一般不做考查。

4. 哈希表中关于删除标识

对于开放定址法解决地址冲突的哈希表,某位置为空是查找失败的条件,若在哈希表中进行删除操作应该给出删除标识,否则会中断查找过程中的探查序列。但是这样做的缺点是,执行多次标识删除后,表面上"满"的哈希表实际上有许多空闲位置(删除后置标识),解决该问题的方法为定期检查和维护,对删除后置标识的位置元素进行"真正的删除"。

5. 开放定址法中的各方法优缺点

线性探测法的缺点,可能使第 i 个哈希地址的同义词存入下一个单元,而本应该存入下一个单元的元素则继续向后争夺紧随其后的单元,这样下去造成了大量元素在相邻地址堆积现象,查询效率随之降低。平方探测法是一种处理冲突较好的方法,可以避免出现堆积的现象,但是存在不能探测到表上的所有地址单元的情况(至少能探测到一半)。再哈希法不易产生堆积,但是增加了计算时间。

6. 哈希表的平均查找长度与装填因子之间的关系

哈希表的平均查找长度与装填因子之间的关系如表 7-2 所示。

7.5 习题题目

本部分习题形式包括单项选择题、综合应用题等题型,是专业课学习和考研常见题型。知识点覆盖专业课程学习和考研知识点,因此本部分知识点相关习题设置较全面。

题目难度方面设置基础习题、进阶习题、考研真题,这样读者可根据自身情况合理安排学习规划,有针对性地逐步提升专业知识、解题能力和应试能力。

7.5.1 基础习题

一、单项选择题

1. 顺序查找法适合于存储结构为( )的线性表。

A. 哈希存储 B. 压缩存储
C. 索引存储 D. 顺序或者链式存储

2. 采用顺序查找方法查找长度为 n 的线性表时，查找成功的平均查找长度为（　　）。
 A. n B. $(n+1)/2$ C. $n/2$ D. $(n-1)/2$

3. 对线性表进行折半查找的前提是（　　）。
 A. 以顺序方式存储
 B. 以链式方式存储
 C. 以顺序方式存储，且按照关键字值有序排列
 D. 以链式方式存储，且按照关键字值有序排列

4. 由 n 个元素的有序表通过折半查找产生的判定树高度为（　　）。
 A. $\log_2(n+1)$ B. $\log_2(n+1)$ C. $\log_2 n$ D. $\lceil \log_2 n \rceil$

5. 采用分块查找时，数据的组织方式为（　　）。
 A. 数据分为若干块，每块中的数据个数相同
 B. 数据分成若干块，每块内数据有序
 C. 数据分为若干块，每块内数据不必有序，但块间有序，每块内最大或最小的数据组成索引块
 D. 数据分为若干块，每块内数据有序，每块内最大或最小的数据组成索引块

6. 关于 m 阶 B 树说法错误的是（　　）。
 A. 每个结点至少有两棵非空子树 B. 所有叶子结点在同一层上
 C. 树中每个结点至多有 $m-1$ 个关键字 D. 树中每个结点至多有 m 个子树

7. 在一棵 m 叉 B 树中，除了根结点以外的结点分支数应满足（　　）。
 A. 大于或等于 $\lceil m/2 \rceil - 1$ 并且小于或等于 $m-1$
 B. 大于或等于 $\lceil m/2 \rceil$ 并且小于或等于 m
 C. 大于或等于 $\lceil m/2 \rceil - 1$ 并且小于或等于 m
 D. 大于或等于 $\lceil m/2 \rceil$ 并且小于或等于 $m-1$

8. 对于哈希函数的函数值应当尽量以（　　）取其值域的每个值。
 A. 平均概率 B. 最小概率 C. 最大概率 D. 同等概率

9. 将 20 个元素哈希到 100000 个单元的哈希表中，则（　　）产生冲突。
 A. 一定不会 B. 可能会 C. 一定会 D. 以上均不正确

10. 采用链地址法构造一个哈希表，其哈希函数为 $H(\text{key}) = \text{key} \bmod 13$，则需要（　　）个链表，这些链表的头指针构成一个指针数组，数组的下标范围是（　　）。
 A. 14 B. 13 C. 0 到 12 D. 0 到 13

二、综合应用题

1. 对于大小为 n 的有序表和无序表分别进行顺序查找，在以下 3 种情况下分别讨论二者在等概率时平均查找长度是否相同（在表尾有一个查找结束标记关键字）。
 (1) 查找不成功时，即表中没有关键字等于给定值 key。
 (2) 查找成功，并且表中只有一个关键字等于给定值 key。
 (3) 查找成功，并且表中有若干关键字等于给定值 key，要求找出所有这些记录。

2. 设有序顺序表中的元素依次为 015,093,143,176,279,413,450,467,479,553,556,

665,790,868。

(1) 画出对其进行折半查找的判定树。

(2) 查找 279 时依次与哪些元素进行比较?

(3) 计算查找成功的平均查找长度和查找不成功的平均查找长度。

3. 给出折半查找的递归算法(初始时 low=1,high=T.length)。

4. 设给定关键字输入序列为(1,13,12,34,38,33,27,22),将其哈希存储到哈希表中,哈希表的存储空间是一个下标从 0 开始的一维数组,哈希函数 $H(key)=key\%11$。使用线性探测法构造哈希表,分别计算查找成功和查找失败的平均查找长度。

5. 设给定关键字输入序列为(1,13,12,34,38,33,27,22),将其哈希存储到哈希表中,哈希表的存储空间是一个下标从 0 开始的一维数组,哈希函数 $H(key)=key\%11$,使用链地址法构造哈希表,分别计算查找成功和查找失败(空指针算一次)的平均查找长度。

7.5.2 进阶习题

一、单项选择题

1. 有序表为{1,2,8,11,31,40,43,60,72,75,81,93,96},当采用折半查找法查找关键字为 81 的元素时,需要进行(　　)次比较后查找成功。

　　A. 1　　　　　　B. 2　　　　　　C. 4　　　　　　D. 8

2. 具有 12 个关键字的有序表,对每个关键字的查找概率相同,折半查找成功的平均查找长度 ASL 为(　　)。

　　A. 37/12　　　　B. 43/12　　　　C. 39/12　　　　D. 35/12

3. 下面关于 B 树和 B+树说法正确的是(　　)。

　　Ⅰ. B 树和 B+树均可用于文件的索引结构

　　Ⅱ. B+树的叶子结点包含关键字,B 树的叶子结点不包含关键字

　　Ⅲ. B 树和 B+树都是平衡的多叉树

　　A. Ⅰ　　　　　B. Ⅰ、Ⅱ　　　　C. Ⅱ、Ⅲ　　　　D. Ⅰ、Ⅱ和Ⅲ

4. 采用分块查找时,若线性表中共有 625 个元素,且等概率查找,采用顺序查找确定结点所在块时,每块元素个数为(　　)个结点时最佳。

　　A. 20　　　　　B. 10　　　　　C. 25　　　　　D. 625

5. m 阶 B 树是一棵(　　)。

　　A. $m-1$ 叉平衡查找树　　　　　　B. $m+1$ 叉平衡查找树

　　C. m 叉查找树　　　　　　　　　D. m 叉平衡查找树

6. 设有 n 个关键字,哈希查找算法的时间复杂度是(　　)。

　　A. $O(n)$　　　B. $O(1)$　　　C. $O(n^2)$　　　D. $O(\log_2 n)$

7. 假设有 k 个关键字互为同义词,若采用线性探测法把 k 个关键字存入哈希表中,则至少要进行的探测数为(　　)。

　　A. $k(k+1)/2$　　B. k　　　　C. $k+1$　　　D. $(k+1)/2$

8. 对有 18 个元素的有序表 R[1,…,18]进行折半查找,则查找 R[3]的比较序列下标为(　　)。

　　A. 9,5,3　　　B. 1,2,3　　　C. 9,4,2,3　　　D. 9,5,2,3

9. 设哈希表长度为 14,哈希函数 $H(key)=key \bmod 11$。表中已有 4 个结点,$H(15)=4$,$H(38)=5$,$H(61)=6$,$H(84)=7$,其余地址为空,处理冲突的方法采用平方探测法,则关键字为 49 的结点地址是（　　）。

  A. 3   B. 5   C. 9   D. 8

10. 从 19 个记录中查找其中的某个记录,最多进行 4 次关键字的比较,则采用的查找方法可能是（　　）。

  A. 哈希查找   B. 顺序查找   C. 二叉排序树查找   D. 折半查找

二、综合应用题

1. 设有一棵空的 3 阶 B 树,依次插入关键字 $\{41,52,73,75,80,89,95\}$,给出这棵 3 阶 B 树的创建过程。

2. 求高度为 H 的 m 阶 B 树最多有多少个结点?

3. 求高度为 H 的 m 阶 B 树至少有多少个结点?

4. 设给定关键字输入序列为 $(100,90,120,60,78,35,42,31,15)$,用哈希法哈希 $0\sim 10$ 的地址区间。要求设计一合理的哈希函数,冲突时用链地址法解决,写出哈希算法,并构造出哈希表,在等概率查找情况下查找成功的平均查找长度是多少?

5. 已知一组关键字为 $\{26,36,41,38,44,15,68,12,6,51,25\}$,用链地址法解决冲突,假设装填因子为 $\alpha=0.75$,哈希函数的形式为 $H(key)=key \bmod P$。

（1）构造哈希函数。

（2）计算等概率情况下查找成功时的平均查找长度 ASL_1。

（3）计算等概率情况下查找失败时的平均查找长度 ASL_2（只将与关键字的比较次数计算在内）。

6. 已知某哈希表 HT 的装填因子小于 1,哈希函数 $H(key)$ 为关键字的第一个字母在字母表中的序号。

（1）处理冲突的方法为线性探测开放定址法。编写一个按第一个字母的顺序输出哈希表中所有关键字的程序。

（2）处理冲突的方法为链地址法。编写一个计算在等概率情况下查找不成功的平均查找长度的算法。

7.5.3 考研真题

一、单项选择题

1.【2009 年统考真题】 下列叙述中,不符合 m 阶 B 树定义要求的是（　　）。

  A. 根结点至多有 m 棵子树   B. 所有叶子结点都在同一层上

  C. 各结点内关键字均升序或降序排列   D. 叶子结点之间通过指针链接

2.【2010 年统考真题】 已知一个长度为 16 的顺序表 L,其元素按关键字有序排列,若采用折半查找法查找一个 L 中不存在的元素,则关键字的比较次数最多是（　　）。

  A. 4   B. 5   C. 6   D. 7

3.【2011 年统考真题】 为提高哈希表的查找效率,可以采取的正确措施是（　　）。

  Ⅰ. 增大装填（载）因子

  Ⅱ. 设计冲突（碰撞）少的哈希函数

Ⅲ. 处理冲突(碰撞)时避免产生聚集(堆积)现象

    A. 仅Ⅰ   B. 仅Ⅱ   C. 仅Ⅰ、Ⅱ   D. 仅Ⅱ、Ⅲ

4.【2012年统考真题】 已知一棵3阶B树,如图7-15所示。删除关键字78得到一棵新B树,其最右叶子结点中的关键字是( )。

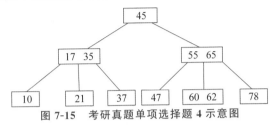

图7-15 考研真题单项选择题4示意图

    A. 60   B. 60,62   C. 62,65   D. 65

5.【2013年统考真题】 在一棵高度为2的5阶B树中,所含关键字的个数至少是( )。

    A. 5   B. 7   C. 8   D. 14

6.【2014年统考真题】 在一棵具有15个关键字的4阶B树中,含关键字的结点个数最多是( )。

    A. 5   B. 6   C. 10   D. 15

7.【2014年统考真题】 用哈希(散列)方法处理冲突(碰撞)时可能出现堆积(聚集)现象,下列选项中,会受堆积现象直接影响的是( )。

    A. 存储效率   B. 哈希函数

    C. 装填(装载)因子   D. 平均查找长度

8.【2015年统考真题】 下列选项中,不能构成折半查找中关键字比较序列的是( )。

    A. 500,200,450,180   B. 500,450,200,180

    C. 180,500,200,450   D. 180,200,500,450

9.【2016年统考真题】 B+树不同于B树的特点之一是( )。

    A. 能支持顺序查找   B. 结点中含有关键字

    C. 根结点至少有两个分支   D. 所有叶子结点都在同一层上

10.【2016年统考真题】 在有 $n(n>1000)$ 个元素的升序数组A中查找关键字 x,查找算法的伪代码如下所示。

```
k=0;
while(k<n且A[k]<x) k=k+3;
if(k<n且A[k]==x) 查找成功;
else if(k-1<n且A[k-1]==x) 查找成功;
else if(k-2<n且A[k-2]==x) 查找成功;
else 查找失败;
```

本算法与折半查找算法相比,有可能具有更少比较次数的情形是( )。

    A. 当 x 不在数组中   B. 当 x 接近数组开头处

    C. 当 x 接近数组结尾处   D. 当 x 位于数组中间位置

11.【2017年统考真题】 下列二叉树中,可能成为折半查找判定树(不含外部结点)的是( )。

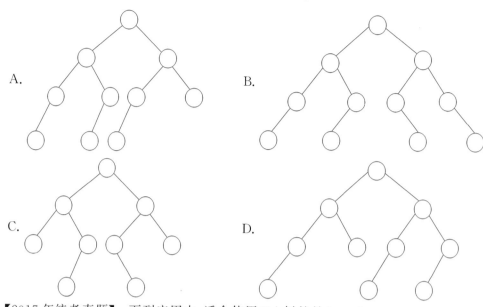

12. 【2017 年统考真题】 下列应用中,适合使用 B+ 树的是( )。
    A. 编译器中的词法分析 B. 关系数据库系统中的索引
    C. 网络中的路由表快速查找 D. 操作系统的磁盘空闲块管理

13. 【2018 年统考真题】 高度为 5 的 3 阶 B 树含有的关键字个数至少是( )。
    A. 15 B. 31 C. 62 D. 242

14. 【2018 年统考真题】 现有长度为 7、初始为空的哈希表 HT,哈希函数 $H(k)=k\%7$,用线性探测再哈希法解决冲突。将关键字 22,43,15 依次插入 HT 后,查找成功的平均查找长度是( )。
    A. 1.5 B. 1.6 C. 2 D. 3

15. 【2019 年统考真题】 现有长度为 11 且初始为空的哈希表 HT,哈希函数是 $H(key)=key\%7$,采用线性探查(线性探测再哈希)法解决冲突。将关键字序列 87,40,30,6,11,22,98,20 依次插入 HT 后,HT 查找失败的平均查找长度是( )。
    A. 4 B. 5.25 C. 6 D. 6.29

16. 【2020 年统考真题】 依次将关键字 5,6,9,13,8,2,12,15 插入初始为空的 4 阶 B 树后,根结点中包含的关键字是( )。
    A. 8 B. 6,9 C. 8,13 D. 9,12

二、综合应用题

1. 【2010 年统考真题】 将关键字序列(7,8,30,11,18,9,14)哈希存储到哈希表中。哈希表的存储空间是一个下标从 0 开始的一维数组,哈希函数为 $H(key)=(key*3) \bmod 7$,处理冲突采用线性探测再哈希法,要求装填(载)因子为 0.7。
    (1) 画出所构造的哈希表。
    (2) 分别计算等概率情况下,查找成功和查找不成功的平均查找长度。

2. 【2013 年统考真题】 设包含 4 个数据元素的集合 S={'do','for','repeat','while'},各元素的查找概率依次为 $p_1=0.35,p_2=0.15,p_3=0.15,p_4=0.35$。将 S 保存在一个长度为 4 的顺序表中,采用折半查找法,查找成功时的平均查找长度为 2.2。

(1) 若采用顺序存储结构保存 S,且要求平均查找长度更短,则元素应如何排列？应使用何种查找方法？查找成功时的平均查找长度是多少？

(2) 若采用链式存储结构保存 S,且要求平均查找长度更短,则元素应如何排列？应使用何种查找方法？查找成功时的平均查找长度是多少？

◆ 7.6 习题解析

本部分以图文形式详细分析并解答所有习题,或以微课视频方式给出必要的题目解析。

7.6.1 基础习题解析

1. D
顺序查找表适合于线性表,可以采用顺序存储或者链式存储。

2. B
查找成功的平均查找长度为 $(n+1)/2$。

3. C
对线性表进行折半查找的前提是以顺序方式存储,且按照关键字值有序排列。需要使用顺序存储方式的随机存取特性。

4. A
设结点数为 n,在折半查找的判定树中,只有最下面一层是不满的,计算方法与完全二叉树相同,则由二叉树的性质可得 $h = \lceil \log_2(n+1) \rceil$,因此折半查找的时间复杂度为 $O(\log_2 n)$。

5. C
分块查找的数据组织方式为数据表加索引表,数据表分块,块间有序,块内无序。

6. A
根结点至少有两棵子树并且可以是空树,除根结点之外的所有非叶子结点至少有 $\lceil m/2 \rceil$ 棵子树,因此 A 选项错误。

7. B
除根结点之外的所有非叶子结点至少有 $\lceil m/2 \rceil$ 棵子树,最多有 m 棵子树。

8. D
为了减少冲突,应当使函数值以等概率取其值域中的每个值。

9. B
无论哈希表空间多大,如果哈希函数设计不当,仍可能发生冲突。

10. B C
采用链地址法构造一个哈希表,其哈希函数为 $H(\text{key}) = \text{key} \bmod 13$,则需要结果为 0~12 的共 13 个链表,这些链表的头指针构成一个指针数组,数组的下标范围是 0 到 12。

二、综合应用题
1. 解答。
(1) 不同,不妨假设有序是升序,有序表在找到关键字值大于要找关键字值的元素时即可确定查找失败,但是无序表必须找到表尾才能确定查找失败。

（2）相同，二者查找到表中元素的关键字值等于给定值时就停止查找。

（3）不同，有序表中的关键字值相同的元素排列在一起，找到第一个后可连续找到，但是无序表必须找到表尾才能找到全部与它关键字值相同的元素。

2. 解答。

（1）判定树如图 7-16 所示。

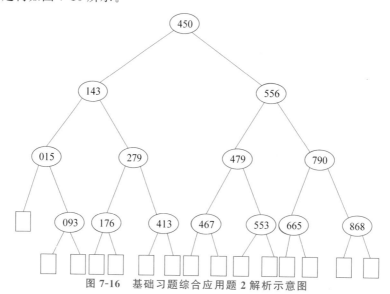

图 7-16　基础习题综合应用题 2 解析示意图

（2）查找 279，依次需要与元素 450、143 和 279 进行比较，需要比较 3 次。

（3）折半查找的平均查找长度：查找成功时的查找长度为从根到目的结点路径上的结点个数；查找不成功时的查找长度为从根到失败结点的父结点路径上的结点个数。

查找成功的平均查找长度为

$$ASL_{成功} = \frac{1+2\times 2+3\times 4+4\times 7}{14} = 45/14$$

查找不成功的平均查找长度为

$$ASL_{不成功} = \frac{3+4\times 14}{15} = 59/15$$

3. 解答。算法基本思想：根据查找的起始位置和终止位置将查找序列分为两部分，判断关键字在哪部分，更新对应的 low 和 high 递归地进行查找。

```
typedef struct {                        //查找表结构
    ElemType * Elem ;                   //存储空间基址
    int length ;                        //表的长度
}Table ;
int Search_Bin ( Table T[], ElemType key,int low,int high) {
    //有序整型数组 T 中元素的折半查找
    if(low>high)
        return 0;
    mid = (low + high) / 2;
    if ( key> T.Elem [mid])
        Search_Bin(T,key,mid+1,high);   //继续在后半区间进行查找
```

```
        else if (key<T.Elem[mid] )
            Search_Bin(T,key,low,mid-1);          //继续在前半区间进行查找
        else
            return   mid;                          //查找成功
}  //Search_Bin
```

4. 解答。哈希到地址 0~10 中。采用哈希法 $H(1)=1$,放入地址 1;$H(13)=2$,放入地址 2;$H(12)=1$,与地址 1 冲突,线性探测法地址 2 冲突,线性探测法地址 3 不冲突,放入地址 3;以此类推。进行查找操作:$H(1)=1$,地址 1 存放的是关键字 1,比较 1 次;$H(13)=2$,地址 2 存放的是关键字 13,比较 1 次;$H(12)=1$,地址 1 存放的是 1,再比较地址 2 存放的是 13,地址 3 存放的是 12,比较 3 次;以此类推。哈希表和比较次数如图 7-12 所示。

哈希地址	0	1	2	3	4	5	6	7	8	9	10
关键字	33	1	13	12	34	38	27	22			
比较次数	1	1	1	3	4	1	2	8			

图 7-17 基础习题综合应用题 4 解析示意图

查找成功的平均查找长度为

$$\text{ASL}_{成功}=\frac{1+1+1+3+4+1+2+8}{8}=21/8$$

$H(\text{key})$ 的结果为 0~10,因此对每个位置查找概率为 1/11,计算得到为 0 的关键字需要比较 8 次才到达空位置确认不存在,计算得到为 1 的关键字需要比较 7 次才到达空位置确认不存在,以此类推。但是地址为 8、9、10 的位置没有元素,只需比较一次就可以确定查找失败,则查找失败时的平均查找长度为

$$\text{ASL}_{失败}=\frac{9+8+7+6+5+4+3+2+1+1+1}{11}=47/11$$

5. 解答。$H(1)=1,H(13)=2,H(12)=1,H(34)=1,H(38)=5,H(33)=0,H(27)=5,H(22)=0$,使用链地址法构造哈希表如图 7-18 所示。

在链地址法中,查找关键字 33、1、13、38 的记录需要比较一次;查找关键字 22、12、27 的记录需要比较 2 次;查找关键字 34 的记录需要比较 3 次,查找成功时的平均查找长度为

$$\text{ASL}_{成功}=\frac{1\times4+2\times3+3}{8}=13/8$$

查找失败时,空指针算一次,地址 0、5 比较 3 次能够确定元素不在表中;地址 1 比较 4 次能够确定元素不在表中;地址 2 比较 2 次能够确定元素不在表中;地址 3、4、6、7、8、9、10 比较一次能够确定元素不在表中。

$$\text{ASL}_{失败}=\frac{(3\times2+4+2+7)}{11}=19/11$$

这里有两种观点:一种认为空指针算一次,另外一种认为值将与关键字的比较次数计算在内即可。在做题时读者可仔细阅读题中是否给出明确要求,如果没给出,则在做题时可自行标出说明自己所采用的方式。

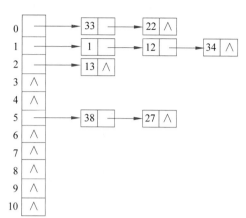

图 7-18 基础习题综合应用题 5 解析示意图

7.6.2 进阶习题解析

1. C

构造相应的判定树如图 7-19 所示。

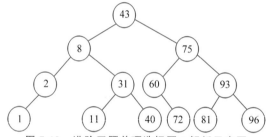

图 7-19 进阶习题单项选择题 1 解析示意图

先找到中间结点 43,再依次找结点 75 和结点 93,然后找到结点 81,4 次比较。

2. A

假设关键字序列为 $\{1,2,3,4,5,6,7,8,9,10,11,12\}$,只要表中的关键字个数相同,就一定会形成相同形状的判定树,只是同一位置上的结点值不一样。形态相同则平均查找长度相同,判定树形状如图 7-20 所示。

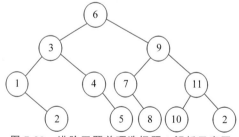

图 7-20 进阶习题单项选择题 1 解析示意图

由判定树可得出各关键字的比较次数,也就是在树中的层次,可得
$$ASL=(1+2\times2+3\times4+4\times5)/12=37/12$$

3. D

B 树和 B+树均可用于文件的索引结构;B+树的叶子结点包含关键字,B 树的叶子结

点不包含关键字;B 树和 B+树都是平衡的多叉树。因此 D 正确。

4. C

如果 $\sqrt{n}=25$(数学求导得出,自行计算),则此时的平均查找长度最小值为 $\sqrt{n}+1$。

5. D

m 阶 B 树的每个结点最多有 m 个分支,且所有叶子结点都在同一层上,因此,m 阶 B 树是一棵 m 叉平衡查找树。

6. B

哈希查找算法是由关键字结合哈希函数和处理冲突方法直接计算得到关键字的地址的,与表的长度无关,为常量级 $O(1)$。

7. A

假设表中空闲,则能相对减少探测次数。第 1 个关键字 1 次比较后存入,第 2 个关键字 2 次比较后存入,第 3 个关键字 3 次比较后存入,以此类推,第 k 个关键字 k 次比较后存入,则总的比较次数为 $1+2+\cdots+k=k(k+1)/2$。

8. C

第 1 次比较 $(1+18)/2=9$(取整),第 2 次在前半区查找 $(1+8)/2=4$(取整),第 3 次在前半区查找 $(1+3)/2=2$,第 4 次在后半区查找 $(3+3)/2=3$(取整)找到。因此,比较序列下标为 9,4,2,3。

9. C

$H(49)=49 \bmod 11=5$,与 $H(38)$ 为同义词,冲突;采用平方探测法 $H_1=(5+1^2)\%11=6$,冲突;$H_2=(5-1^2)\%11=4$,冲突;$H_3=(5+2^2)\%11=9$,不冲突。共需要探测 4 次。

10. A

顺序查找的最多比较次数是 19,折半查找的最多比较次数是 $\log_2(n+1)=5$,二叉排序树查找的最多比较次数是 19,因此只可能为哈希查找。

二、综合应用题

1. 解答。3 阶 B 树,除根结点外的非叶子结点关键字个数为 1、2,如图 7-21 所示。

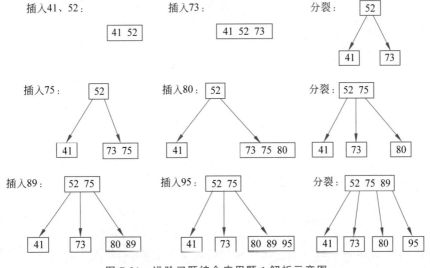

图 7-21 进阶习题综合应用题 1 解析示意图

继续分裂：

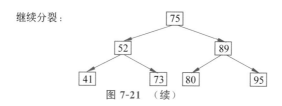

图 7-21 （续）

2. 解答。因为 B 树中的每个结点最多有 m 棵子树,所以

第 1 层 $m-1$ 个

第 2 层 m 个

第 3 层 m^2 个

⋮

第 H 层 m^{H-1} 个

在高度为 H 的 m 阶 B 树中关键字的个数 $N \leqslant (m-1)(1+m+m^2+\cdots+m^{H-1}) = m^H - 1$,因此最多为 $m^H - 1$。

3. 解答。每个结点中的关键字个数达到最少,所以

第 1 层 1 个

第 2 层 2 个

第 3 层 $2 \times \lceil m/2 \rceil$ 个

第 4 层 $2 \times (\lceil m/2 \rceil)^2$ 个

⋮

第 $H+1$ 层 $2 \times (\lceil m/2 \rceil)^{H-1}$ 个

$N = 1 + 2 + 2 \times \lceil m/2 \rceil + \cdots + 2 \times (\lceil m/2 \rceil)^{H-1} = 2(1-(\lceil m/2 \rceil)^H)/(1-\lceil m/2 \rceil) + 1$

4. 解答。

```
#define m 11
typedef datatype int;
typedef struct node{
                        datatype key;            //关键字
                        struct node * next;      //链指针
}Lnode, * LinkedList;
typedef struct node * HLK;
void Creat(HLK HT[m]){
//用链地址法解决冲突,构造哈希表,哈希函数用 H(key)=key % 11
                        for(i=0;i<m;i++)H[i]=NULL;  //初始化
    for(i=0;i<n;i++)                                //输入 n(本例中 n=9)个关键字
    {   scanf("%d",&x);                             //按题意 x 互不相同
        j=x % m;
        p=(LNode * )malloc(sizeof (LNode));
        p->key=x;
                        p->next=HT[j];
                        HT[j]=p;                    //将插入结点链入同义词表
    }
}//Creat
```

构造的哈希表如图 7-22 所示,查找成功时的平均查找长度 $ASL = (1 \times 6 + 2 \times 3)/9 = 12/9 = 4/3$。

5. 解答。

(1) $\alpha = \dfrac{\text{表中已填入的记录数}}{\text{哈希表的长度}}$，则表长 $= \lceil n/\alpha \rceil = 15$，一般情况下选 p 为素数，p 取不大于表长的最大素数为 13。

因此，所得到的哈希函数为 $H(\text{key}) = \text{key} \bmod 13$。

由哈希函数得到各关键字的哈希地址为 $H(26)=0, H(36)=10, H(41)=2, H(38)=12, H(44)=5, H(15)=2, H(68)=3, H(12)=12, H(6)=6, H(51)=12, H(25)=12$。

构造由链地址法处理冲突的哈希表，如图 7-23 所示。

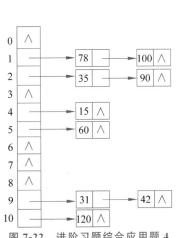

图 7-22　进阶习题综合应用题 4 解析示意图

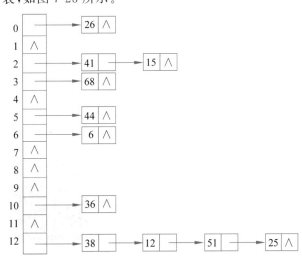

图 7-23　进阶习题综合应用题 5 解析示意图

(2) $\text{ASL}_1 = \dfrac{7 + 2\times 2 + 3 + 4}{11} = 18/11$

(3) 因本题目只将与关键字的比较次数计算在内，因此可得

$$\text{ASL}_2 = \dfrac{5 + 2 + 4}{13} = 11/13$$

6. 解答。

(1)

```
void  Print(rectype h[ ]){
    //按关键字第一个字母在字母表中的顺序输出各关键字
    int   i,j;
    for(i=0;i<=26;i++)              //哈希地址 0 到 26
    {  j=1;printf("\n");
        while(h[j]!=NULL)           //设哈希表初始值为 NULL
        {
            if(ord(h[j])==i)        //ord()取关键字第一个字母在字母表中的序号
                printf("%s",h[j]);
            j=(j+1)% n;
        }//while
    }//for
}//end
```

(2)
```
int  ASLHash(rectype  h[ ]){
    //求链地址解决冲突的哈希表查找不成功时的平均查找长度
    int  i,j;
    int count=0;                        //记查找不成功的总次数
    LinkedList p;
    for(i=0;i<=26;i++)
    {
        p=h[i];
        j=1;
        while(p!=NULL)                  //按我们约定,查找不成功指到空指针为止
        {j++;p=p->next;}
        count+=j;
    }
    return (count/26.0);
}
```

7.6.3 考研真题解析

考研真题

一、单项选择题

1. D

第 7 章考研真题单项选择题 1

一棵 m 阶 B 树或者是空树,或者是一棵高度平衡的 m 叉排序树。在 m 阶 B 树中,每个结点最多有 m 棵子树,则根结点最多有 m 棵子树,且根结点至少有两个子结点;所有的叶子结点都在同一层上;B 树是排序树,因此各结点内关键字均升序或降序排列;但是 B 树的叶子结点之间不是通过指针链接,B+树的叶子结点之间是通过指针链接。

2. B

第 7 章考研真题单项选择题 2

折半查找算法在查找不成功时和给定值比较次数最多为树的高度 $h=\log_2(n+1)$,$n=16$,可得 $h=5$。

3. D

第7章考研真题单项选择题3

平均查找长度取决于哈希函数、解决冲突的方法和哈希表的装填因子这3个因素。冲突产生的概率与装填因子的大小成正比，Ⅰ错误；设计冲突（碰撞）少的哈希函数能够提高哈希表的查找效率，Ⅱ正确；采用合适的冲突处理方法避免产生聚集（堆积）现象，Ⅲ正确。

4. D

第7章考研真题单项选择题4

被删关键字78所在结点删除前的关键字个数为$\lceil 3/2 \rceil-1=1$，与该结点相邻的左兄弟结点的关键字个数为$\lceil 3/2 \rceil=2$，在这种情况下删除关键字78后，把该结点的左兄弟结点中最大的关键字62上移到双亲结点中，并把双亲结点中的关键字65下移到被删结点处，这样就达到了新的平衡，如图7-24所示。

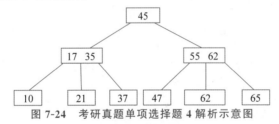

图7-24 考研真题单项选择题4解析示意图

5. A

第7章考研真题单项选择题5

5阶B树只有当关键字值超过4最少为5时才可能分裂使得树的高度为2。

6. D

第7章考研真题单项选择题6

根据题意，则要求结点中的关键字数最少，根结点至少有1个关键字，非根结点最少有$\lceil 4/2 \rceil-1=1$个关键字，因此每个结点的关键字数量最少为1，每个结点2分支，与二叉排序树相似,有 15 个结点构成 4 层 4 阶 B 树。

7. D

第 7 章考研真题单项选择题 7

堆积现象也就是发生冲突,对 A、B、C 均不会产生影响,但是平均查找长度会增大。

8. A

第 7 章考研真题单项选择题 8

折半查找的判定树是一棵二叉排序树,根据比较顺序画出图,如图 7-25 所示,然后判断是否符合二叉排序树的规则即可。可见选项 A 不正确。

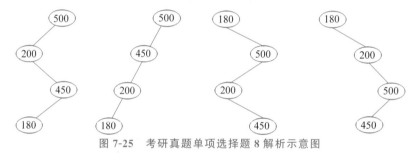

图 7-25 考研真题单项选择题 8 解析示意图

9. A

第 7 章考研真题单项选择题 9

B+树是 B 树的变形,B+树的所有关键字均在叶子结点中,并包含关键字及指针,关键字按照升序排列,每个叶子结点中含有 n 个关键字和 n 个指向记录的指针,并且所有叶子结点彼此相链接构成一个有序链表,其头指针指向含最小关键字的结点,因此能支持顺序查找。

10. B

第 7 章考研真题单项选择题 10

程序采用跳跃式的顺序查找方法查找升序数组中的 x,x 越靠前则比较次数越少。

11. A

第7章考研真题单项选择题11

折半查找判定树为一棵二叉排序树且中序遍历有序,因此在树上结点对应填写上元素,符合折半查找规则 mid=(low+high)/2。依照上述原则即可筛选出合适的选项,如下所示。

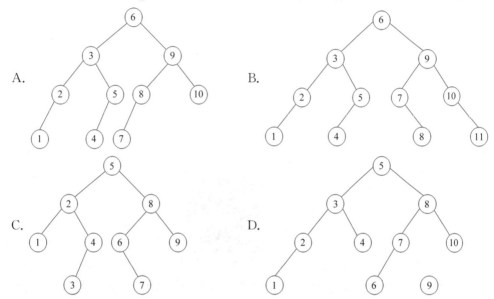

对于 B 选项,4、5 相加除以 2 向上取整,但是 7、8 相加除以 2 向下取整,不一致;对于 C 选项,3、4 相加除以 2 向上取整,但是 6、7 相加除以 2 向下取整,不一致;对于 D 选项,1、10 相加除以 2 向下取整,但是 6、7 相加除以 2 向上取整,不一致;A 选项符合。

12. B

第7章考研真题单项选择题12

B+树应为文件系统所产生的 B 树的变形,B+树更加适应于操作系统的文件索引和数据库索引。因此 B 正确。

13. B

第7章考研真题单项选择题13

根结点外的结点的关键字数最少为 $\lceil 3/2 \rceil - 1 = 1$,根结点有一个关键字,所有非叶子结点均有两个孩子,则为高度是 5 的满二叉树,可得 $2^5 - 1 = 31$。

14. C

第 7 章考研真题单项选择题 14

哈希表如图 7-26 所示。

0	1	2	3	4	5	6
	22	43	15			

图 7-26　考研真题单项选择题 14 解析示意图

$$ASL_{成功} = \frac{1+2+3}{3} = 2$$

15. C

第 7 章考研真题单项选择题 15

哈希表的长度为 11,假设哈希表存储在一维数组中,数组下标为 0~10,根据哈希函数,可得到关键字在哈希表中的存储位置,如图 7-27 所示。

哈希地址	0	1	2	3	4	5	6	7	8	9	10
关键字	98	22	30	87	11	40	6		20		

图 7-27　考研真题单项选择题 15 解析示意图

由于 $H(key) = 0 \sim 6$,查找失败时可能对应的地址有 7 个,地址为 6 的关键字比较完 6、7、8 地址后确认该关键字不在表中,需要比较 3 次;地址为 5 的关键字比较完 5、6、7 和 8 地址后确认该关键字不在表中,需要比较 4 次;以此类推。需要注意哈希函数不可能计算出地址 7,可得

$$ASL_{失败} = \frac{9+8+7+6+5+4+3}{7} = 6$$

16. B

第 7 章考研真题单项选择题 16

4 阶 B 树的任意非叶子结点最多有 $m-1=3$ 个关键字，插入关键字的过程中结点需要进行结点的分裂，过程如图 7-28 所示。

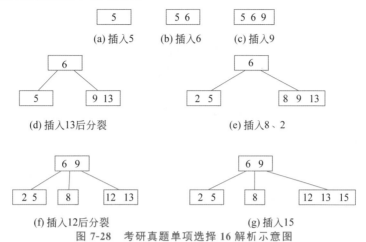

图 7-28 考研真题单项选择 16 解析示意图

二、综合应用题

1. 解答。

第 7 章考研真题综合应用题 1

（1）由装填因子等于关键字个数除以表长，关键字个数为 7，装填因子为 0.7，则表长为 7/0.7=10，数组下标从 0 开始，所构造的哈希函数值与 7,8,30,11,18,9,14 对应分别为 0,3,6,5,5,6,0，采用线性探测再哈希法处理冲突，所构造的哈希表如图 7-29 所示。

地址	0	1	2	3	4	5	6	7	8	9
关键字	7	14		8		11	30	18	9	

图 7-29 考研真题综合应用题 1 解析示意图

（2）在等概率的情况下，查找成功的平均查找长度：关键字 7,8,30,11,18,9,14 的比较次数依次为 1,1,1,1,3,3,2，可得

$$\text{ASL}_{\text{成功}}=\frac{1+2+1+1+1+3+3}{7}=12/7$$

查找失败时，在等概率情况下，在哈希函数计算后映射到 0～6，并且概率相等，查找失败的比较次数如表 7-3 所示。

表 7-3 考研真题综合应用题 1 解析表

$H(\text{key})$	0	1	2	3	4	5	6
次数	3	2	1	2	1	5	4

$$\text{ASL}_{失败} = \frac{3+2+1+2+1+5+4}{7} = 18/7$$

2. 解答。

第 7 章考研真题综合应用题 2

(1) 采用顺序存储结构，S 中的数据元素按照查找概率降序排列，采用顺序查找法。查找成功时的平均查找长度为 $0.35 \times 1 + 0.35 \times 2 + 0.15 \times 3 + 0.15 \times 4 = 2.1$。

(2) 答案一：采用链式存储结构，S 中的数据元素构成单链表，按查找概率降序排列，采用顺序查找法。查找成功的平均查找长度为 $0.35 \times 1 + 0.35 \times 2 + 0.15 \times 3 + 0.15 \times 4 = 2.1$。

答案二：构造二叉排序树，并采用二叉链表存储，使用二叉排序树的查找方法，两种结构如图 7-30 所示。查找成功时的平均查找长度为 $0.15 \times 1 + 0.35 \times 2 + 0.35 \times 2 + 0.15 \times 3 = 2.0$。

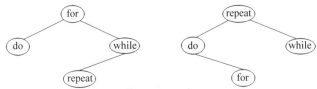

图 7-30　考研真题综合应用题 2 解析示意图

第 8 章 排　序

本章为排序部分,首先给出本章学习目标、知识点导图,使读者对本章内容有整体了解;接着,介绍排序的基本概念;然后,介绍内部排序,包括插入排序(直接插入排序、折半插入排序、希尔排序)、交换排序(冒泡排序、快速排序)、选择排序(简单选择排序、堆排序)、归并排序、基数排序;给出内部排序的小结;最后一部分为外部排序,具体包括多路归并排序、败者树、置换-选择排序、最佳归并树。

本书在每章各个需要讲解的部分配有微课视频和配套课件,读者可根据需要扫描对应部分的二维码获取;同时,考研真题部分也适当配有真题解析微课讲解,可根据需求扫描对应的二维码获取。

排序

◆ 8.1　本章学习目标

(1) 学习排序的基本概念。

(2) 掌握内部排序,包括插入排序(直接插入排序、折半插入排序、希尔排序)、交换排序(冒泡排序、快速排序)、选择排序(简单选择排序、堆排序)、归并排序、基数排序。

(3) 掌握外部排序的概念、方法、多路归并排序、败者树、置换-选择排序、最佳归并树。

(4) 掌握各种排序的算法思想、过程、复杂度分析、稳定性、适用性等。

(5) 重点掌握快速排序和堆排序、归并排序。

(6) 可熟练书写常用算法的核心代码。

(7) 具有对于给定序列,根据不同排序算法特点辨别或选择出合适的排序算法等能力。

◆ 8.2 知识点导图

排序的知识点导图如图 8-1 所示。

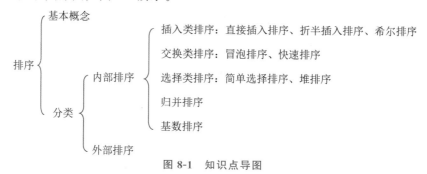

图 8-1 知识点导图

◆ 8.3 知识点归纳

8.3.1 排序的基本概念

第 8 章排序的基本概念

1. 排序

排序是计算机程序设计中一种重要操作,它的功能是将一个数据元素或记录的任意序列,重新排列成一个按关键字有序的序列。

确切定义如下。

输入:n 个记录 $R_1,R_2,\cdots,R_n$ 对应的关键字序列为 $K_1,K_2,\cdots,K_n$。

输出:需确定 $1,2,\cdots,n$ 的一种排列 $p_1,p_2,\cdots,p_n$,使其相应的关键字满足如下非递减(或非递增)关系 $K_{p_1} \leqslant K_{p_2} \leqslant \cdots \leqslant K_{p_n}$,即使原有序列成为一个按关键字有序的序列 $R_{p_1}, R_{p_2}, \cdots, R_{p_n}$。

2. 分类

由于待排序记录的数量不同,使得排序过程中涉及的存储器不同,可将排序方法分为两大类,即内部排序和外部排序。

内部排序是指待排序记录存放在计算机随机存储器(内存)中进行的排序过程,即整个排序过程不需要访问外存便能完成;外部排序是指待排序记录的数量很大,以致内存一次不能容纳全部记录,整个序列的排序过程不可能在内存中完成,在排序的过程中需要对外存进行访问的排序过程,即必须在排序过程中根据要求不断在内存和外存之间移动的排序。本章先归纳内部排序知识点,再归纳外部排序知识点。

3. 内部排序分类

内部排序的过程是一个逐步扩大记录的有序序列长度的过程。基于不同的"扩大"有序序列长度的方法,内部排序方法大致可分为下列几种类型:插入类、交换类、选择类、归并类以及其他方法。

可根据内部排序算法是否基于关键字的比较,将内部排序算法分为基于比较的排序算法和不基于比较的排序算法。插入排序、交换排序、选择排序和归并排序为基于比较的排序方法,而基数排序是不基于比较的排序方法。

4. 基于比较的排序算法的性能

实现内部排序的基本操作有两个:"比较"序列中两个关键字的大小;"移动"记录。

该类算法的性能是由算法的时间复杂度和空间复杂度确定的。时间复杂度是由比较和移动的次数之和确定。两个元素的一次交换需要 3 次移动。

正序是指待排序元素的关键字顺序与要排序的顺序相同,逆(反)序是指待排序元素的关键字顺序与要排序的顺序相反。基于比较的排序算法有的与初始序列的顺序相关,而有些无关。

5. 稳定性(内部排序)

若待排序表中有两个元素 R_i、R_j,对应的关键字为 K_i、K_j 且 $K_i = K_j$,排序前 R_i 在 R_j 前面,如果在使用某算法排序后 R_i 仍然在 R_j 前面,则该算法是稳定的,否则称为不稳定的。

6. 数据的组织(内部排序)

在本章中介绍内部排序算法时,以顺序表作为排序数据的存储结构如下所示。待排记录的数据类型定义如下。

```
#define MAXSIZE   1000              //待排顺序表的最大长度
typedef  int  KeyType;              //关键字类型为整数类型
typedef  struct {
    KeyType   key;                  //关键字项
    InfoType  otherinfo;            //其他数据项
} RcdType;                          //记录类型
typedef  struct {
    RcdType   r[MAXSIZE+1];         //r[0]闲置
    int       n;                    //顺序表长度
} SqList;                           //顺序表类型
```

以下排序算法如无特殊说明则均基于上述结构。例如,基数排序采用单链表时,在排序算法前将给出相应结构。

8.3.2 插入排序

第 8 章插入排序

插入排序算法的基本思想:将无序子序列中的一个或几个记录"插入"到有序序列中,从而增加记录的有序了序列的长度。

1. 直接插入排序

一趟直接插入排序的基本思想如图 8-2 所示。

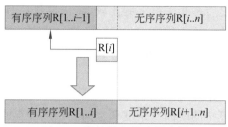

图 8-2 直接插入排序示意图

已知序列为 R[1..n]实现"一趟插入排序"可分 3 步进行。

(1) 在 R[1..i−1]中查找 R[i]的插入位置，R[1..j].key≤R[i].key＜R[j+1…i−1].key。

(2) 将 R[j+1..i−1]中的所有记录均后移一个位置。

(3) 将 R[i]插入（复制）到 R[j+1]的位置上。

初始时视 R[1]为一个已经排好序的子序列，执行将 R[2]～R[n]依次插入前面已排好序的子序列即可。直接插入排序算法代码（顺序存储）如下。

```
void InsertSort(SqList &L){
    int i,j;
    for(i=2;i<=L.n;i++)
        if(L.r[i].key< L.r[i-1].key){
            L.r[0]= L.r[i];                    //复制为监视哨
            for(j=i-1;L.r[0].key< L.r[j].key;--j)
                L.r[j+1]=L.r[j];               //记录后移
            L.r[j+1]=L.r[0];                   //插入到正确位置
        }
}
```

直接插入排序适用于顺序存储和链式存储的线性表。当为链式存储时可以从前向后查找指定元素位置，读者可自己尝试实现。

以序列{23,4,15,8,19,24,15}为例，直接插入排序过程如图 8-3 所示。

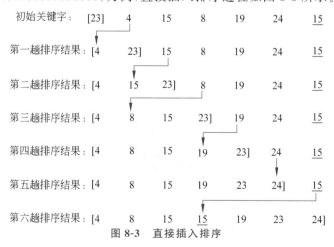

图 8-3 直接插入排序

直接插入排序性能分析如下。

(1) 空间复杂度。使用了常数个辅助单元,空间复杂度为 $O(1)$。

(2) 时间复杂度。分析其比较和移动次数,在向有序子表中逐个插入元素的操作进行 $n-1$ 次,每趟操作包括比较和移动,比较和移动的执行次数与待排序表的初始状态有关。最好的情况(关键字在记录序列中顺序有序)只需要"比较"一次,不需要移动元素,则时间复杂度为 $O(n)$;最坏的情况(关键字在记录序列中逆序有序)比较次数和移动次数均达到最大,分别为 $\sum_{i=2}^{n}i, \sum_{i=2}^{n}i+1$,均为 $O(n^2)$,则时间复杂度为二者之和,也为 $O(n^2)$;综上,待排序表中元素是随机的,平均时间复杂度取上述两种情况的平均值,可得到直接插入排序的平均时间复杂度为 $O(n^2)$。

(3) 稳定性。插入元素时为从后向前比较后再移动,因此直接插入排序是稳定的。如上示例,关键字 15 和 15̲,排序前、后相对次序不变。

2. 折半插入排序

折半插入排序将比较和移动操作分离,先折半找到元素应该插入的位置,再统一做移动操作,将应插入位置后的元素进行移动。当待排序表为顺序存储时,对有序子表先进行折半查找确定插入位置,再统一移动。顺序存储结构下的折半插入算法代码如下。

```
void InsertSort(SqList &L){
    int i,j,low,high,mid;
    for(i=2;i<=L.n;i++){
        L.r[0] = L.r[i];                //暂存在 R[0]
        low=1;
        high=i-1;                       //设置查找范围
        while(low<high){                //递增有序排序
            mid=(low+high)/2;           //取中间值
            if(L.r[mid].key> L.r[0].key)
                high=mid-1;             //查找左半子表
            else
                low=mid+1;              //查找右半子表
        }//while
        for(j=i-1;j>=high+1;--j)
            L.r[j+1]=L.r[j];            //记录后移
        L.r[high+1]=L.r[0];             //插入到正确位置
    }
}
```

时间复杂度分析。分析比较与移动次数。折半插入排序减少了比较次数,并且折半插入排序的比较次数与序列的初始状态无关,但是元素的移动次数与序列的初始状态有关,没有改变,因此折半插入排序的时间复杂度仍然为 $O(n^2)$。折半插入排序是稳定的排序方法,读者可自行列举关键字有相同的序列,并在排序后进行对比。

3. 希尔排序(缩小增量排序)

希尔排序的基本思想是对待排记录序列先做"宏观"调整,再做"微观"调整。所谓"宏观"调整指的是"跳跃式"的插入排序。具体做法如下。

将记录序列分成若干子序列,分别对每个子序列进行插入排序。

例如,将 n 个记录分成 d 个子序列。

$$\{R[1], R[1+d], R[1+2d], \cdots, R[1+kd]\}$$
$$\{R[2], R[2+d], R[2+2d], \cdots, R[2+kd]\}$$
$$\vdots$$
$$\{R[d], R[2d], R[3d], \cdots, R[kd], R[(k+1)d]\}$$

其中,d 称为增量,它的值在排序过程中从大到小逐渐缩小,直至最后一趟排序减为 1。

例如,待排序关键字序列为$\{58,46,72,95,84,25,37,58,63,12\}$,步长因子分别取 5,3,1,则希尔排序过程如图 8-4 所示。

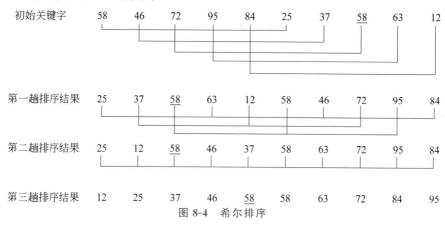

图 8-4 希尔排序

目前为止尚未得到一个最好的增量序列。常用的方法为 $d_1=n/2, d_{i+1}=\lceil d_i/2 \rceil, \cdots$,最后一个增量为 1。

希尔排序仅适用于线性表为顺序存储的情况。希尔排序的算法代码如下。

```
void ShellInsert ( SqList &L, int dk ) {
    for ( i=dk+1; i<=n; ++i )
        if ( L.r[i].key< L.r[i-dk].key) {
            L.r[0] = L.r[i];                    //暂存在 R[0]
            for (j=i-dk;  j>0&&(L.r[0].key<L.r[j].key;j-=dk)
                L.r[j+dk] = L.r[j];              //记录后移,查找插入位置
            L.r[j+dk] = L.r[0];                 //插入
        } //if
} //ShellInsert
void ShellSort (SqList &L, int dlta[], int t)
{   //增量为 dlta[]的希尔排序
    for (k=0; k<t; ++t)
        ShellInsert(L, dlta[k]);
            //一趟增量为 dlta[k]的插入排序
} //ShellSort
```

希尔排序算法性能分析如下。

(1) 空间复杂度。使用了常数个辅助单元,空间复杂度为 $O(1)$。

(2) 时间复杂度。希尔排序的时间复杂度依赖于增量序列的函数,涉及数学上尚未解决的难题,因此其时间复杂度的分析较为困难。仅需要知道在最坏情况下的时间复杂度为 $O(n^2)$,n 在某个特定范围时,其时间复杂度约为 $O(n^{1.3})$。

(3) 稳定性。因为当关键字相同的记录被划分在了不同子表时可能改变相对次序,因

此希尔排序是不稳定的。例如,上例中的 58 和 58 的相对次序发生了变换。

8.3.3 交换排序

第 8 章交换排序

交换排序算法的基本思想:通过交换无序序列中的记录从而得到其中关键字最小或最大的记录,并将它加入到有序子序列中,以此方法增加记录的有序子序列的长度。

1. 冒泡排序

冒泡排序也称为气泡排序,是一种典型的交换排序方法。冒泡排序的基本思想:通过无序区中相邻元素关键字之间的比较和位置交换,使得关键字较小的元素像是气泡一样逐渐往上"漂浮"直至"水面",我们称它为第一趟排序,将最小的元素交换到待排序列的第一个位置。下一趟冒泡时上一趟确定的最小元素则不需要再参与排序,每趟排序均可以把序列中的最小元素放到其在序列的最终位置。可以设置标志位,当无交换位置时即结束排序,因此最多做 $n-1$ 趟冒泡即可排序完毕。

例如,待排序关键字序列为$\{49,38,65,97,76,13,27,49\}$,则冒泡排序过程如图 8-5 所示。

49	13	13	13	13	13	13
38	49	27	27	27	27	27
65	38	49	38	38	38	38
97	65	38	49	49	49	49
76	97	65	49	49	49	49
13	76	97	65	65	65	65
27	27	76	97	76	76	76
49	49	49	76	97	97	97
初始状态	一趟	二趟	三趟	四趟	五趟	结果

图 8-5 冒泡排序过程

设置标志的冒泡排序的结束条件为,最后一趟没有进行"交换记录",则冒泡排序结束。冒泡排序的代码实现如下。

```
void swap(int &a,int &b){          //交换函数
    int temp=a;
    a=b;
    b=temp;
}
void BubbleSort(SqList&L) {
    int i,j;
    for(i = 0; i<L.n; i++){
        flag=0;
```

```
            for(j=n-1;j>i;j--)
                if(L.r[j-1].key> L.r[j].key){
                    swap(L.r[j-1], L.r[j]);
                    flag=1;
                }
                if(flag==1)
                    return;                    //最后一趟没有进行"交换记录",冒泡排序结束
    }//for
}//BubbleSort
```

冒泡排序性能分析如下。

(1) 空间复杂度。使用了常数个辅助单元,空间复杂度为 $O(1)$。

(2) 时间复杂度。最好的情况(关键字在记录序列中顺序有序)只需进行一趟起泡,比较次数为 $n-1$,移动次数为 0,时间复杂度为 $O(n)$;最坏的情况(关键字在记录序列中逆序有序)需进行 $n-1$ 趟起泡,比较次数为 $\sum_{i=1}^{n-1}(n-i)=n(n-1)/2$,一次比较对应 3 次移动,移动次数为 $\sum_{i=1}^{n-1}3(n-i)=3n(n-1)/2$,因此最坏的情况时间复杂度为 $O(n^2)$。平均时间复杂度为 $O(n^2)$。

由上例可知,冒泡排序是稳定的。在关键字相等时不发生相对位置的变化。

2. 快速排序

快速排序的基本思想:通过一趟排序选定一个关键字作为分界点,将剩余元素按分界点划分为两部分,左半部分元素的关键字的值小于或等于分界点的值,右半部分元素的关键字的值大于分界点的值。接下来,继续对左半部分元素和右半部分元素按照同样的方法进行快速排序,直至全部元素排序完毕(见图 8-6)。

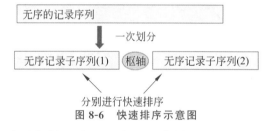

图 8-6 快速排序示意图

通常称分界点的元素为**枢轴**。快速排序的**一次划分**:在快速排序算法中,一次划分算法是整个算法的核心。在快速排序中,元素的比较和交换是从两端向中间进行的,关键字较大的元素一次就能交换到后面单元,关键字较小的元素一次就能交换到前面单元,记录每次移动的距离较大,因而总的比较和移动次数较少。

一次划分过程描述如下。

(1) 取待排序列中任何一个元素作为枢轴。为方便起见,通常取序列中第一个元素作为枢轴。以它的关键字作为划分的依据。

(2) 设置两个指针 low 和 high,分别指向待排序列的低端 s 和高端 t。

(3) 若 R[high].key > R[s].key,则高端指针向左移动一个位置;否则,将它和枢轴元素交换,并从低端指针起和枢轴比较。

(4) 若 R[low].key < R[s].key,则低端指针向右移动一个位置;否则,将它和枢轴元

素交换,并从高端指针起和枢轴比较。

(5) 重复(3)和(4),直至 low >= high。

例如,对关键字序列{5,9,3,8,4,6,7,2}一次划分过程如下。

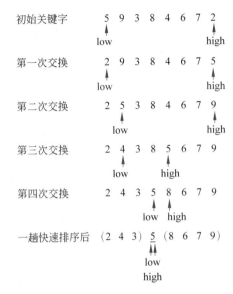

快速排序的递归调用过程,如图 8-7 所示。

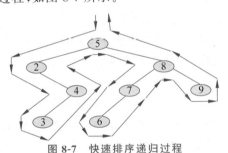

图 8-7 快速排序递归过程

快速排序算法实现如下。

```
void Quick_Sort (int R[], int s, int t)
{   //对数组 R[s..t]中的元素进行快速排序
    if (s < t) {                          //若长度小于 1,递归调用结束
        q = Partition(R, s, t);           //一趟快排,并返回枢轴位置
        Quick_Sort(R, s, q-1);            //对左半部分子序列递归地进行排序
        Quick_Sort(R, q+1, t);            //对右半部分子序列递归地进行排序
    } //if
} //Quick_Sort
int Partition ( int R[], int low, int high)
{   //对待排子序列进行一趟快速排序
    R[0] = R[low];                        //将枢轴记录移至数组的闲置分量
    pivotkey = R[low];                    //枢轴记录关键字
    while (low<high) {                    //从数组的两端交替地向中间扫描
        while (low<high && R[high]>=pivotkey)
            --high;
        R[low]= R[high];                  //将比枢轴记录小的记录移到低端
```

```
        while (low<high && R[low].key<=pivotkey)
            ++low;
        R[high] = R[low];                    //将比枢轴记录大的记录移到高端
    } //while
    R[low] = R[0];                           //枢轴记录移到正确位置
    return low;                              //返回枢轴位置
} //Partition
```

如图 8-7 所示，把 n 个元素组织成二叉树，二叉树的层数就是递归调用的层数。由第 5 章可知，n 个结点的二叉树最小高度为 $\lceil \log_2 n \rceil + 1$，最大高度为 n。

空间复杂度。由于快速排序是递归的，需要借助递归工作栈保存递归信息，其容量与递归调用深度一致，如图 8-7 所示，最好情况下为 $O(\log_2 n)$，最坏情况下，需要进行 $n-1$ 次调用则为 $O(n)$。平均情况下为 $O(\log_2 n)$。

时间复杂度。在快速排序算法中，一次划分算法 Partition 是整个算法的核心。快速排序的运行时间与每次划分是否对称有关。每层 Quick_Sort 只需要处理剩余的待排序元素，待排序元素个数不超过 n，Partition 的时间复杂度不超过 $O(n)$，因此时间复杂度为 O(递归层数 $\times n$)。递归层数最好的数量级为 $O(\log_2 n)$，最坏为 $O(n)$，因此最好时间复杂度为 $O(n\log_2 n)$，最坏时间复杂度为 $O(n^2)$。

如果每次选中的枢轴将待排序序列划分为均匀的两部分，则递归深度最小算法效率最高。理想情况下 Partition 的划分做到最平衡，得到子问题都不大于 $n/2$，此时的时间复杂度为最好，为 $O(n\log_2 n)$。如果每次选中的枢轴将待排序序列划分为很不均匀的两部分，则会导致递归深度增加，算法效率降低。当快速排序本来就是有序的或者逆序的，两个区域分别为 0 和 $n-1$ 个元素时，最大限度的不对称如果发生在每一层上，则出现最坏情况。在实际应用当中，快速排序在平均情况下的运行时间与最好情况下的运行时间接近，为 $O(n\log_2 n)$。因此，快速排序是所有内部排序算法中平均性能最优的算法。

为避免出现枢轴记录关键字为"最大"或"最小"的情况，通常进行的快速排序采用"三者取中"的改进方案（从序列的头、尾和中间选取 3 个元素，取 3 个元素的中间值作为枢轴元素）；或者随机从当前选取枢轴元素，以使得最坏情况在实际排序中基本不会发生。上述一次划分的算法仍不变。

快速排序的稳定性：在快速排序的划分算法中，如果右侧区域有关键字相同的记录（关键字值小于当前枢轴），则交换到左侧后相对位置发生变换，因此是不稳定的，也可以尝试示例法确定是否稳定。

8.3.4 选择排序

第 8 章选择排序

选择排序算法的基本思想：从记录的无序子序列中选择关键字最小或最大的记录，并将它加入到有序子序列中，以此方法增加记录的有序子序列的长度。

1. 简单选择排序

假设排序过程中，待排记录序列的状态如图 8-8 所示。

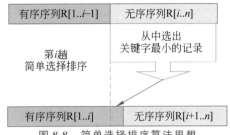

图 8-8　简单选择排序算法思想

简单选择排序的算法描述如下。

```
void swap(int &a,int &b){                    //交换函数
    int temp=a;
    a=b;
    b=temp;
}
void SelectSort (SqList &L ) {
    //对记录序列做简单选择排序
    int i,j,min;
    for (i=0; i<L.n-1; ++i) {                //选择第 i 小的记录,并交换到位
        min=i;
        for(j=i+1;j< L.n;j++)
            if(L.r[j]<L.r[min])
                min=j;
        if(min!=i)
            swap(L.r[i],L.r[min]);
    }
} //SelectSort
```

空间复杂度。使用了常数个辅助单元,空间复杂度为 $O(1)$。

时间复杂度。移动记录的次数,最小值为 0(当表已经有序),最大值为 $3(n-1)$；比较次数与序列状态无关,为 $n(n-2)$,则时间复杂度为 $O(n^2)$。

稳定性。在某一趟找到最小元素后进行交换,可能导致元素与相同关键字元素的相对位置变换。也可以尝试示例法确定是否稳定。

2. 堆排序

堆排序是一种选择类的排序方法,每一趟从记录的无序序列中选出一个关键字最大或最小的记录。

与简单选择所不同的是,在第一趟选最大或最小关键字记录时先"建堆",从而减少之后选择次大或次小关键字等一系列记录时所需的比较和移动次数。

堆排序与完全二叉树。若将堆数列看作完全二叉树,则 r_{2i} 是 r_i 的左孩子；r_{2i+1} 是 r_i 的右孩子(见图 8-9)。当条件 1: $r_i \geqslant r_{2i}$ 且 $r_i \geqslant r_{2i+1}$,或者条件 2: $r_i \leqslant r_{2i}$ 且 $r_i \leqslant r_{2i+1}$ 成立,n 个序列 $r[1..n]$ 称为堆($1 \leqslant i \leqslant \lceil n/2 \rceil$)。当条件 1 成立时,为大顶堆(大根堆),大根堆的最大元素在根结点；当条件 2 成立时,为小顶堆(小根堆),小根

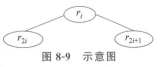

图 8-9　示意图

堆的最小元素在根结点。

堆排序步骤如下。

（1）先建堆。如建为大顶堆。

（2）输出堆顶元素。互换"堆顶"和待排序列中的最后关键字。

（3）重新调整为堆。堆顶元素向下调整使其继续保持大根堆的性质。

（4）重复(2)和(3)直至待排序列中只剩一个关键字为止。

堆排序的两个关键问题：将一个无序序列调整为堆；在互换堆顶之后重新调整为堆。所谓"调整"指的是，对一棵左/右子树均为堆的完全二叉树，调整根结点使整个二叉树也成为一个堆。

堆排序的关键是构造初始堆。n 个结点的完全二叉树，第 $\lceil n/2 \rceil$ 个结点为最后一个结点的双亲。从第 $\lceil n/2 \rceil$ 个结点的子树开始筛选，选择其孩子结点的关键字较大的结点的关键字与双亲结点比较，若大于则交换，该子树被调整为大顶堆，否则不需要交换。依次调整 $\lceil n/2 \rceil - 1$ 到 1 为根的子树，选择其孩子结点的关键字较大的结点的关键字与双亲结点比较，若大于则交换，该子树被调整为大顶堆，否则不需要交换，交换后可能会破坏下一级的堆，则继续采用上述方法构造下一级的堆，直至该结点为根的子树构成堆为止。重复使用上述调整堆的方法建立堆，直至根结点为止。综上，建堆是一个从下往上进行"调整"的过程。现在，左/右子树都已经调整为堆，最后只要调整根结点，使整个二叉树是个"堆"即可。

例如，对于序列{42,6,67,5,33,52,75,21}给出建堆和输出最大元素后堆的调整过程。

序列{42,6,67,5,33,52,75,21}对应的结点编号依次为 1 到 8。首先建立初始堆，如图 8-10(a)所示；调整结点 5（编号为 4）的结点，开始进行调整是指从这个结点为首开始调

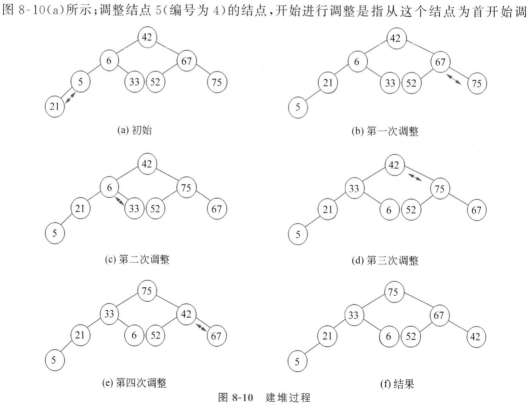

图 8-10　建堆过程

整,5<21,交换,将编号为 4 的结点作为根结点的子树调整为大顶堆,得到图 8-10(b);调整结点 67(编号为 3)的结点,开始进行调整,52<75,选择 75 与 67 比较,75>67,则交换,将编号为 3 的结点作为根结点的子树调整为大顶堆,得到图 8-10(c);调整结点 6(编号为 2)的结点,开始进行调整,21<33,选择 33 与 6 比较,33>6,则交换,将编号为 2 的结点作为根结点的子树调整为大顶堆,得到图 8-10(d);调整结点 42(编号为 1,根结点)的结点,开始进行调整,33<75,选择 75 与 42 比较,75>42,则交换,将编号为 1 的结点作为根结点的子树调整为大顶堆,得到图 8-10(e),但是交换后破坏了编号为 3 的子树的堆,需要进行调整,67>52,67>42,则 67 与 42 交换,至此满足堆的定义,结果建堆完成得到图 8-10(f)。

堆排序过程如图 8-11 所示。堆建成后输出堆顶元素,最后一个元素 5 与堆顶交换,需要重新对堆进行调整。5 与其左右子树的根结点的大者 67 交换得到图 8-11(c);继续调整 5 与其左右子树的根结点的大者 52 交换得到图 8-11(d),至此调整完毕。如果继续进行堆排序,则可继续将堆顶输出,然后最后一个元素与堆顶交换,再按上述规则进行调整,直至所有元素均输出,排序结束。

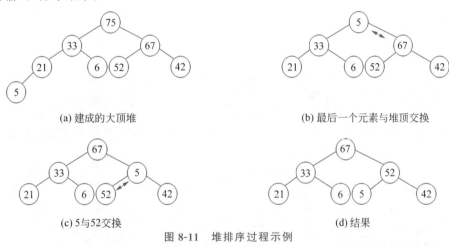

图 8-11 堆排序过程示例

堆的插入如图 8-12 所示。先将新插入的结点放在堆的最后再将新结点逐步向上进行调整。将新结点 50 放在末尾,与 21 调整得到图 8-12(c);继续向上,50 与 33 进行调整得到图 8-12(d);50<75,则不需要调整,得到结果图 8-12(d)。

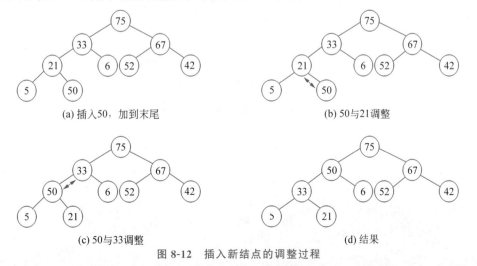

图 8-12 插入新结点的调整过程

建立大顶堆算法代码实现(为简化,本算法在数组上实现,也可对线性表进行结构化定义,定义为结构体形式)如下。

```
void HeadAdjust(int L[],int m,int n){
//对元素 m 为根的子树进行调整
    L[0]=L[m];                        //暂存
    for(i=2*m;i<=n;i*=2){             //选择较大的左右子树根结点继续调整
        if(i<n&&L[i]<L[i+1])
            i++;
        if(L[0]>L[i])
            break;                    //结束
        else{
            L[m]=L[i];                //大的调整至双亲结点
            m=i;                      //为继续向下做准备
        }//else
    }//for
    L[m]=L[0];                        //放入最终位置
}
void BuildHeap(int L[],int n){        //以建立大顶堆为例
    int i;
    for(i=n/2;i>0;i--)
    //从 n/2 开始到 1(根结点)以其为根结点进行建堆
        HeadAdjust(L,i,n);
}
```

堆排序算法代码实现(为简化,本算法在数组上实现,也可对线性表进行结构化定义为结构体形式)如下。

```
void HeapSort(int L[],int n){
//堆排序算法
    int i;
    BuildHeap(L,n);                   //建堆
    for(i=n;i>1;i--){                 //n-1 次交换和调整
        swap(L[i],L[1]);              //输出堆顶元素后交换替换或者交换后输出
        HeadAdjust(L,1,i-1);          //替换后的调整
    }
}
```

空间复杂度。使用了常数个辅助单元,因此空间复杂度为 $O(1)$。

时间复杂度。主要分析下坠调整函数 HeadAdjust。一个结点下坠一层最多比较 2 次(左右孩子结点比较,选择大的再与根结点比较),树高为 h,结点在第 i 层,则关键字比较次数最多为 $2(h-i)$ 次。n 个结点的树高 h 为 $\lceil \log_2 n \rceil + 1$(根据二叉树的性质);第 i 层最多有 2^{i-1} 个结点,第 1 到 $h-1$ 层需要调整,则整体需要比较次数为

$$1 \times 2(h-1) + 2^1 \times 2(h-2) + \cdots + 2^{h-1} \times 2 = \sum_{i=h-1}^{1} 2^{i-1} 2(h-i) = \sum_{i=h-1}^{1} 2^i (h-i)$$

$$= \sum_{j=1}^{h-1} 2^{h-j} j \leqslant 2n \sum_{j=1}^{h-1} j/2^j$$

采用错位相减法和代入 h 得到 $\leqslant 4n$。

因此,建堆的时间复杂度为 $O(n)$。

接着,分析排序的过程,需要进行 $n-1$ 趟,每趟交换后均需要将根结点做下坠的调整,下坠最多下坠 $h-1$ 层,每下坠一层需要最多对比 2 次关键字,因此每趟排序复杂度不超过 $O(h)=O(\log_2 n)$,总的时间复杂度为 $O(n\log_2 n)$。

堆排序的时间复杂度等于 $O(n)+O(n\log_2 n)=O(n\log_2 n)$。并且可以证明,堆排序的时间复杂度与数据的输入状态无关。无论待排序列中的记录是正序还是逆序排列,都不会使堆排序处于"最好"或"最坏"状态。因此,最好、最坏和平均时间复杂度均为 $O(n\log_2 n)$。

稳定性。堆排序算法是不稳定的,在进行筛选时可能将相对位置原来在后面的相同关键字调整到前面。也可以尝试示例法确定是否稳定。

8.3.5 归并排序

第 8 章 归并排序

归并排序基本思想是:当 $n=1$ 时,终止排序;否则,将待排序元素划分成大小大致相同的两个子集合,分别对这两个子集合进行归并排序,最终将排好序的子集合归并成为所要求的有序的集合。

2-路归并排序。将两个或两个以上的有序子序列"归并"为一个有序序列。在内部排序中,通常采用的是 2-路归并排序,即将两个位置相邻的记录有序子序列归并为一个记录的有序序列。

初始序列为 $\{23,56,42,37,15,84,72,27,18\}$,采用 2-路归并排序法对该序列进行排序,归并过程如图 8-13 所示。

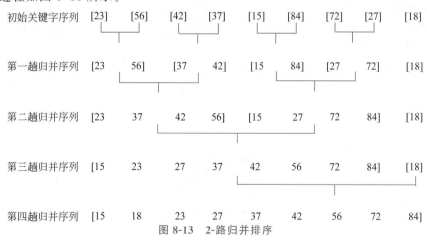

图 8-13 2-路归并排序

2-路归并的非递归算法实现如下。

```
int * S=(int *)malloc((n+1) * sizeof(int))   //辅助数组
void Merge(int R[],int low,int mid,int high){
    for(int m=low;m<=high;m++)                //复制到辅助数组
        S[m]=R[m];
```

```
        for(i=low,j=mid+1,m=i;i<=mid&&j<=high;m++)
        {
            if(S[i]<S[j])                    //比较辅助数组中左右元素,选取小的放入
                {R[m]=S[i];i++;}
            else
                {R[m]=S[j];j++;}
        }//for
        //剩余元素的复制,谁剩复制谁
        while(i<=mid)
            R[m++]=S[i++];
        while(j<=high)
            R[m++]=S[j++];
}
//主算法 MergeSort
void MergeSort(int R[],int low,int high){
    //采用相邻子表的2-路归并方法,对记录排序
    if(low<high){
        int mid=(low+high)/2;
        MergeSort(R,low,mid);                //左侧递归排序
        MergeSort(R,mid+1,high);             //右侧递归排序
        Merge(R,low,mid,high);               //归并 }
}//MergeSort
```

归并算法的分析如下。

(1) 空间复杂度。使用了辅助数组 S,与原数组同样数量级(也使用了递归,但是递归数量级不会超过 $\log_2 n$,相加取高阶),空间复杂度为 $O(n)$。

(2) 时间复杂度。每趟归并时间复杂度为 $O(n)$(如最后一趟排序对比选择一个最小的元素,则对比的次数小于或等于 $n-1$ 还可自行分析第一趟归并对比次数为 $n/2$ 次,为 $O(n)$ 数量级),2-路归并排序的归并树形态上是一棵倒立的二叉树,由树的性质可知共进行 $\lceil \log_2 n \rceil$ 趟排序(第 h 层最多有 2^{h-1} 个结点,因此 $n \leq 2^{h-1}$,可得 $h-1 = \lceil \log_2 n \rceil$ 趟)。时间复杂度为 $O(n\log_2 n)$,与序列的初始状态无关。

稳定性。不改变相同关键字的相对次序(先取左边),因此 2-路归并排序为稳定的。也可以尝试示例法确定是否稳定。

8.3.6 基数排序

第 8 章基数排序

基数排序是一种借助"多关键字排序"的思想来实现的排序算法。

n 个记录的序列 $\{R_1, R_2, \cdots, R_n\}$,$d$ 个关键字 $(K_i^0, K_i^1, \cdots, K_i^{d-1})$,对于序列中任意两个记录 R_i 和 R_j $(1 \leq i < j \leq n)$ 都满足下列有序关系

$$(K_i^0, K_i^1, \cdots, K_i^{d-1}) < (K_j^0, K_j^1, \cdots, K_j^{d-1})$$

其中,K^0 被称为最主位关键字;K^{d-1} 被称为"最次"位关键字。

多关键字排序的实现方法通常有两种：最高位优先 MSD 法和最低位优先 LSD 法。最高位优先 MSD 法，先对 K^0 进行排序，并按 K^0 的不同值将记录序列分成若干子序列之后，分别对 K^1 进行排序，……以此类推，直至最后对最次位关键字排序完成为止；最低位优先 LSD 法，先对 K^{d-1} 进行排序，然后对 K^{d-2} 进行排序，以此类推，直至对最主位关键字 K^0 排序完成为止。

链式基数排序（以 r 为基数的最低位优先基数排序）步骤如下。

（1）待排序记录以指针相链，构成一个链表。

（2）"分配"时，按当前"关键字位"所取值，将记录分配到不同的"链队列"中，每个队列中记录的"关键字位"相同。

（3）"收集"时，按当前关键字位取值从小到大将各队列首尾相链成一个链表。

（4）对每个关键字位均重复（2）和（3）两步操作。

例如，10 个关键字是十进制整数 231、144、037、572、006、249、528、134、065、152，$r=10$，$d=3$，基为 10 有 3 个关键码分别为百位、十位、个位。采用基数排序法对该序列进行排序，基数排序过程如图 8-14 所示。

→ 231 → 144 → 037 → 572 → 006 → 249 → 528 → 134 → 065 → 152

(a) 初始记录

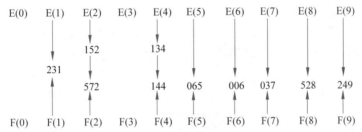

(b) 第1趟按个位分配

→ 231 → 572 → 152 → 144 → 134 → 065 → 006 → 037 → 528 → 249

(c) 第1趟收集

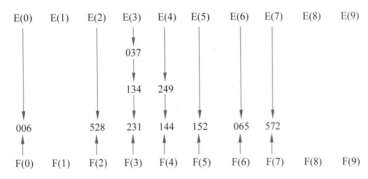

(d) 第2趟按十位分配

→ 006 → 528 → 231 → 134 → 037 → 144 → 249 → 152 → 065 → 572

(e) 第2趟收集

图 8-14 基数排序

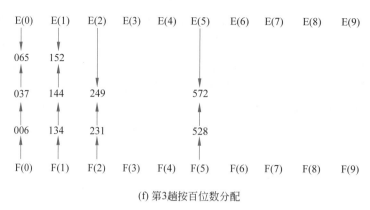

(f) 第3趟按百位数分配

→ 006 → 037 → 065 → 134 → 144 → 152 → 231 → 249 → 528 → 572

(g) 第3趟收集

图 8-14 （续）

空间复杂度。一趟排序需要 r 个队列的辅助空间，r 个队列均由队头和队尾指针组成并可以重复使用，则基数排序的空间复杂度为 $O(r)$。

时间复杂度。与序列的初始状态无关，每一趟分配和收集的复杂度分别为 $O(n)$ 和 $O(r)$，基数排序需要进行 d 趟的分配和收集，因此综上可得基数排序的时间复杂度为 $O(d(n+r))$。

稳定性。基数排序算法的每一趟都是稳定的，整体也是稳定的。

8.3.7 内部排序算法小结

第 8 章内部排序小结

1. 时间性能

（1）平均的时间性能。

时间复杂度为 $O(n\log_2 n)$：快速排序、堆排序和归并排序。

时间复杂度为 $O(n^2)$：直接插入排序、起泡排序和简单选择排序。

时间复杂度为 $O(d(n+r))$：基数排序。

（2）当待排记录序列按关键字顺序有序时，直接插入排序和起泡排序能达到 $O(n)$ 的时间复杂度，快速排序的时间性能退化为 $O(n^2)$。

（3）简单选择排序、堆排序和归并排序的时间性能不随记录序列中关键字的分布而改变。

2. 空间性能

指的是排序过程中所需的辅助空间大小。

所有的简单排序方法（包括直接插入、起泡和简单选择）、希尔排序和堆排序的空间复杂度为 $O(1)$；快速排序为 $O(\log_2 n)$，为递归程序执行过程中，栈所需的辅助空间；归并排序所需辅助空间最多，其空间复杂度为 $O(n)$；链式基数排序需附设队列首尾指针，则空间复杂

度为 $O(r)$。

3. 排序方法的稳定性能

1) 稳定的排序方法含义

对于两个关键字相等的记录,它们在序列中的相对位置,在排序之前和经过排序之后,没有改变。

排序之前: $\{ \cdots\cdots R_i(K) \cdots\cdots R_j(K) \cdots\cdots \}$

排序之后: $\{ \cdots\cdots R_i(K) R_j(K) \cdots\cdots\cdots\cdots \}$

2) 当对多关键字的记录序列进行 LSD 方法排序时注意事项

当对多关键字的记录序列进行 LSD 方法排序时,必须采用稳定的排序方法。

例如,排序前(56,34,47,23,66,18,82,47),若排序后得到结果(18,23,34,47,47,56,66,82),则称该排序方法是稳定的;若排序后得到结果(18,23,34,47,47,56,66,82),则称该排序方法是不稳定的。

3) 对于不稳定的排序方法,只要能举出一个实例说明即可

例如,对{4,3,4,2}进行快速排序,得到{2,3,4,4}。

4) 不稳定的排序方法

简单选择排序、快速排序、堆排序和希尔排序是不稳定的排序方法。

4. 关于"排序方法的时间复杂度的下限"

本章讨论的各种排序方法,除基数排序外,其他方法都是基于"比较关键字"进行排序的排序方法。

可以证明,这类排序法可能达到的最快的时间复杂度为 $O(n\log_2 n)$。基数排序不是基于"比较关键字"的排序方法,所以它不受这个限制。

5. 各种排序算法性能表

各种内部排序算法性能小结如表 8-1 所示。

表 8-1 内部排序算法性能小结表

排序算法	最好时间复杂度	平均时间复杂度	最坏时间复杂度	空间复杂度	稳定性
直接插入排序	$O(n)$	$O(n^2)$	$O(n^2)$	$O(1)$	稳定
希尔排序			$O(n^2)$	$O(1)$	不稳定
冒泡排序	$O(n)$	$O(n^2)$	$O(n^2)$	$O(1)$	稳定
快速排序	$O(n\log_2 n)$	$O(n\log_2 n)$	$O(n^2)$	$O(\log_2 n)$	不稳定
简单选择排序	$O(n^2)$	$O(n^2)$	$O(n^2)$	$O(1)$	不稳定
堆排序	$O(n\log_2 n)$	$O(n\log_2 n)$	$O(n\log_2 n)$	$O(1)$	不稳定
2-路归并排序	$O(n\log_2 n)$	$O(n\log_2 n)$	$O(n\log_2 n)$	$O(n)$	稳定
基数排序	$O(d(n+r))$	$O(d(n+r))$	$O(d(n+r))$	$O(r)$	稳定

其中,希尔排序的时间复杂度依赖于增量序列的函数,涉及数学上尚未解决的难题,因此其时间复杂度的分析较为困难。仅需要知道在最坏情况下的时间复杂度为 $O(n^2)$,n 在

某个特定范围时,其时间复杂度约为 $O(n^{1.3})$。

8.3.8 外部排序

第 8 章外部排序

外部排序部分一般考查概念、排序方法和过程,几乎不考查代码实现。具体的内容包括:外部排序的产生原因,即待排序记录的数量很大,内存一次不能容纳全部记录,以致在排序的过程中需要对外存进行访问;对于归并段长度不等时,可构造最佳归并树;减少平衡归并中外存读写次数可采用减少归并段数,或者采用败者树、增大归并路数,具体可利用置换-选择排序增大归并路数以减少归并段数,或者败者树增大归并路数。

1. 外部排序的概念

对外存中数据的读写是以"数据块"为单位进行的。读写外存中一个"数据块"的数据所需要的时间为

$$T_{I/O} = t_{seek} + t_{la} + n \times t_{wm}$$

其中,t_{seek} 为查找该数据块所在磁道时间;t_{la} 为等待(延迟)时间;$n \times t_{wm}$ 为传输数据块中 n 个记录的时间。

当待排序的记录数量很大,不能一次装入内存,如果采用内部排序方法,将引起频繁的访问操作。所以,外部排序方法应专门考虑。

外部排序的基本过程由相对独立的两个步骤组成:按可用内存大小,利用内部排序方法,构造若干个记录的有序子序列,通常称外存中这些记录有序子序列为"归并段";通过"归并",逐步扩大记录的有序子序列的长度,直至外存中整个记录序列按关键字有序为止。

2. 外部排序的基本方法——多路归并

假设有一个含 10000 个记录的磁盘文件,而当前所用的计算机一次只能对 1000 个记录进行内部排序,则首先利用内部排序的方法得到 10 个初始归并段,然后进行逐趟归并。

假设进行 2-路归并:第 1 趟由 10 个归并段得到 5 个归并段;第 2 趟由 5 个归并段得到 3 个归并段;第 3 趟由 3 个归并段得到 2 个归并段;最后一趟归并得到整个记录的有序序列。

分析外排过程中访问外存的次数:假设"数据块"的大小为 200,即每一次访问外存可以读(或写)200 个记录,则对于 10000 个记录,处理一遍需访问外存 100 次(读和写各 50 次)。

对上述例子:求得 10 个初始归并段需访问外存 100 次;每进行一趟归并需访问外存 100 次;总计访问外存 $100+4 \times 100 = 500$ 次。

外部排序的总时间。若对上述例子采用 5-路归并,则只需进行 2 趟归并,总的访问外存的次数将压缩到 $100+2 \times 100 = 300$ 次。外排总的时间还应包括内部排序所需时间和逐趟归并时进行内部归并的时间,显然,除去内部排序的因素外,外部排序的时间取决于逐趟归并所需进行的"趟数"。

k-路归并。一般情况下,假设待排记录序列含 m 个初始归并段,外排时采用 k-路归并,则归并趟数为 $\lceil \log_k m \rceil$。显然,随着 k 的增大归并的趟数将减少,因此对外排而言,通常采用多路归并。k 的大小可选,但需综合考虑各种因素。

磁盘排序的例子。假设磁盘上存有一文件,共有 3600 个记录($A_1, A_2, \cdots, A_{3600}$),页块长为 200 个记录,供排序使用的缓冲区可提供容纳 600 个记录的空间,现要对该文件进行排序。排序过程可按如下步骤进行。

第一步,每次将 3 个页块(600 个记录)由外存读到内存,进行内排序,整个文件共得到 6 个初始顺串 $R_1 \sim R_6$(每一个顺串占 3 个页块),然后把它们写回到磁盘上去,如图 8-15(a) 所示。

第二步,2-路归并,如图 8-15(b) 所示。

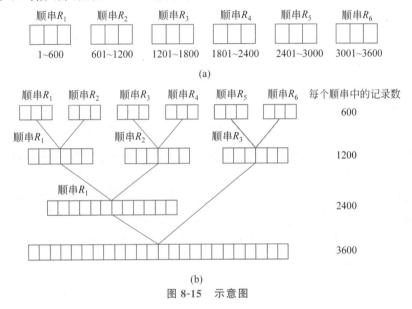

图 8-15 示意图

3. 置换-选择排序

置换-选择排序算法构造初始归并段的过程如下:首先根据缓冲区大小,由外存读入记录;当缓冲区满后,假设升序排序则选择最小的记录写回外存,取下一个记录填补空缺,其空缺位置由下一个读入记录来取代,输出的记录则作为当前初始归并段的一部分。若此时新输入的记录比生成的当前归并段中最大的记录小,不能够成为当前生成的归并段的一部分,则将成为生成其他初始归并段的一部分。反复进行上述操作,以此类推,直至缓冲区所有记录都比当前初始归并段最大的记录小,则生成了一个初始归并段。同样方式,继续生成下一个初始归并段,直至全部的记录处理完。

例如,设待排序文件 FI={16,20,3,42,9,10,53,30,27},工作区为 WA,输出文件 FO,则置换-选择排序过程如下。

输出文件变化	工作区	输入文件
无	无	16,20,3,42,9,10,53,30,27
无	16,20,3	42,9,10,53,30,27
3	16,20,42	9,10,53,30,27

3,16	9,**20**,42	10,53,30,27
3,16,20	9,10,**42**	53,30,27
3,16,20,42	9,10,**53**	30,27
3,16,20,42,53	9,10,30	27
3,16,20,42,53#	**9**,10,30	27
9	27,**10**,30	无
9,10	**27**,,30	无
9,10,27	**30**	无
9,10,27,30	无	无
9,10,27,30#	无	无

由上例可知,通过置换-选择排序算法得到的 m 个初始归并段长度可能是不同的。不同的归并策略可能导致需要的 I/O 操作次数不同。因此,需要找出一种归并次数最少的策略来减少 I/O 操作次数。

4. 最佳归并树

归并过程可以用一棵树来形象地描述,这棵树称为归并树。一棵归并树中结点代表当前归并段长度。初始记录经过置换-选择排序之后得到长度不等的初始归并段,根据不同的归并策略所得的归并树不同,则此时树的带权路径长度也不同。其中,I/O 次数等于带权路径长度乘以 2。

为了优化归并树的带权路径长度,可将树章节的构造哈夫曼树的思想运用到此处。k-路归并算法,采用构造 k 叉哈夫曼树的方法来构造最佳归并树。

例子 1,由置换-选择排序得到 9 个初始归并段,其长度即记录数分别为 9,30,12,18,3,17,2,6,24。画出 3-路最佳归并树,如图 8-16 所示。

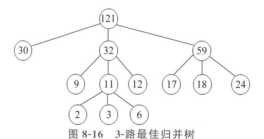

图 8-16 3-路最佳归并树

计算 I/O 次数为 $2×(2×3+3×3+6×3+9×2+12×2+17×2+18×2+24×2+30×1)=446$。

例子 2,上述哈夫曼树为一棵严格的三叉树(树中只有度为 3 或 0 的结点),如果改为由置换-选择排序得到 8 个初始归并段,其长度即记录数分别为 9,12,18,3,17,2,6,24,给出策略。

分析:例中少了一个长度为 30 的归并段,在设计归并方案时,可将缺少的归并段留在最后,则除最后一次做 2-路归并外,其他各次归并仍是 3-路归并,此归并方案的外存读写次数为 386 次,不是最佳方案。

可添加长度为 0 的虚段以构成一棵严格 k 叉树,按照哈夫曼树的原则,权为 0 的叶子离树根最远。最佳归并树应如图 8-17 所示。

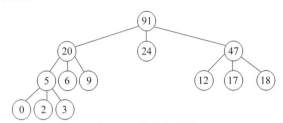

图 8-17　最佳归并树

确定虚段数量方法。设度为 0 的结点有 $n_0(n)$ 个,度为 k 的结点有 n_k 个。

严格 k 叉树有 $n_0=(k-1)n_k+1$,则 $n_k=(n_0-1)/(k-1)$。

两种情况。第一种,$(n_0-1)\%(k-1)=0$,说明内结点有 n_k 个,且初始归并段正好可以构成 k 叉归并树;第二种,$(n_0-1)\%(k-1)=u\neq 0$,说明对于这 n_0 个叶子结点,其中有 u 个多余,不包含在 k 叉归并树中。应在原有 n_k 个内结点的基础上再增加一个内结点以便构造包含所有 n_0 个初始归并段的 k 叉归并树。它在归并树中代替了一个叶子结点的位置,被代替的叶子结点加上刚才多出的 u 个叶子结点。具体方法为再加上 $k-u-1$ 个空归并段,就可以建立归并树。

以上述例子 2 为例,用 8 个归并段构成三叉树,$(n_0-1)\%(k-1)=(8-1)\%(3-1)=l$。说明 7 个归并段可以构成一棵严格三叉树,以 5 为根的树视为一个叶子,叶子 5 变成一个内结点,再添加 $3-1-l=1$ 个空归并段,则构成一棵严格 k 叉树。

5. 败者树

在 k-路归并中,若不使用败者树,则每次对读入的 k 个值需要进行 $k-1$ 次比较才能得到最值。引入败者树则除了第一次建树之外每次不需要 $k-1$ 次比较,只需要约 $\log_2 k$ 次,可用败者树完成在归并排序中选最值。

败者树可视为一棵完全二叉树,是树形选择排序的一种变体。败者树中两种不同类型的结点为叶子结点和非叶子结点。叶子结点的值为从当前参与归并的归并段中读入的段首记录。叶子结点的个数为 k,即参与归并的归并段数,k 个叶子结点分别存放 k 个归并段在归并过程中当前参加比较的记录;非叶子结点值为叶子结点的序号,指示了参与选择的记录所在的归并段,内部结点用来记忆左右子树中的"失败者",而让胜者往上继续进行比较,一直到根结点。比较两个数,小的为胜利者,大的为失败者,根结点指向的数为最小数。

b3、b4 则 b4 是败者,将 4 写入父结点 ls[4]。b1、b2,b2 是败者,将 2 写入父结点 ls[3]。b3、b4 的胜者 b3 与 b0 比较,b0 是败者,将 0 写入父结点 ls[2]。最后,b3、b1 则 b1 是败者,将 1 写入 ls[1],胜者 b3 写入冠军位置 ls[0],如图 8-18(a)所示。

b3 中的 5 输出后接着下一个关键字进入 b3,继续按照上述方式比较,如图 8-18(b)所示。

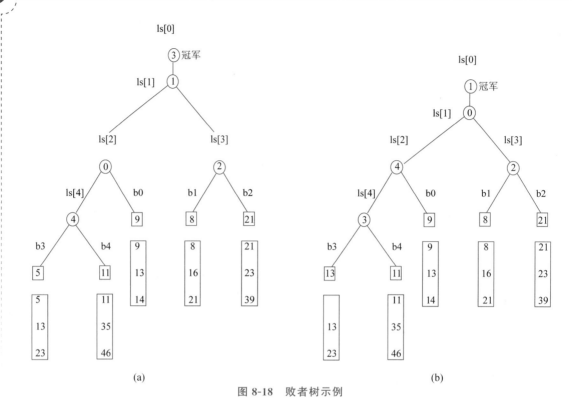

图 8-18 败者树示例

8.4 重点和难点知识点详解

1. 算法的稳定性不能衡量算法的优劣

稳定性是对算法性质方面的描述。若待排序序列中的关键字不能重复,则选择不同算法得到的排序的结果相同,则此时选择算法不需要考虑稳定性性质。

2. 解题方法

对于算法是否稳定的判断不用死记硬背,可以采用举例法,通过列举含有相同关键字序列,对示例序列采用某算法进行排序,得到的序列与原序列进行对比,注意观察关键字相同的序列顺序是否变化,确定该算法是否稳定。

8.5 习题题目

本部分习题形式包括单项选择题、综合应用题等题型,是专业课学习和考研常见题型。知识点覆盖专业课程学习和考研知识点,因此本部分知识点相关习题设置较全面。

题目难度方面设置基础习题、进阶习题、考研真题,这样读者可根据自身情况合理安排学习规划,有针对性地逐步提升专业知识、解题能力和应试能力。

8.5.1 基础习题

一、单项选择题

1. 下列排序中不属于内部排序的是(   )。

A. 希尔排序　　　　B. 快速排序　　　　C. 冒泡排序　　　　D. 拓扑排序
　2. 直接插入排序最好情况下的时间复杂度为(　　)。
　　A. $O(n^2)$　　　　B. $O(\log_2 n)$　　　　C. $O(n)$　　　　D. $O(n\log_2 n)$
　3. 以下关于排序算法的稳定性正确的是(　　)。
　　A. 排序算法的性能与元素个数无关
　　B. 排序算法的性能与元素个数相关
　　C. 排序后关键字相同的元素的相对位置不变
　　D. 排序后关键字相同的元素的绝对位置不变
　4. 以下稳定的排序方法是(　　)。
　　A. 直接插入排序　　B. 快速排序　　C. 堆排序　　D. 简单选择排序
　5. 下列方法中(　　)方法不需要进行关键字的比较。
　　A. 归并排序　　　　B. 基数排序　　C. 快速排序　　D. 堆排序
　6. 对数据序列{17,13,9,11,23,1,7}进行一趟排序后变为{13,17,9,11,23,1,7},采用的排序算法为(　　)。
　　A. 直接插入排序　　B. 简单选择排序　　C. 堆排序　　D. 冒泡排序
　7. 用某种排序方法对序列{14,73,10,36,5,16,52,30,7}进行排序,元素序列的变化过程如下:
　　(1) 14,73,10,36,5,16,52,30,7
　　(2) 7,5,10,14,36,16,52,30,23
　　(3) 5,7,10,14,30,16,36,52,73
　　(4) 5,7,10,14,16,30,36,52,73
则所采用的排序方法是(　　)。
　　A. 归并排序　　　　B. 选择排序　　C. 插入排序　　D. 快速排序
　8. 以下排序中不稳定的排序方法是(　　)。
　　A. 归并排序　　　　B. 冒泡排序　　C. 直接插入排序　　D. 希尔排序
　9. 堆排序的平均时间复杂度、空间复杂度分别是(　　)。
　　A. $O(n\log_2 n)$和$O(1)$　　　　B. $O(n^2)$和$O(1)$
　　C. $O(n^2)$和$O(n)$　　　　　　　D. $O(n^2)$和$O(1)$
　10. 下列排序方法中,排序过程中比较次数的数量级与初始序列的状态无关的是(　　)。
　　A. 插入排序　　　　B. 归并排序　　C. 冒泡排序　　D. 快速排序
　11. 以下排序算法中的关键字比较次数与序列的初始状态无关的是(　　)。
　　A. 冒泡排序　　　　B. 简单选择排序　　C. 希尔排序　　D. 插入排序

二、综合应用题
　1. 给出关键字序列{13,15,10,11,16,12}的直接插入排序过程。
　2. 请简要叙述堆和二叉排序树的区别。
　3. 已知关键字序列为{60,76,50,11,83,6,3,46},采用堆排序法对该序列进行递增排序,并给出每趟的排序结果。
　4. 给出关键字序列为{39,14,27,67,59,78,7,18,28,9}的希尔排序过程,其中,增量序列为 d={5,3,1},要求排序的结果为从小到大。

5. 给定一组关键字,采用带头结点的单链表存储结构,设计算法采用直接插入排序对单链表进行排序(递增)。

6. 设计算法,利用小顶堆实现数据序列的递减排序。

7. 设计算法对顺序存储的线性表(元素为不重复的整数)进行顺序调整,把所有的奇数移动到所有偶数的前面,要求时间复杂度和空间复杂度尽可能小。

8. 已知线性表$(a_1\ a_2\ a_3\cdots a_n)$按顺序存于内存,每个元素都是整数,试设计用最少时间把所有值为负数的元素移到全部正数元素前边的算法。

例:$(x,-x,-x,x,x,-x\cdots -x)$变为$(-x,-x,-x\cdots x\ x\ x)$。

9. 已知序列$\{402,65,405,42,807,75,785,172,541,350\}$,采用 2-路归并排序对序列进行升序排序需要多少趟?并列出每趟的排序结果。

10. 已知序列$\{24,12,27,42,39,21,27,36,15,28\}$,采用基数排序方法,给出每趟的排序结果,并计算做了多少次排序码的比较?

8.5.2 进阶习题

一、单项选择题

1. 从平均性能角度,目前最好的内部排序方法为( )。
   A. 希尔排序　　　　　　　　　B. 快速排序
   C. 直接插入排序　　　　　　　D. 冒泡排序

2. 下列关于排序的叙述中正确的是( )。
   A. 顺序表上实现的算法在链表上也可以实现
   B. 稳定的排序算法一定优于不稳定的排序算法
   C. 算法的稳定性不能衡量算法的优劣
   D. 排序算法只能在顺序表上实现

3. 对序列$\{15,56,23,65,94,27,32\}$进行基数排序,一趟排序的结果为( )。
   A. 15,23,27,32,56,65,94　　　B. 15,56,23,65,94,27,32
   C. 15,23,56,65,27,32,94　　　D. 32,23,94,15,65,56,27

4. 下列排序中,( )在最后一趟排序结束前,可能所有元素都没在其最终的位置上。
   A. 快速排序　　　　　　　　　B. 冒泡排序
   C. 希尔排序　　　　　　　　　D. 堆排序

5. 关键字序列$\{17,11,9,10,23,1,9,7\}$用堆排序的筛选方法建立的初始堆为( )。
   A. $\{1,7,9,10,23,17,9,1\}$　　　　B. $\{1,7,10,11,23,9,17,9\}$
   C. $\{1,9,17,9,7,10,23,11\}$　　　D. 以上均不正确

6. 以下序列是堆的是( )。
   A. $\{65,35,55,20,5,15,10,1\}$　　B. $\{65,35,55,1,15,20,10,5\}$
   C. $\{65,55,35,1,20,15,10,5\}$　　D. $\{65,55,20,5,15,35,10,1\}$

7. 对 n 个关键字进行排序的最大递归深度和最小递归深度分别为( )。
   A. n 和 1　　　B. n 和 $\log_2 n$　　　C. $n\log_2 n$ 和 1　　　D. n^2 和 1

8. 设有 2000 个无序的元素,希望用尽量快的速度挑选出其中的前 10 个最小元素,以下最佳的排序方法为( )。

A. 快速排序　　　　B. 冒泡排序　　　　C. 基数排序　　　　D. 堆排序

9. 数据序列{6,4,12,9,3,2,7,5,1}为某排序的第一趟排序后的结果,该排序算法可能是(　　)。

A. 归并排序　　　　B. 堆排序　　　　C. 简单选择排序　　　　D. 冒泡排序

10. 以下说法正确的是(　　)。

　　Ⅰ. 在大根堆中任一结点的关键字均大于它的左、右孩子结点的关键字
　　Ⅱ. 在大根堆中最大的元素为根结点
　　Ⅲ. 堆排序在最坏情况下的时间复杂度为 $O(n^2)$

A. Ⅰ正确　　　　B. Ⅱ正确　　　　C. Ⅲ正确　　　　D. Ⅰ和Ⅱ正确

11. 以下关于外部排序的说法正确的是(　　)。

A. 外部排序所花的时间包括外存信息读写时间、内排序时间以及内部归并时间
B. 外部排序不涉及文件的读写操作
C. 外部排序可以由内部排序替代
D. 外部排序时间完全由所采用的内部排序决定

二、综合应用题

1. 设计算法,判断一个数据序列是否为小顶堆。

2. 非递归方法实现的快速排序通常使用栈记录待排序区间的两个端点。是否可以使用队列实现栈的作用？并说明原因。

3. 给定一组数据序列,设计一个双向冒泡排序算法(在排序过程中交替改变扫描的方向)。

4. 改进快速排序算法,每次选取的枢轴的值随机地从当前子表中选取。

5. 若有 n 个元素已经构成小顶堆,增加一个元素 k,如何在 $\log_2 n$ 的时间内将其重新调整为堆,用文字简要说明。

6. 简要叙述外部排序的基本方法及步骤。

7. 假设文件共有 4800 个记录,用于排序的内存区容量为 480 个记录,磁盘每个块可存放 80 个记录,计算以下问题。

(1) 计算初始归并段个数、每个初始归并段的记录数和用于存放的块的个数。
(2) 采用多少路归并,并给出归并过程和计算每趟需要读写磁盘的块数。

8. 设有 11 个初始归并段,长度序列为{20,35,10,32,72,60,48,83,5,43,92},现要做 4 路外归并排序,完成以下问题。

(1) 给出归并趟数。
(2) 试画出表示归并过程的最佳归并树。
(3) 计算每一趟的读记录数。
(4) 计算该归并树的带权路径长度 WPL。

8.5.3　考研真题

一、单项选择题

1.【2009 年统考真题】 若数据元素序列 11,12,13,7,8,9,23,4,5 是采用下列排序方法之一得到的第 2 趟排序后的结果,则该排序算法只能是(　　)。

A. 冒泡排序　　　　B. 插入排序　　　　C. 选择排序　　　　D. 2-路归并排序

2.【2009年统考真题】 已知关键字序列5,8,12,19,28,20,15,22是小根堆,插入关键字3,调整后得到的小根堆是( )。
   A. 3,5,12,8,28,20,15,22,19   B. 3,5,12,19,20,15,22,8,28
   C. 3,8,12,5,20,15,22,28,19   D. 3,12,5,8,28,20,15,22,19

3.【2010年统考真题】 对一组数据(2,12,16,88,5,10)进行排序,若前3趟排序结果如下。
   第1趟排序结果:2,12,16,5,10,88。
   第2趟排序结果:2,12,5,10,16,88。
   第3趟排序结果:2,5,10,12,16,88。
则采用的排序方法可能是( )。
   A. 冒泡排序   B. 希尔排序   C. 归并排序   D. 基数排序

4.【2010年统考真题】 采用递归方式对顺序表进行快速排序。下列关于递归次数的叙述中,正确的是( )。
   A. 递归次数与初始数据的排列次序无关
   B. 每次划分后,先处理较长的分区可以减少递归次数
   C. 每次划分后,先处理较短的分区可以减少递归次数
   D. 递归次数与每次划分后得到的分区的处理顺序无关

5.【2011年统考真题】 已知序列25,13,10,12,9是大根堆,在序列尾部插入新元素18,将其再调整为大根堆,调整过程中元素之间进行的比较次数是( )。
   A. 1   B. 2   C. 4   D. 5

6.【2011年统考真题】 为实现快速排序算法,待排序序列宜采用的存储方式是( )。
   A. 顺序存储   B. 哈希存储   C. 链式存储   D. 索引存储

7.【2012年统考真题】 对一待排序列分别进行折半插入排序和直接插入排序,两者之间可能的不同之处是( )。
   A. 排序的总趟数   B. 元素的移动次数
   C. 使用辅助空间的数量   D. 元素之间的比较次数

8.【2012年统考真题】 在内部排序过程中,对尚未确定最终位置的所有元素进行一遍处理称为一趟排序。下列排序方法中,每一趟排序结束时都至少能够确定一个元素最终位置的方法是( )。
   Ⅰ.简单选择排序 Ⅱ.希尔排序 Ⅲ.快速排序 Ⅳ.堆排序 Ⅴ.2-路归并排序
   A. 仅Ⅰ、Ⅲ、Ⅳ   B. 仅Ⅰ、Ⅲ、Ⅴ   C. 仅Ⅱ、Ⅲ、Ⅳ   D. 仅Ⅲ、Ⅳ、Ⅴ

9.【2013年统考真题】 对给定的关键字序列110,119,007,911,114,120,122进行基数排序,则第2趟分配收集后得到的关键字序列是( )。
   A. 007,110,119,114,911,120,122   B. 007,110,119,114,911,122,120
   C. 007,110,911,114,119,120,122   D. 110,120,911,122,114,007,119

10.【2014年统考真题】 下列选项中,不可能是快速排序第2趟排序结果的是( )。
   A. 2,3,5,4,6,7,9   B. 2,7,5,6,4,3,9
   C. 3,2,5,4,7,6,9   D. 4,2,3,5,7,6,9

11.【2014年统考真题】 用希尔排序方法对一个数据序列进行排序时,若第1趟排序结果为 9,1,4,13,7,8,20,23,15,则该趟排序采用的增量(间隔)可能是( )。
　　A. 2　　　　　　B. 3　　　　　　C. 4　　　　　　D. 5

12.【2015年统考真题】 希尔排序的组内排序采用的是( )。
　　A. 直接插入排序　　　　　　B. 折半插入排序
　　C. 快速排序　　　　　　　　D. 归并排序

13.【2015年统考真题】 已知小根堆为 8,15,10,21,34,16,12,删除关键字8之后需重建堆,在此过程中,关键字之间的比较次数是( )。
　　A. 1　　　　　　B. 2　　　　　　C. 3　　　　　　D. 4

14.【2016年统考真题】 对10TB的数据文件进行排序,应使用的方法是( )。
　　A. 希尔排序　　B. 堆排序　　　C. 快速排序　　D. 归并排序

15.【2017年统考真题】 下列排序方法中,若将顺序存储更换为链式存储,则算法的时间效率会降低的是( )。
　　Ⅰ. 插入排序　　Ⅱ. 选择排序　　Ⅲ. 气泡排序　　Ⅳ. 希尔排序　　Ⅴ. 堆排序
　　A. 仅Ⅰ、Ⅱ　　B. 仅Ⅱ、Ⅲ　　C. 仅Ⅲ、Ⅳ　　D. 仅Ⅳ、Ⅴ

16.【2017年统考真题】 在内部排序时,若选择了归并排序而没有选择插入排序,则可能的理由是( )。
　　Ⅰ. 归并排序的程序代码更短
　　Ⅱ. 归并排序的占用空间更少
　　Ⅲ. 归并排序的运行效率更高
　　A. 仅Ⅱ　　　　B. 仅Ⅲ　　　　C. 仅Ⅰ、Ⅱ　　D. 仅Ⅰ、Ⅲ

17.【2018年统考真题】 在将数据序列(6,1,5,9,8,4,7)建成大根堆时,正确的序列变化过程是( )。
　　A. 6,1,7,9,8,4,5->6,9,7,1,8,4,5->9,6,7,1,8,4,5->9,8,7,1,6,4,5
　　B. 6,9,5,1,8,4,7->6,9,7,1,8,4,5->9,6,7,1,8,4,5->9,8,7,1,6,4,5
　　C. 6,9,5,1,8,4,7->9,6,5,1,8,4,7->9,6,7,1,8,4,5->9,8,7,1,6,4,5
　　D. 6,1,7,9,8,4,5->7,1,6,9,8,4,5->7,9,6,1,8,4,5->9,7,6,1,8,4,5->9,8,6,1,7,4,5

18.【2018年统考真题】 对初始数据序列(8,3,9,11,2,1,4,7,5,10,6)进行希尔排序。若第一趟排序结果为(1,3,7,5,2,6,4,9,11,10,8),第二趟排序结果为(1,2,6,4,3,7,5,8,11,10,9),则两趟排序采用的增量(间隔)依次是( )。
　　A. 3,1　　　　B. 3,2　　　　C. 5,2　　　　D. 5,3

19.【2019年统考真题】 设外存上有120个初始归并段,进行12路归并时,为实现最佳归并,需要补充的虚段个数是( )。
　　A. 1　　　　　B. 2　　　　　C. 3　　　　　D. 4

20.【2019年统考真题】 排序过程中,对尚未确定最终位置的所有元素进行一遍处理称为一"趟"。下列序列中,不可能是快速排序第二趟结果的是( )。
　　A. 5,2,16,12,28,60,32,72　　　　B. 2,16,5,28,12,60,32,72
　　C. 2,12,16,5,28,32,72,60　　　　D. 5,2,12,28,16,32,72,60

21.【2019年统考真题】 选择一个排序算法时,除算法的时空效率外,下列因素中,还需要考虑的是(   )。

　　Ⅰ. 数据的规模　　　　　　　　　Ⅱ. 数据的存储方式
　　Ⅲ. 算法的稳定性　　　　　　　　Ⅳ. 数据的初始状态
　　A. 仅Ⅲ　　　　　　　　　　　　B. 仅Ⅰ、Ⅱ
　　C. 仅Ⅱ、Ⅲ、Ⅳ　　　　　　　　　D. Ⅰ、Ⅱ、Ⅲ、Ⅳ

22.【2020年统考真题】 对大部分元素已有序的数组进行排序时,直接插入排序比简单选择排序效率更高,其原因是(   )。

　　Ⅰ. 直接插入排序过程中元素之间的比较次数更少
　　Ⅱ. 直接插入排序过程中所需要的辅助空间更少
　　Ⅲ. 直接插入排序过程中元素的移动次数更少
　　A. 仅Ⅰ　　　　B. 仅Ⅱ　　　　C. 仅Ⅰ、Ⅱ　　　　D. Ⅰ、Ⅱ和Ⅲ

二、综合应用题

1.【2016年统考真题】 已知由 $n(n \geqslant 2)$ 个正整数构成的集合 $A=\{a_k | 0 \leqslant k < n\}$,将其划分为两个不相交的子集 A_1 和 A_2,元素个数分别是 n_1 和 n_2,A_1 和 A_2 中元素之和分别为 S_1 和 S_2。设计一个尽可能高效的划分算法,满足 $|n_1-n_2|$ 最小且 $|S_1-S_2|$ 最大。要求:

　　(1) 给出算法的基本设计思想。
　　(2) 根据设计思想,采用 C 或 C++ 语言描述算法,关键之处给出注释。
　　(3) 说明你所设计算法的平均时间复杂度和空间复杂度。

2.【2016年统考真题】 设有 6 个有序表 A、B、C、D、E、F,分别含有 10、35、40、50、60 和 200 个数据元素,各表中元素按升序排列。要求通过 5 次两两合并,将 6 个表最终合并成一个升序表,并在最坏情况下比较的总次数达到最小。请回答下列问题:

　　(1) 给出完整的合并过程,并求出最坏情况下比较的总次数。
　　(2) 根据你的合并过程,描述 $N(N \geqslant 2)$ 个不等长升序表的合并策略,并说明理由。

◆ 8.6 习题解析

本部分以图文形式详细分析并解答所有习题,或以微课视频方式给出必要的题目解析。

8.6.1 基础习题解析

一、单项选择题

1. D

将一个偏序的有向图,改造为一个全序的有向图,这种排序就称为拓扑排序,不是内部排序。

2. C

初始即为正序时直接插入排序的效率最高,为 $O(n)$。

3. C

稳定性是指若待排序表中有两个元素 R_i、R_j,对应的关键字为 K_i、K_j 且 $K_i = K_j$,排序前 R_i 在 R_j 前面,如果在使用某算法排序后 R_i 仍然在 R_j 前面,则该算法是稳定的,否则称之为不稳定的。因此选项 C 正确。

4. A

直接插入排序是稳定的排序方法。

5. B

基数排序是一种借助"多关键字排序"的思想来实现的排序算法,不需要进行关键字的比较。

6. A

一趟排序后,13 插入到 17 前可知为直接插入排序,也可以采用排除法逐个检验后得到正确选项。

7. D

第二趟的 7,5 和 10,14 是反序,不是归并排序;选择排序可以在每趟结束后确定一个元素的最终位置,不是选择排序;插入排序的第 i 趟后的前 $i+1$ 个元素为有序的,不是插入排序;快速排序的每趟将基准元素放在最终位置,再以此为基准划分为两个子序列,因此选择 D。

8. D

希尔排序是不稳定的排序方法。

9. A

分析排序的过程,需要进行 $n-1$ 趟,每趟交换后均需要将根结点做下坠的调整,下坠最多 $h-1$ 层,每下坠一层需要最多对比 2 次关键字,因此每趟排序复杂度不超过 $O(h)=O(\log_2 n)$,总的时间复杂度为 $O(n\log_2 n)$,堆排序的平均时间复杂度为 $O(n\log_2 n)$,并且可以证明,堆排序的时间复杂度与数据的输入状态无关。无论待排序列中的记录是正序还是逆序排列,都不会使堆排序处于"最好"或"最坏"状态。因此,最好、最坏和平均时间复杂度均为 $O(n\log_2 n)$。

堆排序使用了常数个辅助单元,因此空间复杂度为 $O(1)$。

10. B

选择排序和归并排序的排序过程中,比较次数的数量级与初始序列的状态无关。

11. B

选择排序,包括简单选择排序和堆排序算法的执行效率与序列的初始状态无关。

二、综合应用题

1. 解答。直接插入排序过程如下。

第 1 趟排序:13 插入{15}得到 13,15,10,11,16,12。

第 2 趟排序:10 插入{13,15}得到 10,13,15,11,16,12。

第 3 趟排序:11 插入{10,13,15}得到 10,11,13,15,16,12。

第 4 趟排序:16 插入{10,11,13,15}得到 10,11,13,15,16,12。

第 5 趟排序:12 插入{10,11,13,15,16}得到 10,11,12,13,15,16。

2. 解答。二叉排序树的每个双亲结点的关键字大于左子树结点的关键字,小于右子树结点的关键字。堆的特点(以小顶堆为例说明)是双亲结点的关键字小于或者等于其孩子结点的关键字,孩子结点的关键字之间没有次序。

3. 解答。在排序过程中将一个元素放到它的最终位置上为归位,完全二叉树如图 8-19(a)所示,初始堆如图 8-19(b)所示,逐趟调整,最后得到的排序结果为{3,6,11,46,50,60,76,83}。

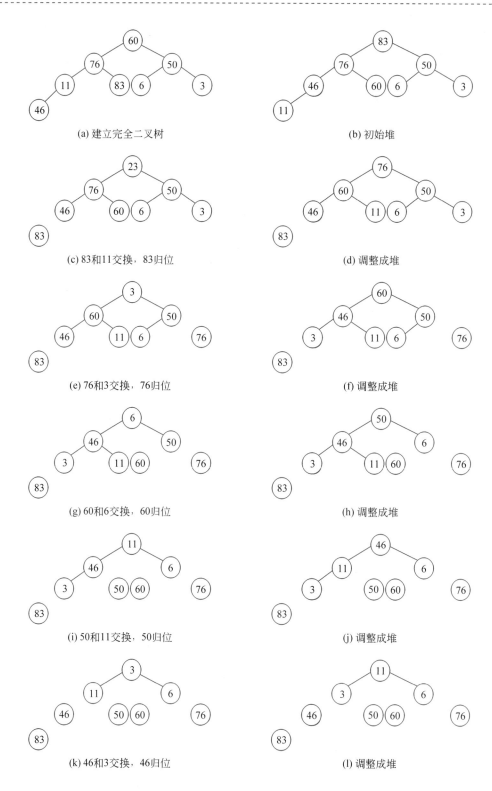

图 8-19 基础习题综合应用题 3 解析示意图

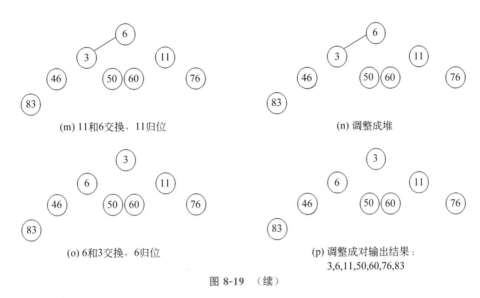

图 8-19 （续）

4. 解答。

第 1 趟排序 $d=5$：39，7，18，28，9，78，14，27，67，59。

第 2 趟排序 $d=3$：14，7，18，28，9，67，39，27，78，59。

第 3 趟排序 $d=1$：7，9，14，18，27，28，39，59，67，78。

5. 解答。

```
typedef struct LNode{                    //结点类型
        int key;                         //关键字
        struct LNode  * next;            //指针域
} LNode;
typedef LNode * LinkList;                //指针类型
void InsertSort(Linklist &L){            //链表的直接插入排序
    LNode * p, * q, * r, * pre;
    if(L->next!=NULL)                    //链表中至少有一个结点
    {
        p=L->next->next;
        L->next->next=NULL;              //断链
        while(p!=NULL)
        {
            pre=h;
            q=pre->next;
            while(q!=NULL&&q->key<p->key)
            {
                pre=q;
                q=q->next;
            }//while
            r=p->next;
            p->next=pre->next;
            pre->next=p;
            p=r;
        }//while
    }//if
}//InsertSort
```

6. 解答。对知识点归纳中的大顶堆排序算法进行如下改变。

建立小顶堆算法代码实现如下。

```
void HeadAdjust(int L[],int m,int n){
    //对元素 m 为根的子树进行调整
    L[0]=L[m];                              //暂存
    for(i=2*m;i<=n;i*=2){                   //选择较小的左右子树根结点继续调整
        if(i<n&&L[i]>L[i+1])
            i++;
        if(L[0]<L[i])
            break;                          //结束
        else{
            L[m]=L[i];                      //小的调整至双亲结点
            k=i;                            //为继续向下做准备
        }//else
    }//for
    L[m]=L[0];                              //放入最终位置
}
void BuildHeap(int L[],int n){              //以建立大顶堆为例
    int i;
    for(i=n/2;i>0;i--)
    //从 n/2 开始到 1(根结点)以其为根结点建堆
        HeadAdjust(L,i,n);
}
```

堆排序算法代码实现如下。

```
void HeapSort(int L[],int n){
    //堆排序算法
    int i;
    BuildHeap(L,n);                         //建堆
    for(i=n;i>1;i--){                       //n-1 次交换和调整
        swap(L[1],L[1]);                    //输出堆顶元素后交换替换或者交换后输出
        HeadAdjust(L,1,i-1);                //替换后的调整
    }
}
```

7. 解答。算法思想为采用基于快速排序的划分思想，遍历一次即可。表为 L[1～n]，先从头到尾找到偶数元素 L[i]，从尾到头找到奇数元素 L[j]，进行交换，以此类推重复进行直至 i≥j。算法实现如下。

```
void swap(int &a,int &b){                   //交换函数
    int temp=a;
    a=b;
    b=temp;
}
void func(int L[],int n){
    int i,j;    //i 从头到尾找到偶数元素 L[i]的下标,j 从尾到头找到奇数元素 L[j]的下标
    while(i<j){
        while(i<j&&L[i]%2!=0) i++;          //从头到尾找到偶数元素
        while(i<j&&L[j]%2!=1) j--;          //从尾到头找到奇数元素
        if(i<j)
        {
            swap(L[i],L[j]);                //交换
            i++;
            j--;
```

```
        }//if
    }//while
}//func
```

8. 解答。

```
int Rearrange(int a[], int n)
{
    //a 是具有 n 个元素的线性表,以顺序存储结构存储,线性表的元素是整数
    i=0; j=n-1;              //i,j 为工作指针(下标),初始指向线性表 a 的第 1 个和第 n 个元素
    t=a[0];                  //暂存枢轴元素
    while(i<j)
    {while(i<j && a[j]>=0) j--;
    //若当前元素为大于或等于零,则指针前移
        if(i<j){a[i]=a[j];i++;}   //将负数前移
        while(i<j &&a[i]<0)i++;   //当前元素为负数时指针后移
        if(i<j) a[j--]=a[i];      //正数后移
    }
    a[i]=t;                       //将原第一元素放到最终位置
}
```

9. 解答。$n=10$,需要的排序趟数为$\lceil \log_2 10 \rceil = 4$,每趟的排序结果如下。

第 1 趟:65,402,42,405,75,807,172,785,350,541。

第 2 趟:42,65,402,405,75,172,785,807,350,541。

第 3 趟:42,65,75,172,402,405,785,807,350,541。

第 4 趟:42,65,75,172,350,402,405,541,785,807。

10. 解答。链式队列的基数排序过程如下。

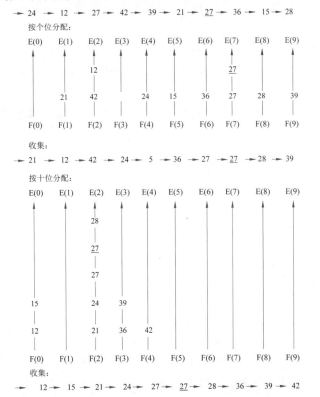

8.6.2 进阶习题解析

一、单项选择题

1. B

直接插入排序和冒泡排序的平均时间复杂度为 $O(n^2)$，希尔排序降低了直接插入排序的复杂度，但是平均性能不如快速排序。

2. C

算法的稳定性不能衡量算法的优劣。稳定性是对算法性质方面的描述。若待排序序列中的关键字不能重复，则选择不同算法得到的排序结果相同，此时选择算法不需要考虑稳定性性质；需要在顺序表上通过随机存取方式实现的算法在链表上不可以实现，但是链表上也可以实现排序。

3. D

一趟排序的结果为按照个位有序，因此选择 D。

4. C

快速排序能够一趟确定枢轴位置，冒泡排序能够一趟确定最大元素位置或者最小元素位置，堆排序能够一趟确定最大（大根堆）或者最小（小根堆）元素位置，只有希尔排序每趟不一定能确定一个元素的最终位置。

5. A

根据序列画出对应的完全二叉树逐个进行判断。

6. A

根据序列画出对应的完全二叉树逐个进行判断，可知选项 A 正确。

7. B

把 n 个元素组织成二叉树，二叉树的层数就是递归调用的层数。由第 5 章可知，n 个结点的二叉树最小高度为 $\lceil \log_2 n \rceil + 1$，最大高度为 n。因此，选项 B 正确。

8. D

每趟堆排序可以选择出一个排好的元素，只需要挑选出 10 个最小的元素时使用堆排序的性能最好。

9. A

堆排序、简单选择排序和冒泡排序都产生全局有序，该序列前和后都无全局有序区，因此可能是递减排序的归并排序的第 1 趟结果（最后一个元素没有参与归并）。

10. D

堆排序在最坏情况下的时间复杂度为 $O(n\log_2 n)$。

11. A

外部排序所花的时间包括外存信息读写时间、内排序时间以及内部归并时间。由此可知，其他选项均错误。

二、综合应用题

1. 解答。算法基本思想：当数据个数为奇数时，所有结点均为双分支结点；当数据个数为偶数时，最后一个分支结点只有左孩子，其余结点均为双分支结点。由此，可通过对每个分支结点进行判断，当所有分支结点均满足小顶堆的定义且根结点小于或者等于双亲结点值时,为小顶堆。

算法代码如下。

```
int Heap(int L[],int n){
    int i;
    if(n%2==0)                              //偶数时,最后一个分支结点只有左孩子
    {
        if(L[n/2]>L[n])
            return 0;                       //不满足小顶堆定义
        for(i=n/2-1;i>=1;i--)//判断其余分支结点
            if(L[i]>L[i*2]||L[i]>L[i*2+1])
                return 0;
    }
    else//奇数时,所有结点均为双分支结点
    {
        for(i=n/2;i>=1;i--)//对每个分支结点进行判断
            if(L[i]>L[i*2]||L[i]>L[i*2+1])
                return 0;
    }
    return 1;                               //均满足小顶堆定义
}
```

2. 解答。可以。在快速排序的过程中,栈的作用为保存子区间的上下界,具体为在排序过程中对于可能产生新的左、右子区间,在处理一个子区间时,保存另外一个子区间的上、下界,该区间处理完后,再从栈中取出另外一个子区间的边界进行处理,因此可以用队列,与之不同的是处理子区间的顺序有变动。

3. 解答。算法基本思想:先从底向上从无序区"冒泡"最小的元素,再从上向底从无序区"冒泡"最大的元素,算法实现如下。

```
void swap(int &a,int &b){                   //交换函数
    int temp=a;
    a=b;
    b=temp;
}
void BubbleSort(int L[],int n){
    int i=0;
    int j;
    int flag=1;                             //标识本趟是否发生了元素交换
    while(flag==1)
    {
        flag=0;
        for(j=n-i-1;j>i;j--)
            if(L[j]<L[j-1])                 //从底向上
            {
                flag=1;
                swap(L[j], L[j-1]);         //交换
            }
        for(j=i;j<n-1;j++)
            if(L[j]>L[j+1])                 //从上向底
            {
```

```
                    flag=1;
                    swap(L[j], L[j-1]);              //交换
                }
            i++;
        }
}
```

4. 解答。本题目与前面算法只有些许不同,可先随机求出枢轴下标,将枢轴值与 L[low]交换,之后就与前面的划分算法一样,算法实现如下。

```
int Partition(int L[],int low,int high){
    int rand_Index=low+rand()%(high-low+1);//随机求出枢轴下标
    swap(L[rand_Index],L[low]);             //将枢轴值与 L[low]交换
    int pivot=L[low];
    int i,j;
    //初始为空表使表 L[low..i]中的所有元素小于 pivot
    for(i=low,j=low+1;j<=high;j++)
    //从第二个元素开始找小于枢轴的元素
    if(L[j]<pivot)
        swap(L[j],L[++i]);
    swap(L[i],L[low]);                       //枢轴放入最终位置
    return i;                                //返回位置
}
```

5. 解答。将结点 k 加入到数组的第 $n+1$ 个位置,即树的叶子,然后将其与双亲结点比较,如果大于双亲结点则停止调整,否则与双亲交换,重复上述操作(与新双亲结点),算法终止于 k 大于或等于其双亲或 k 已到达根结点。

6. 解答。外部排序的基本方法是归并排序法,包括以下两个步骤。

(1) 生成初始归并段,把含有 n 个记录的文件,按内存缓冲区的大小分成若干归并段,分别将各归并段调入内存,采用内排序方法排序,再送回外存。

(2) 多路归并,对初始归并段逐趟归并,直到最后在外存上得到整个有序文件。

7. 解答。(1)文件共有 4800 个记录,用于排序的内存区容量为 480 个记录,磁盘每个块可存放 80 个记录,则初始归并段为 4800/480＝10 个,存于 480/80＝6 个块中。

(2) 内存区 6 个块,可建立的缓冲区数为 6,其中 5 个为输入缓冲区,1 个为输出缓冲区,可采用 5-路归并,过程如图 8-20 所示。

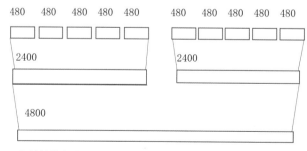

归并趟数为2趟,每趟读60块,写60块
图 8-20　进阶习题综合应用题 7 解析示意图

8. 解答。(1)总的归并趟数为 $\lceil \log_4 11 \rceil = 2$。

(2)$(n_0-1)\%(k-1)=(11-1)\%(4-1)=1\neq 0$,再添加$k-u-l=4-1-1=2$个空归并段,如图 8-21 所示。

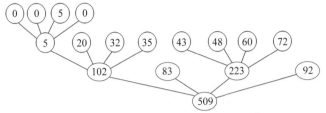

图 8-21 进阶习题综合应用题 8 解析示意图

(3)根据最佳归并树计算每趟的读记录数。

第 1 趟的读记录数:$5+10=15$。

第 2 趟的读记录数:$15+20+32+35+43+48+60+72=325$。

第 3 趟的读记录数:$102+83+223+92=500$。

(4)WPL$=(5+10)\times 3+(20+32+35+43+48+60+72)\times 2+(83+92)\times 1=840$。

8.6.3 考研真题解析

考研真题

一、单项选择题

1. B

第 8 章考研真题单项选择题 1

直接插入排序在每趟排序后都能使得前面的若干元素为有序,前 3 个元素$\{11,12,13\}$有序,B 选项正确;冒泡排序和选择排序在每趟执行完毕后,均会有一个元素在其最终位置上,但是两端的$\{11,12\}$和$\{4,5\}$元素所处的位置不是最终位置,因此不是 A 和 C 选项;2 路归并排序经过两趟排序后应该是每 4 个元素是有序的,但是$\{11,12,13,7\}$不符合,因此 D 选项错误。

2. A

第 8 章考研真题单项选择题 2

堆排序与完全二叉树。若将堆数列看作完全二叉树,则 r_{2i} 是 r_i 的左孩子;r_{2i+1} 是 r_i 的右孩子。$r_i \leqslant r_{2i}$ 且 $r_i \leqslant r_{2i+1}$ 成立,n 个序列 $r[1..n]$ 称为小顶堆($1 \leqslant i \leqslant \lceil n/2 \rceil$)。

根据关键字序列建成的小顶堆如图 8-22(a)所示。插入关键字 3,如图 8-22(b)所示,将 3 插到最后一个结点后需要进行调整。依次与元素 19,8,5 进行交换直至根结点为止,如图 8-22(c)所示。则调整后得到的小根堆为 3,5,12,8,28,20,15,22,19。

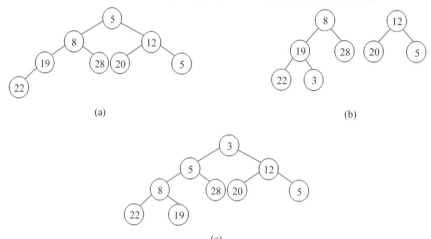

图 8-22 考研真题单项选择题 2 解析示意图

3. A

第 8 章考研真题单项选择题 3

第 1 趟排序最大的元素放在了最后;第 2 趟排序第 2 大的元素放在了倒数第 2 个位置;第 3 趟排序第 3 大的元素放在了倒数第 3 个位置,为冒泡排序的特征,因此选择 A。

4. D

第 8 章考研真题单项选择题 4

快速排序的递归次数与初始数据的排列次序有关,A 错误;每次划分的区间越平衡则递归次数越少,但是递归次数与每次划分后得到的分区的处理顺序无关,B 和 C 错误,D 正确。

5. B

第 8 章考研真题单项选择题 5

堆排序与完全二叉树。若将堆数列看作完全二叉树,则r_{2i}是r_i的左孩子;r_{2i+1}是r_i的右孩子。$r_i \geq r_{2i}$且$r_i \geq r_{2i+1}$成立,n个序列$r[1..n]$称为大根堆($1 \leq i \leq \lceil n/2 \rceil$)。

根据关键字序列建成的大根堆如图 8-23(a)所示。插入关键字 18,如图 8-23(b)所示,将 18 插到最后一个结点后需要进行调整。与元素 10 进行比较,大于 10 则交换;与 25 比较,小于 25 不交换,比较完毕。共比较了两次,得到图 8-23(c)。

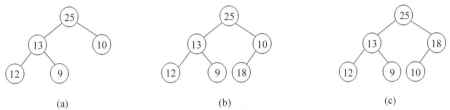

图 8-23 考研真题单项选择题 2 解析示意图

6. A

第 8 章考研真题单项选择题 6

快速排序算法要求存取结构有随机存储特性,需要从前向后查找和从后向前的查找,因此宜采用顺序存储方式存储。

7. D

第 8 章考研真题单项选择题 7

折半插入排序和直接插入排序使用辅助空间都为 $O(1)$,折半插入排序在有序空间采用折半查找待插入元素的位置,当排序元素较多时元素之间的比较次数将会更少,但是移动次数不减少,排序的总趟数不减少。

8. A

第 8 章考研真题单项选择题 8

简单选择排序、快速排序和堆排序的每一趟排序结束时都至少能够确定一个元素的最终位置。

9. C

第 2 趟分配收集后得到的关键字序列应该按照十位有序,十位相同的则按照个位有序,因此选择 C。

第8章考研真题单项选择题9

10. C

第8章考研真题单项选择题10

快速排序的第 i 趟排序的结果中至少有 i 个元素处于最终位置,序列的最终排序结果为 2,3,4,5,6,7,9,A 的 2,3,6,7,9 在最终位置,B 的 2,9 在最终位置,C 的 9 在最终位置,D 的 5,9 在最终位置,因此 C 选项不可能是快速排序第 2 趟排序结果。

11. B

第8章考研真题单项选择题11

A 选项,当增量为 2 时划分的序列为{9,4,7,20,15}和{1,13,8,23},无序,错误;B 选项,当增量为 3 时划分的序列为{9,13,20}、{1,7,23}、{4,8,15},有序,正确;C 选项,当增量为 4 时划分的序列为{9,7,15}、{1,8}、{4,20}、{13,23},无序,错误;D 选项,当增量为 5 时划分的序列为{9,8}、{1,20}、{4,23}、{13,15}和{7},无序,错误。

12. A

第8章考研真题单项选择题12

希尔排序的基本思想是对待排记录序列先做"宏观"调整,再做"微观"调整。所谓"宏观"调整指的是"跳跃式"的直接插入排序。具体做法为:将记录序列分成若干子序列,分别对每个子序列进行直接插入排序。

13. C

第8章考研真题单项选择题13

建立初始堆,如图 8-24(a)所示。删除关键字 8 后将 12 移到堆顶,如图 8-24(b)所示。根据小根堆定义进行调整,先比较 15 与 10,取 15 和 10 间较小的 10 与 12 比较,小于 12 则交换,12 与 16 比较小于 16 则停止调整。共比较了 3 次。调整后如图 8-24(c)所示。

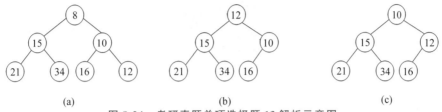

图 8-24 考研真题单项选择题 13 解析示意图

14. D

第 8 章考研真题单项选择题 14

排序分为内部排序和外部排序,内部排序是指待排序记录存放在计算机随机存储器(内存)中进行的排序过程,即整个排序过程不需要访问外存便能完成;外部排序是指待排序记录的数量很大,以致内存一次不能容纳全部记录,整个序列的排序过程不可能在内存中完成,在排序的过程中需要对外存进行访问的排序过程,即必须在排序过程中根据要求不断在内存和外存之间移动的排序。

10TB 的数据文件过大,在排序期间无法全部存放在内存中,因此需要使用外部排序的方法。希尔排序、堆排序和快速排序是内部排序方法,外部排序采用归并排序。

15. D

第 8 章考研真题单项选择题 15

插入排序、气泡排序和选择排序采用顺序存储和链式存储的时间复杂度均为 $O(n^2)$,希尔排序和堆排序都利用了顺序存储的随机存取特性,但是链式存储不具有这一特性,算法的时间效率会降低。

16. B

第 8 章考研真题单项选择题 16

归并排序的时间复杂度是 $O(n\log_2 n)$,空间复杂度是 $O(n)$;插入排序的时间复杂度是 $O(n^2)$,空间复杂度是 $O(1)$。因此,归并排序占用的空间比插入排序多,归并排序的程序代码更长,但是归并排序的运行效率更高。

17. A

第8章考研真题单项选择题17

建成大根堆的过程如图 8-25 所示。

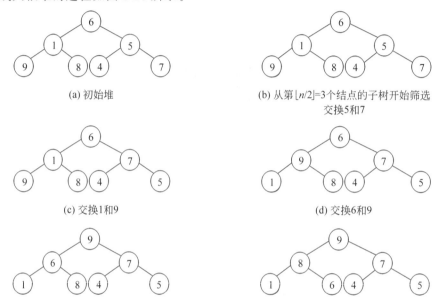

图 8-25　考研真题单项选择题 17 解析示意图

18. D

第8章考研真题单项选择题18

根据希尔排序的思想,分析两趟排序的结果可知第 1 趟排序采用的增量(间隔)是 5,第 2 趟排序采用的增量(间隔)是 3。

19. B

第8章考研真题单项选择题19

$(n_0-1)\%(k-1)=u=(120-1)\%(12-1)=9\neq 0$,再加上 $k-u-1=12-9-1=2$ 个

空归并段,就可以建立归并树。

20. D

第 8 章考研真题单项选择题 20

快速排序的两趟排序后处于最终位置的元素个数可以分为以下两种情况。

(1) 第 1 趟排序后处于最终位置的元素的关键字是最大或者最小时,子序列只有一个,第 2 趟排序后至少有 2 个元素处于最终位置。

(2) 第 1 趟排序后处于最终位置的元素的关键字不是最大,也不是最小时,子序列有 2 个,第 2 趟排序后至少有 3 个元素处于最终位置。

快速排序的第 i 趟排序的结果中至少有 i 个元素处于最终位置,序列的最终排序结果为 2,5,12,16,28,32,60,72,A 的 28,72 在最终位置,第 1 趟的基准元素为 72,符合;B 的 2,72 在最终位置,第 1 趟的基准元素为 72 或 2,符合;C 的 2,28,32 在最终位置,符合;D 的 12,32 在最终位置,12,32 既不是最大也不是最小,应该至少 3 个元素处于最终位置,因此 D 选项不可能是快速排序第 2 趟排序结果。

21. D

第 8 章考研真题单项选择题 21

选择一个排序算法时需要考虑算法的时空效率、数据的规模、数据的存储方式、算法的稳定性、数据的初始状态。

22. A

第 8 章考研真题单项选择题 22

简单选择排序的元素比较次数与元素的初始排列无关,元素的移动次数与元素的初始排列有关,所需要的辅助空间为 $O(1)$;直接插入排序的元素比较次数与元素的初始排列有关,所需要的辅助空间为 $O(1)$。对大部分元素已有序的数组进行排序时,直接插入排序比简单选择排序元素之间的比较次数更少,因此效率更高。

二、综合应用题

1. 解答。

(1) 算法的基本思想:若使 $|n_1-n_2|$ 最小,就需要新生成的两个数组元素的个数相等或相差 1,当 n 为偶数时相等,当 n 为奇数时相差 1;若使 $|S_1-S_2|$ 最大,则需要将 A 中的最

第8章考研真题综合应用题1

小$\lceil n/2 \rceil$个元素放入A_1中,其余元素放入A_2中,然后仿照快速排序思想,基于枢轴将A中的n个整数划分为两个子集。根据划分后枢轴的位置i分别处理:$i=\lceil n/2 \rceil$,则分组完成,算法结束;$i<\lceil n/2 \rceil$,则枢轴及之前的元素属于A_1,继续对i后的元素进行划分;$i>\lceil n/2 \rceil$,则枢轴及之后的元素属于A_2,继续对i前的元素进行划分。

(2) 算法实现如下。

```
int setPartition(int A[],int n){
    int i,pivot,low1=0,low0=0,mid=n/2,high1=n-1,high0=n-1,flag=1;
    int s=0,t=0;
    while(flag){
        pivot=A[low1];                              //选择枢轴
        while(low1<high1)
        {//基于枢轴的数据划分
            while(low1<high1&&A[high1]>=pivot)
                high1--;
            if(low1!=high1)
                A[low1]=A[high1];
            while(low1<high1&&A[low1]<=pivot)
                low1++;
            if(low1!=high1)
                A[high1]=A[low1];
        }//while
        A[low1]=pivot;
        if(low1==mid-1)                             //划分成功
            flag=0;
        else
        {
            if(low1>mid-1)
            {
                high0=--high1;
                low1=low0;
            }
            else
            {
                low0=++low1;
                high1=high0;
            }
        }
    }
    for(i=0;i<mid;i++)
        s+=A[i];
    for(i=mid;i<n;i++)
        t+=A[i];
    return t-s;
}
```

(3) 根据算法的基本思想,不需要对全部元素进行全排序,平均时间复杂度为 $O(n)$,空间复杂度是 $O(1)$。

2. 解答。

第 8 章考研真题综合应用题 2

(1) 将两个有序表合并成升序表,最坏的情况是依次比较两表中的元素,直至两个表都到表尾为止。将有序表中的数据元素的个数作为权值,构造哈夫曼树(见图 8-26)。

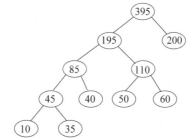

图 8-26 考研真题综合应用题 2 解析示意图

第一次合并:有序表 A 和 B 合并生成表 AB,元素个数为 45。

第二次合并:有序表 AB 和 C 合并生成表 ABC,元素个数为 85。

第三次合并:有序表 D 和 E 合并生成表 DE,元素个数为 110。

第四次合并:有序表 ABC 和 DE 合并生成表 ABCDE,元素个数为 195。

第五次合并:有序表 ABCDE 和 F 合并生成表 ABCDEF,元素个数为 395,得到最终升序表。

对长度为 L1 和 L2 的两个表,最坏情况下的比较次数为依次比较两表中的元素,直至两个表都到表尾为止,比较次数为 L1+L2-1,每次合并的比较次数依次为:第一次合并,45-1=44;第二次合并,85-1=84;第三次合并,110-1=109;第四次合并,195-1=194;第五次合并,395-1=394;综上得到最坏情况下的比较次数为 44+84+109+194+394=825。

(2) $N(N \geqslant 2)$ 个不等长升序表的合并策略:将有序表中的数据元素的个数作为权值,构造哈夫曼树,依次选择权值当前最小的两个表合并,最后获得最坏情况下比较总次数最小的合并效率。

参 考 文 献

[1] 严蔚敏,吴伟民. 数据结构(C语言版)[M]. 北京:清华大学出版社,2012.
[2] 严蔚敏,吴伟民. 数据结构题集(C语言版)[M]. 北京:清华大学出版社,2011.
[3] 李春葆. 新编数据结构习题与解析[M]. 北京:清华大学出版社,2019.
[4] 李文书. 数据结构与算法应用实践教程[M]. 北京:北京大学出版社,2017.
[5] 殷人昆. 数据结构习题解析[M]. 北京:清华大学出版社,2011.
[6] 陈德裕. 数据结构学习指导与习题集[M]. 北京:清华大学出版社,2010.
[7] 研究生入学考试试题研究组. 研究生入学考试考点解析与真题详解[M]. 北京:电子工业出版社,2008.
[8] 翔高教育. 计算机学科专业基础综合复习指南[M]. 上海:复旦大学出版社,2011.
[9] 率辉. 数据结构高分笔记[M]. 北京:机械工业出版社,2021.
[10] 王道论坛. 数据结构考研复习指导[M]. 北京:电子工业出版社,2021.
[11] 中公教育研究生考试研究院. 数据结构解题高手[M]. 北京:现代出版社,2021.
[12] 王彤,杨雷,鲍玉斌,等. 数据结构实验教程[M]. 北京:清华大学出版社,2021.